Teoria do apego na prática

A Artmed é a editora oficial da FBTC

J66t Johnson, Susan M.
      Teoria do apego na prática : terapia focada nas emoções com indivíduos, casais e famílias / Susan M. Johnson ; tradução: Daniel Vieira ; revisão técnica: Giulia Altera, Adriana Zilberman. – Porto Alegre : Artmed, 2025.
      xvi, 296 p. il. ; 23 cm.

      ISBN 978-65-5882-217-2

      1. Psicoterapia. 2. Terapia cognitivo-comportamental. 3. Emoções. I. Título.

                                                    CDU 159.923.2

Catalogação na publicação: Karin Lorien Menoncin – CRB 10/2147

Susan M. **Johnson**

Teoria do apego na prática

terapia focada nas emoções com indivíduos, casais e famílias

Tradução
Daniel Vieira

Revisão técnica
Giulia Altera
Psicóloga e psicoterapeuta. Treinadora, supervisora e terapeuta em EFT certificada pelo International Centre for Excellence in Emotionally Focused Therapy (ICEEFT). Presidente da Comunidade EFT Itália. Diretora do Centro EFT Norte da Itália.
Adriana Zilberman
Psicóloga e psicoterapeuta. Supervisora e terapeuta em EFT certificada pelo International Centre for Excellence in Emotionally Focused Therapy (ICEEFT). Presidente da Comunidade EFT Sul-Sudeste Brasil.

Porto Alegre
2025

Obra originalmente publicada sob o título *Attachment Theory in Practice: Emotionally Focused Therapy with Individuals, Couples, and Families*, 1st Edition
ISBN 9781462538249

Copyright © 2019 The Guilford Press
A Division of Guilford Publications, Inc.

Coordenadora editorial
Cláudia Bittencourt

Capa
Paola Manica | Brand&Book

Preparação de original
Marcela Bezerra Meirelles

Leitura final
Marquieli Oliveira

Editoração
AGE – Assessoria Gráfica Editorial Ltda.

Reservados todos os direitos de publicação, em língua portuguesa, ao
GA EDUCAÇÃO LTDA.
(Artmed é um selo editorial do GA EDUCAÇÃO LTDA.)
Rua Ernesto Alves, 150 – Bairro Floresta
90220-190 – Porto Alegre – RS
Fone: (51) 3027-7000

SAC 0800 703 3444 – www.grupoa.com.br

É proibida a duplicação ou reprodução deste volume, no todo ou em parte, sob quaisquer formas ou por quaisquer meios (eletrônico, mecânico, gravação, fotocópia, distribuição na Web e outros), sem permissão expressa da Editora.

IMPRESSO NO BRASIL
PRINTED IN BRAZIL

Autora

Susan M. Johnson, EdD, é a principal desenvolvedora da terapia focada nas emoções (EFT, do inglês *emotionally focused therapy*). É Professora Emérita de Psicologia Clínica pela University of Ottawa, Ontário, Canadá; distinta professora de pesquisas do Marriage and Family Therapy Program da Alliant International University, em San Diego; e diretora do International Centre for Excellence in Emotionally Focused Therapy (ICEEFT). Foi nomeada como Membro da Ordem do Canadá, a mais alta distinção civil do país. Recebeu o prêmio de Psicóloga Familiar do Ano da Divisão 43 da American Psychological Association (APA) e a Contribuição Extraordinária para o Casamento e a Terapia Familiar da American Association for Marriage and Family Therapy, entre outros prêmios. É autora de livros de referência para profissionais, incluindo *Emotionally Focused Therapy for Couples* e *Emotionally Focused Couple Therapy With Trauma Survivors*, bem como de *best-sellers* para leitores em geral, como *Hold Me Tight* e *Love Sense*.

*Ao meu parceiro, John, o grande milagre da minha vida,
que a cada dia me oferece uma aventura segura,
que ilumina meu coração e minha alma
e me faz mais forte.*

*E aos meus colegas — pioneiros desbravadores
da ciência do vínculo adulto, Mario Mikulincer
e Phil Shaver — e aos incríveis clínicos
e treinadores que fazem parte da minha família EFT.
Juntos, nós crescemos.*

Apresentação à edição brasileira

Com grande entusiasmo e profunda emoção, apresentamos a edição brasileira de *Terapia do apego na prática*, de Sue Johnson. Nos últimos 40 anos, a pesquisa científica revelou quão cruciais são as relações para nossa saúde mental e nosso bem-estar. Em um mar de modelos psicoterapêuticos, a ideia de um novo *approach* pode parecer apenas mais uma tentativa de sistematizar a prática clínica. Mas, quando falamos de Sue Johnson e de sua terapia focada nas emoções (EFT), sabemos que estamos falando de algo profundamente diferente e revolucionário.

Sue Johnson, uma das figuras mais influentes e inovadoras na psicoterapia, dedicou sua vida a explorar e esclarecer a natureza das relações humanas, revolucionando o campo da terapia de casal e do apego adulto. Sua EFT é o modelo clínico considerado padrão-ouro para casais pela American Psychological Association (APA), e a eficácia dessa abordagem evidencia-se a partir de mais de 40 anos de pesquisa clínica, criando uma síntese única entre a teoria do apego, os modelos sistêmicos e a abordagem humanista-experiencial. A capacidade de Sue de integrar essas dimensões com uma clareza e profundidade sem iguais transformou a prática clínica no mundo todo.

Reconhecida como uma das maiores especialistas em psicologia do apego e relações românticas, Sue recebeu inúmeras honras por seu trabalho. Entre elas, a prestigiosa nomeação, em 2017, como Membro da Ordem do Canadá, a mais alta distinção civil do país. Cada página deste livro reflete sua dedicação e seu empenho em tornar as conexões emocionais uma prioridade na terapia.

Recentemente, enfrentamos o doloroso desafio de nos despedir de Sue Johnson, e esta tradução chega em um momento de profunda reflexão sobre seu extraordinário legado. Para mim, Giulia, sua perda foi uma ferida profunda. Tive o privilégio de ser sua aluna e de crescer sob sua orientação, que moldou não apenas minha carreira e minha visão sobre a psicoterapia, mas também meu crescimento pessoal, devido à conexão humana profunda que vivi com ela. A tristeza por essa perda é amenizada pela determinação de reconhecer e celebrar o movimento global que Sue criou com sua inovadora EFT. Fazer parte desse movimento e contribuir para a continuidade de seu legado profissional e científico, realizando, assim, seu sonho, é uma fonte de grande alegria e compromisso para mim. Sua visão continua a me inspirar e guiar, e me sinto honrada em dar continuidade ao trabalho que ela iniciou com tanta paixão e dedicação.

Também eu, Adriana, sou imensamente grata pela incrível oportunidade de ter ingressado no maravilhoso mundo EFT em um treinamento com Sue Johnson pessoalmente e aprender o modelo por meio de suas sábias e apaixonadas palavras. Esse encontro transformou profundamente minha abordagem profissional, infundindo-me uma nova força e determinação. Graças à inspiração e ao incentivo de Sue, iniciei um processo para trazer a EFT ao solo brasileiro,* difundindo, assim, o impacto de sua extraordinária visão também neste canto do mundo.

A base do trabalho de pesquisa de Johnson é o *corpus* das pesquisas sobre apego, uma teoria do desenvolvimento da personalidade bem documentada que prioriza a regulação das emoções e a conexão com as pessoas significativas em nossas vidas. A grande força dessa perspectiva reside na capacidade de conectar biologia e interação humana, iluminando as necessidades e os medos mais fundamentais da humanidade, e respondendo à antiga pergunta: "O que é o amor e por que é tão importante?". As percepções e a capacidade de Sue de traduzir conceitos complexos em práticas terapêuticas concretas tiveram um impacto profundo em nossa prática clínica e em nossa abordagem das relações humanas, e esperamos que assim seja para muitos outros terapeutas.

Sempre que (Giulia) encontrei Sue em nossas reuniões em Ottawa, fiquei impressionada com sua energia incansável e com sua dedicação em pesquisar para entender e tornar acessíveis ao grande público as descobertas sobre o amor. Seu trabalho mudou completamente a ideia de que o amor é algo incompreensível e inalcançável. Por meio de estudos científicos rigorosos, muitos dos quais baseados na análise de vídeos de sessões com casais, Sue conseguiu definir "os passos de dança" da relação amorosa, desenvolvendo uma verdadeira Ciência do Amor. Ela nos ensinou que, para salvar e enriquecer uma relação, é necessário restabelecer uma conexão emocional segura e preservar o vínculo de apego. Em

---

*Para mais informações, acesse https://eftsulbrasil.com.br/ e https://eftnordeste.com.br/.

seguida, ampliou isso para as dinâmicas familiares e para as danças internas do indivíduo, bem como para as inúmeras figuras de apego presentes, ausentes e perdidas durante a vida.

Este livro representa um extraordinário testemunho da enorme contribuição de Sue Johnson ao campo da psicoterapia. Não só apresenta a EFT como uma terapia para casais, mas amplia a intervenção clínica do modelo de Sue Johnson para o contexto individual e familiar, demonstrando como os princípios do apego podem ser aplicados a diferentes dinâmicas relacionais.

Nas próximas páginas, os leitores terão a oportunidade de explorar as três principais modalidades do modelo terapêutico de Sue Johnson: a terapia focada nas emoções (EFT, do inglês *emotionally focused therapy*) para casais, a terapia focada nas emoções para famílias (EFFT, do inglês *emotionally focused family therapy*) e a terapia focada nas emoções para indivíduos (EFIT, do inglês *emotionally focused individual therapy*). Essas modalidades oferecem ferramentas e técnicas específicas para trabalhar com emoções e relações em diferentes contextos, fornecendo uma orientação valiosa para terapeutas de todos os níveis de experiência e conhecimento da prática clínica.

Na primeira parte, o livro apresenta uma introdução envolvente aos princípios fundamentais da teoria do apego e da EFT. Johnson explica de maneira clara e acessível como as emoções e as conexões emocionais são essenciais para a construção e a manutenção de relacionamentos saudáveis. Com uma abordagem teórica sólida, a autora mostra como os vínculos emocionais influenciam a forma como nos relacionamos com os outros e como esses laços moldam nossas experiências de vida.

Na segunda parte, a obra se aprofunda na aplicação prática da EFT em sessões de terapia de casal. Aqui, Sue ilustra, com exemplos concretos e estudos de caso detalhados, como a EFT pode ser usada para restaurar e fortalecer a conexão emocional entre os parceiros. O leitor terá acesso a técnicas e estratégias práticas que são aplicáveis no consultório, aprendendo como ajudar casais a superar conflitos e a criar um vínculo mais profundo e duradouro.

A terceira parte do livro expande o escopo da EFT, explorando as variantes EFFT e EFIT. A autora oferece uma visão detalhada sobre como essas abordagens podem ser utilizadas para tratar famílias e indivíduos, fornecendo estratégias eficazes para curar feridas emocionais e construir laços seguros e significativos. O leitor encontrará ferramentas valiosas para trabalhar com diferentes tipos de clientes, promovendo o bem-estar emocional e a coesão familiar. Tudo com uma escrita acessível e rica em exemplos.

Sue Johnson transformou o panorama da psicoterapia e o fez com uma clareza e profundidade que mudaram a forma de trabalho dos terapeutas ao redor do mundo. Este livro não é apenas um texto para consulta, mas um guia precioso que oferece ferramentas concretas e cientificamente validadas para reconstruir e fortalecer as conexões emocionais. Cada página é um convite para descobrir como a EFT pode enriquecer e transformar a prática clínica, trazendo verdadeira cura e crescimento para as vidas das pessoas que assistimos.

Enfim, trata-se não apenas de um guia prático para terapeutas, mas também de uma homenagem ao trabalho visionário de Sue Johnson. Sua capacidade de unir teoria e prática, de tornar acessíveis conceitos complexos e de inspirar terapeutas e pacientes ao redor do mundo é um legado que continuará vivo por meio das páginas deste livro e do trabalho daqueles que, como nós, tiveram o privilégio de ser formados e inspirados por ela.

Aos nossos colegas, dizemos: mergulhem nestas páginas e se deixem inspirar pelo poder de uma abordagem que estimula uma verdadeira conexão emocional.

Com gratidão e respeito,

Giulia Altera e Adriana Zilberman

Prefácio

> *Oh, corpo balançando com a música, oh, olhar brilhante,*
> *Como podemos separar o dançarino da dança?*
> — **William Butler Yeats**

Eu tenho de escrever. Escrevo para tentar amarrar o caos do caleidoscópio em movimento da vida e mantê-lo parado por um momento. Faço anotações enquanto trabalho na terapia. Escrevo quando não tenho clareza de como dar sentido a uma experiência ou quando encontro algo especialmente significativo ou bonito. Preciso escrever sobre aquilo que meus clientes me ensinam nas minhas sessões — e eles sempre me ensinam algo. Por incrível que pareça, acho que cada sessão e cada reflexão escrita ainda são uma aventura, uma chance para entrar nesse território chamado ser humano. O que vou encontrar lá? Sempre algo que ainda não entendi realmente.

Como psicóloga, também tenho a chance de ser uma perpétua aluna, ouvindo todos os grandes nomes da psicologia e da psicoterapia compartilharem seus *insights* e suas conclusões e oferecerem suas sugestões sobre como nosso campo deve prosseguir durante o século XXI. Ensino terapeutas do mundo inteiro e ouço seus anseios, suas frustrações e seus dilemas. Assim, é natural que, ao longo da última década, tenha formado minha própria visão sobre o grande empreendimento chamado psicoterapia, sobre quais são nossos problemas e qual é o melhor caminho a seguir, e é natural que eu tenha de escrever agora sobre essa visão.

Estou cheia de esperança para a nossa profissão. Estamos aprendendo muito e de forma rápida, especialmente sobre relacionamentos íntimos e o papel que eles desempenham em quem somos e como nossas vidas se desenrolam — para o bem e para o mal. Também estou muito apreensiva, e tenho certeza de que algumas das razões ficarão claras no Capítulo 1.

Mais do que nunca, o mundo precisa de bons terapeutas. E bons terapeutas precisam de uma forma clara de enxergar os seres humanos, um mapa de suas batalhas e um caminho claro para orientar seus clientes em direção à integridade e à saúde. Quando estamos sãos e salvos, confiantes e esclarecidos, então podemos ajudar nossos clientes a voltar para casa dessa mesma forma.

Este livro oferece uma sinopse da teoria do apego como uma perspectiva de desenvolvimento abrangente sobre a personalidade e a regulação do afeto, apresentando as implicações dessa teoria para a prática geral da psicoterapia. Ele delineia as ligações claras entre a teoria do apego e o modelo humanístico experimental de intervenção (utilizando a terapia focada nas emoções [EFT] como um guia para seguir essas ligações). Também oferece uma abordagem integrativa para a avaliação e um esboço de como os *insights* do apego se traduzem em intervenção efetiva na terapia com indivíduos, casais e famílias. Capítulos individuais sobre cada modalidade ampliam essa discussão, esclarecida por capítulos clínicos que mostram intervenções em ação. No primeiro e, mais brevemente, no último capítulo, eu resumo a promessa da teoria e da ciência do apego para a prática da psicoterapia. Neste livro, o foco da intervenção é na depressão e na ansiedade — também chamadas de "transtornos emocionais".

Aqueles de vocês que conhecem meu trabalho não ficarão surpresos com meus argumentos ou minhas conclusões. O caminho a seguir é honrar tanto o coração relacional da prática da psicoterapia quanto a sabedoria de nossas emoções e sintonizar com a ciência do apego como um guia para nosso trabalho. A ciência do apego é sobre biologia, mas também é sobre senso comum — o que nossas intuições mais profundas sempre nos disseram. Trata-se, acima de tudo, daquilo que nos torna humanos — os nossos relacionamentos. Ter um senso positivo de conexão com os outros é a melhor e talvez a única maneira viável de ajudar os seres humanos a encontrar um lugar considerado "são e salvo".

Sumário

Apresentação à edição brasileira ix
Giulia Altera e Adriana Zilberman

Prefácio xiii

1 Apego: um guia essencial para a prática baseada na ciência 1

2 Teoria e ciência do apego como modelo para a mudança terapêutica 26

3 Intervenção: trabalhando com e utilizando as emoções para construir experiências e interações corretivas 47

4 Terapia focada nas emoções para indivíduos na perspectiva do apego: expandindo o sentido do *self* 79

5 Terapia individual focada nas emoções em ação 107

6 Chegar sãos e salvos na terapia de casais focada nas emoções 131

7 Terapia de casais focada nas emoções em ação 168

8	Restaurando vínculos familiares na terapia familiar focada nas emoções	187
9	Terapia familiar focada nas emoções em ação	214
10	Um posfácio: a promessa da ciência do apego	231

Apêndices

1	Medindo o apego	241
2	Fatores e princípios gerais em terapia	248
3	Terapia individual focada nas emoções e outros modelos empiricamente testados que incluem a perspectiva do apego	255
	Recursos	261
	Referências	263
	Índice	285

ID # 1

Apego: *um guia essencial para a prática baseada na ciência*

> *Os avanços mais empolgantes do século XXI não ocorrerão por causa da tecnologia, mas, sim, por um conceito em expansão do que significa ser humano.*
> — **John Naisbitt**

> *A proximidade com os recursos sociais diminui o custo de escalar as colinas literais e figurativas que enfrentamos, pois o cérebro interpreta os recursos* sociais *como recursos* bioenergéticos, *assim como o oxigênio ou a glicose.*
> — **James A. Coan e David A. Sbarra (2015, p. 87)**

Atualmente, há mais de mil nomes diferentes para abordagens de psicoterapia e 400 métodos de intervenção especificamente delineados (Garfield, 2006; Corsini & Wedding, 2008). Há também diversas "tribos" terapêuticas, cada uma com sua própria visão da realidade. As abordagens e os métodos variam muito na extensão de sua especificação, na profundidade da teoria em que se baseiam e no nível de suporte empírico que obtiveram. Além disso, há literalmente centenas de intervenções específicas em sessão para qualquer problema que um cliente possa apresentar. Essas intervenções muitas vezes são retratadas como curas rápidas para transtornos complexos, com foco na redução dos sintomas, mais do que em considerar a pessoa e o contexto em que esse sintoma emerge. Com todos esses métodos e técnicas por aí, supostamente possuindo pelo menos algum nível de rigor por trás, isso me parece uma receita perfeita para o caos em nossa área.

QUATRO CAMINHOS PARA SAIR DO CAOS

Diante do número crescente de "transtornos" (que proliferam a cada versão dos sistemas de classificação, como o *Manual diagnóstico e estatístico de transtornos mentais* [DSM]), modelos e intervenções, a necessidade de encontrar caminhos claros, gerais e parcimoniosos para treinamento e intervenção é óbvia. Quatro caminhos parecem ser promissores. O primeiro é o caminho do empirismo dedicado. Terapeutas conscientes são exortados a seguir o caminho da ciência, ler todas as pesquisas empíricas e, assim, escolher a melhor perspectiva, o melhor modelo e a melhor intervenção para o problema apresentado por cada cliente em determinado momento. Mesmo para o mais dedicado dos terapeutas, isso parece uma tarefa assustadora, se não impossível, sobretudo porque os manuais com protocolos de tratamento estão se tornando mais numerosos, complexos e difíceis de se compreender. Sob o empirismo dedicado, a prática da terapia torna-se uma prática de seguir um esboço cognitivo definido, e o terapeuta torna-se, primordialmente, um técnico.

O segundo caminho envolve o foco no processo de mudança na terapia. Aqui, a tentativa mais concreta de parcimônia parece ser a sugestão de que os terapeutas simplesmente foquem nos fatores comuns no processo de mudança na terapia, seja lá qual for e quem quer que eles estejam tentando mudar. A justificativa para essa orientação é que todos os tratamentos em grandes estudos de resultados parecem ser igualmente eficazes, de modo que modelos e intervenções específicas são intercambiáveis. Na verdade, essa generalização é infundada e se baseia em colocar muitos estudos diferentes, de qualidade variável, em uma sopa, chamada de metanálise, e chegar a resultados ruins, muitas vezes insignificantes. Na verdade, toda a ideia de efeitos intercambiáveis entre terapias parece ser um artefato da metodologia de avaliação (Budd & Hughes, 2009); diferentes terapias manualizadas geralmente compartilham uma grande quantidade de ingredientes ativos. Há também algumas áreas em que tratamentos específicos têm se mostrado mais apropriados e mais eficazes para determinados transtornos (Chambless & Ollendick, 2001; Johnson & Greenberg, 1985), embora não esteja claro se tais diferenças são mantidas no *follow-up* (Marcus, O'Connell, Norris, & Sawaqdeh, 2014).

Talvez as variáveis mais consideradas no estudo dos fatores gerais de mudança pareçam ser a qualidade da aliança com o terapeuta e o engajamento do cliente no processo de terapia. A promessa é que, se acertarmos nesses fatores gerais, automaticamente a tarefa da terapia — de criar mudanças — se tornará simples e manejável. Uma aliança positiva e a atenção à qualidade do engajamento do cliente provavelmente são necessárias para qualquer tipo de mudança; certamente são variáveis-chave que potencializam o processo de mudança.

No entanto, isso não é tudo quando se trata de intervenção. A quantidade de variância no resultado, explicada pela aliança com o terapeuta, foi calculada em torno de 10% (Horvath & Symonds, 1991; Horvath & Bedi, 2002). Além disso, os fatores gerais tornam-se menos gerais na sala de terapia. A aliança criada por um terapeuta humanista experiencial é a mesma moldada por um terapeuta cognitivo-comportamental? O conceito de engajamento do cliente parece ser mais promissor. No estudo do National Institute of Mental Health (NIMH) sobre depressão, Castonguay e colaboradores descobriram que mais engajamento/experiência emocional por parte dos clientes previu mudanças positivas em todos os modelos de terapia (Castonguay, Goldfried, Wiser, Raue, & Hayes, 1996), ao passo que um foco em pensamentos distorcidos à medida que se ligam a emoções negativas (conforme exemplificado pela terapia cognitivo-comportamental clássica [TCC]) previu, na realidade, mais sintomas depressivos após a terapia. É claro que o nível de engajamento considerado suficiente para a mudança certamente variará dependendo dos objetivos de um modelo particular de terapia.

Um terceiro caminho proposto para alcançar clareza e eficiência em nosso campo é focar em pontos comuns nos problemas que os clientes nos trazem. A promessa aqui é que podemos integrar áreas de intervenção focadas na chamada estrutura latente de, por exemplo, transtornos emocionais (como transtorno de pânico, transtorno de ansiedade generalizada e depressão), vendo todos esses problemas como uma *síndrome do afeto negativo* mais geral. Os terapeutas, então, podem trabalhar na modificação de um pequeno número de sintomas-chave, empiricamente delineados, desse mal-estar geral. A síndrome do afeto negativo, por exemplo, pode ser definida como uma sensibilidade exagerada à ameaça, uma evitação habitual de situações assustadoras e maneiras negativas automáticas de responder ou agir ante gatilhos (Barlow, Allen, & Choate, 2004). A mudança nada mais é do que ajudar os clientes a reavaliar tais ameaças e reduzir a catastrofização, o que lhes torna possível modificar sua habitual evitação de situações assustadoras (o que tem impedido novos aprendizados e, paradoxalmente, mantido sua ansiedade). Deve, então, ser possível persuadir o cliente a realmente responder de maneira diferente quando exposto a um gatilho negativo. É claro que as melhores formas de "persuadir" e "reavaliar" ainda não estão claras.

Um quarto caminho é focar nos processos subjacentes, não apenas no desenvolvimento de um transtorno, mas em como é o funcionamento da pessoa quando prospera e quando está disfuncional. Isso equivale a uma orientação ampla de como os seres humanos continuamente constroem um senso de si mesmos, fazem escolhas e se relacionam com os outros. A partir desse ponto de vista, entendemos por que a psicoterapia tem evoluído, não apenas em termos de seguir intervenções baseadas em evidências específicas, aprendendo elementos gerais comuns na terapia e catalogando descrições de problemas do cliente, todas úteis, mas também a partir de modelos gerais do funcionamento humano, isto é, de tentativas de retratar e entender simplesmente que tipo de criatura é o ser humano. Tais modelos oferecem aos terapeutas definições gerais de saúde e funcionamento positivo, disfunção e sofrimento que vão muito além dos transtornos delineados nos sistemas formais de classificação (como o DSM ou a *Classificação internacional de doenças* [CID]). O mais atual e robusto desses modelos exige que a terapia se concentre na pessoa inteira e em seu contexto de vida. Esses modelos convidam que o formato da terapia se amplie para abranger o crescimento e o desenvolvimento ótimo da personalidade, em vez de focar estritamente no alívio de um ou mais sintomas específicos. Um modelo conceitual amplo nos permite situar descrições de transtornos e de elementos centrais de mudança em um quadro explicativo integrado. A partir desse quadro, podemos avaliar os pontos fortes e fracos dos clientes e decidir a melhor forma de nos engajarmos com eles. Também podemos avaliar quais mudanças realmente importam e têm probabilidade de durar. Todos os modelos de terapia são baseados em algum tipo de modelo implícito de funcionamento humano, mas estes frequentemente são vagos ou não são examinados. O modelo cognitivo-comportamental da terapia de casal, por exemplo, baseia-se em um modelo econômico racional de relacionamentos íntimos, no qual a negociação habilidosa prediz a satisfação no relacionamento. A terapia de casal focada nas emoções, por outro lado, é baseada em um modelo de relacionamentos que prioriza a emoção e os processos de vínculo e considera a responsividade emocional como o principal ingrediente para a satisfação e a estabilidade.

Nenhuma perspectiva ou modelo único pode capturar a riqueza e a complexidade de uma vida humana; como disse Einstein: "infelizmente, nossa teoria é muito pobre para a experiência". No entanto, para que os clínicos operem de maneira eficiente e efetiva, precisamos de uma teoria coesa, baseada na ciência dos fundamentos do funcionamento humano, que seja capaz de abranger as disfunções emocionais, cognitivas, comportamentais e interpessoais. Essa teoria deve ser aplicada em todas as modalidades de terapias com indivíduos, casais e famílias, e deve oferecer os três fundamentos de qualquer empreendimento científico: descrição sistemática baseada na observação e no delineamento de padrões; previsões conectando um fator a outro; e um quadro explicativo geral, o qual deve ser apoiado por um grande corpo de pesquisa colaborativo. Ela deve ser convincente e falseável no seu retrato do funcionamento ótimo e da resiliência, do desenvolvimento e do crescimento de uma pessoa ao longo do tempo, da disfunção e da forma como se perpetua e das condições necessárias e suficientes para uma mudança duradoura e significativa.

Especificamente, a psicoterapia precisa de uma teoria (ou um caminho ou um mapa) que nos oriente a ajudar as pessoas a mudarem no nível das variáveis organizadoras centrais, tais como a forma com que a emoção é habitualmente regulada, como as principais cognições orientadoras sobre si mesmo e sobre o outro são estruturadas e processadas e como são moldados os comportamentos e as relações com os outros fundamentais. Essa teoria tem de avançar além do intrapsíquico, precisa conectar o *self* e o sistema, as realidades intrapsíquicas individuais e os padrões interacionais de forma parcimoniosa e sistemática. Precisa corresponder às novas pesquisas de ponta em neurociência e às evidências de que somos, mais do que qualquer outra coisa, animais sociais devotados em nossa conexão com os outros.

TEORIA DO APEGO: QUEM SOMOS E COMO VIVEMOS

Sustento que há apenas um candidato que chega perto de preencher esses critérios, que é a teoria do desenvolvimento da personalidade denominada teoria do apego, conforme delineada por John Bowlby (1969, 1988). Embora inicialmente a teoria do apego tenha sido apresentada em termos de desenvolvimento na primeira infância, ela tem sido estendida, sobretudo nos últimos anos, para adultos e relacionamentos entre adultos. Como apontam Rholes e Simpson (2015, p. 1), "poucas teorias e áreas de pesquisa foram mais produtivas durante a última década do que o campo do apego... A enxurrada de pesquisas que se seguiram e que agora apoiam os maiores princípios da teoria do apego estão entre as conquistas mais importantes das ciências psicológicas modernas". Além disso, a ciência do apego está em consonância com a pesquisa atual dos campos da neurociência, psicologia social, psicologia da saúde e psicologia clínica, cuja mensagem central é que somos, antes de tudo, uma espécie social, relacional e vincular. Ao longo da vida, a necessidade de conexão com os outros molda nossa arquitetura neural, nossas respostas ao estresse, nossas vidas emocionais cotidianas e os dramas e os dilemas interpessoais que estão no centro dessas vidas.

Recentemente, a teoria do apego foi proposta de maneira explícita por Magnavita e Anchin (2014) como base para uma abordagem unificada da psicoterapia. Esses autores sugerem que essa teoria constitui o tão almejado "Santo Graal" que finalmente permite uma abordagem coesa para uma ampla gama de transtornos psicológicos e aborda a mudança de caráter e o alívio permanente de sintomas. Outros sugeriram recentemente que a teoria do apego oferece uma base sólida para a intervenção em uma série de modalidades específicas, como a psicoterapia individual (Costello, 2013; Fosha, 2000; Wallin, 2007), a terapia de casal (Johnson & Whiffen, 2003; Johnson, 2002, 2004) e a terapia familiar (Johnson, 2004; Furrow, Palmer, Johnson, Faller, & Palmer-Olson, no prelo; Hughes,

2007). Todos esses autores enfatizam a natureza essencialmente integrativa da ciência e da teoria do apego e que essa perspectiva nos permite ir além da compartimentalização e da fragmentação, que E. O. Wilson nomeia "consiliência" (1998). Esse termo surge da antiga crença grega de que o cosmos é ordenado, e que essa ordem pode ser descoberta e sistematicamente estabelecida em uma série de regras e processos em interação. Essas regras surgem da convergência de evidências extraídas de diferentes conjuntos de fenômenos e se unem para nos dar representações viáveis para nosso mundo e para nós mesmos.

PRINCÍPIOS DA TEORIA DO APEGO

Então, quais são os princípios básicos da moderna teoria do apego que evoluíram a partir do primeiro modelo tão brilhantemente delineado por John Bowlby (Bowlby, 1969, 1973, 1980, 1988) e desenvolvidos ainda mais por psicólogos sociais em anos mais recentes (Cassidy & Shaver, 2008; Mikulincer & Barbeador, 2016)? Listarei 10, mas, primeiro, observe três fatos gerais sobre essa perspectiva. Em primeiro lugar, o apego é fundamentalmente uma teoria interpessoal, que coloca o indivíduo no contexto de seus relacionamentos mais próximos com os outros; vê a humanidade não apenas como basicamente social, mas também como *Homo vinculum* — aquele que se vincula. O vínculo com os outros é visto como a estratégia de sobrevivência mais intrinsecamente essencial para os seres humanos. Em segundo lugar, essa teoria está basicamente preocupada com a emoção e sua regulação e, particularmente, privilegia o significado do medo. O medo é visto não apenas em termos de ansiedades cotidianas, mas também em um nível existencial, como refletindo questões nucleares de desamparo e vulnerabilidade, isto é, como reflexo das preocupações de sobrevivência em relação a morte, isolamento, solidão e perda. Um fator-chave na saúde mental e no bem-estar é se esses fatores podem ser tratados de maneira que se aumente a vitalidade e a resiliência. Em terceiro lugar, é uma teoria do desenvolvimento, ou seja, preocupa-se com o crescimento e a adaptabilidade flexível e com os fatores que bloqueiam ou potencializam essa adaptabilidade. A teoria do vínculo pressupõe que a conexão estreita com outras pessoas confiáveis é o nicho ecológico no qual o cérebro humano, o sistema nervoso e os principais padrões comportamentais evoluíram, sendo o contexto no qual podemos evoluir para o nosso melhor *self*.

Em termos simples, os 10 princípios nucleares da teoria e ciência do apego são:

1. Do berço ao túmulo, o ser humano está preparado para buscar não apenas o contato social, como também a proximidade física e emocional com outras pessoas especiais que são consideradas insubstituíveis. O desejo

por uma "sensação sentida no corpo"* (ou "*felt sense*") de conexão com outras pessoas-chave da nossa vida é primordial em termos da hierarquia de objetivos e necessidades humanas. Os humanos estão mais conscientes dessa necessidade inata de conexão em momentos de ameaça, risco, dor ou incerteza. As ameaças que acionam o sistema de apego podem ser externas ou internas, por exemplo, interpretações preocupantes de rejeição por entes queridos, imagens negativas ou lembretes concretos da nossa própria mortalidade (Mikulincer, Birnbaum, Woddis, & Nachmias, 2000; Mikulincer & Florian, 2000). Nos relacionamentos, a vulnerabilidade compartilhada cria vínculos, justamente porque traz à tona as necessidades de apego para um senso de conexão e conforto e incentiva a busca pelos outros.

2. A conexão física e/ou emocional previsível com uma figura humana de apego, frequentemente um dos pais, os irmãos, um(a) amigo(a) íntimo(a) de longa data, um(a) companheiro(a) ou uma figura espiritual, acalma o sistema nervoso e molda uma sensação física e mental de *porto seguro*, em que o conforto e a segurança podem ser obtidos de forma confiável e o equilíbrio emocional pode ser restaurado ou aprimorado. A responsividade dos outros, sobretudo quando somos jovens, ajusta o sistema nervoso para ser menos sensível à ameaça e cria expectativas de um mundo relativamente seguro e manejável.

3. Esse equilíbrio emocional promove o desenvolvimento de um senso de *self* sólido, positivo e integrado, bem como a habilidade de organizar a experiência interna em um todo coerente. Esse senso sólido do *self* também facilita a expressão congruente de necessidades das figuras de apego; tais expressões provavelmente resultarão em tentativas de conexão mais bem-sucedidas, as quais continuarão a construir modelos positivos de outras pessoas próximas como fontes acessíveis de apoio.

4. A sensação de poder depender de um ente querido cria uma *base segura* — uma plataforma a partir da qual se pode sair para o mundo, correr riscos e explorar e desenvolver um senso de competência e autonomia. Essa *dependência eficaz* é uma fonte de força e resiliência, já a negação das necessidades de apego e a pseudoautossuficiência são deficiências. Ser capaz de buscar e depender de outras pessoas confiáveis e internalizar

---

*N. de R.T. Uma outra tradução seria "sensação corporal". No contexto da psicoterapia, o *"felt sense"* é frequentemente usado para descrever a experiência corporal profunda de uma emoção ou um sentimento, motivo para nossa opção por "sensação sentida no corpo", enfatizando o aspecto corporal da experiência, a consciência de sentir essa emoção, a experiencialidade essencial para o *"felt sense"*. Outra tradução possível seria "sensação corporal da emoção".

uma "sensação corporal" de conexão segura com os outros é o recurso essencial que permite que nossa espécie sobreviva e prospere em um mundo incerto.

5. Os fatores essenciais que definem a qualidade e a segurança de um vínculo de apego são *acessibilidade, responsividade* e *engajamento emocional* perceptíveis das figuras de apego. Esses fatores podem ser traduzidos para a sigla A.R.E. (No trabalho clínico, uso A.R.E.* como abreviação para a pergunta-chave que surge no conflito entre casais: "Você está aí para mim?")

6. O sofrimento pela separação surge quando um vínculo de apego é ameaçado ou uma conexão segura é perdida. Há outros tipos de laços emocionais baseados em atividades compartilhadas ou em respeito, que, quando são rompidos, podem provocar um grande sofrimento. No entanto, esse sofrimento não tem a mesma intensidade ou o mesmo significado de quando um vínculo de apego é colocado em xeque. O isolamento emocional e físico das figuras de apego é inerentemente traumatizante para o ser humano, trazendo consigo uma sensação exacerbada, não apenas de vulnerabilidade e perigo, mas também de desamparo (Mikulincer, Shaver, & Pereg, 2003).

7. A conexão segura é uma função das principais interações nos relacionamentos significativos e na forma como os indivíduos *codificam padrões de interação em modelos mentais* ou protocolos de resposta. A sensação de segurança geral do apego não é um traço fixo de caráter, ela muda quando ocorrem novas experiências que permitem revisar os modelos internos de funcionamento cognitivos do apego e suas estratégias de regulação emocional associadas (Davila, Karney, & Bradbury, 1999). Portanto, é possível ser inseguro em um relacionamento, mas seguro em outro. Os modelos internos de funcionamento preocupam-se sobretudo com a confiabilidade dos outros e o direito ao cuidado — isto é, a aceitabilidade do *self*. Ambos perguntam: "Posso contar com você?" e "Eu sou digno do seu amor?". Envolvem conjuntos de expectativas, vieses perceptivos automáticos, que desencadeiam emoções, memórias episódicas, crenças e atitudes, e conhecimento procedural implícito sobre como conduzir relacionamentos íntimos (Collins & Read, 1994). Esses modelos, em sua forma mais rígida e automática, podem distorcer as percepções nas interações e, desse modo, enviesar as respostas. Elas são vividas como realidade, como "do jeito que as coisas são", e não como construídas.

---

*N. de R.T. A.R.E. é o acrônimo utilizado que deriva da pergunta em inglês: "*Are you there for me?*" ("Você está aí para mim?")

8. As pessoas que têm apego seguro se sentem confortáveis com a proximidade e a necessidade de outras pessoas. Suas principais estratégias de apego são, então, reconhecer suas necessidades de apego e buscar apoio congruentemente (p. ex., combinar sinais verbais e não verbais em um todo claro) em uma tentativa para que uma figura de apego estabeleça ou mantenha contato. Quando essa figura responde, essa resposta é convincente e bem recebida, acalmando o sistema nervoso daquele que buscou a conexão. Ao fornecer uma estratégia tão eficaz a alguém, a segurança do apego parece amortecer o estresse e potencializar o enfrentamento positivo ao longo da vida.

9. Se outros, quando necessários, foram percebidos como inacessíveis, não responsivos, ou mesmo ameaçadores, então são adotados modelos e estratégias secundárias. Esses modelos inseguros secundários podem se manifestar por formas vigilantes, hiperativadas e ansiosas de se envolver com os outros e regular as emoções de apego ou de estratégias evitativas, despreocupadas e desativadas. O primeiro desses modelos secundários, o apego ansioso, é caracterizado pela sensibilidade a quaisquer mensagens negativas vindas de outras pessoas significativas e por respostas de "luta" destinadas a protestar contra a distância e fazer com que uma figura de apego preste mais atenção e ofereça um apoio mais tranquilizador. Por outro lado, as respostas esquivas desativadas, o modelo seguinte, são respostas de "fuga" designadas para minimizar a frustração e o sofrimento por meio do distanciamento de entes queridos vistos como hostis, perigosos ou indiferentes. As necessidades de apego são então minimizadas, e a autossuficiência compulsiva torna-se a ordem do dia. Assim, a vulnerabilidade do próprio *self* ou a vulnerabilidade percebida nos outros desencadeia comportamentos de distanciamento. Todas as pessoas usam estratégias de luta ou fuga nos relacionamentos em alguns momentos, de modo que, por si só, estas não são disfuncionais. Entretanto, elas podem se tornar generalizadas e habituais, enrijecendo-se em um estilo que acaba restringindo a consciência e as escolhas da pessoa e limitando sua capacidade de se engajar construtivamente com os outros.

Um terceiro tipo de modelo secundário surge quando uma pessoa foi traumatizada por uma figura de apego. Ele ou ela está, então, em uma situação paradoxal, na qual entes queridos são tanto a fonte quanto a solução para o medo. Nessas circunstâncias, com frequência essa pessoa vacila entre o desejo e o medo, exigindo conexão e depois distanciamento, e até atacando quando a conexão é oferecida. Esse tipo de resposta é chamado de apego desorganizado nas crianças, mas é denominado apego evitativo temeroso (Bartholomew & Horowitz, 1991) em adultos e está associado a um sofrimento especialmente alto em relacionamentos adultos.

Os conceitos psicodinâmicos de ambivalência interna, conflito e bloqueios defensivos são essenciais para que se compreenda os modelos secundários (e estratégias inseguras) descritos anteriormente. Crianças evitativas em pesquisas infantis podem parecer calmas e contidas, mas, na verdade, são altamente agitadas pela separação de suas mães. Da mesma forma, parceiros(as) adultos(as) evitativos(as) mostram pouco sofrimento emocional explícito ou necessidade de outros, mas as evidências revelam que existem altos níveis de sofrimento de apego para eles, seja em níveis mais profundos ou menos conscientes (Shaver & Mikulincer, 2002). Indivíduos evitativos também são menos capazes de confiar e se beneficiar do maior recurso que temos para lidar com nossa vulnerabilidade ao estresse e à ameaça, a conexão segura com pessoas significativas (Selchuk, Zayas, Gunaydin, Hazan, & Kross, 2012).

10. Em comparação com o apego criança–pais, os laços entre adultos são mais recíprocos e não tão dependentes da proximidade física; representações cognitivas de uma figura de apego podem ser efetivamente evocadas para criar proximidade simbólica. Bowlby também identificou outros dois sistemas comportamentais nas relações íntimas (sobretudo nas relações adultas) além do apego: o cuidado e a sexualidade. Estes são sistemas separados; no entanto, eles agem em conjunto com o apego, que é considerado primário — ou seja, os processos de apego preparam o terreno e organizam as principais características desses outros sistemas. O apego seguro e o equilíbrio emocional resultante dessa segurança estão associados a uma atenção mais sintonizada com outro adulto e a um cuidado mais responsivo. Essa segurança é mantida, é claro, em uma sequência contínua, não em um estado estacionário constante, mas varia, em certo grau, em relacionamentos e situações específicas.

A segurança também está associada a níveis mais altos de excitação, intimidade e prazer e maior satisfação sexual nos relacionamentos (Birnbaum, 2007). O sexo, uma atividade vincular nos humanos, tem uma assinatura emocional que varia com diferentes estilos de apego e as estratégias para lidar com as emoções e se conectar com outras pessoas que acompanham esses estilos. Indivíduos com apego mais evitativo tendem a separar sexo e amor, concentrando-se na sensação e no desempenho em encontros sexuais, ao passo que as pessoas com apego mais ansioso focam no afeto e no sexo como prova de amor, mais do que nos aspectos eróticos da sexualidade (Mikulincer & Shaver, 2016; Johnson, 2017a).

O IMPACTO DA CONEXÃO SEGURA NA SAÚDE MENTAL

O apego seguro, como estilo ou estratégia de engajamento habitual, tem sido associado, em pesquisas sistemáticas, a quase todos os índices positivos de saúde mental e bem-estar geral delineados nas ciências sociais (Mikulincer & Shaver, 2016). Em nível individual, esses índices incluem resiliência ante dificuldades, otimismo, autoestima alta, confiança e curiosidade, tolerância às diferenças humanas, senso de pertencimento e capacidade de autorrevelar-se e ser assertivo, tolerar ambiguidade, regular emoções difíceis, engajar-se em metacognição reflexiva e compreender diferentes perspectivas (Jurist & Meehan, 2009). Os elementos essenciais desse quadro são a capacidade de regular o afeto de forma efetiva, de modo a manter o equilíbrio emocional, a capacidade de processar informações em um todo integrado coerente e a capacidade de manter um senso de confiança em si mesmo que promove uma ação decisiva. Mesmo diante de traumas, como o evento de 11 de setembro, o apego seguro parece não apenas atenuar os efeitos de tal experiência, mas também fomentar o crescimento pós--traumático (Fraley, Fazzari, Bonanno, & Dekel, 2006).

Em nível interpessoal, esses índices incluem uma capacidade de sintonia sensível com os outros, responsividade empática, compaixão, abertura para pessoas percebidas como diferentes de si mesmo(a) e uma tendência à ação altruísta. Quando conseguimos manter nosso equilíbrio emocional, pesquisas indicam que somos simplesmente melhores em captar, de forma sensível, as dicas e a necessidade de apoio de outra pessoa e, então, responder de maneira carinhosa, de modo que ela possa assimilar e aceitar. Quando estamos seguros, temos mais atenção focada e mais recursos para oferecer aos outros. Em contrapartida, pessoas com apego mais ansioso tendem a se preocupar em administrar o próprio sofrimento ou oferecem cuidados que não se adequam às necessidades do outro. Indivíduos evitativos desconsideram suas próprias necessidades e as dos outros, expressando menos empatia e apoio recíproco. Eles tendem a se afastar da vulnerabilidade em si mesmos e nos outros.

Quando temos um porto seguro e uma base segura com pessoas queridas, também somos melhores em lidar com diferenças e conflitos. Uma conexão segura molda seres humanos equilibrados e ajustados que, dessa forma, têm melhor relacionamento com pessoas queridas e amigos(as), promovendo, assim, saúde mental e ajustes contínuos, além da maior capacidade de se relacionar com os outros.

Para os propósitos deste livro, é especialmente importante observar o impacto do apego seguro na regulação emocional, no ajustamento social e na saúde mental. Essas eram as principais preocupações de Bowlby. Em termos de saúde mental, é visível que a insegurança no apego aumenta a vulnerabilidade aos dois problemas mais comumente abordados na terapia, ou seja, depressão e ansiedade. Exatamente como esse processo ocorre depende da individualidade do cliente, mas, em geral, para o(a) cientista do apego, inicia-se com o processo de regulação emocional. Pessoas seguras são mais capazes de acessar e se manter engajadas com emoções difíceis, sem medo de perder o controle ou ficar sobrecarregadas. Elas não precisam alterar, bloquear ou negar essas emoções e, portanto, podem usá-las de forma adaptativa para se orientar em seu mundo e se mover em direção à realização de suas necessidades e de seus objetivos. Também podem se recuperar mais rapidamente de sentimentos negativos, como tristeza e raiva (Sbarra, 2006). Gosto de pensar na regulação efetiva do afeto como *um processo de mover-se com e através de uma emoção, em vez de intensificá-la ou suprimi--la reativamente, para então ser capaz de usar essa emoção para dar direção à sua vida.*

Por outro lado, fica claro que a insegurança é um fator de risco significativo para a falta de ajustamento. O apego ansioso e o evitativo temeroso estão particularmente associados à vulnerabilidade à depressão e a várias formas de transtornos por estresse e ansiedade, incluindo transtorno de estresse pós-traumático (TEPT), transtorno obsessivo-compulsivo (TOC) e transtorno de ansiedade generalizada (TAG) (Ein-Dor & Doron, 2015). A gravidade dos sintomas de depressão tem sido associada ao apego inseguro em mais de 100 estudos. Se examinarmos diferentes formas de depressão, o apego ansioso parece estar relacionado a formas mais interpessoais, caracterizadas por um sentimento de perda, solidão, abandono e desamparo, ao passo que o apego evitativo está associado aos tipos de depressão orientados para a realização, caracterizados por perfeccionismo, autocrítica e autossuficiência compulsiva (Mikulincer & Shaver, 2016; ver tabelas de estudos nas pp. 407-415). A insegurança do apego também está relacionada a muitos transtornos da personalidade — o transtorno de personalidade *borderline* está especialmente associado ao apego ansioso extremo, e os transtornos de personalidade esquizoide e esquiva, ao apego evitativo despreocupado. A insegurança também tem sido associada a transtornos externalizantes, como transtornos de conduta em adolescentes, tendências antissociais e adições em adultos (Krueger & Markon, 2011; Landau-North, Johnson, & Dalgleish, 2011).

A literatura relacionando processos de apego e TEPT é especificamente fascinante. A gravidade dos sintomas de TEPT em pacientes após uma cirurgia cardíaca (Parmigiani et al., 2013), entre veteranos militares israelenses e prisioneiros de guerra (Dekel, Solomon, Ginzburg, & Neria, 2004; Mikulincer, Ein-Dor, Solomon, & Shaver, 2011) e em indivíduos que foram abusados sexual ou fisicamente quando crianças tem sido associada a altos níveis de apego inseguro (Ortigo, Westen, DeFife, & Bradley, 2013). Um estudo prospectivo mostrou, recentemente, uma clara ligação causal entre os processos de apego e o desenvolvimento de TEPT (Mikulincer, Shaver, & Horesh, 2006). Descobriu-se que a gravidade dos sintomas de intrusão e evitação do TEPT após a guerra Estados Unidos–Iraque de 2003 foi moldada pelos níveis de segurança de apego medidos antes da eclosão das hostilidades. As pessoas com apego ansioso mostraram mais sintomas intrusivos, e as pessoas evitativas, mais sintomas de evitação relacionados à guerra. Há evidências de que uma abordagem de terapia de casal orientada ao apego pode ajudar sobreviventes de trauma, incluindo aqueles abusados por figuras de apego na infância, a construir relacionamentos satisfatórios (Dalton, Greenman, Classen & Johnson, 2013) e de que, quando essa abordagem é usada, os sintomas de trauma parecem diminuir (Naaman, 2008; MacIntosh e Johnson, 2008). Enfrentarmos dragões juntos(as) é totalmente diferente de enfrentarmos dragões sozinhos(as)!

Tanto John Bowlby (1969) quanto Carl Rogers (1961) acreditavam no desejo inato do cliente de seguir em direção à saúde. A imagem de saúde que surge da ciência do apego se encaixa muito bem com o que Rogers, uma figura-chave na história da psicoterapia e no desenvolvimento do modelo humanista de intervenção, chamou de vivência existencial (1961), ou seja, uma *abertura* ao fluxo da experiência e do viver cada momento plenamente. As características centrais de uma pessoa plenamente funcional são, segundo Rogers, a *confiança orgânica*, que envolve legitimar e afirmar a validade da própria experiência interior e utilizá-la como guia para a ação; a *liberdade experiencial*, a qual envolve ser capaz de escolher ativamente diferentes cursos de ação e assumir a responsabilidade por essas escolhas; e a *criatividade*, que envolve ser flexível e aberto(a) o suficiente para abraçar o novo e gerar crescimento. Rogers concluiu que uma "pessoa plenamente funcional" experimenta maior alcance, variedade e riqueza na vida, essencialmente porque "eles(elas) têm essa confiança subjacente em si mesmos(as) como instrumentos confiáveis para enfrentar a vida" (p. 195). Essa confiança é a dádiva oferecida pela conexão segura com os outros. As evidências de efeitos positivos abrangentes e os perigos inerentes à desconexão crônica são consideráveis.

Dessa forma, não fico surpresa quando vejo uma mudança dramática em Adam, meu cliente na terapia familiar. Há apenas três sessões, Adam parecia ser o resumo de um adolescente hostil, evitativo e delinquente. Contudo, um momento depois que seu pai, Steve, o procurou abertamente e chorou com seu próprio sentimento de perda e sensação de fracasso em relação a seu filho, Adam lhe disse:

"Bem, eu estava irritado o tempo todo. Eu me sentia inútil, um patético perdedor, e parecia que você me via assim também. Então, não adiantava fazer nada. Por que me incomodar? Mas, quando a gente pode ser assim, ainda mais próximo, aí eu começo a pensar que você me quer como seu filho. De alguma forma, isso me ajuda a lidar com meus sentimentos e não ficar tão sobrecarregado e com tanta raiva o tempo todo. Isso muda tudo. É como se eu tivesse importância para você. Eu disse à mãe, outro dia, que agora talvez eu possa mudar as coisas. Talvez eu possa aprender e ser a pessoa que eu quero ser."

CONCEITOS EQUIVOCADOS COMUNS SOBRE APEGO

Talvez porque a teoria do apego tenha se desenvolvido e sido consistentemente refinada ao longo de várias décadas, e porque a primeira pesquisa se focou nos vínculos mãe-bebê, há uma série de conceitos equivocados comuns que surgem, com frequência, quando os profissionais de saúde mental se referem ao apego adulto. Esses conceitos se enquadram em quatro grandes áreas temáticas.

Dependência: construtiva ou destrutiva?

Durante muitos anos, a psicologia do desenvolvimento descreveu a transição para a idade adulta em termos de rejeição da necessidade dos outros e da capacidade de definir o *self* e agir de forma independente. Nos círculos clínicos, a dependência, infelizmente, tornou-se associada a uma série de comportamentos disfuncionais que os teóricos do apego caracterizaram como formas um tanto extremas de apego ansioso, surgindo em um contexto no qual os medos de apego estão constantemente sendo acionados. Rótulos como emaranhamento, codependência e falta de individuação foram, e ainda são, utilizados para descrever uma série de comportamentos na prática clínica. De fato, a teoria do apego postula que os seres humanos se definem *com* os outros, não *a partir* dos outros, e que a negação da necessidade de conexão apoiadora com esses outros é um impedimento para o crescimento e a adaptação, em vez de uma força.

Uma contribuição-chave da teoria do apego é o conceito de que uma base segura com os outros aumenta um forte senso de *self*, autoeficácia e resiliência ao estresse. A conexão segura permite o crescimento de uma dependência efetiva e construtiva, em que os outros podem ser um recurso valioso que nutre um senso positivo, articulado e coerente de *self*. Inúmeros estudos sobre vínculos entre pais e filhos e entre adultos evidenciam a relação entre a conexão com pessoas confiáveis e a capacidade de definir seu *self* dessa mesma maneira (p. ex., Mikulincer, 1995). Tanto as pessoas com apego ansioso quanto as com apego evitativo frequentemente adotam uma postura controladora em relação aos outros; as primeiras podem ter dificuldade em afirmar-se de maneira direta, mas usam altos níveis de crítica ou de reclamação, já as outras geralmente adotam uma postura mais diretamente dominante (ver Mikulincer & Shaver, 2016, pp. 273-274, para um resumo dos estudos sobre adultos).

Como afirmam Mikulincer e Shaver (2016, p. 143) em seu livro pioneiro sobre apego em adultos,

> Quando se está sofrendo ou preocupado, é útil buscar conforto nos outros; quando o sofrimento é aliviado, é possível engajar-se em outras atividades e encontrar outras prioridades. Quando as relações de apego funcionam bem, uma pessoa aprende que a distância e a autonomia são completamente compatíveis com a proximidade e a confiança nos outros.

O ponto aqui é que não há conflito entre autonomia e vinculação.

A conexão segura promove a capacidade de deparar-se com o desconhecido de modo confiante. O modelo de base segura é como um roteiro que estabelece expectativas específicas "se isso, então aquilo" que ampliam a exploração (Feeney, 2007). Costumo usar um exemplo pessoal para ilustrar esse ponto. De que forma meu próprio apego seguro com meu pai me ajudou a decidir, como uma jovem de 22 anos, a deixar a Inglaterra e cruzar o Atlântico para o Canadá, onde eu não conhecia ninguém e tinha apenas uma vaga ideia de como sobreviveria? Primeiro, a acessibilidade e a responsividade de meu pai moldaram minha percepção dos outros como confiáveis e minha crença de que, como eu poderia contar com os outros quando necessário, o mundo era basicamente um lugar seguro. A conexão com ele e sua validação ao longo dos anos também aumentaram meu senso de competência e de confiança. Ele aceitava meus erros e minhas lutas de forma consistente e respondia às minhas incertezas com segurança e conforto, ensinando-me que eu poderia sobreviver à incerteza e ao fracasso. Mais do que isso, ele me garantiu que, se eu achasse a vida na América do Norte muito difícil, ele daria um jeito para que eu pudesse voltar para casa com ele. Ele me ensinou que riscos eram manejáveis.

Em nível mais geral, esse foco na função da base segura do apego dá à teoria do apego uma relevância crucial fora das áreas tradicionais mais claramente associadas aos vínculos entre pais e filhos. Alguns terapeutas têm minimizado o apego, sugerindo que suas únicas funções são a simples proteção e o controle do medo em momentos de ameaça; concluindo, assim, que a teoria do apego é menos relevante para adultos. O conceito de base segura descreve como um senso contínuo de segurança com pessoas significativas propicia uma plataforma para desenvolvimento, crescimento e resiliência ótimos *ao longo da vida*, bem como a capacidade de manter o equilíbrio emocional e lidar com competência com o estresse nas crises inevitáveis e transições na vida. Confiantes de que o apoio estará disponível, indivíduos seguros são capazes de assumir riscos calculados e aceitar os desafios que levam à autorrealização. Eles também literalmente têm mais recursos à mão, de modo que podem dedicar sua atenção e energia, que, de outra forma, seriam utilizadas a serviço de manobras protetoras e defensivas, para o crescimento pessoal.

Modelos: fixado ou flexível?

Um segundo equívoco aparentemente comum sobre a teoria do apego é que ela é determinista, que se preocupa quase de maneira exclusiva com a forma como o passado, especificamente a história da pessoa com sua família de origem, dita a personalidade da pessoa e, portanto, prevê o futuro dela. Com frequência, Bowlby é associado a perspectivas analíticas e de relações de objeto, abordagens que enfatizam como as relações iniciais estruturam modelos inconscientes que depois se desenrolam na vida futura do cliente. No entanto, Bowlby usou o adjetivo "funcional" quando falou de tais modelos e sugeriu que todos eles podem ser adaptativos em contextos específicos, desde que permaneçam fluidos e possam ser revisados quando apropriado. Ao longo dos anos, tornou-se mais claro que esses modelos são mais fluidos do que os primeiros teóricos do apego sugeriam, e pode-se esperar que mudem, sobretudo como resultado de uma nova experiência. Por exemplo, em um estudo, 22% dos parceiros mudaram suas orientações de apego no período de 3 meses antes do casamento até 18 meses após o casamento (Crowell et al., 2002). Em geral, indivíduos com altos níveis de ansiedade de apego são os mais propensos a mudar. Parece que indivíduos evitativos, que costumam ser menos abertos a novas experiências e informações, seriam menos propensos a mudar — embora um estudo recente de uma terapia de casal orientada ao apego (Burgess Moser et al., 2018) tenha descoberto que os parceiros evitativos realmente mudaram seus modelos de apego em uma pequena dose após cada sessão. Há também evidências de que os modelos funcionais de apego podem mudar na terapia individual (Diamond, Stovall-McCloush, Clarkin, & Levy, 2003). Em resumo, a experiência da infância de fato influencia o desenvolvimento, mas sua trajetória pode ser alterada, a menos que os modelos se tornem rígidos e excludentes, de modo que novas experiências sejam evitadas ou repudiadas, ou padrões negativos de interações com entes queridos confirmem de modo consistente os elementos mais negativos desses modelos.

Também é importante entender exatamente como as experiências interpessoais passadas podem moldar o presente. A ciência do apego sugere que as experiências iniciais organizam o repertório de respostas de uma pessoa aos outros, bem como suas próprias estratégias de regulação do afeto e seus modelos de *self* e dos outros. Estes podem evoluir e mudar, ou podem agir como profecias autorrealizáveis. Adam me disse: "Eu nunca esperei ser amado, entende? Me senti como uma fraude. Minha esposa tinha acabado de se casar comigo por engano. Então eu me escondia o tempo todo e nunca a deixava entrar. E, é claro, ela foi embora!" Outra maneira simples de entender a perpetuação da desconexão com os outros é que, embora seja natural desejar conexão amorosa (já que esse desejo está ligado ao cérebro dos mamíferos), é difícil saber o que é possível e persistir em trabalhar para criar conexão positiva se você literalmente nunca viu tal conexão em ação. Adam observa: "Eu nem sabia que as pessoas podiam falar como nós fazemos aqui. Eu não sabia que as pessoas poderiam se recuperar de sentir tanta raiva, que fosse útil falar sobre seus sentimentos. Ninguém da minha família faria uma coisa dessas. Mas estou aprendendo isso aqui".

Sexualidade: separada de ou antitética para apego seguro?

Alguns escritores contemporâneos sugerem que o apego não tem nada a dizer sobre relacionamentos sexuais românticos, que, na sociedade contemporânea, fornecem o principal contexto para o vínculo adulto significativo. O argumento é que o apego pode abordar a familiaridade que tipifica o chamado "amor companheirismo", mas que não aborda os aspectos eróticos do amor. De fato, tem-se argumentado que, uma vez que a novidade e o risco são a condição *sine qua non* da experiência sexual verdadeiramente gratificante, o apego seguro pode realmente interferir na satisfação ideal das necessidades sexuais.

Essa preocupação com a sexualidade e o apego é abordada com mais detalhes no Capítulo 6, sobre terapia de casal. Em suma, porém, as evidências são substanciais o suficiente para serem quase irrefutáveis: os vínculos românticos entre crianças e adultos são "variantes de um único processo central" (Mikulincer & Shaver, 2016, p. 18). Os paralelos são óbvios, tanto o vínculo precoce quanto o posterior envolvem o mesmo repertório de comportamentos, como olhar, segurar, tocar, acariciar, sorrir e chorar. Ambos envolvem emoções intensas, dor e medo na separação, alegria no reencontro e raiva e tristeza quando o vínculo é ameaçado ou perdido. Em ambas, há desejo pelo contato e pelo conforto quando esse contato é oferecido. A qualidade dos vínculos entre pais e filhos e parceiros(as) adultos(as) é definida por sensibilidade, acessibilidade e responsividade da pessoa significativa quando são feitos pedidos de conexão; solicitações bem-sucedidas, então, resultam em sentimentos de confiança, segurança, expansividade e respostas empáticas aos outros. A perda de conexão resulta em ansiedade, raiva e comportamentos de protesto, eventualmente seguidos por depressão e distanciamento. O apego ansioso ou o distanciamento defensivo podem ser vistos em adultos e em crianças e podem se tornar respostas habituais, que definem a realidade.

Se a natureza essencial da função da base segura de apego for compreendida, não há conflito inerente entre o erotismo do amor romântico e o apego seguro. Em estudos de pesquisa, amantes seguros relatam mais satisfação com suas vidas sexuais, e, em geral, a conexão segura parece promover o envolvimento pleno e relaxado em encontros sexuais. É a desconexão, especificamente o apego mais evitativo, que parece afetar negativamente a sexualidade. Parceiros evitativos tendem a ser estritamente focados no desempenho e na sensação durante o sexo e relatam níveis mais baixos de frequência sexual e satisfação (Johnson & Zuccarini, 2010). Se a paixão é definida como o desejo de apego ligado à exploração e ao jogo erótico, a conexão segura surge como elemento positivo essencial na experiência sexual ótima. A segurança maximiza a tomada de riscos, o jogo e a capacidade de se soltar e ficar imerso em uma experiência prazerosa. Há evidências de que uma conexão segura é especialmente relevante para as mulheres, que são fisicamente mais vulneráveis em situações sexuais e, portanto, naturalmente tendem a ser mais sensíveis ao contexto do relacionamento durante os encontros sexuais.

Embora a sexualidade possa ser distinta do apego e recreativa por natureza, ela também é rotineiramente integrada a cenários de vínculo. Afinal, muitos de nós chamamos a relação sexual de "fazer amor". Isso reflete o fato de que, para os mamíferos acasalados, que investem em sua conexão e trabalham como uma equipe coordenada para criar filhos juntos, as interações sexuais tendem a ser experiências de vínculo. O orgasmo libera um hormônio de ligação, a ocitocina, e é durante os encontros sexuais que a sintonia física síncrona e os comportamentos de espelhamento, tão evidentes nas interações mãe–bebê, são mais aparentes em adultos.

Apego: fundamentalmente analítico ou sistêmico?

Por fim, outro equívoco, sobretudo entre terapeutas de casais e famílias, é que, uma vez que a teoria do apego surgiu a partir de uma perspectiva de relações objetais, tal como formulada por eruditos como Fairbairn (1952) e Winnicott (1965), ela é fundamentalmente uma abordagem analítica. Assim sendo, assume-se que não é sistêmica ou verdadeiramente transacional. Na verdade, John Bowlby foi condenado ao ostracismo durante grande parte de sua vida como um herege que desafiou a teoria analítica tradicional. Também está claro que novos vínculos estão sendo formados entre as perspectivas analíticas modernas e a teoria do apego, na medida em que a psicanálise se afastou da teoria clássica, com sua orientação para o sexo e a agressividade. A psicanálise vem dando uma "guinada relacional" (Mitchell, 2000), tornando-se mais interativa e focada em um encontro autêntico entre terapeuta e cliente, em que há uma "interpenetração de mentes" (Stern, 2004). O termo "intersubjetividade" é utilizado atualmente, em abordagens analíticas e outras, para vincular de maneira explícita esse encontro com a perspectiva do apego (Hughes, 2007), em que há correspondência dos estados afetivos do cliente e do terapeuta. No entanto, o elemento característico da psicanálise é sua ênfase nos estados subjetivos internos, já Bowlby via as relações íntimas como o "centro em torno do qual a vida de uma pessoa gira quando ela é uma criança... e assim até a velhice" (1980, p. 442). Ele era fascinado pelo drama comportamental que ocorre entre as pessoas e, como Darwin, se focou no que os animais fazem para maximizar suas chances de sobrevivência, sobretudo como eles manejam sua vulnerabilidade.

Portanto, faz sentido que Bowlby tenha definido claramente a si mesmo a tarefa de integrar uma abordagem sistêmica que enfatiza padrões interpessoais interativos e ciclos de *feedback*, o que ele chamou de "anel externo" de comportamentos, com processamento cognitivo e emocional interno, o que ele chamou de "anel interno" de respostas (Bowlby, 1973; Johnson, 2011). Como eu sugiro e outros (Johnson & Best, 2003; Kobak, 1999) têm sugerido em outro lugar, um dos grandes pontos fortes da perspectiva dele é sua amplitude, o fato de esclarecer os principais padrões de ciclos de *feedback* recíprocos gerados pelas respostas habituais do *self* e dos outros significativos. Os terapeutas sistêmicos têm sido criticados por se concentrarem em padrões de interação restritos e restritivos ou danças entre íntimos, excluindo a experiência vivida pelos dançarinos. De modo elegante, a teoria do apego une esses dois. Padrões de interação e suas consequências emocionais confirmam e mantêm a construção subjetiva de um dançarino de um relacionamento e o senso de *self* nesse relacionamento. Essas construções, então, configuram as respostas interpessoais que organizam a dança interpessoal. Assim, a postura exigente do meu cliente Andrew com sua esposa, Sarah, é sua maneira usual de lidar com seu pânico emocional quando ele começa a se sentir rejeitado por ela. Infelizmente, suas demandas agressivas desencadeiam o afastamento habitual de Sarah. O padrão de demanda-afastamento que evolui confirma os piores medos de apego de Andrew e seu senso de inadequação, perpetuando sua busca obsessiva por sua parceira.

Ambas, teoria do apego e teoria dos sistemas clássica (Bertalanffy, 1968), consideram a disfunção como restrição, isto é, como uma perda de abertura e flexibilidade e consequente incapacidade de atualizar e revisar formas de resposta em decorrência de novas demandas. Formas rígidas e restritivas de ver e responder são problemáticas. As teorias do apego e dos sistemas estão preocupadas com o processo — o "como" evolutivo das coisas, em vez de modelos estáticos e lineares de causalidade, e ambas são não patologizantes. Os clientes são vistos como presos a maneiras estritas de perceber e responder, em vez de serem defeituosos em si. A ciência do apego vem a somar à perspectiva sistêmica, que costuma evitar a experiência interior, na medida em que postula o processamento emocional como o elemento organizador em padrões bloqueados de interações com os outros.

O DESENVOLVIMENTO DE UMA BASE DE PESQUISA

Ao longo do último meio século, centenas de pesquisas sobre o vínculo no decorrer da vida com pais, filhos, parceiros adultos e até com Deus criaram um enorme e coerente banco de dados que, pela primeira vez, reconhece e delineia o elemento mais básico de nossa natureza humana: somos animais sociais e de vinculares. A primeira fase na criação desse corpo de conhecimento foi quando do psicólogos do desenvolvimento começaram a observar mães e bebês ao separá-los em um ambiente estranho e depois colocá-los juntos novamente, identificando padrões recorrentes em suas respostas. O experimento "Situação Estranha" é, sem dúvida, o protocolo de pesquisa psicológica mais significativo já projetado, mesmo quando consideramos estudos básicos de condicionamento em ratos. O que esses(as) psicólogos(as) encontraram nos estudos sobre o vínculo mãe–bebê já mudou para sempre não apenas nossas práticas parentais, mas também nossa compreensão da natureza da criança humana. A segunda fase começou no final da década de 1980, quando psicólogos sociais começaram a dar questionários a adultos sobre seus relacionamentos amorosos, identificando os mesmos padrões de respostas à separação e ao reencontro que apareceram nos estudos de mães–bebês. Identificou-se uma trajetória de desenvolvimento (Hazan & Zeifman, 1994; Allen & Land, 1999) em que os pares gradualmente substituem os pais como figuras principais de apego. Os pesquisadores então montaram estudos para observação. Eles começaram a codificar como os(as) parceiros(as) adultos(as) se aproximavam e confortavam uns aos outros quando um deles era colocado em uma posição de ansiedade e incerteza (Simpson, Rholes, & Nelligan, 1992), e encontraram evidências claras para as três estratégias básicas (segura, ansiosa e evitativa) observadas nos estudos originais sobre vínculos. Eles também encontraram evidências claras para o equivalente adulto do apego desorganizado infantil, nomeado como apego evitativo temeroso, em que os indivíduos alternam entre estratégias altamente ansiosas e altamente evitativas (Bartholomew & Horowitz, 1991). Ficou evidente que adultos seguros eram capazes de expor sua ansiedade, buscar o(a) parceiro(a)* e usar o

---

*N. de T. Para fins de tradução, usaremos o termo "Parceiro(a)" independente de gênero em todo o livro. Mas lembre-se de que nos referimos a todos os seres humanos em relacionamento íntimo uns com os outros, independentemente do gênero.

conforto para se acalmar, sendo também capazes de apoiar e confortar seu(sua) parceiro(a) em sofrimento, enquanto pessoas adultas que se descreveram como evitativas, por exemplo, afastavam seus(suas) parceiros(as) quando sua ansiedade era ativada e descartavam a necessidade de conforto e cuidado de outros. Os psicólogos começaram a observar comportamentos de separação, como o comportamento dos parceiros nos aeroportos ao se despedirem um do outro (Fraley & Shaver, 1998), e a estudar o impacto geral dos estilos de apego. Por exemplo, Mikulincer (1998) constatou que mais segurança estava ligada a menos hostilidade agressiva nas discussões e menos atribuições de intenção maliciosa ao(à) parceiro(a). Ele também descobriu que parceiros mais seguros eram mais curiosos, mais abertos a novas informações e mais confortáveis com a ambiguidade (1997). Por fim, foram realizados estudos delineando os impactos que estão no cerne da teoria do apego direcionada a adultos; identificaram que o estilo de apego pode promover resiliência em situações de guerra, por exemplo (Mikulincer, Florian, & Weller, 1993), e confiança e competência na carreira profissional (Feeney, 2007).

Esta última onda de pesquisa sobre apego ampliou bastante a compreensão do apego adulto e de seu impacto. É difícil resumir a amplitude das pesquisas na última década, mas podemos citar algumas das descobertas mais interessantes. Estudos prospectivos longitudinais relacionam o apego medido na infância com os comportamentos e a qualidade dos relacionamentos na vida adulta. Como parte dos muitos estudos emergentes do projeto longitudinal da Universidade de Minnesota, Simpson e colaboradores (Simpson, Collins, Tran, & Haydon, 2007) descobriram que as avaliações das respostas das crianças às mães no experimento "Situação Estranha" eram predições poderosas do quanto essas crianças eram socialmente competentes na escola primária, do grau de proximidade com suas amizades na adolescência e da qualidade de suas relações amorosas com parceiros(as) aos 25 anos. No entanto, também devemos nos lembrar de que mesmo os estudos mais antigos sinalizam que a trajetória da experiência infantil e o impacto da transgeracionalidade podem ser alterados. Mães com apego ansioso que se casam com homens responsivos que lhes oferecem conexão segura são capazes de maternar de forma amorosa, de modo que seus filhos apresentem respostas seguras à separação e ao reencontro com elas (Cohen, Silver, Cowan, Cowan, & Pearson, 1992).

A importância da pesquisa sobre apego hoje se estende muito além dos limites dos relacionamentos íntimos. Em meu livro *Me abraça forte* (*Hold Me Tight* [2008a]), aponto que famílias amorosas são a base de uma sociedade humana. A responsividade aos outros é a essência de tal sociedade. O apego seguro constrói empatia, orientação altruísta e uma disposição para agir em favor dos outros. Diversos estudos de Mikulincer e colaboradores (resumidos em Mikulincer

& Shaver, 2016, Capítulo 11) demonstraram a relação entre altruísmo e empatia pelos outros. Esses estudos mostram, por exemplo, que prover o sistema de apego com algo tão simples como parar e lembrar de momentos em que alguém cuidou de você reduz instantaneamente sua hostilidade para com outras pessoas, mesmo que seja por um breve período. Todas as evidências sugerem que a compaixão ativa e a disposição para ajudar os outros, mesmo que isso cause algum desconforto, estão ligadas ao apego seguro (Mikulincer, Shaver, Gillath, & Nitzberg, 2005). Por outro lado, pessoas mais evitativas relatam menos preocupação empática e estão menos dispostas a assumir a responsabilidade pelo bem-estar dos outros ou oferecer-lhes ajuda (Drach-Zahavy, 2004), e pessoas mais ansiosas parecem sentir empatia, mas ficam presas em seu próprio sofrimento, em vez de sintonizar com as necessidades dos outros.

O apego seguro se estende a áreas tão diversas como o relacionamento de uma pessoa com seu sentido acerca de Deus (Kirkpatrick, 2005; Granquist, Mikulincer, Gewirtz, & Shaver, 2012) e a orientação e a experiência com a sexualidade (Johnson & Zuccarini, 2010). Descobriu-se que a natureza do rezar varia conforme o estilo de apego (Byrd & Bea, 2001). Cristãos com apego seguro tendem a usar um estilo de conversação mais meditativo quando se dirigem a Deus, ao passo que os com apego ansioso demandam e suplicam por favores. As pessoas com apego seguro relatam motivos mais variados para o sexo em seus relacionamentos, mas enfatizam o desejo por intimidade. Elas gostam mais de sexo, são mais abertas a explorar as necessidades sexuais e são capazes de se comunicar mais fácil e abertamente sobre sexualidade.

MUDANÇA NO APEGO EM PSICOTERAPIA

Também parece apropriado abordar a pesquisa sobre mudanças no apego em psicoterapia. O que significa tentar medir e estudar a mudança no apego, que engloba tantos elementos, como emoções e formas de lidar com elas, padrões e expectativas de pensamento, e respostas específicas? A medida validada mais popular de apego adulto é a Escala Revisada de Experiências em Relacionamentos Íntimos (Experiences in Close Relationships Scale — Revised, ECR-R; Fraley, Waller, & Brennan, 2000), encontrada no Apêndice 1, no final deste livro. A revisão dos itens pode ajudar o leitor a compreender as questões específicas que tanto clínicos quanto pesquisadores utilizam para avaliar os apegos ansioso e evitativo. O apego seguro nessa escala é representado por baixos escores, tanto de ansiedade quanto de evitação. Os itens oferecidos para confirmação incluem afirmações como "Eu me preocupo em não estar à altura de outras pessoas" ou "Acho difícil permitir que eu dependa do meu parceiro romântico". Os leitores podem desejar usar essa escala para avaliar a si mesmos, para ter uma noção prática de como o apego é codificado. Os pesquisadores também medem mudanças nos comportamentos específicos nas interações com os outros, como discussões conflituosas, que podem ser codificadas em medidas comportamentais, como o Sistema de Pontuação sobre Base Segura (Secure Base Scoring System; Crowell et al., 2002). Essa medida codifica fatores como: se a pessoa pode enviar sinais claros sobre o sofrimento e o que precisa do outro e se pode receber conforto quando lhe é oferecido e ser acarinhada, além de ser capaz de reconhecer o sofrimento do outro e responder de uma forma contingente. Também podemos avaliar mudanças no humor de alguém em relação ao apego e a como as informações de apego são processadas, perguntando a uma pessoa sobre vínculos na infância e perdas recentes e codificando suas respostas na Entrevista de Apego Adulto (Adult Attachment Interview – AAI; Hesse, 2008). O(A) entrevistador(a) pode perguntar: "Você pode me dar cinco adjetivos para descrever sua relação com sua mãe?" No apego seguro, as respostas e narrativas são flexíveis e coerentemente organizadas, e a pessoa colabora com o(a) entrevistador(a). Em geral, a segurança nessa medida em específico pode ser vista como uma medida de integração da personalidade. Narrativas inseguras são caracterizadas por imprecisão, respostas conflitantes ou contraditórias, ou divagações e silêncios. Então, Sam diz ao entrevistador: "Minha mãe era incrível e carinhosa. Mas é claro que ela nunca estava disponível, muito ocupada [ele ri], mas isso não importava. Eu realmente não quero falar sobre isso com você". Verifica-se que as respostas a essa entrevista predizem comportamentos tão diversos como lidar com o treinamento básico no exército israelense (Scharf, Mayseless, & Kivenson-Baron, 2004), gerenciamento negativo do humor e táticas conflitivas nos relacionamentos românticos (Creasey & Ladd, 2005), sintomas depressivos, consciência e aceitação das emoções em mães adolescentes pobres (DeOliveira, Moran, & Pederson, 2005).

Como apontam Dozier, Stovall-McClough e Albus (2008), a vasta maioria dos clientes em psicoterapia é insegura ao iniciar a terapia, e é discutível se determinados modelos de terapia são mais adequados para estilos específicos de apego (Daniel, 2006). Embora tenha sido identificado que o apego mais seguro facilita uma aliança terapêutica positiva, alguns sugerem que uma terapia desativadora, como a terapia cognitivo-comportamental (TCC), pode ser melhor para clientes com apego ansioso, ao passo que tratamentos psicodinâmicos mais intensos e emocionalmente hiperativadores podem ser melhores para clientes que negam suas emoções. Outros sugerem o oposto, que os clientes que negam suas emoções se beneficiam de tratamentos que se encaixam em vez de contrariar seu estilo (Simpson & Overall, 2014).

Também podemos considerar o próprio estilo de apego do terapeuta. Terapeutas seguros parecem ser mais capazes de ser responsivos e flexíveis com os clientes, tanto acomodando quanto desafiando o "estilo" do cliente (Slade, 2008). Na terapia psicodinâmica individual, identificaram-se mudanças em direção a mais segurança (Diamond et al., 2003; Fonagy et al., 1995). A terapia familiar baseada no apego (TFBA; Diamond, 2005), cujo foco é ajudar adolescentes a curar "rupturas relacionais", tem demonstrado resultados significativos, reduzindo variáveis, tais como depressão, ansiedade e conflito familiar, associadas a relacionamentos inseguros. Na terapia de casais, estudos de terapia focada nas emoções (EFT) mostram que a terapia de casal pode mudar de maneira significativa tanto parceiros(as) ansiosos(as) quanto evitativos(as) em direção à segurança e reduzir a resposta do cérebro ao medo e à dor impostos pelo choque elétrico, bem como reduzir sintomas, como conflito no relacionamento e depressão (Burgess Moser et al., 2015; Johnson et al., 2013).

No entanto, estamos nos antecipando, pois o tema do apego e a criação de mudanças terapêuticas é, de fato, o tema dos nove capítulos que seguem. Embora o impacto da teoria do apego nas conceitualizações de personalidade, psicopatologia, saúde psicológica e até psicoterapia nas últimas décadas tenha sido nada menos que impactante (Magnavita & Anchin, 2014), ainda há muito espaço para crescimento. Próximo ao final de sua vida, John Bowlby observou (1988, pp. ix-x) que estava "desapontado que os clínicos tenham demorado a testar os usos da teoria". Acho que ele ainda continuaria desapontado!

Portanto, no próximo capítulo, começaremos a delinear as implicações da ciência do apego para a prática geral da psicoterapia.

LEVE ISTO PARA CASA E PARA O CORAÇÃO

- Modelos psicoterápicos, intervenções específicas e transtornos psicológicos estão se proliferando diariamente. Qual é a melhor maneira de os terapeutas encontrarem um caminho claro e efetivo nessa floresta? Como trazer mais coerência e ordem para o campo da psicoterapia? Uma das formas é priorizar a pesquisa empírica e tentar, como técnicos especializados, adequar, com precisão, o modelo e a intervenção ao transtorno. Um segundo caminho é simplesmente enfatizar os fatores comuns envolvidos na mudança e moldá-los na sessão. Uma terceira abordagem é focar em pontos semelhantes, sobretudo processos subjacentes, nos problemas que os clientes apresentam e, assim, dispensar longas listas de rótulos para as disfunções. Uma quarta abordagem é encontrar uma estrutura holística com base empírica que capture quem somos, como nos desenvolvemos como indivíduos e como seres socialmente relacionais e quais são os nossos imperativos biológicos, para, dessa forma, utilizar essa estrutura como um guia para a intervenção. Este livro sugere que o melhor caminho a seguir é, de fato, dispensar longas listas de rótulos para transtornos e adotar a teoria e a ciência do apego como base para a psicoterapia.

- O apego é uma teoria de desenvolvimento bem fundamentada da personalidade que dá prioridade ao papel da regulação do afeto e da conexão com outras pessoas confiáveis como aspectos nucleares que determinam a saúde mental e o bem-estar. O ponto forte dessa perspectiva é que ela integra biologia e interação, mensagem e modelo mental, o *self* e o sistema e delineia as necessidades e os medos mais básicos da humanidade. Ela responde à velha pergunta: "o que é o amor e por que ele importa tanto?"

- A segurança do apego prediz quase todos os indicadores identificados de funcionamento positivo, já a insegurança é um fator de risco para quase todos os indicadores identificados de disfunção. A segurança do apego é a dádiva que nos é dada ao longo da vida. Para mudarmos e nos repararmos, é melhor sabermos quem somos. Somos mamíferos vinculares, e a corregulação das emoções e a conexão com os outros é nossa estratégia mais básica para sobreviver e prosperar. É o nosso melhor guia para nos tornarmos seguros, sãos e saudáveis.

2

Teoria e ciência do apego como modelo para a mudança terapêutica

Durante toda a vida adulta, a disponibilidade de uma figura de apego responsiva continua sendo a fonte para uma pessoa se sentir segura. Todos nós, do berço ao túmulo, somos mais felizes quando a vida é organizada como uma série de excursões, longas ou curtas, a partir da base segura fornecida por nossas figuras de apego.
— **John Bowlby (1988, p. 62)**

Além das consequências biológicas de relacionamentos positivos, nossas mentes também estão mais aptas a mudar quando ligadas a outras. Ter uma testemunha ativa os neurônios-espelho e os circuitos mentais, tornando-nos mais conscientes dos outros e de nós, ao mesmo tempo que reforça nossa identidade.
— **Louis Cozolino e Vanessa Davis (2017, p. 58)**

Bowlby passou a maior parte de sua vida delineando os princípios básicos dos vínculos humanos e as maneiras pelas quais tais vínculos operam em nossos relacionamentos mais próximos para promover o crescimento e o equilíbrio ideais ou gerar disfunções. Só essa tarefa já lhe ocupou uma vida inteira, e ele encontrou pouco tempo para traduzir seu trabalho em uma teoria sistemática de intervenção. No entanto, ele acreditava que, se a terapia fosse bem-sucedida, o processo de mudança culminaria em experiências de *dependência construtiva*, nas quais os "modelos internos de funcionamento do próprio *self* e acerca dos outros" do cliente, como ele os denominou, eram esclarecidos e se tornavam coerentes e adaptativos, para que fosse aprimorado o potencial do cliente para relacionamentos positivos com os outros. Assim transformados, esses modelos formariam a base de um mapa procedural integrado, um guia automático do tipo "se-isso-então-aquilo", para construir, emocional e mentalmente, os mundos interno e externo de maneira positiva, levando especificamente a um engajamento aberto e curioso com a experiência contínua, a uma resposta flexível e a vínculos efetivos com os outros. Bowlby enfatizou que a habilidade para se relacionar com os outros e criar conexões íntimas é o barômetro final da saúde e do funcionamento positivo. Ele afirmou: "A capacidade de estabelecer vínculos íntimos com outros indivíduos, alternando o papel de buscador de cuidado com o de cuidador, é considerada a característica principal do funcionamento efetivo da personalidade e da saúde mental" (1988, p. 121). Entretanto, a formulação original da teoria do apego não explicitou como um profissional de saúde mental pode ajudar os clientes a passarem do sofrimento e da desregulação para tal "funcionamento efetivo" e a capacidade de ser aberto e responsivo aos outros.

Em um de seus últimos escritos, Bowlby afirma (1988, pp. 138-139) que a terapia trata de ajudar os clientes a reavaliarem e a reestruturarem seus mapas procedurais dinâmicos ou seus modelos* de si mesmos e dos outros. Ele sugere que essa agenda apresenta ao terapeuta cinco tarefas, a saber: (1) fornecer ao cliente uma base segura, um "ambiente acolhedor", para poder explorar sua dor; (2) ajudar os clientes a considerar como sua maneira de se envolver em relacionamentos realmente molda as situações que lhes causam dor; (3) ajudar os clientes a examinar a relação com o terapeuta como um microcosmo desse estilo de engajamento; (4) explorar as origens desse estilo no passado de um cliente e as emoções "assustadoras, estranhas e/ou inaceitáveis" iniciadas nesse processo; e (5) auxiliar os clientes a refletir sobre como a experiência passada restringe sua percepção do mundo e, assim, controla como eles pensam, sentem e agem no presente e, com isso, ajudá-los a encontrar melhores alternativas. Por si só, esse quadro parece descrever uma terapia clássica de orientação psicodinâmica, embora com ênfase especial na função de sobrevivência dos relacionamentos. No entanto, esse breve resumo de tarefas não possui o que Bowlby acrescentou em outro lugar em seus comentários conceituais e em suas descrições de casos clínicos: um foco claro no poder único da emoção e na experiência emocional corretiva que interrompe velhos padrões de comportamento. As duas implicações clínicas mais gerais da ciência do apego são que a maneira mais potente de promover a mudança é aproveitar o poder da emoção dentro do cliente (na verdade, a palavra *modelos* na teoria do apego pretende ser "quente", i.e., carregada de emoção) e que a mudança é inerentemente de natureza interpessoal, esculpida pelas mensagens emocionais que ocorrem no diálogo com o outro.

---

*N. de R.T. Modelos internos de funcionamento.

EFT: PSICOTERAPIA ORIENTADA AO APEGO

O processo de adaptação saudável — o objetivo central da terapia — baseado na teoria do apego pode ser escrito da seguinte forma: uma sensação sentida no corpo de conexão com os outros (seja por meio de modelos mentais, nos quais você se envolve com os outros em um nível mental, seja por meio de interações positivas reais) promove o equilíbrio emocional e a regulação. Esse equilíbrio, então, potencializa a exploração e a construção de mundos internos coerentes e adaptativos — de modelos positivos de si mesmo e dos outros; o engajamento pleno, aberto e flexível consigo mesmo, com os outros e com o meio ambiente então torna-se a norma; a responsividade promove uma conexão segura com os outros, o que torna as tarefas da vida gerenciáveis e constrói um senso de si mesmo de competência para lidar com essas tarefas. A regulação emocional e o envolvimento com os outros estão no núcleo desse processo cíclico contínuo que ocorre em um nível micro nas interações diárias e em um nível macro através das fases de desenvolvimento.

A ciência do apego em adultos avançou a ponto de começar a influenciar a prática em abordagens terapêuticas que pareceriam, em suas conceitualizações, não terem ligação óbvia com o modelo de Bowlby, tais como os métodos cognitivo-comportamentais (Cobb & Bradbury, 2003; McBride & Atkinson, 2009). Tradicionalmente, a teoria do apego tem sido associada a tratamentos dinâmicos orientados por *insights* (Holmes, 1996; Wallin, 2007). Porém, na verdade, os modelos experienciais humanistas de terapia oferecem o exemplo mais consoante da moderna teoria e ciência do apego em ação. Esses modelos se expandiram e refinaram o modelo psicodinâmico de mudança, sobretudo com seu foco claro em trabalhar diretamente com as emoções. A terapia focada na emoção (EFT, do inglês *emotionally focused therapy*), particularmente, desenvolvida inicialmente para casais e famílias e, portanto, sendo inerentemente interpessoal por natureza, captura tanto a visão original de Bowlby quanto os principais desenvolvimentos na moderna ciência do apego, conforme delineado por psicólogos sociais, tais como Shaver, Mikulincer e colaboradores (Mikulincer & Shaver, 2016). As versões mais recentes da EFT, em seus formatos de prática para indivíduos, casais e famílias, capturam a essência da perspectiva do apego e suas implicações concretas para a intervenção. A EFT contemporânea faz isso de seis maneiras importantes.

- Em primeiríssimo lugar, a prática da EFT se concentra continuamente no processamento ativo e na regulação das emoções. A regulação efetiva aqui envolve a criação passo a passo do equilíbrio emocional e a consequente corregulação emocional interpessoal positiva, ambas no eixo central da teoria do apego. Como afirma Bowlby (1979, p. 69), "Muitas das emoções humanas mais intensas surgem durante a formação, a manutenção, a ruptura e a renovação dos vínculos afetivos — que, por isso, são chamados de vínculos emocionais... A ameaça de perda desperta ansiedade e tristeza real da perda... Ambas provavelmente despertarão raiva... e a renovação de um vínculo... alegria". As emoções são acionadas mais fortemente por questões relacionais, e a corregulação com o outro costuma ser o caminho mais intuitivo e eficiente para o equilíbrio emocional. O equilíbrio é alcançado conectando-se plenamente com as emoções e tornando-as um todo coerente, em vez de mantê-las negadas, bloqueadas ou fragmentadas, ou, como Bowlby nomeou, "alienadas". Isso é mais naturalmente realizado *com* o outro, mesmo que esse outro esteja presente apenas em um nível mental, imaginado. A identificação sistemática dos elementos das emoções, a saber, detonador, percepção inicial, sensação sentida no corpo, atribuição de significado e tendência de ação ou impulso motivacional (Arnold, 1960), permite que emoções específicas sejam descobertas, apropriadas e integradas. Além disso, a relação do cliente com sua experiência emocional muda como resultado da identificação desses elementos e da percepção de que ele próprio cria ativamente essa experiência nesse momento. Em uma terapia efetiva, os clientes descobrem de forma imediata, viva e explícita como sua *maneira* de se envolver com suas emoções molda seu sofrimento. Novas maneiras de se envolver e regular as emoções podem então se integrar a um senso mais empoderado e positivo de si mesmo. Esse é um processo orgânico de baixo para cima, que surge da sintonia com a "sensação sentida no corpo" da pessoa. Simplesmente ensinar habilidades de contenção e de enfrentamento de cima para baixo para tentar controlar as emoções é considerado insuficiente.

- Em segundo lugar, é essencial criar segurança emocional na sessão. A terapia precisa ser um porto seguro para o cliente, bem como oferecer-lhe uma base segura para a exploração de emoções novas e difíceis. A segurança emocional é moldada por um tipo específico de envolvimento com o terapeuta — um determinado tipo de aliança. Essa aliança deve ser aquela que faz os clientes se sentirem aceitos e compreendidos em um nível visceral. O terapeuta é uma figura de apego substituta capaz de ser acessível, responsivo e engajado, semelhante a uma figura parental que promove segurança. Assim, o terapeuta precisa estar genuinamente presente emocionalmente e disposto a ser visto, como propõe Rogers (1961). Como um bom pai, o terapeuta abertamente oferece respeito, compaixão e postura não julgadora, e normaliza quaisquer dificuldades que o cliente possa ter. Esse tipo de envolvimento terapêutico constrói um senso de competência por meio de validação frequente e tomada de riscos dosada, oferecendo tranquilidade, reafirmação e conforto sempre que um cliente estiver em sofrimento. Os terapeutas devem ser capazes de tolerar emoções fortes e permanecer curiosos e abertos diante de sua própria incerteza e diante da resistência e da oposição do cliente. O próprio Bowlby falou em sintonizar e ter empatia com o "irrealismo" de uma viúva e o sentimento de raiva e injustiça por sua perda. Ele não sugeriu treiná-la para ficar menos revoltada ou corrigir sua falta de realismo.

Nesse tipo de aliança, o terapeuta não começa tentando mudar os clientes, mas sintoniza com eles e os encontra onde eles estão. O terapeuta descobre *com* cada cliente como seus dilemas atuais fazem total e primoroso sentido. Como aponta Harry Stack Sullivan (1953), muito do que normalmente é considerado reprimido ou suprimido é simplesmente "não formulado". A constante sintonia emocional do terapeuta ajuda os clientes a explorar, formular e tolerar seu mundo interior. Logo, o foco principal na terapia não está em atribuir rótulos para disfunções, ou em tarefas de mudança, mas na pessoalidade sempre em evolução do cliente. A principal tarefa do terapeuta é conectar-se com o cliente de forma que respeite e expanda essa pessoalidade. O esboço claro do modelo da EFT também permite que os terapeutas mantenham seu próprio equilíbrio emocional, para poderem continuar envolvidos com o cliente enquanto este traz à tona sua experiência emocional completa, seus dilemas atuais, suas aspirações e os desafios que tem pela frente.

- Em terceiro lugar, tanto a EFT quanto o apego focam simultaneamente no dentro e no entre. Integram *self* e sistema, realidade interna e drama interacional, contexto e cliente, compreendendo e trabalhando como cada um desses elementos constrói o outro em todos os momentos do processo de viver. As realidades transacionais sistêmicas e as realidades emocionais e mentais internas definem umas às outras constante e reciprocamente. Os aspectos internos de uma pessoa, como as habilidades de regulação afetiva, interagem de forma dinâmica com a qualidade e a natureza dos relacionamentos íntimos presentes. O dançarino e a dança, o *self* e o sistema se fundem em uma realidade holística e recíproca. Mais especificamente, tanto na EFT quanto na perspectiva do apego, a responsividade e a aceitação oferecidas por outras pessoas-chave (como um terapeuta) são essenciais para facilitar o reconhecimento e a organização da experiência pessoal em significados coerentes. Esses quadros de significado, então, direcionam a ações adaptativas.

Em modelos sistêmicos como apego e EFT, a causalidade envolve um conjunto de circuitos de *feedback* recíprocos, em vez de uma linha que vai de uma única causa a um único efeito. Esses modelos chamam a atenção constante para a fusão interacional entre e dentro dos processos e como eles definem a realidade do cliente. Como observa Sullivan (1953), "uma personalidade nunca pode ser isolada da complexidade das relações interpessoais em que a pessoa vive e tem sua existência" (p. 10), e uma pessoa alcança a saúde mental à medida que se torna "consciente de suas relações interpessoais" (p. 207). *Na teoria do apego e na EFT, o self é visto como uma construção contínua, um processo, e não um objeto, algo definido nas interações com os outros.* A experiência e a expressão das emoções são fundamentais aqui. As emoções movem o indivíduo, esculpindo sua experiência interior. Além disso, a expressão das emoções é o principal organizador das interações-chave com outras pessoas significativas. O *self* saudável é flexível, equilibrado, aceitando a si mesmo e aos outros, e está constantemente em processo. Essa visão está lado a lado com a definição de Bowlby de modelos do *self* como sendo "operacionais", quando tais modelos funcionais estão abertos à revisão, à medida que ocorrem novas experiências significativas. Em contrapartida, o apego ansioso se presta a um senso caótico de si mesmo, que está sempre tentando se adaptar aos outros, ao passo que o apego evitativo promove um senso de *self* rigidamente definido, mas frágil, que não está aberto a novas experiências.

Bowlby enfatizou que precisamos olhar além do indivíduo envolto em sua pele e ver o indivíduo como envolto em relacionamentos. A psicoterapia moderna tem feito relativamente pouco com isso; ela interpretou o ajustamento como autorregulação física e emocional, e não como corregulação com os outros. Também interpretou o ajuste como independência *dos* outros, em vez de dependência construtiva *com* os outros. Bowlby (1973) falou de pessoas sendo inseridas em dois ciclos de *feedback* entrelaçados, ou processos contínuos que estruturam a experiência interna e que moldam as interações. Tais padrões são autossustentáveis: vias de regulação do afeto e modelos cognitivos influenciam percepção e resposta; a percepção e a resposta sugerem maneiras habituais de se envolver com os outros e restringir a forma como eles respondem; suas respostas, então, retroalimentam a regulação afetiva e as representações mentais.

- Em quarto lugar, o apego e as terapias humanistas como a EFT compartilham um entendimento comum da saúde e das disfunções. A saúde consiste em estratégias flexíveis e adaptativas de regulação emocional, que permitem ao indivíduo recuperar o equilíbrio emocional quando este se perde e lidar construtivamente com a vulnerabilidade; modelos internos de funcionamento positivos e coerentes de si mesmo e do outro, passíveis de revisão, quando necessário, e que estabeleçam expectativas realistas, mas construtivas; e um repertório de comportamentos para promover conexão com os outros e responder às necessidades deles. Um indivíduo saudável é capaz de aceitar e afirmar suas necessidades com os outros e responder com empatia às necessidades deles. A disfunção é vista em termos de bloqueios para estar aberto a novas experiências, para processar totalmente as emoções e para se sintonizar e se envolver com os outros. A visão rogeriana é de que as pessoas, se tiverem as condições certas, crescerão e se curarão de forma *orgânica*. Do mesmo modo, a ciência do apego argumenta que, tendo um terreno fértil e apoio, o indivíduo naturalmente abraçará seus desejos inerentes de conexão, buscando por outras pessoas. Se essa busca é respondida com reconhecimento e empatia, pode haver uma cascata de efeitos positivos. O terapeuta não é um compositor reescrevendo uma partitura musical para o cliente diminuir os sintomas de discordância, mas sim um maestro que sabe que uma canção completa e vibrante já está pronta e esperando para emergir. Ele simplesmente guia e se movimenta junto ao cliente para revelá-la. O apego seguro não apenas proporciona conforto ou promove o equilíbrio. A base segura que ele oferece cultiva o crescimento e a vivacidade.

As terapias experienciais que derivam de uma perspectiva rogeriana (1961) e a estrutura de apego (como a EFT) são ambas naturalmente compassivas e colaborativas, e assumem uma postura deliberadamente *não patologizante* e orientada para o crescimento em relação às dificuldades de um cliente. O terapeuta não se antecipa à necessidade do cliente de definir sua própria realidade e a formulação única dessa realidade. A terapia é sobre a descoberta pelo cliente e pelo terapeuta, em vez da condução pelo terapeuta para definir critérios de melhora estritos e previamente decididos. Bowlby (1988) afirma: "o papel do terapeuta é semelhante ao de uma mãe que fornece a seu filho uma base segura para explorar o mundo" (p. 140). O terapeuta está sintonizado e emocionalmente presente — proporcionando uma fonte de regulação do afeto e constantemente oferecendo desafios gerenciáveis para promover o crescimento no aqui e agora da sessão.

- Em quinto lugar, a EFT, as terapias humanistas e a ciência do apego reconhecem a influência do passado, sobretudo em termos do desenvolvimento da sensibilidade à ameaça e de maneiras aprendidas e habituais de lidar com a vulnerabilidade ou de se defender. No entanto, embora reconheça o impacto do passado, em termos de intervenção, a EFT tende a permanecer no *processo presente*. O terapeuta sintoniza com a experiência ou as interações à medida que ocorrem na sessão e aprofunda a consciência e as interações no momento presente, de modo a permitir que apareçam novos elementos da realidade. Por exemplo, ao refletir como um cliente muda o canal para a cognição abstrata toda vez que a ansiedade é referida pelo terapeuta e retornar a essa ansiedade, de modo a tocar na ameaça inerente que bloqueia a vivência desse medo no aqui e agora. A teoria moderna do apego também se afastou de uma obsessão com a forma como o passado se perpetua, principalmente por meio do mecanismo dos modelos internos de funcionamento do *self* e dos outros para um reconhecimento de que esses modelos são muito mais fluidos do que se pensava inicialmente. Os modelos internos de funcionamento podem mudar, e realmente mudam em muitos casos, como, por exemplo, quando as pessoas se tornam felizes no casamento (Davila et al., 1999). A ciência do apego enfatiza que é o *processo de confirmação* constante nas interações atuais mais significativas que torna os modelos internos de funcionamento e as estratégias de regulação afetiva estáveis e, no caso de modelos negativos inseguros, impede a abertura às novas experiências necessárias para a revisão positiva. Interações novas (i.e., *des*confirmantes) emocionalmente carregadas que ocorrem dentro e fora da terapia podem mudar esses modelos e essas estratégias.

Um foco no presente requer atender ao aspecto "operacional" dos modelos de *self* e dos outros, o processo de *como* eles são recriados a partir da memória implícita e permanecem fechados ou abertos à revisão momento a momento, em vez de se focar muito no conteúdo cognitivo de tais modelos. (Uma ênfase excessiva nos conteúdos configura um processo de mudança orientado à criação de *insights*, o que é considerado inadequado para mudanças significativas nas intervenções experienciais.) Por exemplo, Ken acusa sua esposa de mentir quando ela diz que lamenta tê-lo machucado e que se importa com ele. Em vez de apontar que Ken tem um modelo interno de funcionamento desenvolvido a partir de experiências passadas de que os outros não são confiáveis e são perigosos, o terapeuta EFT é mais propenso a dizer: "Neste momento, é difícil para você aceitar os comentários de sua esposa — seu cuidado. O que acontece com você quando você a ouve dizer '_____'? O que acontece que é difícil para você receber esse cuidado por um momento? O que acontecerá se, agora mesmo, por um momento, você aceitar receber esse cuidado?"

- Em sexto lugar, tanto o apego quanto a versão da EFT da intervenção humanista estão firmemente fundamentados no empirismo, isto é, em um comprometimento contínuo com o processo de observação, o delineamento de padrões de comportamento que levam à previsibilidade e ao teste dos vínculos explicativos que compõem a teoria. Na formulação da teoria do apego, Bowlby usou a etologia, a ciência do comportamento animal, que considera a organização social a partir de um ponto de vista biológico. Ele estudou o trabalho de Konrad Lorenz, que explorou como os jovens gansos gravam a primeira figura que veem, e o trabalho de Harry Harlow com primatas filhotes e suas respostas ao isolamento. As intervenções da EFT começaram com a observação intensa de emoções negativas recorrentes e interações entre parceiros adultos e como esses padrões mudaram como resultado de intervenções específicas do terapeuta. Esse embasamento no método científico não é uma questão acadêmica, principalmente quando os modelos de prática proliferam tantas vezes com base em uma simples ideia ou mesmo com base em carisma e narrativas pessoais. Na melhor das hipóteses, a intervenção clínica surge do exame repetido de momentos emblemáticos que ocorrem naturalmente, que organizam realidades internas e interacionais, e da decodificação dos elementos-chave desses momentos. Esses momentos cruciais podem então ser preparados e coreografados em sessões de terapia para obter mudanças específicas na forma como os clientes constroem sua experiência e interagem com os outros.

Os praticantes da EFT são verdadeiros empiristas, na medida em que ajustam e descrevem constantemente, da maneira mais concreta possível, o que aparece diante deles à medida que ocorre, seja a dificuldade de uma pessoa para se definir, a mudança de tom da emoção ou um padrão constantemente recorrente de ações recíprocas entre os íntimos — uma dança interacional. A construção de significado na sessão é explícita, é moldada em colaboração com o cliente e está fundamentada na realidade do presente. A perspectiva do apego oferece uma fenomenologia simples e a compreensão das mágoas, dos temores e dos desejos que os terapeutas EFT realçam e exploram. Os temas de abandono, isolamento traumático, rejeição, desamparo, ansiedade e inadequação e como a pessoa lida com eles, seja pela evitação e pela restrição da experiência, seja pela experiência reativa e intensificada, situam-se em um contexto existencial e podem ser compreendidos por essa perspectiva. O terapeuta EFT, orientado pelos preceitos do apego e pela ciência, tem um mapa claro, empiricamente baseado, do sofrimento humano comum e da motivação humana básica.

Em suma, a integração natural da ciência do apego e de uma perspectiva clínica, como a EFT, oferece aos clínicos o seguinte: um mapa dos aspectos centrais da vida emocional de um cliente; uma forma de aproveitar o considerável poder da emoção a serviço da mudança; um delineamento claro e específico da aliança terapêutica como contexto de crescimento; foco no *self* como processo relacional; uma visão clara do que constitui a saúde como meta terapêutica;

e um conjunto claro de diretrizes sobre a melhor forma de se manter fundamentado e, de forma orgânica e consonante com os elementos centrais de nossa natureza humana, criar mudanças positivas.

AS ESPECIFICIDADES DA MUDANÇA: EVENTOS DE MUDANÇA

Quase todos os modelos de terapia enquadram o processo de mudança como ocorrendo em estágios básicos, oferecendo um primeiro estágio que envolve alguma forma de *avaliação e estabilização* — uma contenção de sintomas intrapsíquicos ou interpessoais negativos —, seguido por um estágio de *reestruturação ativa* projetada para levar a maior adaptação psicológica e, por fim, um estágio de *consolidação*, na qual os clientes estão prontos para deixar a terapia e manter as mudanças que fizeram. Na EFT, desenvolvida principalmente para a intervenção com casais, mas sempre utilizada com indivíduos e famílias também, esses estágios são chamados de desescalada, reestruturação do apego e consolidação. No entanto, os modelos terapêuticos diferem consideravelmente no nível de mudança almejado, na forma como compreendem a dinâmica da mudança e em quais fatores são considerados necessários e suficientes para criar mudanças significativas na terapia. Os modelos da terapia cognitivo-comportamental (TCC), por exemplo, destacam momentos nos quais um cliente aceita que pensamentos específicos são disfuncionais e os desafia com novos pensamentos e mudanças nos comportamentos reais.

Muitas vezes, é difícil definir exatamente o que cria mudança na psicoterapia. Alguns estudos mostram que as teorias de mudança inerentes a modelos terapêuticos específicos aceitos podem, de fato, não estar atentas às variáveis-chave que ocorrem no processo de real mudança. Por exemplo, um estudo crítico descobriu que o foco na mudança de "pensamentos disfuncionais" não previu de forma alguma o sucesso da TCC para depressão; na verdade, associou-se a resultados negativos (Castonguay et al., 1996). Uma aliança e experiência emocional positivas estavam associadas aos resultados positivos. Há, no entanto, confluência clara e empiricamente apoiada entre o processo de mudança inerente à ciência do apego e a EFT, uma terapia humanista experiencial.

Do ponto de vista do apego, um evento de mudança transformadora na terapia envolve a descoberta, a destilação e a revelação de emoções, o que permite melhor regulação dessas emoções e aumento da inteligência emocional (Salovey, Hsee, & Mayer, 1993). Em uma terapia orientada ao apego, as emoções que eram estranhas se tornam familiares e significativas e são integradas ao *self* da pessoa. Esses eventos têm o poder de modificar os modelos de um cliente sobre si mesmo e sobre os outros. Novas avaliações do comportamento podem então surgir, e velhas expectativas e crenças restritivas podem ser desafiadas. Novos comportamentos podem ser explorados, e novos riscos podem ser assumidos em relação às necessidades básicas de conexão com os outros, com um senso de *self* valoroso e fortalecido. Os clientes podem começar a adquirir uma "distância funcional" (Gendlin, 1996) das emoções e, assim, usá-las como uma bússola para orientar suas respostas adaptativas. Por exemplo, Barbara nunca se permitiu sentir raiva de ninguém ou de nada, e exploramos como ela sempre "desmonta e descarta" suas necessidades com os outros e qualquer senso de que tem direito de receber cuidados. À medida que se envolve com parte de sua dor, ela descobre como sua "aceitação" permite que ela contenha essa dor, mas a mantém "desamparada, além de desanimada e deprimida". Ela começa a enlutar-se pelas perdas de sua vida e sua falta de expectativas para si mesma. Em encontros imaginários altamente emocionais com seu pai e seu marido, ela corre o risco de sentir e declarar suas dores e suas necessidades, encontrando uma nova sensação de desejo e um novo ressentimento por seu *self* depreciativo e pela separação das pessoas amadas. Ela começa a usar sua raiva para afirmar e refinar suas necessidades e encontrar seu *self* mais assertivo.

Os eventos-chave de mudança na EFT para casais foram identificados, codificados e vinculados a resultados positivos e acompanhamento em nove estudos (Greenman & Johnson, 2013) e ilustram os seis princípios da EFT já apresentados. Pesquisas futuras examinarão se, como seria de esperar, esses mesmos eventos de mudança também predizem resultados semelhantes nas modalidades familiar (terapia familiar focada nas emoções [EFFT, do inglês *emotionally focused family therapy*]) e individual (terapia individual focada nas emoções [EFIT, do inglês *emotionally focused individual therapy*]).

Esses eventos de mudança em sessão ocorrem no contexto de uma aliança positiva e demonstraram consistir em dois elementos-chave. Estes são, primeiro, um envolvimento mais profundo com a experiência emocional central que reestrutura essa experiência e a pessoa como uma experiência de *self* que pode definir, tolerar e confiar em sua experiência; e, segundo, um envolvimento novo, mais aberto e autêntico com os outros. Uma vez esclarecida e refinada em seus elementos centrais, a experiência emocional é expressa de forma coerente com a outra figura significativa (parceiro na EFT, membro da família na EFFT, ou o terapeuta/outro imaginado na EFIT). A partir de muitas sessões de EFT codificadas, fica evidente que os eventos de mudança, à medida que evoluem, também contêm etapas ou microelementos definidos. São eles:

- O delineamento e o engajamento ativo com vulnerabilidades e necessidades básicas.

- A construção de mensagens que afirmem essas necessidades de forma coerente e direta.
- O desenvolvimento da habilidade para receber conforto e afirmação de alguém que oferece apoio.
- O desenvolvimento da habilidade para dar apoio sintonizado com a outra pessoa.

Esses eventos de mudança acontecem em momentos de dependência construtiva que adotam experiência coerente e integração do *self*. Em tais momentos, os clientes são capazes de *aceitar* sua vulnerabilidade de forma que os deixa mais fortes e mais flexíveis.

A NATUREZA DAS EMOÇÕES

Antes que possamos examinar como as emoções são acessadas, reprocessadas, reguladas, aprofundadas e utilizadas para motivar os clientes na EFT, devemos esclarecer acerca da natureza das emoções em si. Na chamada "era do cérebro", é importante lembrar que "o cérebro é... um órgão social e afetivo. O aprendizado é social, emocional e condicionado pela cultura" (Immardino Yeng, 2016, p. 85). Por si só, as emoções não são uma resposta irracional ou simplesmente um "sentimento" que acompanha o pensamento. Pelo contrário, elas são um sistema de alto nível que integra a consciência de uma pessoa das necessidades e dos objetivos inatos com o *feedback* do ambiente e as consequências previstas das ações (Frijda, 1986). A emoção é um sistema de processamento de informações focado na sobrevivência. Em 1894, William James descreveu as emoções como "tendências de resposta adaptativa comportamental e fisiológica provocadas diretamente por situações evolutivamente significantes", e a ciência moderna apoia essa visão (Suchy, 2011). Tanto o ponto de vista experiencial quanto o do apego enquadram as emoções como basicamente adaptativas e convincentes, como organização de experiências centrais e cognições sobre si mesmo e respostas aos outros. Ambos também veem os problemas na regulação do afeto como a questão central subjacente às respostas restritas que levam as pessoas à terapia.

Bowlby (1991) observou que a principal função das emoções era comunicar suas necessidades, seus motivos e suas prioridades a si mesmo e aos outros. Ele teria repercutido o conceito da EFT de que estar desligado da experiência emocional é como navegar pela vida sem uma bússola. As funções das emoções podem ser assim resumidas.

1. *As emoções orientam e envolvem.* Einstein observou: "todo conhecimento é experiência: todo o resto é somente informação". O que leva a informação

a um nível em que a descreveríamos como uma "experiência"? A resposta é proeminência emocional e envolvimento ativo com sinais emocionais. As emoções acrescentam um saber visceral e o que Bowlby chamou de "sensação sentida no corpo" a qualquer conjunto de fatos. Por sua natureza, as emoções *prendem nossa atenção e guiam a percepção*. Elas focalizam o que é relevante para nossas necessidades e nossos desejos, dizendo-nos o que é proeminente e envolvendo nossa atenção de forma absorvente. Você pode ficar absorvido ao ouvir uma palestra, mas, quando o alarme de incêndio toca, sua ansiedade toma conta e muda seu mundo instantaneamente. Você também está tangivelmente consciente de sua necessidade de escapar do prédio.

2. *A emoção molda a construção de significado.* As emoções têm sido denominadas o timão que orienta o pensamento (Immardino Yeng, 2016, p. 28). As pessoas que não conseguem acessar as emoções devido a lesões cerebrais não podem tomar decisões ou ter escolhas racionais (Damasio, 1994). Elas ficam amarradas, ponderando todas as alternativas possíveis. Não têm nada que lhes oriente sobre o que querem e precisam — para dar-lhes sensação sentida no corpo daquilo que importa. Tanto as terapias experienciais quanto a teoria do apego veem a emoção como provendo modelos internos de *self* e dos outros, bem como os conjuntos de crenças e expectativas concomitantes. Pesquisas sugerem que a emoção pode funcionar como a "cola" que liga informações dentro das representações mentais (Niedenthal, Halberstadt, & Setterlund, 1999). O equilíbrio emocional que vem com o apego seguro e os modelos internos de funcionamento positivos parece resultar na capacidade de construir e articular narrativas coerentes sobre o mundo relacional do passado de alguém (Main, Kaplan, & Cassidy, 1985).

3. *As emoções nos motivam.* Elas literalmente nos energizam e estimulam um tipo específico de ação. A palavra *emoção* vem do latim *emovere*, "mover para fora". As emoções são programas de ação; a raiva, por exemplo, geralmente estimula o movimento em direção a algo percebido como frustrando um objetivo ou ameaçando o bem-estar, e a vergonha provoca o esconder-se e afastar-se.

4. *As emoções se comunicam com os outros e configuram suas respostas.* Isso ocorre de forma rápida e intuitiva, de modo a não apenas antecipar as respostas dos outros (e assim coordenar tarefas e resolver problemas de forma colaborativa), mas também potencializar o vínculo emocional e o cuidado. Em seu brilhante volume, *Mirroring People* (2008), o neurocientista Marco Iacoboni aponta que nosso sistema nervoso está configurado para ser extremamente sensível a sinais emocionais não verbais de outros, sobretu-

do sinais como expressão facial e tom de voz. Somos então programados para espelhar ou imitar esses sinais, por exemplo, com nossos músculos faciais e, por meio dos neurônios-espelho em nossos cérebros requintadamente sociais, sentir em nossos próprios corpos o que vemos nos outros. A expressão afetiva, ou pelo menos como um parceiro percebe essa expressão, organiza as reações reflexas e o repertório geral de resposta desse parceiro. A emoção é a música da dança chamada relacionamento. Modelos internos de funcionamento de apego são formados, elaborados, mantidos e, o mais importante para o terapeuta, revisados por meio da comunicação emocional (Davila et al., 1999).

Não só as funções da emoção estão se tornando cada vez mais claras, mas agora também há um consenso entre teóricos e pesquisadores sobre os diferentes tipos de emoções — as formas que elas assumem. Existem de 6 a 8 respostas emocionais centrais (Ekman, 2003), embora alguns teóricos sejam mais específicos e expandam o conjunto básico para mais algumas, por exemplo, expandindo a vergonha em culpa e desgosto (Frijda, 1986; Izard, 1992; Tomkins, 1986). Ekman (2003) aponta que essas *emoções nucleares* envolvem expressões faciais distintas, que podem ser reconhecidas e receber significados comuns entre culturas e continentes. Tais emoções parecem ser universais e estar associadas a padrões neuroendócrinos e regiões do cérebro específicas (Panksepp, 1998). As emoções nucleares muitas vezes têm "precedência de controle" (Tronick, 1989), facilmente se sobrepondo a outros sinais e comportamentos, especialmente em interações importantes com aqueles de quem mais dependemos. As principais respostas emocionais podem ser descritas de maneira mais parcimoniosa da seguinte forma:

- *Emoções de aproximação:*
  - Alegria, evocando envolvimento relaxado e abertura.
  - Surpresa, evocando curiosidade.
  - Raiva, evocando afirmação e movimento em direção a objetivos.

- *Emoções de evitação:*
  - Vergonha, evocando afastamento e vontade de se esconder.
  - Medo, evocando fuga ou paralisação.
  - Tristeza, evocando afastamento ou consolo.

Obviamente, essas emoções podem ser diferenciadas ainda mais. A vergonha, por exemplo, também tem sido vista por alguns teóricos como incluindo desgosto e culpa por atos ou pensamentos específicos. A tristeza pode incluir o luto e fazer parte do que normalmente chamamos de sentimentos de mágoa.

A emoção a que nos referimos como "mágoa" em si é uma emoção conglomerada, e não um afeto central. Ela foi desmembrada em seus elementos centrais, a saber, raiva ou ressentimento, tristeza e perda e um sentimento de vulnerabilidade ou desamparo que envolve medo (Feeney, 2005), especificamente o medo de não ser valorizado por pessoas significativas e, portanto, abandonado e rejeitado. Embora o medo sempre envolva uma sensação de ameaça e desamparo emergentes, ele pode ser expresso na forma de desligamento, ou congelamento, ou uma fuga mobilizada pelo perigo.

Uma vez que tenhamos estabelecido os elementos que compõem uma emoção, as funções que uma emoção abrange e os diferentes tipos de emoção, é possível reformular a experiência emocional de forma potente e positiva em uma sessão de terapia. O objetivo não é simplesmente regular a emoção em equilíbrio e mesmo em um modo mais integrado, mas também *aproveitá-la* a serviço da criação de novas perspectivas, cognições, ações concretas e respostas sintonizadas com os outros a serviço da mudança.

MUDANÇA DOS NÍVEIS EMOCIONAIS

O conceito de mudança dos níveis das emoções na terapia é tão antigo quanto a própria terapia. No entanto, como realizar isso e avaliar qual é o nível ideal ou mais funcional de engajamento emocional em uma sessão variará muito entre os modelos de terapia. Embora a perspectiva do apego sempre tenha valorizado a emoção, a pesquisa acerca das emoções tornou-se mais diferenciada, e seu papel em diferentes formas de terapia é mais articulado do que acontecia quando a teoria do apego foi formulada pela primeira vez. Alguns teóricos do apego costumavam enfatizar o *insight* calmo e racional das emoções como mecanismo principal de mudança na terapia (Holmes, 2001), ao passo que os terapeutas experienciais da EFT tentam criar experiências emocionais corretivas novas, e às vezes intensas, em vez do *insight* por si só (Johnson, 2009). Alguns terapeutas experienciais identificaram algumas emoções como basicamente mal-adaptativas, sobretudo quando são baseadas em experiências traumáticas (Paivio & Pascual-Leone, 2010). Na EFT, focamos mais em *como* a emoção é construída e regulada e como algumas formas de regulação são mais flexíveis e adaptativas do que outras. Para moldar a regulação ideal que permite que os clientes aproveitem suas emoções para o crescimento e a vivacidade, os terapeutas precisam garantir que os clientes estejam ativamente envolvidos com uma realidade emocional. Essa experiência precisa ser preparada, evocada e ativamente engajada na sessão. Um terapeuta, na maioria das vezes, não consegue mudar essa emoção desde fora por meio de conversa, manipulação cognitiva ou experimento comportamental. Para mudar as emoções, você precisa primeiro se permitir senti-las. Depois, você precisa tolerá-las, desembalá-las, apoderar-se de sua essência ou destilá-las e, por fim, reformulá-las. O conceito de *aprofundamento* do afeto captura esse processo, ajudando o cliente a ir além da reatividade caótica óbvia e superficial ou da supressão entorpecida. Isso envolve passar de uma resposta emocional reativa e automática para um afeto mais profundo, elementar ou nuclear. O exemplo mais comum aqui é o do terapeuta que ajuda um cliente a passar da raiva ou do entorpecimento habitual para uma consciência da ameaça — o medo que desencadeia essas respostas mais superficiais.

Assim como Bowlby e Ainsworth (Ainsworth, Blehar, Waters, & Wall, 1978) se concentraram no que acontece em momentos-chave quando uma criança vulnerável é deixada por uma figura de apego em um contexto estranho, o terapeuta acompanha como as emoções surgem em um cliente e como este lida com essa emoção em situações-chave existenciais quando a principal vulnerabilidade está presente e é convincente. A natureza dessa vulnerabilidade emocional e como ela se manifesta nos medos, nos desejos e nas dores dos clientes é território conhecido pelo terapeuta orientado ao apego, de forma que ele possa guiar os clientes para esse espaço com confiança. (O Capítulo 3 descreve as intervenções específicas utilizadas nesse processo.) Os modelos de terapia explicitamente existenciais (Yalom, 1980) delineiam quatro questões universais de vida e morte que suscitam nossas ansiedades mais profundas: preocupações com a morte, a finitude da vida e a inevitabilidade da perda; preocupações sobre como tornar a vida significativa, mesmo que transitória; preocupações com escolhas e como assumir a responsabilidade pela construção de uma vida; e preocupações com isolamento e solidão. O apego incorpora essa perspectiva filosófica sobre a vulnerabilidade humana, mas enfatiza a primazia abrangente do isolamento emocional como o núcleo do desamparo. Esse isolamento estimula a sensação de perigo e se liga ao medo da morte, estimula uma sensação de falta de sentido (afinal, se não importamos para os outros...) e mina a capacidade de nos fundamentarmos e fazermos escolhas claras. Uma sensação sentida no corpo de conexão segura com os outros, em contrapartida, é vista como a principal e mais eficiente forma de lidar efetivamente com tais vulnerabilidades existenciais.

O INTERPESSOAL: O ASPECTO INTENSAMENTE VIVENCIAL DOS EVENTOS DE MUDANÇA

Se o aprofundamento do envolvimento com as principais vulnerabilidades emocionais, sobretudo com medos, desejos não atendidos, tristeza, perda e vergonha ou medos sobre si mesmo, é o primeiro elemento-chave do processo de mudança em uma terapia experiencial orientada ao apego, o segundo elemento é que novas facetas da experiência são transformadas explicitamente em ação ou vivenciadas pelo cliente. Eles são possuídos e expressos em um contexto interpessoal. A experiência emocional recém-formulada torna-se então um evento transacional. A emoção é descoberta e destilada *com* o terapeuta e, em seguida, lançada na sessão como resposta interpessoal *a* um outro significativo. Esse outro é geralmente uma figura de apego (que está presente de maneira física ou na imaginação), mas ocasionalmente também pode ser o terapeuta em seu papel como figura de apego substituta. Desse modo, uma cliente, Leslie, pode acessar e explorar o medo profundo de ser vista e criticada pelos outros, que está por trás de sua postura antagonista geral e seu desprezo pela proximidade, mas é quando ela é convidada a me olhar de frente e compartilhar o medo de que eu também a traia e a abandone que esse medo se torna tangível e verdadeiramente vivenciado.

Esse aspecto interpessoal é parte crucial dos eventos de mudança delineados e testados na EFT para casais e utilizados na prática clínica com indivíduos (EFIT) e com famílias (EFFT); a nova emoção evoca novas respostas interacionais de e para outras pessoas significativas. Esses movimentos interacionais criam, em sessão, um drama existencial corretivo de vulnerabilidade e desejo, que pode ser enfrentado de forma construtiva. Na maioria dos casos, esse drama estimula uma sensação mais segura de conexão no cliente, ou, pelo menos, uma sensação de conseguir lidar com a perda, que deixe a pessoa aberta para novos relacionamentos. Vale ressaltar que essa representação de uma realidade interna com outra figura significativa é tão necessária em eventos de mudança na EFT para indivíduos quanto na EFT para casais ou famílias. Para aqueles que pensam na terapia individual como sendo essencialmente sobre o aprimoramento de estratégias de autorregulação intrapsíquica, trabalhar nesse nível interpessoal pode parecer desnecessário. No entanto, ao trabalhar a partir de uma perspectiva de apego, é necessário ter em mente que o apego tem tudo a ver com a corregulação da emoção como a realidade básica, ou linha de base, para os seres humanos, com a autorregulação bem-sucedida surgindo como parte desse processo.

O neurocientista James Coan (2016) sugere que, de fato, a corregulação, em vez da autorregulação solo, é a estratégia básica, normal e mais eficiente para nós como animais sociais. O cérebro parece designar recursos de modo constante e, em nível neural, simplesmente espera que as relações de apoio estejam disponíveis como um recurso. Ele dá prioridade à regulação social, e não à autorregulação. Os estudos de tomografia cerebral de Coan (Coan, Schafer, & Davidson, 2006) dos efeitos positivos do apoio de pessoas significativas na forma como os cérebros dos indivíduos percebem e respondem à ameaça e à dor do choque elétrico se comparam ao conceito de Bowlby do potente impacto positivo de "conforto ao contato" e à ideia de que relacionamentos seguros literalmente criam a percepção de um mundo mais seguro. Estudos de percepção visual também nos dizem que, se ficarmos sozinhos diante de uma colina, nosso cérebro realmente estima que esta seja mais alta do que se tivéssemos um amigo ao nosso lado. O cérebro considera a proximidade com os recursos sociais mesmo em processos básicos de percepção (Schnall, Harber, Stefanucci, & Proffitt, 2008; Gross & Profitt, 2013). O conceito de apego de que somos melhores juntos, compartilhando a carga e o estresse, parece ser mais um fato fisiológico do que uma afirmação sentimental. As evidências sugerem que as figuras de apego, incluindo parceiros de relação, são incorporadas às representações neurais do *self* como recursos vitais que promovem a sobrevivência, a diluição do risco, o compartilhamento de carga e a regulação da emoção negativa, e por isso carregam enorme significado existencial. Curiosamente, em termos de figuras de apego serem vistas como extensões do *self*, o cérebro aparentemente codifica ameaças a outros familiares (diferentemente de estranhos) de forma muito semelhante a como codifica ameaças dirigidas ao próprio *self* (Beckes, Coan, & Hasselmo, 2013). Isso está de acordo com outros achados que sugerem que a perda de um parceiro está associada a diminuições imediatas e persistentes na clareza do autoconceito (Slotter, Gardner, & Finkel, 2010).

Também é interessante observar que a regulação do afeto social é um processo relativamente ascendente, já a autorregulação é geralmente um processo mais custoso, esforçado, de cima para baixo, envolvendo extensos processos cognitivos e de atenção para inibir respostas somáticas que já estão desencadeadas (Coan & Sbarra, 2015).

Toda essa pesquisa tem relevância direta para a terapia. Primeiro, o terapeuta EFT presta mais atenção ao processo de baixo para cima de decodificação das emoções conforme ela ocorre e ajuda os clientes a ordenar essas emoções no momento presente. O terapeuta também se mantém sintonizado e emocionalmente presente para o cliente à medida que esse processo ocorre, corregulando sua experiência emocional. Com o terapeuta como recurso, as "colinas" que o cliente precisa escalar parecem ser menores.

Em segundo lugar, nos *enactments** interpessoais, o terapeuta ajuda o cliente a convocar figuras de apego como auxílios à regulação efetiva do afeto. A forma exata como ocorre essa corregulação efetiva também se torna mais clara. Por exemplo, respostas maternas sensíveis parecem desativar a amígdala de uma criança e ativar o córtex pré-frontal (Tottenham, 2004). À medida que isso se

---

*N. de R.T. O termo *enactment* não foi traduzido para o português por não ter uma correspondência que mantenha o conceito sem distorções. Trata-se da intervenção correspondente ao movimento 3 do Tango da EFT, em que o(a) terapeuta propõe que a pessoa externalize com palavras o que foi processado no movimento 2.

torna a norma, o sistema de estresse, ou o eixo HPA — o hipotálamo e as glândulas hipófise e suprarrenal, que desencadeiam hormônios do estresse, como o cortisol — torna-se sintonizado em um estado de equilíbrio e, portanto, é menos facilmente acionado e mais facilmente desligado (McEwen & Morrison, 2013).

Também é senso comum que nos envolvamos constantemente em diálogo interno com os outros, mas especialmente quando estamos sob qualquer tipo de ameaça, quando usamos esse diálogo para reavaliar experiências difíceis. Um exemplo cotidiano dessa corregulação eficaz entre as pessoas de fé ocorre no uso da oração com o intuito de buscar a Deus como figura protetora de apego (Luhrmann, Nusbaum, & Thisted, 2012).

Nos eventos clássicos de mudança, muito estudados na EFT para casais, emoções recém-formuladas são expressas para o outro de maneira engajada e aberta, que captura a essência dessas emoções, sem a necessidade de evitação, culpa reativa ou dependência. Isso muitas vezes assume a forma de reconhecer feridas emocionais negadas, pedir que sejam atendidas as necessidades que agora são reconhecidas ou reivindicar o direito de ser ouvido e considerado. Esse compartilhamento redefine o *self* e o sistema — a posição do *self* em um drama relacional-chave e a natureza da própria relação. Nesse tipo de *enactment*, os principais esquemas ou os modelos de *self* e dos outros são imediatamente acessíveis e podem ser reformulados. Esse processo de mudança é aparente na EFIT e na EFFT. Por exemplo, Amy me mostra que agora pode se voltar para sua mãe "dominadora e distante", quem ela pode ver nos olhos de sua mente e que está presente para ela neste momento, e expressar sua mágoa e sua necessidade com clareza coerente. Ao fazer isso, ela me diz: "Neste momento, eu me sinto repentinamente muito sólida e calma, e ela não parece mais perigosa. Na verdade, vejo que ela não sabe o que fazer. Ela tem medo de mim. Que tal isso! Isso é diferente. De fato, estou começando a me sentir tranquila com ela. Eu não era uma criança tão ruim. Ela simplesmente não sabia como ser uma mãe!"

Terry vira-se e diz para sua esposa, na Sessão 15 da EFT: "Quando me permito sentir essa sensação instável e abaixo todas as minhas armas habituais — minhas provas de suas falhas —, sinto muito medo. Percebo que você pode não querer essa parte mais suave e insegura de mim. Eu presumi que ninguém iria querer esse Terry. Mas aqui estou eu agora, ao vivo e a cores, e quero muito a sua reafirmação. Que você quer, que você ficará comigo".

Em uma sessão de EFFT, Tim diz ao filho, enquanto sua esposa segura sua mão: "Eu quero ser um bom pai. Eu simplesmente me perco em todas as regras que tenho na minha cabeça vindas da minha família. Sinto muito, filho. Acho que te decepcionei. Isso é difícil de dizer. Eu não quero te perder ou te machucar. O que eu quero é encontrar uma forma de estarmos próximos. Parece estranho, mas também é bom dizer isso". Enquanto ele diz isso, seu filho, anteriormente frio, desafiador e evitativo, vê-se chorando e estende os braços para o pai. Ocorre uma cascata de mudanças internas e interpessoais.

Nesses eventos de mudança, os medos são enfrentados, as necessidades são protagonizadas e expressas, e velhas e automáticas formas de regular a emoção, enquadrar o eu e perceber os outros são ativadas e reveladas. Eles estão em processo de revisão.

O poder da chamada experiência emocional corretiva, muitas vezes referida na literatura psicoterápica, torna-se concreto e específico quando colocado em um contexto de apego. Quando tal experiência funciona na sessão, uma pessoa está de fato totalmente envolvida emocionalmente, mas essa emoção agora é ordenada e destilada, aceita como válida e expressa ao outro com autenticidade. O outro é um testemunho do surgimento de uma nova e rica experiência e da nova maneira pela qual um cliente agora é capaz de montar o mosaico da necessidade e do medo, do *self* e dos outros. A aceitação, seja por uma figura de apego substituta (o terapeuta), seja por uma figura de apego real, é uma potente força validadora que afirma as vulnerabilidades e as necessidades de um cliente, bem como sua capacidade de reconstruir ativamente sua experiência com nova consciência. Essa validação não apenas consolida novas dimensões da experiência e novos padrões de relacionamento, mas também molda na pessoa que viveu essa experiência uma maior competência para definir e confiar em seu mundo interior.

No próximo capítulo, esboçarei os principais processos e as intervenções da EFT que sistematicamente configuram momentos transformadores de mudança e progressão natural nas experiências corretivas que discuti. As palavras *progressão natural* são usadas deliberadamente aqui porque, para o terapeuta EFT, é evidente que esse é um processo *orgânico*, que acontece de dentro para fora. Assim como um bom médico sabe como ajudar o corpo a se curar, um terapeuta que sabe como sintonizar com o apego e com as emoções usa o poder dos processos naturais para estruturar a mudança.

LEVE ISTO PARA CASA E PARA O CORAÇÃO

- Os vínculos íntimos com os outros são a base do funcionamento efetivo e da saúde mental. Podemos manter os clientes para que eles possam "ver" melhor suas maneiras de se envolver com os outros e as emoções que estimulam esse engajamento e encontrar alternativas construtivas para suas respostas habituais. Uma parte fundamental desse processo é estimular e regular as emoções dos clientes com eles e ajudá-los a encontrar o equilíbrio emocional.

- Intervenções experienciais, como a EFT, refletem melhor *as descobertas* da ciência do apego e transformam os preceitos do apego em um mapa para a intervenção.
- O apego leva o terapeuta a priorizar processos de regulação emocional e a criação de segurança emocional na sessão, o que exige que ele esteja ativamente presente e sintonizado, transparente e acolhedor. Ele tem de trabalhar tanto dentro de construções do *self* e das realidades emocionais quanto em construções de padrões interpessoais de interação entre pessoas significativas no momento presente. A dependência construtiva leva à corregulação efetiva das emoções e ao crescimento de um senso coerente e saudável de *self*.
- O apego oferece um mapa da fenomenologia das emoções-chave, dos principais momentos de interação que definem o *self* e o sistema e dos elementos de mudança necessários e suficientes.
- Estabilização, reestruturação do apego e consolidação são os três estágios da mudança. Aprofundar o envolvimento emocional e coreografar novas maneiras de se envolver com os outros são as chaves para o processo de mudança. As emoções nos orientam, moldam significados, motivam e comunicam. Há seis emoções centrais (alegria, surpresa, raiva, vergonha, medo e tristeza), e o terapeuta as utiliza para reorientar o cliente, moldar novos significados e motivar novas respostas e novas formas de se conectar com os outros. Experiências emocionais corretivas, sobretudo a de corregulação efetiva, redefinem o *self* e o sistema na EFT.

3

Intervenção: *trabalhando com e utilizando as emoções para construir experiências e interações corretivas*

> *Nossos sentimentos são algoritmos para tomada de decisão que evoluíram para guiar o comportamento em direção ao que historicamente era mais provável para promover a sobrevivência e a reprodução.*
> — Maia Szalavitz (2017, p. 51)

> *Somente quando alguém sente um frio na espinha é que pode se apropriar daquilo... O problema na terapia é sempre como passar de uma apreciação intelectual ineficaz de uma verdade sobre si mesmo para uma experiência emocional extraída dela. É somente quando a terapia envolve emoções profundas que ela se torna uma força poderosa para a mudança.*
> — Irvin Yalom (1989, p. 22-23)

Em seu último livro, Bowlby descreve brevemente o caso de uma jovem mãe que corria o risco de maltratar seu bebê. O terapeuta, conhecendo sua história, ofereceu sugestões de como essa mãe deve ter, na verdade, se sentido assustada, com raiva e desamparada quando criança e necessitava de uma conexão segura. A jovem mãe foi então capaz de expressar essas emoções por si mesma e, assim, progredir na terapia e em sua capacidade de ser mãe (1988, p. 155).

Um terapeuta iniciante poderia ver esse exemplo como apenas uma sessão de terapia normal e acreditar que o que realmente aconteceu foi uma simples tentativa de indução de *insight*. Na verdade, esse quadro de apresentação poderia ter provocado muitos tipos diferentes de intervenção, sobretudo com um problema sério, como uma criança em risco. Só podemos imaginar o quadro completo do que aconteceu e o que mudou para essa jovem nessa sessão. Se essa hora de terapia fosse, em geral, semelhante a uma abordagem de terapia experiencial orientada ao apego, poderíamos supor facilmente o que ocorreu.

- Essa jovem mãe se sentia segura, acolhida e validada por esse terapeuta, não se sentia julgada e não sentia que estava sendo instruída por uma "autoridade" sobre como mudar seu comportamento e, desse modo, ser uma mãe mais competente para seu bebê.
- O terapeuta orientou a mãe em seus medos e seus desejos subjacentes, sentimentos centrais que provavelmente seriam desencadeados por sua experiência com o bebê.
- Podendo explorar sua própria experiência quando criança e tocar em sua perda e seu desejo, essa cliente foi então mais capaz de, de forma visceral, compreender o impacto de suas respostas sobre seu próprio bebê.
- Ela também pôde começar a se sentir mais confiante como adulta que agora poderia reconhecer, aceitar e dar sentido à sua experiência.
- Ela experimentou uma relação de apoio genuíno com a figura de apego substituto do terapeuta, em que ela poderia encontrar um relacionamento que atendesse a seu próprio desejo de *conexão*.
- Se ela foi capaz de continuar a refletir e integrar essa experiência, percebeu que os outros podem nem sempre rejeitá-la ou abandoná-la, de modo que seu modelo sobre os outros se expandiu, e a possibilidade de recorrer a eles como um recurso tornou-se mais tangível.

Carl Rogers, o pai da psicoterapia experiencial já mencionada, provavelmente teria visto essa sessão como uma exploração colaborativa do desejo e da perda presentes, que expandiu a sensação sentida no corpo da mãe sobre seu filho e seu repertório emocional. A sessão focou em evocar as emoções e seu poder de guiar ações em direção aos outros, em vez de mudar as cognições em si ou treinar a mudança de comportamento. As emoções acessadas também foram específicas: raiva, medo e saudade — o outro lado implícito do medo e da privação. E elas foram acessadas a fim de reorganizar um drama interpessoal chave. Bowlby teria enquadrado a resposta menos empática dessa cliente a seu filho como "perfeitamente razoável", dada sua própria experiência, e Rogers teria começado de maneira semelhante, estendendo a aceitação e a empatia com a dificuldade dessa cliente, oferecendo-lhe uma resposta sintonizada, que ela nunca havia experimentado quando criança.

Embora ambos fossem tanto pesquisadores como clínicos, nem Rogers nem Bowlby tiveram acesso ao grande volume de pesquisas que hoje existe sobre apego adulto, emoções, regulação emocional e processos de mudança na terapia. No entanto, eles ainda conseguiram responder aos seus clientes de maneiras que se harmonizam com as descobertas atuais nessas áreas. Quer estejamos tratando de um indivíduo, um casal ou uma família, agora podemos delinear um conjunto de intervenções centrais simplificadas que refletem tanto as formulações originais do modelo de Rogers quanto a teoria do apego, assim como refletem a prática clínica moderna na terapia experiencial e nas pesquisas recentes sobre emoções e mudanças nesse modelo. Em todas as três modalidades citadas, a mudança é um fenômeno emocional e interpessoal. Como os capítulos posteriores abordam especificamente essas diferentes modalidades, neste capítulo, abordaremos a intervenção e como ela se alinha às pesquisas recentes pertinentes, de forma genérica e ampla.

EMOÇÃO E MUDANÇA NA TERAPIA EXPERIENCIAL

As terapias experienciais sempre prestaram especial atenção à forma exata como as mudanças ocorrem, com destaque para o papel ativo do cliente no processo de mudança. Se concordarmos com a premissa das terapias experienciais de que os clientes estão imbuídos de uma tendência de autorrealização, então o papel geral do terapeuta é simplesmente dar partida nesse processo natural de crescimento e guiar os clientes para superarem os bloqueios à medida que surgem. Trabalhar diretamente com as emoções é a maior parte desse pontapé inicial.

Podemos esculpir ativamente aquilo que entendemos, de modo que este capítulo primeiro elaborará a natureza das emoções e seus níveis antes de continuar a discutir uma metaestrutura específica para intervenção e técnicas específicas utilizadas na EFT. É importante observar que a perspectiva experiencial sempre privilegiou especificamente as emoções como a principal fonte de mudança, vendo-as basicamente como adaptativas. Embutida nos modelos experienciais está uma confiança na validade e no valor da experiência emocional que, muitas vezes, tem faltado em outros modelos. As abordagens experienciais evitaram a polarização anterior no campo da terapia, na qual as emoções eram vistas como um gêiser potente e pronto para explodir — e deveriam ser desabafadas em forma de catarse —, ou como uma força desorganizadora caótica que tinha de ser contida e controlada pela razão ou pelo treinamento comportamental.

Na verdade, muitos modelos clínicos que antes deixavam as emoções de lado agora estão vendo isso de maneira mais positiva e tentando abordá-las em seus protocolos de tratamento. Por exemplo, a chamada terceira onda de intervenções comportamentais inclui a aceitação das emoções (Hayes, Levin, Plumb-Vilardaga, Villste, & Pistorello, 2013). Muitos modelos diferentes de terapia comportamental, psicodinâmica e interpessoal possuem foco ainda mais incisivo no afeto. No entanto, as emoções ainda aparecem como muito menos centrais e como uma espécie basicamente diferente nesses modelos quando comparadas à perspectiva experiencial. Por exemplo, frequentemente as emoções parecem ser simplesmente nomeadas no contexto de um foco predominante no pensamento ou no comportamento. Se abordadas, são como algo a ser regulado e contido com técnicas autotranquilizadoras ou utilizado como forma de ajudar a gerar *insight*.

Em contrapartida, em uma terapia experiencial, as emoções tornam-se o foco principal da terapia. Elas são um alvo de mudança (sendo reprocessadas e reguladas de maneira mais adaptativa na terapia) e um agente de mudança (estimulando e remodelando a cognição e a ação). O processamento da experiência emocional é parte central de cada sessão, sendo usado para guiar as pessoas para novas estruturas de significados, movê-las para novas ações ou mudar a forma como elas buscam e respondem a outras pessoas. As abordagens experienciais — tais como EFT, psicoterapia dinâmica experiencial acelerada (PDEA) e psicoterapia experiencial focalizada e processual, às vezes referida agora pela mais genérica terapia experiencial focalizada nas emoções (e referida neste livro como PE/TFE) — sistematicamente rastreiam, evocam e moldam ativamente as emoções, mesmo que tenham diferenças na prática sobre como as emoções são adaptadas para criar mudanças (Fosha, 2000; Gendlin, 1996; Elliott, Greenberg, Watson, Timulak, & Friere, 2013).

Cada vez mais, os estudos empíricos sobre mudança terapêutica reconhecem o poder das emoções para mudar perspectivas e abrir as portas para novas informações adaptativas sobre si mesmo e sobre os outros. As emoções organizam nosso mundo e nossos relacionamentos. Na tristeza, por exemplo, tendemos a não explorar ou responder a sinais positivos e, muitas vezes, nos fechamos para nós mesmos e para os outros. Nós vemos de forma diferente e percebemos sinais diferentes; estamos fisiologicamente organizados de modos diferentes em comparação com quando estamos mobilizados em uma emoção como a raiva. Sob a influência da emoção, processamos informações e as reunimos em quadros de significado de maneira que se encaixa com nossa resposta fisiológica, e *nos movemos* de forma diferente no mundo e nos relacionamos com os outros de forma diferente. Então, em um ataque de raiva, o sangue se move para minhas mãos, e meu coração bate mais rápido; observo e me lembro de todas as coisas ruins que me fizeram; vejo a linha de sua boca como especialmente insolente; e vou em sua direção e levanto minha voz para lhe "forçar" a me ouvir.

Do ponto de vista da EFT, o melhor caminho para a mudança na vida e na terapia envolve a formação de novas experiências emocionais. Especificamente, essa "modelagem" envolve evocar e expandir a experiência emocional e a consciência para além das respostas reativas superficiais e melhorar a regulação emocional para que a criação de significados e as respostas comportamentais possam ser mais flexíveis e adaptadas a um contexto específico. *Trabalhar com as emoções na EFT é um processo orgânico, no qual a técnica pode ser mantida ao mínimo e o próprio poder inato das emoções pode ser utilizado para levar um cliente para outro universo.* Vale a pena reiterar aqui que tanto Rogers quanto Bowlby acreditavam explicitamente que um bom terapeuta basicamente sintoniza e depois promove a capacidade inata de crescimento de cada cliente. Como escreveu Bowlby, "o trabalho do psicoterapeuta, assim como o dos cirurgiões ortopédicos, é fornecer as condições para que a autocura possa ocorrer melhor" (1988, p. 152). Se reconhecermos que as emoções fazem parte do sistema de apego biologicamente baseado, inato e orientado para a sobrevivência, então podemos supor que os processos de mudança empregados na EFT exploram o que é conhecido como aprendizado biologicamente preparado. A evolução nos equipou para que seja preciso apenas uma experiência de desgosto real para nos desviarmos para sempre da fonte desse desgosto. Da mesma forma, uma sensação sentida no corpo de segurança e equilíbrio emocional, uma vez experimentada como mudança de autocura corretiva (como na psicoterapia experiencial), permanece conosco.

Regulação das emoções

Antes de discutir o processo de mudança em uma terapia orientada ao apego, como a EFT, devemos definir regulação das emoções. A que nos referimos exatamente quando falamos de regulação das emoções? Regulação é a capacidade de *acessar* e atender a uma gama de emoções, *identificar* claramente essas emoções, *modificá-las*, reduzindo-as ou amplificando-as em si mesmo e no outro, e então *usá-las* para determinar significado, bem como para orientar nosso pensamento e nossas ações de maneira que se adequem às nossas prioridades em diferentes situações. Na sessão, o terapeuta EFT ajuda ativamente os clientes a regular suas emoções, dosando a diminuição ou o aumento da intensidade e o envolvimento emocional, muito frequentemente ajudando os clientes a manter uma *distância funcional* das emoções à medida que surgem no momento. As emoções são moduladas — aumentam ou diminuem — para que os clientes possam ficar dentro de sua janela de tolerância, enquanto se movem para um novo território com sentimentos difíceis.

Novos conceitos e novas maneiras de entender as emoções nos ajudam a trabalhar com elas de modo mais efetivo, e muitas dessas novas maneiras oferecem um encaixe primoroso com as intervenções da EFT. O trabalho de Lisa Feldman Barrett sobre especificidade emocional, ou o que ela chama de *granularidade* (2004), esclarece as diferenças sobre como as pessoas experimentam, percebem e compreendem suas emoções. Feldman Barrett sugere que aqueles que conseguem colocar emoções em palavras, construindo sua experiência com alto grau de especificidade e complexidade diante de sofrimento intenso, são menos propensos a utilizar estratégias negativas de autorregulação, como agressividade, autolesão ou consumo excessivo de álcool. Eles também demonstram menos reatividade neural a situações de rejeição e geralmente sofrem menos com ansiedade e depressão. Um estudo descobriu que recontar uma situação difícil em um diário e identificar com precisão as emoções que surgiram parecia diminuir o estresse e permitir que as pessoas lidassem melhor com ele, em comparação com aquelas que eram menos capazes de especificar e diferenciar claramente suas respostas emocionais. A capacidade de articular emoções mais detalhadamente parece oferecer às pessoas ferramentas mais precisas para fazer escolhas e resolver problemas de modo mais eficaz (Kashdan, Feldman Barrett, & McKnight, 2015). Aqueles que são diagnosticados com depressão maior e transtorno de ansiedade social mostram níveis significativamente mais baixos de diferenciação emocional do que os outros, mesmo quando se considera a intensidade de seu sofrimento. Os efeitos positivos sobre a saúde mental do registro em diário das próprias experiências emocionais também apoiam a ideia de que colocar sentimentos em palavras serve por si só a uma função reguladora (Pennebaker, 1990b). Escrever sobre elas é apenas uma forma de nos concentrarmos em tornar as emoções concretas, e isso especificamente faz um paralelo com o constante acompanhamento, o refletir e a *ordenação* da experiência emocional do cliente, elementos-chave da prática da EFT. De fato, o terapeuta EFT também constantemente transforma insinuações e sussurros emocionais elusivos e vagos em experiências concretas e específicas. Ele é um especialista em granularidade!

Como mencionado, a regulação pode ser mais ou menos adaptativa. Atualmente, aceita-se que a regulação emocional desempenha um papel crítico na etiologia e na manutenção da psicopatologia. Supressão, ruminação e evitação estão associadas a uma série de transtornos psicológicos, em especial problemas de ansiedade e depressão, ao passo que estratégias mais adaptativas, como aceitação (levando à redução da evitação experiencial) e reavaliação, não estão (Mennin & Farach, 2007; Aldao, Nolen Hoeksema & Schweiser, 2010).

Por exemplo, adolescentes deprimidos costumam se desvencilhar de seus próprios sentimentos; culpam-se pela rejeição percebida pelos outros, costumam ruminar e catastrofizar e focam em temas de rejeição, inadequação pessoal e fracasso (Stegge & Meerum Terwogt, 2007). Uma pobre regulação emocional frequentemente torna a interação dos adolescentes com os outros uma sobrecarga, minando qualquer senso de eficácia em lidar com as emoções e gerando um estado de absorção em que tudo leva à depressão e nada os faz sair disso.

Podemos ver as estratégias de regulação emocional em termos de inteligência emocional. Salovey, Mayer, Golman, Turvey e Palfai (1995) afirmam que as emoções servem como uma importante fonte de informação e que os indivíduos variam na sua capacidade de processar essa informação. Esse processamento envolve a capacidade de cuidar das emoções e claramente dar sentido a elas e regulá-las. Por exemplo, há grandes diferenças individuais na capacidade das pessoas de deduzir os sinais emocionais do rosto e da voz de outra pessoa (Baum & Nowicki, 1998; Nowicki & Duke, 1994), e, como já observamos, as pessoas variam na precisão ou na *granularidade* (especificidade e complexidade) com que automaticamente percebem sua própria experiência da emoção.

O PAPEL DO APEGO NA REGULAÇÃO DO AFETO

Em geral, a segurança do apego, uma sensação sentida no corpo de conexão com os outros, facilita estratégias e processos positivos de regulação de afeto (ver discussão no Capítulo 2). Essa segurança incentiva o equilíbrio emocional. Pessoas no alto da escala da segurança são melhores em manter o equilíbrio em todos os pontos de uma experiência emocional. Elas são menos facilmente acionadas, tendendo a interpretar as coisas em termos mais benignos e tolerar melhor a ambiguidade. Elas podem atribuir eventos indesejáveis a causas controláveis, dependentes do contexto e temporárias. Elas aprenderam que o sofrimento é geralmente administrável. Em termos de respostas fisiológicas, elas tendem a experimentar ou ficar presas menos facilmente em hiperexcitação ansiosa, e habitualmente não se entorpecem ou se desligam emocionalmente. Elas são melhores em explorar o significado de uma experiência e confiam e podem utilizar as informações que as emoções lhes dão para navegar e impactar seu mundo. Elas também podem refletir sobre sua experiência emocional e ordená-la — uma habilidade provavelmente desenvolvida como resultado de sua experiência na infância de ter uma figura amorosa de apego. Essa cuidadora pôde refletir sobre a experiência mental do bebê e representá-la para ele "traduzida para a linguagem de ações que um bebê consegue compreender. O bebê é, assim, provido da ilusão de que o processo de reflexo dos processos psicológicos foi realizado nos seus próprios limites mentais. Essa é a base necessária para a evolução de um *self* reflexivo firmemente estabelecido" (Fonagy, Steele, Steele, Moran, & Higgit, 1991). Seu equilíbrio emocional torna os indivíduos seguros menos propensos a negar, distorcer ou exagerar suas experiências emocionais (Shaver & Mikulincer, 2007). Eles podem estar abertos às suas emoções e às dos outros, expressá-las, comunicá-las e usá-las como guia para uma ação eficaz.

Em contrapartida, o apego evitativo ou ansioso promove a "exclusão defensiva" ou supressão das emoções (Bowlby, 1980), ou a intensificação ou ativação crônica da emoção. A supressão, como já observado, tende a desencadear um efeito ricochete. Essa é uma estratégia frágil, que geralmente se parte sob estresse intenso. A ativação crônica pode ser vista em pessoas com apego ansioso, que ficam presas nas emoções como em uma teia, ruminando ameaças reais ou potenciais e generalizando experiências negativas, de modo que uma interpretação pode desencadear uma enxurrada de outras, resultando em confusão e incoerência. É fácil entender por que parceiros inseguros são mais propensos à raiva, hostilidade e violência; esse comportamento é especialmente verdadeiro para aqueles que têm apego ansioso, mas também é encontrado em indivíduos evitativos, apesar de suas tentativas de negar a vulnerabilidade. É particularmente interessante que, diante da verdadeira ameaça existencial, envolvendo imagens e pensamentos de morte, as pessoas ansiosas sejam apanhadas na ruminação e no medo acentuado, ao passo que as pessoas evitativas suprimem o medo, mas mostram uma reatividade implícita/inconsciente aumentada aos sinais de morte. Os dois tipos de indivíduos inseguros, então, tendem a se tornar mais julgadores e punitivos em relação aos outros — diferentemente de pessoas mais seguras, que tendem a lidar com a ansiedade da morte direcionando sua energia para pensamentos de imortalidade simbólica, tais como criar um legado e aumentar seu desejo de conexão íntima com os outros.

Tendo expandido nossa compreensão das emoções, vamos agora nos voltar para uma visão geral dos processos de mudança na EFT como intervenção orientada ao apego.

O PROCESSO EXPERIENCIAL DE MUDANÇA NA EFT

Estudos sobre o processo de mudança associado ao tratamento bem-sucedido apontam repetidamente para dois fatores principais: o aprofundamento do envolvimento com as emoções e a criação de interações afiliadas com figuras de apego (Greenman & Johnson, 2013). Essas descobertas apoiam a teoria formal de mudança no modelo EFT.

Terapeutas experienciais orientados ao apego levam a sério a crença de Bowlby no poder das emoções. O objetivo de cada sessão é mudar a forma como o cliente se envolve com sua experiência emocional. Os terapeutas ajudam os clientes a explorarem a sabedoria de suas emoções e usá-las para dar direção às suas vidas, permitindo-lhes ordenar ou regular suas emoções de maneira mais efetiva, identificar suas necessidades e compreender as formas específicas pelas quais a construção ativa de sua experiência emocional molda seu senso de *self* e os principais padrões de interação com os outros. Esta parte do capítulo explicará como trabalhar com as emoções para alcançar esses objetivos.

Os terapeutas precisam ser capazes de diferenciar os níveis de envolvimento emocional para que possam evocá-los e reconhecê-los sistematicamente quando ocorrem em seus clientes. As medidas utilizadas na pesquisa podem nos ajudar a identificar fenômenos clínicos. Nos estudos da EFT, a Escala de Experiência (EXP; Klein, Mathieu, Gendlin, & Kiesler, 1969) tem sido utilizada para capturar esse conceito de níveis de envolvimento emocional e identificar como realmente é o aprofundamento do envolvimento. A EXP mede o movimento do cliente em sete estágios de envolvimento. Nos estágios iniciais, os clientes têm baixos níveis de envolvimento com suas emoções; eles fazem, em sua maioria, comentários discursivos impessoais, superficiais ou abstratos sobre sua experiência. Depois disso, os clientes começam a reconhecer, explorar e tornar os sentimentos corporais mais explícitos. Então, nos estágios mais avançados, novas experiências corretivas e convincentes estabelecem novos quadros de significado, e os clientes usam ativamente as emoções como um guia que os leva a um novo território. À medida que a experiência emocional se aprofunda e se expressa por meio desses estágios, a conexão interpessoal nas interações entre cliente e terapeuta, nas figuras de apego imaginadas evocadas no processo terapêutico e (na terapia de casal e família) entre as figuras de apego na sala também se torna mais aberta e autêntica.

James, que se queixa de depressão, conta-me em uma primeira sessão que todas as pessoas são narcisistas, e que isso acontece devido ao clima político e econômico. Ele obviamente já usou esse discurso antes, e sua história é remota e distante. Essa conversa um tanto impessoal seria codificada como estágio 1 ou 2. Mais tarde, com o prosseguimento do tratamento de James, ele passa para o estágio 3, explorando seu relacionamento com a mãe, que está morrendo. Ele fala sobre eventos específicos na vida adulta em que sentiu raiva e se sentiu repreendido, assim como acontecia quando era criança, e depois lista todas as ações que tomou para conter o impacto desses incidentes, tais como desistir dos outros e desconfiar das intenções positivas deles. Conforme a terapia progride, James entra nos estágios 4 e 5, à medida que dá um relato mais pessoal de tais eventos, expondo suas suposições em declarações pessoais detalhadas. Ele agora reconhece e presta atenção às emoções suaves e vulneráveis na sessão, indicando que se sente "pequeno" ao redor de sua mãe e que quer manter sua armadura e "se esconder", mesmo agora quando ela está tão frágil. Em última análise, ao entrar nos estágios 6 e 7, James explora ativamente e *descobre* seus sentimentos imediatos e seu luto por nunca ter se sentido amado quando criança, a desesperança e o desamparo que sentia na época, e é capaz de explicar o impacto que essa experiência emocional teve em sua vida. A experiência emocional agora é vívida e concretamente sentida, e James a apresenta de forma que evoca empatia compassiva em mim. James agora pode tolerar e manter seu equilíbrio em sua vulnerabilidade. Ele está totalmente *presente*. Novos níveis de consciência tornam-se um trampolim para novos estados motivacionais, realizações e posições existenciais. James me diz: "Não posso me enlutar pela minha mãe. Eu nunca tive realmente uma mãe [ele chora]. Ela nunca se mostrou para mim. Ela não conseguiu, creio eu. Cresci sozinho e achando que havia algo de errado comigo. Disso eu posso lamentar — pelo pequeno James, que se sentia tão frio e pequeno no mundo. E ainda estou me escondendo. É difícil ter esperança de novo. Neste momento, olho para você e vejo que está triste por mim. Isso é bom, mas preciso chorar por um tempo. Talvez eu queira ir e encontrar o que nunca tive". James acaba sendo muito mais aberto à experiência e equipado com equilíbrio emocional e confiança em sua experiência recém-emergente como um guia para ações futuras. Em termos de apego, seu enquadre dessa experiência é *coerente*. As formulações aqui são expansivas — o cliente está em uma jornada, em vez de ficar estagnado ou preso. Esse novo nível de envolvimento emocional muda a cor dos relacionamentos de James, abrindo as portas para uma conexão mais autêntica com os outros, para mais compaixão por si mesmo e pelos outros e para a capacidade de arriscar-se, buscar e responder aos relacionamentos íntimos.

É possível compor os elementos das emoções de James na montagem do afeto e aprofundá-los na intervenção (discutida mais adiante), tecendo a experiência emocional de forma ordenada e coerente. Fazer isso leva clientes como James a se tornarem mais profunda e totalmente engajados em sua experiência interna, em vez de evitá-la ou suprimi-la. Nesse processo, o alcance emocional do cliente se expande, e surgem novos elementos, como quando a raiva dá lugar a uma conscientização de perda e luto. (Mais adiante, discutiremos como ajudamos os clientes a assumir esse novo nível de experiência emocional para seu mundo interpessoal, em um processo que chamamos de *enactments*.) A regulação de afetos mais adaptativa e flexível também se torna parte da mudança pelo cliente de seus modelos de *self* e dos outros, de suas personalidades, se quiser, e de se tornar mais seguro. Como sugerem os pesquisadores do apego Mikulincer e Shaver (2016, p. 189):

> Tendo gerenciado eventos que provocam emoções ou lhes reavaliado em termos benignos, as pessoas seguras frequentemente não precisam alterar ou suprimir outras partes do processo emocional. Elas fazem... um "curto-circuito de ameaça", evitando os aspectos interferentes e disfuncionais das emoções, enquanto se beneficiam de suas qualidades adaptativas funcionais. Elas podem permanecer abertas às suas emoções, expressar e comunicar sentimentos livremente e com precisão aos outros e experimentá-los plenamente sem distorção. Além disso, elas podem esperar que a expressão emocional resulte em respostas benéficas das outras pessoas.

Na EFT, novas músicas emocionais se traduzem em novos passos de dança e novos níveis de engajamento com os outros. Mais adiante neste capítulo, descrevo a maneira como o terapeuta estabelece continuamente uma cascata de mudanças na sensação sentida no corpo acerca das emoções de um cliente, que sugere mudanças no significado e nos comportamentos e, assim, sugere mudanças positivas nos padrões de interação. Essa metassequência de intervenções é denominada Tango da EFT. O tango é usado como metáfora porque é uma dança improvisada e constantemente fluida para a música emocional. Essa dança pode ser desarticulada e resultar em distanciamento, desajuste e discórdia, mas também pode resultar em harmonia e sincronia fisiológicas e psicológicas. Devido à sua natureza improvisada, a qualidade de um tango repousa quase totalmente sobre a sintonia e a conexão dos dançarinos. No tango, quando um dançarino está totalmente envolvido com o outro, é difícil separar o dançarino e a dança. À medida que cria uma nova dança com o outro, James constrói um novo senso de si mesmo.

PESQUISAS SOBRE ENVOLVIMENTO EMOCIONAL NA TERAPIA

O que a pesquisa de resultados e processos de mudança nos diz diretamente sobre o papel desempenhado pelo envolvimento emocional na psicoterapia experiencial bem-sucedida?

Em termos de terapia de casais, nove estudos sobre EFT descobriram que profundidade emocional e interações mais abertas, engajadas e responsivas, codificadas como mais afiliativas na Análise Estrutural do Comportamento Social (SASB, do inglês *Structural Analysis of Social Behavior*; Benjamin, 1974), predizem o sucesso (Greenman & Johnson, 2013). Eventos de mudança no estágio de reestruturação da EFT, definidos pelos escores EXP e SASB, têm sido consistentemente associados a mudanças positivas no final da terapia e no *follow-up*. Esses eventos de mudança em estágio avançado na versão de casais da EFT são descritos como *suavizações*, já que nesses eventos os parceiros que mais culpabilizam podem suavizar com seu parceiro, revelando medos e pedindo que necessidades de apego sejam atendidas. Tais eventos não são iniciados em sessão, a menos que o parceiro mais evitativo tenha passado por um processo semelhante, ou seja, tenha se reengajado emocionalmente e agora esteja mais presente e responsivo. Ainda não foram realizadas pesquisas sobre esse processo de mudança na EFFT, mas muitos anos de observação clínica nos dizem que os mesmos processos ocorrem tanto entre pais e filhos como entre parceiros adultos.

Há, é claro, outros tipos de eventos de mudança, mas eles sempre parecem incluir um profundo envolvimento emocional. Por exemplo, trazer novas experiências presentes "quentes" para memórias de eventos passados, à medida que são desencadeadas na sessão, transforma essas memórias, não por contrapô-las, mas pela assimilação de material novo, em narrativas passadas (Schiller et al., 2010). Como sugerem Alexander e French (1946), reviver velhas dificuldades enquanto se molda novos finais para elas, tanto no nível intrapsíquico quanto no interpessoal, pode ser o segredo de todas as mudanças significativas na terapia.

As pesquisas também atestam o poder de trabalhar com as emoções na terapia individual. Estudos da PE/EF, que nascem da mesma raiz na teoria experiencial e, portanto, são semelhantes, embora também diferentes da EFT mais sistêmica e orientada ao apego, geralmente mostram resultados semelhantes à TCC para problemas de ansiedade e depressão. Eles também acreditam que a profundidade da experiência do cliente na terapia, medida pela escala ECR-R, está consistentemente relacionada ao resultado positivo. Quanto maior o nível de experiência, melhor o resultado (Elliott, Greenberg, & Lietaer, 2004). Uma metanálise recente de 10 estudos descobriu que, embora os níveis de experiência sejam mais altos na PE/EF do que em modelos de terapia interpessoal ou TCC, níveis mais altos estão associados a resultados positivos em todos esses três modelos (Pascual-Leone & Yeryomenko, 2016). Um aumento nos níveis de experiência do cliente do início até mais para o fim da terapia também parece ser um preditor mais forte do resultado do que a aliança de trabalho, e a alta ativação emocional mais a reflexão sobre essa ativação distinguiram entre bons e maus resultados. Isso faz sentido; a experiência mais profunda na escala de experiência não mede apenas a ativação, mas também a capacidade de uma pessoa de dar sentido a essa ativação. A capacidade inicial de processamento emocional (presumivelmente refletindo as habilidades inatas existentes) não influenciou o resultado, mas a mudança para o aumento da profundidade emocional na terapia era previsível. Na PE/EF, o confronto imaginário com os outros (uma técnica básica empregada tanto na EFIT quanto na PE/EF) utilizando a técnica da cadeira vazia também previu melhor envolvimento do cliente na terapia e pareceu contribuir para a redução de problemas interpessoais.

Além disso, há evidências específicas de que a profundidade do foco experiencial de um terapeuta ajuda os clientes a alcançar experiências mais profundas. A empatia, a sintonia e a exploração do terapeuta impactaram tanto a profundidade da experiência do cliente quanto a complexidade com que ela foi processada (Gordon & Toukmanian, 2002; Elliott et al., 2013). Os numerosos estudos aqui resumidos confirmam o poder de se mover ativamente e processar a experiência emocional momento a momento.

Também vale ressaltar que, em todas as terapias experienciais, o processo de mudança é colaborativo. Em uma pesquisa utilizando o estudo NIMH de dados de depressão (Coombs, Coleman, & Jones, 2002) tanto nos modelos da terapia cognitivo-comportamental como da terapia interpessoal, a exploração emocional colaborativa foi associada a resultados bem-sucedidos, ao passo que um processo diretivo mais orientado para o *coaching*, que diminui a importância das emoções e foca em temas cognitivos e conselhos, não o foi. Também foram encontrados resultados semelhantes em um estudo anterior, realizado por Jones e Pulos (1993).

As pesquisas sobre o processo de terapias bem-sucedidas são um guia útil para os processos que se correlacionam com a mudança e, portanto, para a direção a tomar nos movimentos que ocorrem em uma sessão. Esta breve revisão focou sobretudo no papel das emoções na mudança, uma vez que são tão centrais para a EFT. É especialmente útil ser capaz de observar os principais eventos de mudança, ou momentos emocionalmente carregados, quando pode ocorrer uma cascata de mudanças. Como terapeuta, posso então trabalhar em direção a esses eventos, coreografá-los deliberadamente e ajudar os clientes a integrar as mudanças que eles instigam em suas vidas.

Observe que há um movimento na psicoterapia para simplesmente descartar modelos, processos de mudança específicos e técnicas como irrelevantes e concentrar-se nos chamados fatores gerais ou comuns, como a aliança terapêutica. Para aqueles que estão especificamente interessados nessa questão, ou desejam ler um resumo dos elementos considerados necessários para qualquer terapia eficaz, o Apêndice 2 discute esses pontos em relação ao conteúdo deste livro. A posição assumida nesse apêndice, em suma, é de que os chamados fatores gerais não são tão gerais e que, embora devamos conhecê-los e considerá-los, não fornecem orientação suficiente para uma intervenção efetiva.

O NÚCLEO DA INTERVENÇÃO NA EFT: O TANGO

É hora de delinear o conjunto básico de intervenções que o terapeuta emprega repetidamente em todos os estágios e as formas de EFT. A conceitualização de uma psicoterapia orientada ao apego leva naturalmente à priorização de certos processos na sessão com os clientes e requer determinado conjunto sequenciado de intervenções do terapeuta para criar esses processos. Qualquer conjunto de intervenções em uma terapia experiencial é, naturalmente, improvisado e utilizado com diferentes ritmos e intensidades, em diferentes estágios e em sessões específicas. Esse conjunto de intervenções e os processos associados de mudança do cliente são chamados de *Tango da EFT* (ver Figura 3.1), e são mais facilmente descritos como um conjunto de cinco "movimentos", a saber:

A segunda figura pode ser:
• um terapeuta;
• parte de si mesmo;
• um outro imaginário na terapia individual;
• um parceiro na terapia de casal;
• diferentes membros da família na terapia familiar.

Dançando o Tango da EFT

1. Espelhar/refletir o momento presente
2. Aprofundar e organizar as emoções
3. Coreografar encontros envolventes
4. Processar o encontro
5. Integrar e validar

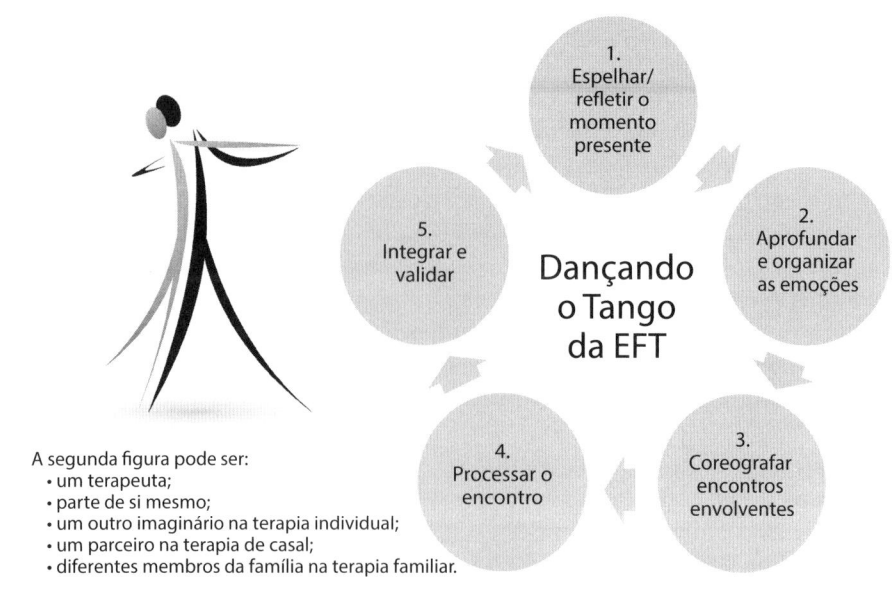

FIGURA 3.1 Os cinco movimentos básicos da EFT.

1. *Espelhar/refletir o momento presente.* O terapeuta sintoniza, reflete empaticamente e esclarece os ciclos de regulação do afeto (p. ex., entorpecimento se transforma em raiva, que se dissolve em vergonha e esquiva) e ciclos de interações com os outros (à medida que eu me escondo, você me hostiliza e eu lhe excluo mais, desencadeando um aumento em sua agressividade, e assim por diante). O foco aqui é como os clientes estão, no presente, ativamente e, muito frequentemente, sem consciência, construindo realidades de interação emocionais e interpessoais internas em ciclos que se autoperpetuam.

2. *Aprofundar e organizar as emoções.* O terapeuta se une ao cliente para descobrir e juntar os elementos das emoções e colocá-los em um contexto interpessoal que os torna coerentes e "integrados", muitas vezes resultando em uma expansão da consciência em elementos ou em níveis de emoção mais profundos.

3. *Coreografar encontros envolventes.* Realidades internas ampliadas e aprofundadas são reveladas em interações estruturadas orientadas pelo terapeuta, de modo que novos processos internos se tornam novas formas de interagir e de se relacionar com outras figuras reais ou imaginárias.

4. *Processar o encontro.* As novas respostas interacionais são exploradas e integradas, bem como relacionadas aos problemas presentes. Na terapia

de casal e de família, qualquer bloqueio ou reações negativas aos novos comportamentos dos outros são contidos ou processados posteriormente com o terapeuta. Na terapia individual, uma resposta negativa e não aceita pode vir de alguma outra parte do *self*.

5. *Integrar e validar*. Novas descobertas e novas respostas interacionais positivas são destacadas e refletidas, e a validação é oferecida para construir competência e confiança. Esse processo destaca tanto a experiência interior quanto como ela molda os padrões interativos de maneira autorreforçadora e como a natureza dessa conexão interpessoal molda reciprocamente a experiência interior e o senso de *self*.

Agora, vejamos esses movimentos com um pouco mais de detalhes.

Movimento 1 do Tango da EFT: refletir o momento presente

Ocorrendo no contexto de uma aliança terapêutica crescente, o primeiro passo dado pelo terapeuta é oferecer ao cliente uma descrição sintonizada e simples do processo que está ocorrendo no presente, na presença do terapeuta. Fazer isso requer rastrear e nomear de forma colaborativa os processos experienciais e interacionais que ocorrem — tanto internamente no cliente quanto nas interações entre o cliente e o terapeuta ou com outras pessoas reais ou imaginárias na sala de terapia. É essencial que isso seja feito de forma descritiva, normalizadora e *evocativa* (sem comentários avaliativos), a fim de promover a exploração engajada no âmago da experiência de uma pessoa ou de sua consciência dos padrões interacionais, e não em um modo intelectualmente discursivo ou racionalizado. As expressões ou mensagens emocionais do cliente e os pensamentos, sensações, ações e movimentos e posições interacionais associados são rastreados e refletidos, começando com aqueles mais superficiais (mencionados explicitamente pelo cliente) e, em seguida, aprofundando-se de maneira cuidadosa naqueles que estão implícitos. As interações, sejam elas mantidas na imaginação do cliente ou praticadas com o terapeuta ou com uma figura de apego na sessão, são descritas em linguagem simples e enquadradas como tendo seu próprio momento dramático e sua natureza autossustentável. Cada cliente é o autor e a vítima do drama exposto e destilado em seus elementos mais simples e essenciais. O terapeuta capta e reflete o drama à medida que ele se desenrola, convida os clientes a se afastarem e olharem para ele a distância e o enquadra como tendo vida própria.

Em uma sessão de terapia individual no estágio de estabilização da terapia, o movimento 1 do Tango, refletir o momento presente, pode ser o seguinte:

"Ouvi dizer que você está muito chateado e com raiva de seu chefe, Sam. Você sente que está sendo tratado injustamente, e isso o deixa nessa névoa escura da depressão. Se eu entendi bem, você fica preso nesse lugar, sua raiva vai aumentando, você fica cada vez mais para baixo, até que a espiral toma conta da sua vida. Você não queria vir falar comigo sobre isso realmente — é difícil. É mais seguro excluir todo mundo — não é? [O foco aqui é sobretudo no rastreamento dos processos, mas ainda orbita nas áreas de conexão e de desconexão das outras pessoas.]"

Em uma sessão em família no estágio de estabilização, no movimento 1 do Tango, pode aparecer algo assim:

"Sam [pai], podemos parar aqui um momento? Então, neste momento, o que está acontecendo é que você está dizendo ao seu filho que ele deve fazer o que lhe é dito. Você está tentando argumentar com ele, e minha sensação é de que isso é difícil para você. Você não acha que ele está lhe ouvindo e, por isso, fica olhando para fora da janela também. E Mary [mãe], você tenta completar a fala do seu marido, mostrando para o seu filho o quanto ele é difícil e como ele está destruindo a família. Tim [adolescente que está fazendo muita birra e se recusando a cooperar], você está cruzando seus braços aqui e recusando o pedido do seu pai. Dizendo-lhe *"Não"*. É isso mesmo? [Tim acena com a cabeça.] Seu pai argumenta com você, mas fica meio distante, sua mãe implora e repete as regras, e você fica na sua raiva e se recusa a fazer o que eles querem. Seu pai está fazendo o que os pais fazem — pedindo a você para cooperar, sua mãe fica chateada e lhe empurra, e você vai ficando cada vez com mais raiva. E essa dança tomou conta de toda a família."

Movimento 2 do Tango da EFT: aprofundar e organizar as emoções

Como podemos ajudar os clientes a descobrir sua experiência emocional de forma tangível e relevante para eles? Nós nos focamos nos elementos nucleares das emoções e depois os integramos. Ou seja, nós os *montamos com* o cliente para formar um todo que cria uma sensação de completude, uma experiência do tipo "sim, é isso — é assim que eu me sinto, e faz sentido". Então, isso abre as portas para novas descobertas e um aprofundamento da consciência de emoções mais ocultas ou não reconhecidas. Montar o afeto de um cliente é um conceito relativamente simples, mas que se mostra extremamente útil na prática clínica. Lidar com as emoções de forma efetiva e sistemática e ser capaz de calibrá-las para cima e para baixo, ou ordená-la quando estão caóticas, podem parecer tarefas extremamente árduas. Talvez por isso o trabalho direto com as emoções tende a não ser utilizado ou deixado de lado em muitos modelos de terapia. É útil lembrar que, conforme vimos no Capítulo 2, na verdade, há apenas seis emoções básicas: raiva, vergonha, tristeza, medo, alegria e surpresa. As emoções mais suaves, tristeza, medo e vergonha, frequentemente são menos acessíveis do que as outras. Em geral, os clientes apresentam raiva reativa ou um entorpecimento com ausência de sentimentos (que aparece na intelectualização repetida e em descrições superficiais e displicentes acerca dos problemas).

Como observado brevemente no Capítulo 2, podemos pensar nas emoções como compreendendo componentes ou elementos nucleares. O delineamento mais parcimonioso dos elementos das emoções é apresentado por Magda Arnold (1960). A sinopse de elementos de Arnold é uma ferramenta poderosa que permite ao terapeuta, peça por peça, descobrir, delinear e desdobrar uma resposta emocional, destilando sua natureza essencial. O trabalho do terapeuta é, então, ajudar os clientes a moldar essa experiência em um todo unificado e coerente e vinculá-la às maneiras habituais de se conectarem consigo mesmos e com os outros em suas vidas. O processo em si não só aumenta a conscientização, mas também melhora o equilíbrio emocional. A frase "o que podemos expressar, podemos dominar" vem à minha mente. Os elementos das emoções propostos por Arnold são:

- Gatilho ou sinalizador.
- Percepção inicial.
- Resposta do corpo.
- Criação de significado.
- Tendência de ação.

Esses elementos movimentam as emoções não apenas para o âmbito da motivação pessoal, mas também para o interpessoal. As emoções organizam as ações em relação aos outros, e os sinais emocionais configuram e restringem as ações das outras pessoas com o *self*. Esses sinais também estabelecem padrões habituais de interação, ou "danças", que então retroalimentam e enquadram a experiência de cada um dos dançarinos. Cada emoção está ligada a uma tendência de ação perceptível. Desse modo, a raiva é uma emoção de aproximação que estabelece a afirmação de necessidades e a remoção de bloqueios para a satisfação; a tristeza elicia o apoio dos outros, e a esquiva está a serviço da diminuição do conflito; a vergonha provoca a esquiva; a surpresa elicia a exploração e o engajamento; a alegria provoca abertura e envolvimento; e o medo provoca fuga, congelamento paralisante ou uma luta como resposta. *As emoções podem então ser acionadas literalmente para mover as pessoas para tipos específicos de ações.*

O processo de identificar e revelar cada um desses cinco elementos centrais, e, então, integrá-los em um todo simples e tangível traz à tona as emoções implícitas, de forma que possam ser reconhecidas e identificadas, exploradas ainda mais, integradas e aprofundadas. Cada elemento tem primeiro de ser sugestivamente sondado e tornar-se concreto, para então ser relacionado aos outros elementos. O processo de identificação pode começar com qualquer um dos elementos, mas frequentemente começa com o terapeuta percebendo e desacelerando uma resposta emocional obviamente significativa, mas não atendida (p. ex., uma breve mudança na expressão emocional), e tentando identificar o estímulo (elemento nuclear 1) que sinalizou essa resposta, por meio de reflexos e de perguntas evocativas.

Com um casal, o processo de elicitação pode ser assim:

> **Terapeuta:** Você pode me ajudar, Dan? Você simplesmente se afastou e sacudiu a cabeça ali, enquanto Marnie falava sobre sua mágoa. O que aconteceu ali? O que te fez sacudir a cabeça assim?
> **Dan:** Acho que é aquela voz que ela usa.

Ele identifica o *gatilho* para o início de sua esquiva habitual de sua parceira. Anteriormente, a terapeuta descobriu que se ela simplesmente perguntar a Dan sobre seus sentimentos, ele desconsidera a pergunta ou diz que não sabe. No entanto, quando a terapeuta pergunta mais especificamente o que desencadeou determinado comportamento, Dan é capaz de responder. A terapeuta então convida Dan a se envolver em uma *busca experiencial* pelos outros elementos de sua experiência atual. Ela foca na *resposta corporal*.

> **Terapeuta:** Você pode me ajudar? Como fica o seu corpo quando você se afasta? Como ele está agora?
> **Dan:** (*Parecendo sem expressão.*) Acabei de me desligar. Não sinto nada. Nada.

A terapeuta então sonda a "tomada" geral inicial, ou *percepção*, que muitas vezes é vaga.

> **Terapeuta:** Então, você quer se desligar; alguma coisa aqui não faz você se sentir bem?
> **Dan:** Ah, é ruim, tipo "me tira daqui", então eu me afasto.

Dan agora indica sua percepção inicial e sua *tendência de ação*, que é fugir.

A terapeuta resume os elementos citados e, em seguida, continua focando no *significado*.

> **Terapeuta:** Então você ouve o tom dela e parece que algo ruim vai acontecer. O que você ouve na voz dela?
> **Dan:** Ela diz que está "magoada" o tempo todo, mas tudo o que ouço é "Você estragou tudo de novo. Você é só uma porcaria, ponto-final".

Agora, a terapeuta tem todos os elementos e pode juntar essa resposta emocional com Dan, refletindo-a como um todo, colocando-a no contexto de sua relação de apego construída com a esposa e seu senso de si mesmo nessa relação. A terapeuta constrói a resposta emocional de Dan com ele, aumentando a especificidade e a "granularidade" ao fazer isso. Dan fica absorvido nesse processo, e, à medida que encontra ordem em sua experiência, sua janela de tolerância se amplia. Ele pode então começar a apropriar-se e a integrar essa experiência. A terapeuta fornece, então, a afirmação da capacidade de Dan de fazer isso e da "razoabilidade" de sua experiência. *Ser capaz de compreender, dar sentido e confiar na própria experiência é o terreno sobre o qual a adaptação positiva se apoia.* Uma vez que pode fazer isso, Dan é convidado a compartilhá-lo com sua esposa no próximo passo do Tango (ver movimento 3 do Tango).

Esse processo de descoberta e de montagem regula as emoções ao mesmo tempo que as provoca e as destila. À medida que ocorrem, as principais respostas emocionais tornam-se coerentes e integradas ao *self* e ao sistema. Uma vez que os terapeutas tenham um conjunto central de emoções para trabalhar e uma lista clara dos elementos que compõem qualquer emoção, eles podem juntar todas as peças de uma resposta emocional complexa e colocá-las no contexto dos dramas de apego interpessoais em que ocorre essa experiência. Dessa forma, reprocessar e expandir a consciência emocional torna-se uma tarefa relativamente simples e predizível. Essa nova formulação das emoções pode ser usada como fonte de novas informações relevantes sobre a natureza do *self* e dos outros e a força restritiva dos medos de uma pessoa, além de fornecer esclarecimentos sobre suas necessidades. É também uma fonte de motivação e uma forma de sinalizar aos outros. É como se ouvíssemos uma música nova e, naturalmente, nos percebêssemos agindo de modo diferente.

No entanto, a montagem não é toda a história, é o prelúdio para a próxima parte do movimento 2 do Tango — aprofundar o envolvimento e a exploração da experiência emocional. Uma vez que os elementos emocionais são nomeados e sentidos, a terapeuta se concentra em aumentar o envolvimento com emoções centrais mais profundas. A terapeuta direciona a atenção de Dan para a resposta de seu corpo nos momentos em que ele ouve críticas e ameaças de que sua esposa pode deixá-lo e responde ficando "quieto" e "entorpecido". Dan fica surpreso ao descobrir que seu coração está batendo forte e ele sente falta de ar, "quase como se eu estivesse assustado", diz ele. Em seguida, ele acrescenta: "Talvez eu esteja, mas isso seria ridículo". Essas emoções mais profundas, geralmente medo e seus coadjuvantes (desamparo, vergonha ou tristeza), podem ser relativamente fáceis de acessar e se conectar, ou podem aparecer somente se houver um grande esforço. O ritmo e o nível em que esse "aprofundamento" é feito dependem da abertura e da capacidade do cliente de reconhecer e tolerar emoções que não são familiares, fragmentadas ou assustadoras. Dependem também do estágio da terapia e do grau de solidariedade da aliança terapêutica. O terapeuta muitas vezes simplesmente toca ou leva a uma "nova" e mais profunda emoção e, então, guia o cliente no processo de destilar a essência dessa emoção (ou reconhecer bloqueios a esse processo). Feito isso, o terapeuta incentivará o cliente a ficar com ele e explorar a emoção em um nível mais profundo. O objetivo é descobrir e esclarecer a realidade emocional — o motor dos medos e desejos por trás da narrativa que o cliente constrói a respeito de seus problemas e dilemas.

Na terapia de casal, no estágio de estabilização, esse aprofundamento pode ser assim:

> **Terapeuta:** Então, Paul, você está ficando "irritado", como você disse agora, não é? Ao tentar explicar a Mary que ela está sempre ocupada demais para você, você fica cada vez mais incomodado. Você prova sua causa, mas depois olha para baixo e suspira. Você poderia me ajudar a entender esse suspiro? É um eco do que você disse na semana passada, aquela sensação de que ela não se importa com você? Isso deve ser muito doloroso — e é como se não houvesse nada que você possa fazer?
>
> **Paul:** (*Acena concordando e vira o rosto para chorar.*) Estou sozinho aqui — de novo. Isso dói. Sempre sozinho. Será que eu tenho mesmo uma esposa, uma pessoa que dá a mínima?

Ou em terapia individual, no estágio de reestruturação, ficaria assim:

> **Terapeuta:** Carol, você pode ficar com aquela imagem da sua mãe sacudindo o dedo para você? O que está acontecendo aqui? Este é um daqueles momentos em que você, como diz, "morre por dentro"? É como se ela nunca fosse te aceitar e cuidar de você. O que acontece neste momento?
>
> **Carol:** É assustador. Qual é o objetivo? (*Curva-se na cadeira.*)
>
> **Terapeuta:** Sim, e isso provoca desespero em você. Não há nada que você possa fazer. Não importa o que você faça, o quanto você tente, ela não consegue lhe dar o amor de que você precisa. Você diz para si mesma que nunca sentirá esse tipo de amor.
>
> **Carol:** (*Chorando.*) Esse tipo de amor não é para mim, mas não consigo respirar sem ele.

Movimento 3 do Tango da EFT: coreografar encontros envolventes

Nesse passo, o drama interno do cliente se move para o âmbito interpessoal, e ele é guiado a compartilhar com alguém significativo as realidades emocionais integradas e destiladas (e, às vezes, aprofundadas) envolvidas no movimento 2 do Tango. No decorrer do compartilhamento dessa experiência emocional pelo cliente com uma testemunha significativa, uma *realidade emocional nova ou ampliada torna-se explícita, concreta e coerente*, e o cliente passa a apropriar-se dela.

Esse outro está presente em intervenções com casais e famílias, mas, na terapia individual, pode ser o terapeuta ou uma figura de apego imaginada. Esse outro pode ser emocionalmente acessível, responsivo e engajado, pode ser incapaz de ser tão engajado ou pode até mesmo ser hostil. De qualquer modo, a conexão do cliente com esse outro é explorada, moderada e dirigida pelo terapeuta. Seja o encontro positivo ou negativo, novas músicas emocionais convidam o cliente a experimentar um novo tipo de dança com essa outra pessoa, muitas vezes em um nível de conexão diferente. Compartilhar esse novo acesso à vulnerabilidade com alguém tão significativo expande o repertório comportamental de uma pessoa, bem como tem o potencial de provocar novas respostas positivas das outras pessoas. Compartilhar tal vulnerabilidade com um pai imaginado, que então responde com rejeição, permite que um cliente comece a afirmar sua necessidade, aceitar sua perda e assumir uma nova posição com esse pai internalizado. Afirmar uma emoção para o outro também aprofunda o envolvimento com essa emoção e permite que ela seja integrada. Nesse drama encenado, modelos do *self* e acerca dos outros também se abrem para serem revistos.

O movimento 3 do Tango pode ser visto como uma forma de terapia de exposição. Em um ambiente seguro, com a proteção e a orientação de um profissional, os clientes embarcam em encontros interpessoais desafiadores, nos quais podem ter sido feridos ou ameaçados no passado, e negociam esse território de forma diferente e com consequências distintas. Como nas terapias de exposição formais, o terapeuta avalia os riscos que um cliente corre e muitas vezes "corta esse risco em fatias mais finas", sugerindo, por exemplo, que "talvez isso seja muito difícil. Você poderia simplesmente dizer a ele, então: 'É muito difícil falar sobre... Eu não posso fazer isso agora'". Esses encontros também podem ser vistos como um ingrediente-chave de uma experiência emocional corretiva, em que dramas importantes da vida são revividos e transformados.

Na terapia individual, no estágio de reestruturação, o movimento 3 do Tango pode ser assim:

Carol: (*Deprimida; está de olhos fechados.*)
Terapeuta: E aí, Carol, você consegue ver sua mãe? Você pode falar com ela sobre esse desespero? (*Ela faz isso com sentimento profundo.*) Você pode dizer-lhe o quão difícil isso é para você e como isso a deixa, como você disse, sem oxigênio, sempre lutando pela respiração ou procurando maneiras de não sentir — de entorpecer? (*Carol explora seu "entorpecimento"*

e sua "solidão".) O que você — essa parte entorpecida de você — quer dizer para ela?

Carol: (*Para o terapeuta.*) Eu quero dizer a ela que eu tive que me desligar porque isso doeu muito e porque eu pensei que significava que havia algo errado comigo. Mas me desligar não é um modo de viver a vida!

Terapeuta: Então feche os olhos e, quando puder vê-la, diga-lhe, diga-lhe isso.

Em uma sessão de família, no estágio inicial de estabilização ou de desescalada, a intervenção ficaria assim:

"Jacob, você está dizendo que está sempre com raiva e furioso. Isso é o que sua família vê, mas que, por baixo dessa raiva, você está realmente triste e sozinho e com medo de que seu pai não te queira, que você não seja o filho que ele quer. Como ele poderia ajudá-lo com isso? Você consegue contar isso a ele — sobre estar triste e assustado?"

Movimento 4 do Tango da EFT: processar o encontro

No movimento 4 do Tango, o terapeuta reflete e resume o processo de interação — o drama transacional que surge das novas emoções acessadas pelo cliente, sendo diretamente compartilhadas de forma envolvente. Com o cliente, o terapeuta explora como foi encenar essas emoções e como as respostas do outro (seja terapeuta, parceiro, membro da família, figura de apego imaginada ou mesmo uma parte não reconhecida do *self*) foram ouvidas e integradas. Também podem ser explorados os bloqueios para ouvir a experiência ou a resposta do outro. Assim, na terapia de casal, se um parceiro desconsidera a mensagem transmitida pelo outro, agora mais aberto e vulnerável, o terapeuta intervém e "captura a bala" (ver Capítulo 6), trabalhando com a dificuldade dessa pessoa em receber, aceitar ou responder a uma mensagem do parceiro que não lhe é familiar. A nova experiência emocional torna-se um novo drama interacional, e agora esse drama tem de ser refletido, explorado, garimpado em busca de significado e integrado aos modelos de *self* acerca dos outros e acerca do relacionamento. A provisão de segurança, estrutura e reflexos oferecidos pelo terapeuta possibilita a criação de uma energia; os clientes podem assumir riscos cada vez maiores nesses dramas e, de forma efetiva, processar as novas informações e experiências que emergem.

Em uma sessão de família no estágio de estabilização, o movimento 4 do Tango pode ser assim:

Terapeuta: Então, como foi estender os braços para o seu pai e dizer: "Eu quero um pai, quero que você se aproxime"? Isso foi muito corajoso. (*Jacob responde que foi bom dizer isso.*) Como foi para você ouvir isso, Sam?

Sam: Isso me comove. Isso me comove, Jacob. Mas eu fico com essa sensação de vacilo lá dentro. Eu não sei como fazer isso — como ser um pai, então eu meio que congelo. Estou falhando com você. Isso é triste, e também assustador. Eu quero ser seu pai.

O terapeuta pede a Sam para dizer isso novamente e continua a seguir nessa linha para esclarecer ainda mais o sentimento de incompetência que bloqueia a capacidade de resposta de Sam ao seu filho.

Em sessões com casais, no estágio de reestruturação, o movimento 4 do Tango ficaria assim:

Terapeuta: Paul, como é dizer a Mary: "Eu fico bravo. Você está certa. Estou tão sozinho aqui e não há nada que eu possa fazer"?

Paul: Me sinto bem, sólido. Pé no chão. Está certo. Não quero ficar sozinho, e estou tentando fazer com que ela veja isso.

O terapeuta pergunta a Mary como é ouvir isso:

Mary: Estou um pouco confusa. Nunca vi Paul como vulnerável. Eu posso ouvir isso. Eu posso ouvir. Acho que eu meio que despertei a raiva dele — só pelo meu silêncio! Como eu imaginaria isso?

Na terapia individual, no estágio de reestruturação, uma intervenção do movimento 4 do Tango poderia ser assim:

Terapeuta: (*Para Carol, que tem imaginado um encontro com a mãe.*) Como é dizer para sua mãe: "Não vou mais me arrastar e implorar por seu amor. Eu precisava dele e você não conseguiu dar. Não era a respeito de mim"? (*Carol sorri e flexiona os músculos.*)

Carol: (*Sorrindo.*) É novo; é como dinamite, é isso o que é.

Movimento 5 do Tango da EFT: integrar e validar

No movimento final no processo do novo e mais profundo envolvimento com a própria experiência e com outras pessoas significativas, o terapeuta reflete todo o processo dos quatro movimentos anteriores a partir de uma metaperspectiva e destaca os principais momentos e as respostas significativas, utilizando-os para validar a força e a coragem de cada cliente. A mensagem que os clientes recebem dessa intervenção é que eles podem mudar suas formas de experimentar e lidar com as emoções e de compreender a si mesmos e aos outros e começar a se mover nas principais danças de relacionamento que definem suas vidas. No movimento 5 do Tango, o terapeuta traz coerência e fechamento para todo o processo do

Tango, de modo que ele se torne um bloco de construção para o progresso contínuo na terapia. O terapeuta também se baseia nas emoções positivas, frequentemente expressas nesse movimento, destacando e encontrando imagens para elas. Foi demonstrado que as emoções positivas ampliam a atenção e a amplitude conceitual, aumentam a criatividade, relaxam a vigilância e, assim, estimulam a aproximação e exploram o comportamento (Frederickson & Branigan, 2005). O ideal é que a sequência do Tango termine com um momento de *saldo positivo e realização*. De fato, o neurocientista Jaak Panksepp (2009), na verdade, refere-se às terapias experienciais como terapias de equilíbrio afetivo. Cada vez que essa sequência de Tango se desenrola, ela cria energia para a mudança e impulsiona o senso de controle e de confiança dos clientes — eles podem compreender sua vida interior e seus relacionamentos, podendo moldar e mudar ambos.

Na terapia individual, no estágio de estabilização, esse movimento poderia ser assim:

"Isso é incrível, Carol, você acabou de pegar toda a sua 'fraqueza', como você chama — toda a sua dor —, e a encarou, dizendo claramente para sua mãe, e agora você está sorrindo para mim! Parece que agora você consegue lidar com isso. Você encontrou o oxigênio de que precisa."

Na terapia familiar, no estágio de consolidação, o movimento 5 do Tango poderia ser assim:

"Poxa, pessoal! Isso é incrível. Jacó, você acabou de passar por sua raiva e pediu ao seu pai aquilo de que precisava, e papai, você persistiu e disse a Jacob que não tinha certeza do que fazer, mas então você se voltou para ele. Fantástico — em seus ossos, você sabe como ser pai! E mamãe, você ficou quieta aqui e apoiou seu marido com palavras gentis e ajudou tudo isso a acontecer. Hoje, todos vocês deram um novo passo para sair da sua antiga dança."

O processo do Tango da EFT orienta o terapeuta. Quando um terapeuta se vê perdido ou confuso, ele pode simplesmente retornar a esse processo central como uma metaestrutura — um conjunto básico de intervenções fundamentais — e começar a se orientar novamente. Tenha em mente que todos os cinco movimentos do Tango nem sempre são totalmente aplicados em uma sessão. Cada um deles, sobretudo nas sessões mais intensas, no estágio de reestruturação da terapia, poderia ocupar grande parte de uma mesma sessão. Nos eventos de mudança de suavização explorados em estudos de pesquisa da EFT para casais e na EFFT, os movimentos 2, 3 e 4 do Tango são intensificados e frequentemente repetidos várias vezes para moldar novos níveis específicos de alcance e responsividade. Essa repetição de aprofundar as emoções, revelá-las para os outros e processar o encontro é muitas vezes feita para coreografar novos cenários de vínculos seguros. (Os eventos de mudança de suavização merecem atenção especial e serão discutidos com mais detalhes nos próximos capítulos.)

Uma vez que a sequência básica desses movimentos no processo de mudança da EFT é compreendida, os terapeutas, então, podem improvisar com criatividade. Saber como acessar e trabalhar com as emoções no processo de montagem e aprofundamento do afeto, como mudar padrões interacionais em encontros altamente carregados e como moldar novas experiências de apego construtivas capacita o terapeuta para que ele possa ser autêntico e estar presente na sessão. Na verdade, ele pode jogar! Em todos esses processos, terapeuta e cliente ouvem e modulam a música emocional, moldam novos movimentos interpessoais e coreografam danças específicas de conexão segura para evocar mudanças adaptativas do *self* e do sistema.

A postura do terapeuta no Tango da EFT

Para o terapeuta, os cinco movimentos da estrutura de intervenção do Tango se desdobram em muitos níveis diferentes. O desafio de oferecer uma terapia eficaz é estar completamente presente e engajado em um nível pessoal autêntico, ao mesmo tempo que mantém diferentes níveis de consciência profissional, como a estrutura e a direção de suas intervenções. O contexto relacional — mensagens implícitas sobre a relação entre o terapeuta e cada cliente — é a plataforma na qual todos os processos de mudança da EFT são baseados. Em primeiro lugar, o terapeuta está sintonizando e ressoando com a música emocional da sessão e utilizando o *feedback* de suas próprias emoções para passar a um estado empático com os clientes e seus dilemas. Ele está presente e genuinamente engajado com cada cliente.

Em segundo lugar, o terapeuta está constantemente monitorando e mantendo de maneira ativa a segurança da aliança entre ele e cada cliente. Por exemplo, ele pode fazer um reflexo do comportamento problemático de modo especialmente suave e aceitável para um cliente muito sensível, acrescentando um comentário de validação imediatamente depois. Ele deliberadamente oferece mensagens relacionais que definem a sessão como um porto seguro, em que o risco é avaliado e se oferece empatia ilimitada. (Essa postura é paralela ao papel parental amoroso que fornece segurança e consolo diante dos percalços da vida.) O terapeuta tenta ser *acessível*, *responsivo* e *engajado* (A.R.E.; lembre-se de que esses são os três principais fatores de um vínculo seguro, mencionados no Capítulo 1) com cada cliente e, quando essa sensação sentida no corpo de conexão segura é perdida, faz uma pausa e prioriza o reparo da rachadura.

Em terceiro lugar, cada terapeuta é um curioso explorador do mundo do cliente, um consultor de processos que está ao lado dos clientes, momento a momento, à medida que eles tocam e organizam sua experiência, encontrando os elementos fragmentados, negados e evitados nessa experiência. A segurança da aliança permite que o cliente experimente um novo nível de envolvimento com sua experiência emergente à medida que ela ocorre e está sendo codificada no cérebro. A neurociência sugere que esse envolvimento mais profundo permite a formação e a remodelação ideais dos circuitos neurais à medida que eles estão sendo desafiados (J. A. Coan, comunicação pessoal, 18 de junho de 2008).

Em quarto lugar, o terapeuta está rotineiramente refletindo sobre todo o processo da sessão e ligando-o de volta aos estágios e aos processos da terapia e aos objetivos de tratamento do cliente. Ele atua como base segura na sessão de terapia, estabelecendo desafios no *limiar da experiência* da zona de conforto de cada cliente. Por exemplo, um cliente será solicitado a se aprofundar em um evento difícil ou traumático, ou a tentar se envolver com uma figura de apego de forma que desencadeie vulnerabilidades existenciais básicas.

Em quinto lugar, terapeuta e cliente frequentemente exploram de maneira colaborativa os dilemas de ser humano, não como especialista e aluno, mas como dois seres humanos que lutam para aprender como viver, à medida que o viver os leva adiante. Assim, o terapeuta pode se afastar do papel de especialista e pintar um quadro de como os dilemas do cliente são universais e como, muitas vezes, é difícil encontrar respostas claras. O terapeuta pode até usar a autorrevelação limitada como parte dessa intervenção.

Em suma, o processo de mudança da EFT requer um tipo específico de aliança terapêutica, em que o terapeuta está emocional e pessoalmente presente, e essa presença fornece o contexto para a mudança transformacional.

TÉCNICAS EXPERIENCIAIS GERAIS

Tendo estabelecido uma perspectiva ampla sobre quem somos, como seres humanos, os dilemas comuns que todos enfrentamos e os processos nucleares na mudança, estamos prontos para nos aprofundar nas intervenções específicas utilizadas na EFT. Embora a lista oferecida a seguir seja útil, é importante lembrar que, quando essas técnicas são combinadas, elas interagem e se misturam para construir diferentes intervenções, assim como ingredientes discretos se combinam para fazer diferentes tipos de pão. O reflexo, por exemplo, pode ser empático e tranquilizador, uma ferramenta de síntese a ser utilizada a serviço da criação de coerência, ou mesmo um confronto, se estiver descrevendo comportamentos que um cliente não quer manter. Técnicas específicas mencionadas a seguir são usadas em qualquer ou em todos os movimentos do Tango, mas algumas podem se encaixar melhor e, portanto, ser utilizadas com mais frequência em diferentes movimentos. Por exemplo, o terapeuta EFT aproveita cada oportunidade para usar o reflexo e a validação desde o primeiro encontro com os clientes até o último aperto de mão. Perguntas evocativas também são utilizadas geralmente como parte do modelo, mas são especialmente úteis na montagem de afeto e no movimento de aprofundamento do Tango.

Intervenções orientadas aos indivíduos

- *Reflexo* do processamento emocional à medida que ele ocorre. O objetivo é focar na experiência interior e torná-la explícita, concreta, tangível e viva. Bowlby sempre falava da experiência interior significativa como uma "sensação sentida no corpo", isto é, uma experiência incorporada, em vez de focar apenas na cognição ou no processamento das informações.

  Exemplo
  "Quando você me diz que agora está bem com a forma como essa perda de seu melhor amigo ocorreu, percebo como você está muito quieto e como parece estar segurando os braços da cadeira com muita força."

- *Validação* de estratégias e perspectivas habituais de regulação emocional, áreas de bloqueio e desejos e medos de apego. O objetivo é afirmar e *normalizar* os clientes em seus conflitos, suas posições de proteção e suas tentativas de crescimento, promovendo uma sensação de segurança constante na sessão de terapia e reduzindo a sensação debilitante de solidão ou de vergonha que muitos clientes associam aos seus problemas.

  Exemplo
  "Isso deve ser muito difícil para você, Tim. Como você diz, está em território estrangeiro aqui. Você nunca teve a experiência de ficar com seus sentimentos e dar sentido a eles, e o que funcionou para você no passado foi apenas se distrair e se desligar. Então, é claro, esse é o primeiro lugar para onde você vai."

- *Perguntas e respostas evocativas* para provocar emoções e pensamentos subjacentes — maneiras de construir a experiência. Momentos-chave são reproduzidos, e experiências-chave que moldam o *self* e o sistema são delineadas a partir dos elementos mais básicos da experiência — sensações, percepções e emoções —, ou seja, de uma perspectiva de baixo para cima, e não de uma perspectiva cognitiva abstrata e de cima para baixo.

  Exemplo
  "O que acabou de acontecer com você quando eu comentei...?"; "Quando é que esse sentimento de afundamento, esse sentimento de impotência,

surge para você em sua vida?"; "Como você faz isso — apenas 'desliga as coisas', como você diz?"; "Onde você sente isso em seu corpo agora?"; "Como seu parceiro pode ajudá-lo com esse sentimento neste momento?"

- *Aprofundamento do envolvimento na experiência interior*, aumentando a importância de um momento ou de uma resposta e delineando ainda mais a resposta. A repetição e as imagens evocativas são especialmente úteis aqui. É útil pensar na repetição habilidosa como desgaste do músculo necessário para suprimir a emoção e como gradualmente tornando o que é novo e estranho cada vez mais familiar. Essa técnica de aprofundamento é parte fundamental do Movimento 2 do Tango, mas também é uma técnica empírica geral. Por exemplo, um terapeuta pode usar uma imagem evocativa especialmente poderosa para dar o tom e trazer drama a uma encenação (movimento 3 do Tango).

Exemplo

"Eu te escuto. Esse sentimento de querer se esconder, de manter todo mundo fora, é muito convincente. É urgente. Então, parte de você diz: 'Isso é vida e morte'. Vida e morte. Se alguém te vê, algo terrível vai acontecer — não é? Não dá para arriscar isso. Será terrível, uma catástrofe. Você não tem certeza de que sobreviveria — sendo realmente visto. É perigoso? — sim, perigoso. A única alternativa é ser invisível. Não visto, ou seja, seguro. É proteção — mas proteção que vira prisão."

- *Interpretação* do limiar da experiência do cliente. Aqui, o terapeuta arrisca uma extensão das expressões do cliente. Deve-se ter cuidado para que tais conjecturas sejam enquadradas de maneira provisória. Se o desejo é aumentar a intensidade e aprofundar o envolvimento, então essas interpretações podem ser oferecidas em uma *"proxy voice"**— ou seja, são enquadradas como se o próprio cliente as estivesse expressando.

Exemplo

"Então, você pode me ajudar, Jim? Quando seu filho te procura, você meio que congela — não é? Foi o que aconteceu há pouco. Você fica parado e calado. Talvez você não saiba como responder? Isso não é uma dança que você conhece — você não cresceu com pessoas fazendo esse tipo de apelo e outras respondendo. Talvez você diga a si mesmo: 'Se eu me mover, vou errar. Vou explodir com meu filho e minha esposa, e todo mundo vai ficar

---

*N. de R.T. A *"proxy voice"* de Sue Johnson é uma técnica terapêutica em que o terapeuta fala utilizando a voz do cliente, expressando as emoções e os pensamentos dele como se fossem seus, para ajudar o cliente a reconhecer e enfrentar suas experiências emocionais de maneira mais profunda.

chateado comigo. Vou ouvi-los dizer que falhei novamente. Melhor ficar quieto e torcer para que isso acabe'. É isso?"

Intervenções orientadas às interações

- *Rastrear e refletir* as interações e os dramas interpessoais à medida que ocorrem em sessões entre pessoas íntimas, na narrativa de um cliente ou em encontros imaginados. O objetivo é identificar e delinear respostas significativas e os passos padronizados que tipificam lugares de sofrimento ou de bloqueio nessas interações e destacar a natureza dos ciclos de interação autogeradores.

    Exemplo

    "Então, isso acontece muito. Você está insistindo e pressionando para que ela ouça seu ponto de vista. Você quer uma resposta. Mas ela 'se recusa' a ser persuadida e 'desconsidera' você. E, quanto mais ela te exclui, mais você pressiona e exige, até que você fica completamente exausto."

- *Reestruturar* para mudar o quadro de significado de um ciclo interacional ou de respostas. A mudança desejada pode ser do desamparo para a ação, do negativo e perigoso para o positivo, do crítico e hostil para o desesperado. A restruturação é utilizada em momentos de intensidade emocional, quando ciclos interativos negativos estão sendo abordados. O objetivo é mudar a perspectiva de um cliente de uma mentalidade de reforço de problemas para uma que expanda a consciência e reconheça as vulnerabilidades subjacentes do apego.

    Exemplo

    "Seu pai fazia 'muito alarde' e dizia que você era apenas um garoto mau nessas situações, e não havia nada que você pudesse fazer. E essa figura de seu pai está atrás de seu marido, Bill, e você ouve a mesma condenação. [Cliente acena concordando.] Mas Bill está chamando por você porque ele precisa que você se volte para ele agora. Ele faz esse alarde porque está desesperado por sua ajuda; porque você é muito importante para ele, não porque você cometeu um erro. Ele está pedindo a sua ajuda. Você pode ver isso?"

- A *coreografia direta de interações e respostas* pode ser utilizada de três maneiras. Em primeiro lugar (no Exemplo 1), para identificar respostas interacionais problemáticas recorrentes resistentes à mudança. Essa técnica ajuda a trazê-las à luz, para que fiquem mais evidentes e mais facilmente modificadas. Em segundo lugar, o terapeuta também pode utilizar coreografias diretas para exemplificar e dramatizar novas respostas, afinal, o que é admitido ao outro se torna mais real. Em terceiro lugar, essa técnica é utilizada com frequência (sobretudo no movimento 3 do Tango) para transformar novas experiências emocionais em novos sinais para outras pessoas que, consequentemente, têm potencial para evocar novas respostas e, assim, configurar novos tipos de interações corretivas.

Exemplo 1

"Então, como você diz, você só tem raiva dele agora. Assim, você não pode fazer nada além de contar a ele seus erros, mesmo quando ele explica o quanto isso o machuca. Você pode simplesmente dizer a ele: 'Neste momento, não consigo ouvir sua dor. Estou com muita raiva, quero desequilibrá-lo; talvez eu queira que você se machuque, que saiba que posso machucá-lo. Então eu continuo te atacando'?"

Exemplo 2

"Então você está falando sobre se sentir pequeno logo antes de passar a fazer todas essas ameaças. Você pode simplesmente dizer à sua mãe agora: 'Eu te ameaço, mas, no momento, antes de eu me encher de orgulho e ameaçar, eu me sinto muito pequena'?"

Exemplo 3

"Então você pode segurar aquela declaração cristalina incrível e virar sua cadeira, olhar para o rosto dele e dizer-lhe: 'Eu lhe mostro minha armadura e falo sobre minhas reservas, mas, por dentro, estou com muito medo de arriscar e pedir seu amor. Uma voz na minha cabeça diz que você não vai querer esse eu pequeno, assustado'?"

A natureza exata e a qualidade de todas essas intervenções dependem do contexto específico no qual são utilizadas. Seja qual for a forma que essas intervenções tomem, o que importa é como elas são conduzidas.

Tom: o "como" da técnica

Em qualquer intervenção que privilegie a conexão segura entre terapeuta e cliente, a comunicação não verbal do terapeuta — como as coisas são ditas — é de importância fundamental. Em momentos de vulnerabilidade emocional, quando os clientes estão arriscando novos níveis de envolvimento com a experiência interior ou com os outros, o terapeuta interage com os clientes tendo em mente o acrônimo RISSSC. Os elementos desse acrônimo significam:

1. Repetir
2. Imagens
3. Palavras simples
4. Ritmo lento (Slow)
5. Voz suave
6. Palavras do cliente

A sabedoria clínica de muitos anos de trabalho com indivíduos, casais e famílias altamente conflitivos tem mostrado repetitivamente que essas características de estilo fazem a diferença na terapia. Por exemplo, os clientes, na maioria das vezes, não correm o risco de aprofundar seu envolvimento com suas vulnerabilidades ou sair do limiar da experiência do que é conhecido para descobrir um território novo se o terapeuta proceder rápido demais, utilizar muitas palavras intelectuais abstratas ou falar em tom de voz elevado ou impessoal, externamente orientado. Tornou-se um pouco clichê no treinamento de EFT para terapeutas novatos murmurar o mantra "Suave, lento, simples". Se precisamos de um modelo para esse estilo, basta recorrer à imagem de uma mãe que trabalha com segurança interagindo com uma criança ansiosa. Um dos pais pode estar fazendo comentários positivos, mas, a menos que ele ou ela acalme o sistema nervoso da criança, ou seja, a menos que o ritmo seja lento e a métrica seja tranquila, normalmente a positividade é perdida, e a resposta da criança é difícil de se prever.

Como já sugerido, a repetição é oferecida não no espírito de construção de habilidades, mas no espírito de auxiliar a escuta real. Por exemplo, James Gross (1998a, 1998b) aponta o quanto a supressão das emoções envolve esforço, de modo que os terapeutas são sábios para fazer reflexões e interpretações o mais evocativas possível e repeti-las várias vezes. Após cinco ou seis repetições evocativas (p. ex., reafirmando calmamente a admissão relutante de um cliente de possível inferioridade), que, diferentemente das expectativas do cliente, não desencadeiam nenhuma catástrofe, a resistência temerosa do cliente começa a diminuir. A supressão, então, simplesmente se dissolve. A repetição também é absolutamente necessária para permitir que o cliente se oriente e receba informações novas, estranhas. O uso das palavras do cliente também evoca aceitação e familiaridade. As imagens também nos movem emocionalmente e nos conduzem para dentro, capturando realidades complexas de maneiras simples e poderosas.

Este capítulo delineou uma sequência de metaestrutura de intervenções (os movimentos do Tango) e processos de mudança associados, bem como microtécnicas mais gerais em um modelo de apego focado nas emoções. Os próximos seis capítulos apresentam, com mais detalhes, como as mudanças ocorrem na terapia individual, de casal e de família. Ao longo dessas discussões, retomaremos o Tango da EFT e as técnicas gerais explicitadas neste capítulo.

LEVE ISTO PARA CASA E PARA O CORAÇÃO

- O apego privilegia o lugar das emoções no funcionamento e na mudança humana. O apego e as intervenções de apego têm tudo a ver com a regulação das emoções e a criação de *equilíbrio emocional*. Ajudamos os clientes a mudar a forma como regulam suas emoções e utilizamos as emoções para "movimentar" as pessoas — para evocar e moldar novos comportamentos. Esse movimento é um processo inato, orgânico e biologicamente preparado.
- Descobrir e ordenar as emoções, adicionar granularidade e dar sentido às principais emoções recorrentes é parte essencial do processo de mudança. A regulação construtiva do afeto molda a dependência construtiva dos outros e o crescimento do *self*.
- Trabalhar efetivamente com as emoções requer que possamos expandir nossa capacidade de diferenciar níveis de processamento emocional e saber como moldar as principais experiências emocionais corretivas, que sempre envolvem tanto as mudanças internas quanto no relacionamento com outras pessoas significativas. A mudança é dentro e entre.
- O processo de mudança em uma terapia experiencial focada no apego pode ser destilado em uma metaestrutura para processos de intervenção e mudança, conhecida como Tango da EFT. A responsividade acurada com empatia ilimitada do terapeuta é a base para os cinco movimentos do Tango, que envolvem refletir ou espelhar os momentos presentes que compõem as realidades internas e interpessoais; aprofundar e organizar as emoções; coreografar novos encontros mais engajados com outras pessoas significativas; processar esses novos encontros com outras pessoas significativas (imaginadas ou reais); e validar essa nova experiência, que promove a integração em um sistema relacional e o senso do *self*.
- O terapeuta utiliza técnicas gerais rogerianas e sistêmicas, tais como perguntas evocativas e coreografias de novas interações, no processo de Tango da EFT e durante as sessões de terapia. A criação constante de segurança é essencial. Os riscos devem ser avaliados pelo tom do terapeuta, pela presença confortante e pelo contato sintonizado à medida que os clientes reconstroem novas realidades internas e externas.
- O terapeuta EFT encontra sua própria base segura na perspectiva do apego, um senso claro da natureza e do poder das emoções como parte fundamental do processo de mudança, uma metaestrutura para intervenção e um conjunto de técnicas que integram as realidades sistêmica e interpessoal com as realidades experienciais. O terapeuta sabe para onde está indo e é capaz de usar exatamente o que o sistema nervoso do cliente reconhece como essencial e convincente, ou seja, as emoções e novas maneiras mais construtivas de se relacionar com as pessoas que mais importam a serviço da mudança.

4

Terapia focada nas emoções para indivíduos na perspectiva do apego:
expandindo o sentido do self

> *Precisamos dos olhos dos outros para nos formarmos e nos mantermos unidos.*
> — **Daniel B. Stern (2004, p. 107)**
>
> *Vi o anjo no mármore e esculpi até libertá-lo.*
> — **Michelângelo**

Uma sensação corporal de conexão segura com os outros e um senso coerente e integrado do *self*, que capacita uma pessoa diante dos desafios da vida, são duas faces da mesma moeda. A construção contínua da individualidade é um processo que ocorre na teia de relações interpessoais íntimas que moldam uma vida. Do ponto de vista do apego, o desenvolvimento contínuo da personalidade envolve uma série de processos-chave, a saber: a estruturação de estratégias ou de estilos habituais de regulação emocional que se tornam especialmente pertinentes em condições de ameaça ou incerteza; a formação de uma série de quadros de significados existenciais "quentes" (p. ex., expectativas emocionalmente carregadas e atribuições causais) que se articulam e surgem de modelos internos de funcionamento do próprio *self* e dos outros; e a criação de um repertório comportamental e de protocolos específicos para o envolvimento com outras pessoas. Esses processos de desenvolvimento são altamente interativos e são sempre coloridos por nossa sensação corporal de conexão com os outros.

A imagem de saúde oferecida pela ciência do apego oferece ao terapeuta um objetivo claro em termos de psicoterapia individual. De maneira específica, o resultado ideal da terapia baseada em apego é um indivíduo equilibrado emocionalmente, com mentalidade aberta, flexível em termos de ação, profundamente engajado, vivo e, acima de tudo, capaz de aprender e crescer. Bowlby retratou modelos internos de funcionamento saudáveis do próprio *self* e dos outros, por exemplo, como sujeitos a uma constante revisão e mudança à luz da experiência. As pesquisas que relacionam variáveis positivas de apego intrapessoal e interpessoal à segurança são extensas (ver Capítulo 2). Aqui, revisamos essas pesquisas de modo resumido, pois elas se aplicam ao tratamento de clientes individuais.

O INDIVÍDUO NO CONTEXTO DOS VÍNCULOS ÍNTIMOS

De maneira bastante consistente, as evidências apoiam a crença de que a falta de conexão segura com os outros nos limita e nos restringe. O fechamento cognitivo, aquele que limita a resolução criativa de problemas, pode ser observado em indivíduos mais inseguros, mesmo quando o contexto facilita sentimentos positivos e exploração relaxada (Mikulincer & Sheffi, 2000). As pessoas com apego evitativo parecem desconsiderar sinais de segurança para manter o controle cognitivo, e as com apego ansioso respondem com pouca criatividade aos sinais positivos, tal como recuperar uma memória feliz, aparentemente desconfiando dos sinais de segurança. Em termos de modelos do *self*, indivíduos evitativos parecem priorizar o autoaprimoramento em detrimento do engajamento em tarefas e, portanto, têm dificuldade em reconhecer erros e revisar decisões ou planos. As lutas de pessoas ansiosas com crenças autodestrutivas e preocupações com rejeição também tendem a prejudicar o engajamento total no comportamento orientado a objetivos (Mikulincer & Shaver, 2016). Esse tipo de dado contraria a ideia de longa data de que, para apreender, definir e ajudar a moldar uma mente ou uma personalidade, basta focar no indivíduo como entidade única e isolada da realidade interacional de seus laços sociais.

O objetivo da EFIT é basicamente o mesmo da EFT para casais e da EFFT para famílias, ou seja, proporcionar aos clientes uma experiência emocional corretiva integrativa na qual eles explorem novas maneiras de se envolver com sua própria experiência, com os outros e com os dilemas existenciais da vida. Tudo isso é realizado em um contexto em que as respostas atuais são vistas à luz compassiva das escolhas de sobrevivência limitada e de regulação afetiva oferecidas no passado. O terapeuta EFIT assume a postura de que, na vida, fazemos o que sabemos para passar a noite e, ironicamente, muitas vezes permanecemos presos a essas estratégias e perspectivas restritivas na luz do dia.

Apego na terapia individual

Como a teoria e a ciência do apego se encaixam no campo da intervenção individual? A perspectiva do apego começa a ser cada vez mais utilizada como base teórica e pragmática para intervenções terapêuticas individuais na prática clínica na EFIT e em psicoterapia dinâmica experiencial acelerada (PDEA; Fosha, 2000), e pelo menos como parte de um pano de fundo teórico geral em abordagens como a terapia interpessoal (TIP; Weissman, Markovitz, & Klerman, 2007) e a terapia experiencial focalizada nas emoções (PE/TFE; Elliott, Watson, Goldman, & Greenberg, 2004). Todas essas abordagens podem ser classificadas como de natureza experiencial psicodinâmica ou humanista. No entanto, elas variam em relação a muitos fatores, tais como o papel do terapeuta; as técnicas utilizadas; se uma abordagem da teoria dos sistemas com foco na causalidade circular está integrada ao modelo (como certamente acontece na EFT); a intensidade e o uso da conexão entre cliente e terapeuta; a parcimônia e a clareza das formulações e das intervenções e o foco central da ciência do apego no tratamento; e, por último, o nível de validação empírica. Por exemplo, na prática do modelo PDEA, delineado por Fosha (2000), parece haver uma ênfase maior no trabalho com emoções positivas do que na EFIT e uma abordagem mais desprovida analiticamente para a formulação de disfunções. Todas as abordagens consideram como a experiência traumática do passado de alguém, sobretudo quando infligida por figuras de apego que se espera que ofereçam segurança e apoio, afeta a maneira pela qual a experiência presente é codificada e integrada de maneiras que levam ao crescimento ou à disfunção. Elas também reconhecem o papel fundamental das emoções no funcionamento humano. (Se o leitor quiser observar as diferenças e as semelhanças entre o modelo EFIT aqui proposto e os modelos mais psicodinâmicos da TIP e experienciais da PE/TFE, escolhidos para comparação por uma questão de clareza e porque ambas as intervenções foram testadas em estudos de resultados, essas comparações são discutidas no Apêndice 3.)

Naturalmente, há outros colaboradores notáveis relacionando o apego e a prática da psicoterapia. Peter Costello (2013) descreve, de forma pungente, como as escolhas básicas sobre quem somos e podemos ser se desenvolvem em um contexto de apego. Ele sugere que decidimos com os cuidadores o que podemos ver e nomear, o que acontecerá quando estivermos sozinhos e com medo, se é melhor expressar ou reprimir nossa vulnerabilidade e a melhor forma de obter uma resposta dos outros. Esses cenários estão escritos em nossos neurônios e em nossas redes neurais e se tornam automáticos; eles são simplesmente quem nós somos!

A PERSPECTIVA DE APEGO NA DEPRESSÃO E NA ANSIEDADE

As inseguranças do apego estão associadas a uma vulnerabilidade geral a problemas de saúde mental e ao desenvolvimento específico de depressão e transtornos de ansiedade. É uma tarefa quase impossível identificar os mecanismos específicos que levam a transtornos específicos. O princípio da multifinalidade (i.e., muitos caminhos levam ao mesmo destino) nos diz que um indivíduo com um histórico de apego particular e posicionamento contínuo tanto no estilo ansioso quanto no evitativo desenvolverá um conjunto de sintomas, ao passo que outro indivíduo semelhante desenvolverá um conjunto diferente. Fatores de risco distais, como a separação dos pais, fatores de risco mais proximais, como padrões de regulação do afeto, e moderadores, como a natureza dos relacionamentos atuais e o estresse contínuo, trabalham juntos para determinar a trajetória das disfunções (Nolen-Hoeksema & Watkins, 2011). Os teóricos do apego sugerem (Ein-Dor & Doron, 2015) que o apego evitativo é mais provável de estar ligado aos chamados transtornos externalizantes, como abuso de substâncias e transtornos antissociais, e que também há conexões claras entre o sofrimento e o medo associados à insegurança do apego e aos transtornos internalizantes, incluindo depressão, transtornos de ansiedade e transtorno de estresse pós-traumático (TEPT).

O próprio Bowlby sugeriu que, em geral, "as condições clínicas são mais bem entendidas como versões desordenadas do que, de outra forma, seria uma resposta saudável" (1980, p. 245). O afastamento e a imobilização podem ser respostas funcionais a situações impossíveis ou perigosas em que a vulnerabilidade é avassaladora (Porges, 2011), tal como encontrar-se dependente de uma figura de apego perigosa e imprevisível. A raiva e a hipervigilância, desencadeadas com facilidade, são igualmente funcionais quando a alternativa parece ser inevitavelmente dispensada ou abandonada. O transtorno aparece quando tais respostas se tornam generalizadas e globais e não podem ser revistas.

Em termos de depressão, Bowlby fala da "desorganização" que se segue à perda e observa como, quando combinada com o desamparo, parece desencadear respostas depressivas. O melhor fator protetor, em sua opinião, é o senso de "competência e valor pessoal" (1980, p. 246). Além disso, ele elabora que indivíduos deprimidos comumente se descrevem com quatro adjetivos: solitário, não amado, não desejado e desamparado. Esses clientes muitas vezes se veem como fracassados, e geralmente narram uma história de relacionamentos próximos em que nunca conseguiram atender às expectativas dos outros e, portanto, nunca experimentaram ser valorizados apenas por si mesmos. Eles não se sentem verdadeiramente no direito à compaixão e ao cuidado. Como diz minha cliente Jen: "Eu nunca conseguia agradar meu pai, não importa o que acontecesse.

O que quer que eu fizesse, nunca era bom o suficiente. E acho que eu meio que peguei isso e me acostumei com essa situação. Agora eu me trato assim também. Eu me critico por tudo". Perda, fracasso e autocrítica desmoralizam e deprimem. Não importa quais sejam os fatores precipitantes, a perspectiva do apego é paralela ao modelo de depressão proposto por Hammen (1995), no qual a resposta intrapsíquica e a disfunção interpessoal desencadeiam, mantêm e exacerbam uma à outra. A suscetibilidade à depressão, desencadeada pela história pessoal, pelo estresse ou por modelos negativos do próprio *self* e dos outros, molda comportamentos interpessoais desadaptativos, que minam os relacionamentos e impulsionam à resposta depressiva.

Esses temas também são comuns à ansiedade, mas, nos transtornos de ansiedade, não há a mesma perda de emoções positivas encontrada na depressão, e a imobilização é muitas vezes substituída por agitação e maior sensibilidade à ameaça (Mineka & Vrshek-Schallhorn, 2014), embora a ansiedade extrema também possa resultar em paralisia e incapacidade de se mover e agir. A sensibilidade à rejeição e o estresse relacional que acompanham o apego ansioso também predizem a depressão (Chango, McElhaney, Allen, Schad, & Marston, 2012). A ansiedade funciona para nos alertar sobre o perigo potencial e aciona os mecanismos de proteção; como tal, pode ser extremamente útil e melhorar o desempenho. No entanto, se a sirene de alerta estiver muito alta e sempre ligada, ela se torna autoperpetuante e autodestrutiva, sendo um problema em si mesmo.

Os quatro elementos-chave da ansiedade disfuncional são (Barlow et al., 2014; Barlow, 2002):

1. Emoção negativa frequente e intensa e menor clareza e aceitação dessa emoção.
2. Vieses vigilantes no processamento da informação e da intolerância à incerteza ou à ambivalência (também encontrados na depressão).
3. Estratégias evitativas para lidar com as emoções e o uso da supressão quando ocorrem emoções negativas; é mais provável que tais emoções sejam vistas como incontroláveis e intoleráveis. Infelizmente, a supressão cria um efeito rebote e aumenta ou mantém emoções negativas e excitação fisiológica (Hofmann, Heering, Sawyer, & Ashaani, 2009). A evitação tem sido chamada de "criptonita" de todos os transtornos de saúde mental, uma vez que impede que ocorra a experiência corretiva e, paradoxalmente, nos sensibiliza para o que estivermos evitando. No transtorno de ansiedade generalizada (TAG), a preocupação ou as compulsões podem ser vistas como formas de evitar o sofrimento da ansiedade e dos sintomas depressivos e como sendo mantidas pela evitação crônica de muita proximidade (Manos, Kanter, & Busch, 2010).

4. A generalização de reações negativas à própria experiência do medo — o medo do medo (visto sobretudo nos transtornos de pânico). A interpretação da experiência negativa afeta sua intensidade, sua duração e suas consequências. Uma sensibilidade à ansiedade que resulta em aumento da sensação de ameaça ou perigo e intensificação das atribuições prediz o início da depressão e dos transtornos da ansiedade (Schmidt, Keogh, Timpano, & Richey, 2008).

Em geral, o que importa é como a experiência é processada. É *como* a pessoa se relaciona com sentimentos de ansiedade ou humor deprimido que é crucial, e não simplesmente a frequência de emoções negativas. A forma de interpretar e responder às emoções negativas, muitas vezes paradoxalmente, serve para aumentar e manter as emoções negativas nos transtornos de ansiedade e depressivos. *Formas negativas de ver e lidar com o sofrimento formam um ciclo de feedbacks que se autoperpetuam e levam à construção de mais sofrimento.*

Claramente, diferentes problemas de ansiedade e transtornos de humor compartilham muitas características comuns. Essas características compartilhadas, sobretudo questões de regulação emocional e variáveis do processo de interação comuns a ambos os transtornos, são estabelecidas no modelo de Barlow de um protocolo unificado (UP, do inglês *unified protocol*) para transtornos emocionais. Esse modelo delineia a estrutura comum da ansiedade e da depressão (Barlow et al., 2011) e como esses dois problemas podem ser combinados em uma categoria conjunta, o *transtorno emocional negativo*. O modelo UP se encaixa bem com o foco da teoria do apego e as intervenções orientadas ao apego, como a EFT. Ambas as abordagens veem um senso de incontrolabilidade e perigo percebido como os principais fatores comuns na ansiedade e na depressão. Essa incontrolabilidade também é exacerbada por estratégias ineficazes de regulação afetiva, como a supressão, que intensificam o problema. Tanto o modelo UP quanto a EFT incluem um foco geral na exposição gradual, na qual a experiência indutora de medo ou dolorosa pode ser gradualmente sentida e processada de novas maneiras, e a atenção é dada à formação de novos caminhos para a regulação emocional e ao aumento do uso de apoio social pelo cliente.

Mais especificamente, o terapeuta que usa o UP ou a EFT:

- Perguntará sobre as emoções e examinará as técnicas típicas de enfrentamento, bem como as tendências de ação ligadas às emoções.
- Tratará de ajudar os clientes a alterarem suas percepções de ameaça e a capacidade de enfrentamento, por exemplo, abordando e reduzindo a catastrofização.
- Incentivará maior aceitação das emoções em geral.

O modelo UP reflete a realidade de que a taxa de comorbidade de transtornos depressivos e ansiosos é alta (Brown, Campbell, Lehman, Grisham, & Mancill, 2001) e que as características de um tipo de transtorno parecem atuar como fator de risco para outros transtornos. Os tratamentos para um transtorno também parecem produzir melhora significativa em outros, mesmo quando não são tratados na terapia. Uma grande variedade de transtornos emocionais também responde de forma equivalente aos medicamentos antidepressivos, indicando fisiopatologia compartilhada. Barlow também sugere, de forma paralela às pesquisas sobre apego, que sensações aumentadas de imprevisibilidade e de incontrolabilidade podem estar associadas ao funcionamento cerebral criado por experiências adversas precoces, ou podem ser aprendidas, manifestando-se em diferentes vias que levam a diferentes tipos específicos de problemas de ansiedade ou problemas de humor (Barlow et al., 2014). Esses problemas são vistos como variações relativamente triviais de uma síndrome mais ampla — o transtorno emocional negativo. O delineamento desse conceito geral de transtorno emocional negativo se encaixa na postura mais parcimoniosa e não patologizante da ciência do apego e da EFT como terapia experiencial. Ele identifica e operacionaliza um problema em um cliente, sem forçar suas dificuldades em um sistema formal de diagnóstico, como o *Manual diagnóstico e estatístico de transtornos mentais* (DSM) ou a *Classificação internacional de doenças* (CID).

Onde o arcabouço teórico da abordagem da UP não se encaixa tão bem com a ciência do apego é na proposta de Barlow de que o fator determinante comum na configuração desses transtornos é o temperamento e traços de neuroticismo. Sugiro que a teoria e a ciência do apego oferecem um quadro explicativo muito mais convincente. A forma como o tratamento é realizado no UP também difere da EFT, na medida em que o modelo UP apresenta um quadro muito mais de mentoria e orientado cognitivamente, baseado em comportamento e utilizando muitas tarefas de casa e exercícios, do que é oferecido na EFT. (O modelo UP tanto é denominado TCC tradicional como focado na emoção no manual de tratamento. Do ponto de vista da EFT, embora se dê mais atenção às emoções no modelo UP do que é comum em modelos comportamentais, utilizar esses rótulos genéricos para intervenção aqui simplesmente confunde mais do que esclarece.)

FORMULAÇÃO DE CASO NOS TRANSTORNOS EMOCIONAIS

Neste livro, o foco da intervenção é na depressão e na ansiedade — também chamadas de "transtornos emocionais". Como o clínico orientado ao apego vê tais transtornos? Respondemos a isso discutindo a abordagem da EFT para a formulação de casos.

Existem dois princípios que geralmente esclarecem o processo de formulação de casos na EFT entre as modalidades. Em primeiro lugar, o objetivo de uma terapia experiencial não é *consertar*, como encontrar soluções imediatas para os sintomas que os clientes apresentam no início da terapia. Conforme afirmado no texto básico de EFT com casais (Johnson, 2004), o terapeuta não é um mentor que corrige suposições equivocadas ou que ensina habilidades ou um sábio criador de *insights*. Diante disso, vale ressaltar que o terapeuta EFT é um consultor de processos que acessa e caminha para a experiência dolorosa *com* os clientes (como no velho ditado, a única saída é passar por isso) e se une colaborativamente a eles para processar essa experiência de maneira mais intensa. Como sugere Rogers (1961), o processo de terapia é aquele em que o terapeuta e o cliente podem "desfrutar descobrindo a ordem na experiência" (p. 24). A normalização de nossa limitada capacidade de processar nossa experiência da maneira mais construtiva, devido aos nossos pontos cegos resultantes de nossa história e das lutas inevitáveis diante das demandas da vida, talvez seja a característica-chave da abordagem humanista experiencial, ou centrada na pessoa.

Essa abordagem, em muitos aspectos, está em desacordo com toda a tentativa de definir e categorizar questões e problemas de saúde mental em sistemas formais de diagnóstico, como as várias reiterações do DSM. Os rótulos descritivos utilizados em tais sistemas podem ser úteis para a orientação do terapeuta. Além disso, breves questionários formais vinculados às entidades diagnósticas do DSM e de outros sistemas, como as Escalas de Depressão e Ansiedade de Beck (Beck, Steer, & Brown, 1996; Beck & Steer, 1993), podem ser utilizados como auxílio e forma de abrir um processo de descoberta com os clientes. Na terapia de casal, a Escala de Ajustamento Diádico (EAD; Spanier, 1976) pode ser dada no início da terapia, mas uma medida mais recente, o Índice de Satisfação Conjugal (ISC; Funk & Rogge, 2007), também parece útil. No entanto, em geral, a avaliação é uma parte contínua do tratamento, e o que é pungente ou verdadeiramente problemático para os clientes emergirá como parte do processo de terapia.

Em segundo lugar, a avaliação foca no processo, não apenas no conteúdo. A primeira sessão na EFT consiste em criar um ambiente seguro e uma aliança colaborativa, um convite para se envolver com o terapeuta de uma forma aberta. O terapeuta extrai dos clientes suas histórias e suas demandas para a terapia. Como sugere a ciência do apego (Main et al., 1985), a maneira como os clientes contam suas histórias e se envolvem com os outros, seja o terapeuta ou outras pessoas na sessão, é pelo menos tão informativa quanto o conteúdo da própria entrevista. O terapeuta presta atenção aos detalhes não verbais, às emoções expressas e como elas são reguladas, à coerência geral das histórias dos clientes em termos de significado e a como os termos são geralmente utilizados para descrever o próprio *self* e as outras pessoas. É claro que clientes com apego mais seguro são capazes de ser mais específicos e coerentes, bem como mais reflexivos sobre a atribuição de significado às suas experiências. Os clientes com apego ansioso tornam-se facilmente engolfados pelas emoções e apresentam narrativas mais extremas e fragmentadas, ao passo que os clientes evitativos tendem a desconsiderar a experiência, mudar de assunto ou desviar de perguntas e se apresentar como desligados, pois relatam eventos potencialmente dolorosos sem reflexão ou envolvimento. A forma *como* uma experiência é codificada e apresentada é, muitas vezes, mais reveladora do que o *quê* — a informação real dada pelo cliente. Como discutido no último capítulo, a profundidade da experiência e a *granularidade* das emoções expressas sintonizam o terapeuta com o estilo de processamento habitual do cliente.

Esse processo inicial de engajamento é um ato genuíno de descoberta (parte dos três D's da EFT — descobrir, destilar e desvelar, discutidos nos Capítulos 2 e 3) por parte do terapeuta e do cliente. A curiosidade e o processo de descoberta aberta serão reduzidos se o terapeuta estiver preso em quadros cognitivos rígidos em torno do diagnóstico ou estiver comprometido em encontrar o elemento de experiência que seu arcabouço teórico dominante decreta ser primordial. Daí o clichê de que, se não tivermos nada em nossa caixa de ferramentas além de um martelo, tudo vira um prego. Por essa razão, as terapias experienciais aspiram a ser "centradas no cliente" e a entrar em um encontro genuíno com a pessoa do cliente, em vez de ficarem hipnotizadas pelo problema apresentado. Esse processo de descoberta é especialmente essencial quando se trabalha com clientes de diferentes culturas ou diferentes contextos econômicos, raciais e sexuais. Assim, um casal japonês me ensina o que significa o conceito de honra no Japão e como isso impacta as mensagens que podem ser enviadas a um parceiro. Uma sobrevivente de estupro me ensina o que acontece com uma mulher como ela após esse tipo de trauma e como ela dá significado a esse evento. Os conceitos universais das emoções e acerca do apego têm pontos em comum mesmo diante de diferenças culturais significativas na forma como essas variáveis podem ser expressas. O terapeuta EFT assume, basicamente, a tarefa de ser um aprendiz permanente no que significa ser um ser humano. Os clientes são os especialistas em sua própria experiência, e o centro da arte do terapeuta EFT é tornar-se mais capaz de sintonizar, considerar e capturar essa experiência de forma sensível.

Como já mencionei, a EFIT é mais adequada para abordar questões de depressão e de ansiedade, incluindo as sequelas da experiência traumática e as questões existenciais que surgem dessa experiência, sobretudo as relativas à conexão interpessoal e aos relacionamentos negativos. Em termos de critérios de inclusão e exclusão do tratamento, a habilidade do terapeuta em proporcionar um ambiente seguro é um fator determinante. A EFT como abordagem é geralmente uma terapia de curto prazo, que requer certa capacidade de manter o foco e se envolver com o terapeuta; psicose ou transtorno da personalidade antissocial tornam esse envolvimento improvável. Em situações nas quais os fatores de risco são significativos, como comportamentos aditivos crônicos, depressão crônica grave ou alto risco suicida, pode ser mais adequado envolver outros profissionais que ofereçam intervenções e/ou medicamentos especializados, trabalhando em conjunto com um terapeuta EFIT. Se um cliente recebeu tratamento especializado para um problema, tal como adição, e deseja entrar na EFIT, o terapeuta entrará em contato com os outros terapeutas envolvidos (com a permissão do cliente, é claro). O terapeuta tem de se sentir confiante de que o cliente pode tolerar o envolvimento no processo de EFT com segurança e que ele pode ajustar o ritmo e a intensidade da intervenção à janela de tolerância do cliente.

Ao abordar todas as questões apresentadas, o terapeuta se preocupa com a narrativa de desenvolvimento de um cliente e como ela moldou os modelos internos de funcionamento do próprio *self* e dos outros. A formulação de caso e o envolvimento na EFIT incluem ênfase nas seguintes questões:

- Desafios de regulação emocional e ciclos de alta reatividade ou entorpecimento e dissociação.
- Questões somáticas, tais como dissociação momentânea ou dor e desconforto corporal.
- Bloqueios à construção de significados efetivos e coerentes que apoiam a atuação e os modelos positivos do próprio *self* e dos outros.
- Bloqueios à ação adaptativa em que, por exemplo, ambivalência ou conflito resultam em paralisia e estagnação e as emoções são suprimidas, fragmentadas ou negadas.
- Modelos negativos de *self*, em que o *self* é visto como indigno e sem direito a cuidados, como fracasso, ineficaz ou desamparado, e às vezes como tão inaceitável para os outros a ponto de estar fora do âmbito da conexão humana.
- Modelos negativos acerca dos outros, em que há convicção de que os outros são perigosos ou, pelo menos, não confiáveis, imprevisíveis e fontes de inevitável abandono e rejeição.

Quando modelos negativos de *self* e acerca dos outros são dominantes, a confiança é um risco enorme, assumido apenas quando o desejo por conexão emocional e a dor do isolamento se tornam intensos e centrais. Esses modelos adversos "quentes" não são absolutos, é claro, e aparecem em um espectro, mas, se forem significativamente negativos, deixam o indivíduo em um mundo em que a vigilância constante é essencial, e a regulação emocional oscila entre hiperexcitação e hipoexcitação. Diante de tal oscilação, o crescimento e a flexibilidade são impedidos, e o processo de potencial revisão dos modelos internos de funcionamento é prejudicado. A escolha e a atuação tornam-se impossíveis, e a reatividade a estímulos imediatos toma conta da vida do cliente, fazendo com que ele perca a capacidade de refletir e fazer escolhas para remodelar sua experiência ou seus relacionamentos. Parte da experiência emocional corretiva, essencial para mudar nas sessões de EFIT, é que as emoções e o significado se tornam claros e ordenados, levando naturalmente a uma maior consciência, tanto das escolhas implícitas que compõem a vida de um cliente quanto de novos pontos de escolha que levam a novas direções.

Não importa qual seja a apresentação, a disfuncionalidade aparente e a natureza ou o número de diagnósticos, o terapeuta sempre busca ativamente os *pontos fortes* dos clientes e os articula. Em alguns casos, apenas ter sobrevivido, lutado e procurado ajuda é uma grande prova de coragem. A postura não patologizante do terapeuta é muitas vezes o primeiro passo nas habilidades dos clientes de se aceitarem e realmente explorarem como moldam seu mundo. À medida que o terapeuta entra no quadro de referência do cliente, ajudando-o a esclarecer e focar no que é importante (Rice, 1974), emergem naturalmente preocupações-chave sobre o *self*, relações com os outros e dilemas existenciais.

A formulação do problema-chave a ser abordado na terapia é um esforço colaborativo, não imposto ao cliente, e faz parte da solidificação de uma aliança terapêutica. Um cliente pode vir apenas para ver se é mesmo possível falar com um profissional de saúde mental sobre sua vida; outro pode trazer uma demanda mais extensa para negociar uma transição de vida sem sucumbir à ansiedade debilitante. Ocasionalmente, os clientes apresentam objetivos incongruentes que devem ser questionados e revisados com o terapeuta. Alguns clientes iniciam a terapia individual com o objetivo de afirmar que sua percepção de um relacionamento negativo ou de um parceiro impossível é precisa. Quanto mais explícita, concreta e realista for a articulação dos objetivos da terapia, melhor. Quando os objetivos do cliente são claros, o terapeuta pode responder de maneira genuína sobre sua capacidade de conduzir o cliente em direção aos seus objetivos declarados. Se isso não for possível porque os objetivos são incongruentes com os objetivos da EFT, o terapeuta aponta isso. Por exemplo, um terapeuta de casais na EFT pode sugerir a um veterano militar e à sua esposa que ele aceite um encaminhamento a um psiquiatra para possível medicação e/ou trabalho em sessões de EFIT. Esse trabalho individual focaria para que o veterano consiga controlar seus *flashbacks* de experiências traumáticas de guerra, como preparação para iniciar sessões de casal na EFT com outro terapeuta.

Durante todo o processo de formulação do caso, o terapeuta EFT se concentra no *processo presente*. O terapeuta não está procurando traços de caráter ou aplicar rótulos fixos aos clientes, mas sim tentando se envolver com cada cliente de forma aberta e curiosa no momento presente. O objetivo é explorar como essa pessoa está constrita por padrões em suas próprias maneiras de processar sua experiência e suas formas de se relacionar com os outros. O terapeuta experiencial orientado ao apego, seguindo a condução de Rogers e Bowlby, acredita que os clientes têm um desejo inato de crescer e encontrar maneiras de atender às suas necessidades. Se visto por uma lente de apego compassivo e focado na sobrevivência, o comportamento do cliente é sempre percebido como "razoável". Trabalhando a partir dessa mentalidade, o terapeuta naturalmente foca em seguir a dor de cada cliente, tornando-a tangível e explicitando os bloqueios ao funcionamento positivo que os clientes involuntariamente criam ou permitem que os engolfem.

ESTÁGIOS DA INTERVENÇÃO

Como observado anteriormente, o modelo de EFT passa por três estágios: *estabilização* (chamada de *desescalada* na EFT para casais, pela razão óbvia de que, para criar estabilidade, é necessário desescalar padrões interativos negativos); *reestruturação*; e *consolidação*. A estabilização molda uma forte aliança terapêutica e um novo nível de equilíbrio emocional, construindo uma base segura para maior exploração e envolvimento com experiências desconhecidas e/ou dolorosas. Durante a reestruturação, o engajamento na terapia se aprofunda, e as experiências corretivas revisam os modelos de *self* e acerca dos outros, trazendo nova coerência ao processamento emocional e moldando novas interações caracterizadas pela dependência construtiva. A consolidação toma, então, uma metaperspectiva sobre o processo de terapia, integra as mudanças no *self* e no sistema, que agora são aparentes na vida do cliente e nas escolhas existenciais, e constrói resiliência para prevenir recaídas.

Examinaremos agora os elementos desses estágios e as intervenções típicas da EFIT com um pouco mais de detalhes. As intervenções básicas da EFIT são as mesmas descritas no Capítulo 3. Às vezes, variações na intervenção ocorrem em determinada modalidade, e tais variações serão discutidas nos capítulos seguintes. Em seguida, discutiremos brevemente o processo central repetitivo do Tango da EFT que ocorre através dos estágios (ver página 60, no Capítulo 3) no processo da EFIT.

Estágio 1: Estabilização

Os elementos essenciais do estágio 1 da EFIT, a estabilização, são:

- Juntar-se ao cliente na formulação de questões e metas de tratamento e formular como elas surgem da narrativa de vida do cliente, da história de relacionamentos e do estilo de envolvimento com o terapeuta, bem como na descoberta com o cliente de seus pontos fortes e suas vulnerabilidades. O pressuposto é que essas questões sempre refletirão questões de regulação emocional, conexão interpessoal e modelos negativos do *self* e acerca do outros.

Intervenção típica
"Então, você é capaz de olhar para sua vida agora e ver esses problemas-chave, mesmo que seja difícil nomeá-los e enfrentá-los, e o que você espera é que possamos encontrar maneiras de diminuir essa sensação de ansiedade que você tem em relação a conhecer outras pessoas e encontrar maneiras de você se sentir mais confiante e à vontade com outros. Isso está correto?"

- Construir um porto seguro estável e uma base segura (na aliança), reconhecendo qualquer ambivalência que o cliente possa ter sobre isso.

Intervenção típica
"Como posso ajudá-lo a se sentir seguro na sessão comigo? Ouvi dizer que seu último terapeuta parecia lhe 'dar aulas', e isso não funcionou com você. Não quero que sinta isso aqui. Você poderia me avisar, por favor, qualquer momento em que parecer que estou te ensinando? O objetivo aqui é que você encontre sua própria verdade e sua direção."

- Descobrir com os clientes como eles estimulam e mantêm sua depressão e sua ansiedade, primeiro, rastreando e delineando padrões recorrentes no modo como eles moldam seu mundo emocional interno. O terapeuta esclarece os processos de regulação emocional (de modo mais simples, observando como os clientes amplificam suas emoções, a desligam ou tentam desligá-la) e a construção de significados que surge nesse processo. Depois, o terapeuta delineia com os clientes os padrões habituais de envolvimento nas relações interpessoais, moldados pelas tendências de ação inerentes às suas emoções (mais simplesmente, observando como os clientes se voltam para perto, para longe ou contra os outros). O terapeuta ouve as questões de conteúdo e a narrativa da vida do cliente, mas classifica de maneira contínua essas variáveis de processo — padrões no anel interno do processamento emocional e no anel externo das respostas interpessoais.

Intervenção típica
"Então, o que acontece com você quando um amigo em potencial liga e sugere que vocês se encontrem? O que você sente/faz naquele momen-

to ou mesmo quando falamos sobre isso aqui? Parece que sua 'incerteza' vem e você congela — fica entorpecido, como você disse, e então recusa o amigo? Parece arriscado demais, é isso mesmo? É tão natural que, quando necessitamos de algo e isso aparece de repente, hesitamos e duvidamos, e descobrimos que não podemos nos forçar a alcançá-lo. Mas então você está sozinho — não é? E você se sente mais seguro por um momento. Então, isso meio que confirma que é melhor não correr riscos — os outros são muito perigosos." [O ciclo de *feedback* autossustentável da música emocional e da dança com os outros é evidenciado.]

- Tornar a emoção mais granular e as respostas vagas ou renegadas mais explícitas, específicas e concretas. Isso pode implicar um processo simples de reflexão focada e de questionamento evocativo com alguns clientes ou uma montagem estruturada muito mais elaborada das emoções em relação aos outros. Podemos pensar nesse processo em termos do E para emoções: evocamos, engajamos, exploramos e expandimos, elucidamos e ativamente encontramos as emoções.

Intervenção típica

"Você pode me dar uma ajuda? Você diz que realmente não presta atenção aos seus sentimentos nessas situações. Você só quer corrigir o problema. Mas, enquanto você fala sobre isso, balança a perna muito rápido e olha para o chão. Seu corpo faz isso quando começamos a falar sobre a sua esposa ficar brava com você. Acho que você disse: 'Ela fica com esse olhar na cara'. Nesse momento, o que você vê no rosto dela, no momento antes de tentar 'provar' que o que ela está sentindo está errado?" [O terapeuta está delineando um gatilho e uma resposta corporal que ocorrem antes de uma resposta problemática a outra.]

- À medida que a experiência emocional começa a evoluir, ela traz consigo novas tendências de ação e novos significados, que o terapeuta valida, amplia e transforma em respostas encenadas em encontros imaginários com figuras-chave na vida do cliente. Essas figuras não são difíceis de encontrar. Como aponta Irvin Yalom (1989), o terapeuta precisa "se familiarizar com os personagens que povoam a mente do seu cliente".

- Os clientes geralmente encontram um tremendo alívio em serem capazes de dar sentido às suas vidas emocionais e se sentirem verdadeiramente ouvidos por alguém que os valide, bem como experimentam um senso de eficácia em serem capazes de integrar a resposta emocional, a criação de significados e a resposta interpessoal em um todo. O terapeuta ajuda os clientes a integrarem todos esses processos em uma base segura — um senso de direção para seu crescimento. A resposta e o padrão interacionais, a narrativa e o processo de regulação emocional são todos reunidos de forma a oferecer ao cliente um senso de equilíbrio e de controle que começa a se traduzir em novas consciências e ações fora da sessão.

Intervenção típica

"Então, deixa eu ver se eu entendi corretamente? Você está descobrindo que, quando a 'nuvem escura' vem para você, você pode vê-la mais claramente e prever como ela começará a abrir a porta para a voz que lhe diz que você é 'inútil' e 'sempre deixado de lado pelos outros' com os outros. Mas, às vezes, você não se esconde dos outros e desiste, mas sim começa a confortar essa sua parte desanimada e a dizer a si mesmo: 'todo mundo se sente assim às vezes' e estender a mão para seu amigo. É isso? Isso mostra muita força. Você pode fechar os olhos e dizer isso ao seu amigo agora?"

No final do estágio de estabilizaçao, os clientes normalmente serão:

- Mais equilibrados emocionalmente, ou seja, menos reativos, ou menos anestesiados e mais conscientes e capazes de aceitar suas emoções, sobretudo medos, vulnerabilidades e desejos, e mais ativos em termos de refletir sobre elas.
- Mais orientados para a descoberta e abertos sobre sua experiência interior e seus encontros interpessoais, bem como mais capazes de permitir que o terapeuta os leve ao limite das experiências e dos encontros.
- Mais capazes de se concentrar e delinear padrões em encontros-chave com outras pessoas significativas (incluindo o terapeuta) e entrar em uma narrativa emocional engajada ou um encontro imaginado com essas outras pessoas.
- Mais capazes de integrar as emoções e as respostas do *self* e sobre os outros em uma narrativa coerente e significativa, que está ligada aos sintomas que levaram o cliente à terapia e às maneiras pelas quais o cliente define a si mesmo e aos outros.

Todas essas mudanças, que ocorrem no contexto de uma crescente aliança terapêutica, fazem o cliente experimentar um novo senso de esperança, eficácia e direção. Gary me diz, após seis sessões:

"Eu me sinto mais calmo de alguma forma. Não surtado o tempo todo. É bom entrar aqui agora, não como se eu estivesse fazendo algum teste ou algo assim. Meu amigo me disse ontem à noite que eu estava menos sensível, então isso é bom. Com certeza estou menos deprimido — percebo que muitas pessoas teriam ficado tristes e nervosas na minha situação, perdendo meu emprego e minha namorada de uma só vez. Talvez eu não seja tão estranho. Na última sessão, quando me peguei realmente imaginando ela me dizendo que estava me deixando e ouvindo aquilo... bem... uma espécie de desgosto em sua voz, eu podia sentir como aquilo me levou a algum tipo de pânico. Foi bom dizer a ela: 'Você não me conhece de verdade'. Isso ficou comigo a semana toda. Acho que isso tem a ver com sempre aceitar a palavra das outras pessoas sobre quem eu sou. Eu entendo o padrão aqui. Talvez eu não precise fazer tanto isso, mas com certeza fico preso lá."

Estágio 2: Reestruturação

Os elementos essenciais do estágio de reestruturação da EFIT são:

- A exploração emocional de temas centrais e gatilhos agora é aprofundada, e os encontros com emoções internas e representações dos outros tornam-se mais intensos, assumindo um tom mais existencial. O terapeuta passa mais tempo realmente envolvido com emoções previamente delineadas e organizadas e pode utilizar mais conjecturas e intensificá-las ao falar como o cliente na voz do cliente (utilizando *proxy voice*), bem como pedindo-lhe que assuma maiores riscos em encontros imaginários com elementos do próprio *self* e dos outros. O cliente geralmente está agora em território desconhecido e pode acessar experiências emocionais muito difíceis, tanto de sua vida passada quanto da presente. O terapeuta normalmente usa repetição e imagens, sobretudo evocando as frases emocionais chave que o cliente já compartilhou, que chamamos de *maçanetas emocionais*, para prender o cliente na experiência. Um terapeuta EFIT sintonizado tem o cuidado de estruturar essas experiências para que sejam desafiadoras, mas não excessivamente pesadas ou fora da janela de tolerância do cliente. As emoções são aprofundadas em alguns momentos e contidas em outros, dependendo da capacidade do cliente de se manter engajado e regulado diante de uma sensação de vulnerabilidade. Normalmente, é aqui que emergem sentimentos profundos de desejos de apego, abandono e rejeição, juntamente a medos de isolamento catastrófico e vazio.

Todas essas emoções são normalizadas dentro de um enquadre de apego; a reafirmação oferecida pelo terapeuta, que simplesmente expressa alguma versão de "É assim que nossos cérebros/nossos sistemas nervosos são feitos — isso é apenas quem somos, todos nós", é sempre potente. *Nossas fragilidades tornam-se prova de pertencimento.* Nessas sessões, as definições centrais sobre o próprio *self* e acerca dos outros tornam-se disponíveis e mais abertas à modificação, e as experiências centrais de tristeza e perda, vergonha e medo são mais plenamente vivenciadas.

Intervenção típica

"Você pode ficar com esse sentimento, essa sensação de cair no espaço. Você consegue realmente sentir isso — a sensação de queda, de nenhum controle, de desamparo? É quando aquela frase terrível ecoa em sua cabeça — você não importa — sua dor não importa. Isso é tão difícil — sentir isso. Nunca se sentindo vista e aceita — preciosa para aqueles que você amava. Tão aterrorizante. [A cliente está acenando com a cabeça e aquiescendo com tudo isso, e já passou por tudo isso antes, mesmo que de maneira superficial.] Isso é quando, o que você disse? — 'Eu morro por dentro'. [O terapeuta usa a *proxy voice* — fala como a cliente.] Quando a única coisa a fazer é, como você diz, 'sair para o nada e desistir'. O que está acontecendo enquanto ficamos aqui por um momento? [A cliente chora e diz: 'Sozinha, sozinha, sozinha.] Sim. E essa é a dor que você teve que disfarçar todos esses anos — atuando, mas com essa solidão lá dentro. O que está acontecendo agora quando reunimos tudo isso e falamos em voz alta?" [A cliente afirma, sorrindo entre suas lágrimas: "É estranho. Dói, mas também é tão bom — identificar isso de alguma forma."]

- À medida que o processo de sintonia com novos elementos do próprio *self* e acerca dos outros se torna mais explícito, as estruturas do terapeuta expandem as emoções em encontros cada vez mais profundos com partes do *self*, do terapeuta e de representações de figuras-chave na vida do cliente. Esses encontros agora levam o cliente a um novo território, onde surgem diferentes emoções e novos padrões de pensamento e respostas tomam forma. O encontro de novas dimensões em si mesmo e o encontro dos outros de uma nova maneira começam a influenciar um ao outro em um processo evolutivo sintetizado pelo cliente e pelo terapeuta em um todo mais coerente e construtivo. Novos encontros imaginados com os outros moldam um senso emergente diferente do *self*, e vice-versa. As necessidades de apego e os medos são agora pronunciados e e protagonizados no presente de forma visceral. Os dramas interpessoais encenados aqui podem envolver encontros com figuras muito rejeitadoras ou periféricas na vida do cliente e, portanto, podem precisar ser repetidos várias vezes em diferentes níveis de envolvimento antes que possam ser verdadeiramente tolerados e respondidos de uma nova maneira. Incidentes e traumas críticos podem ser repetidos, mas experimentados a partir de uma posição mais efetiva, e não de desamparo.

Intervenção típica

[Em voz suave e lenta.] "De quem é essa voz que você ouve agora? Se você fechar os olhos, isso faz parte da Kelsey [cliente], ou do seu pai ou...? [Kelsey diz: 'Não. É minha mãe de novo'.] Certo, esse é o juiz de novo, não é? Às vezes, a parte 'dura' de você se junta, e às vezes soa como seu pai, que queria que você fosse a grande advogada para provar a si mesmo. Mas, quando você realmente ouve, soa mais como sua mãe. Talvez a voz que você ouviu quando disse a eles que havia sido reprovada no exame? [Ela chora.] Você pode ficar comigo aqui? [O terapeuta toca levemente a cliente na parte externa do joelho.] Você pode apenas respirar comigo e sentir seus pés no chão, suas costas contra a cadeira. Certo. ['Amparando' a cliente e contendo a emoção — longo silêncio.] Vale a pena chorar por isso, não é mesmo? Se você fechar os olhos, pode ver sua mãe... O que você gostaria de dizer a ela? [A cliente diz: 'Não sei', e chora mais intensamente.] Você pode dizer a ela: 'Estou machucada. Assim como na vez em que eu fui reprovada no exame e você riu de mim e me chamou de pretensiosa — como se estivesse me excedendo por tentar — como se não fosse da família? [A cliente faz isso, mudando as palavras para as suas; ela chora.] Isso é tão difícil. Tão difícil de tocar. Mas você está arrasando — dizendo corajosamente o que é verdade para você! O que sua mãe faz? [A cliente diz: 'Ela sorri, mas é maldosa. Ela é fria e quieta, como se não pudesse me ouvir. Como se eu não estivesse lá'.] Ela não te vê, você está magoada. Como se você não importasse? [A cliente chora e acena.] Você esteve sozinha com essa dor a vida toda — escondendo-a e tentando 'fingir'? Mas sua dor importa, sim, não é mesmo? [A cliente acena enfaticamente.] Você pode dizer a ela? Aqui mesmo. [A cliente puxa os ombros para trás e começa a dizer isso à mãe de maneira clara e coerente.] Uau, isso é bem claro! Você parece ser tão forte! Como se você tivesse os pés no chão. Você pode dizer a ela novamente?"

- As experiências emocionais mais intensas e os potentes encontros encenados com figuras de apego — e as partes muitas vezes desprezadas do *self* — começam a adquirir uma qualidade de fluxo (Csikszentmihalyi, 1990). O fluxo é definido como uma experiência na qual a pessoa está completamente focada, sintonizada com o que está fazendo e totalmente *absorvida*. Isso é definido como uma experiência essencialmente positiva e animadora, apesar do imenso esforço ou desafio, como quando se é pego tocando uma música ou dançando, em que o processo parece tomar conta e moldar o dançarino. Aqui, o cliente está totalmente engajado e cria, com o terapeuta, uma poderosa experiência emocional corretiva.

Nessa experiência, a vulnerabilidade é abraçada e apropriada de forma a deixar o cliente se sentindo mais inteiro, mais equilibrado, ironicamente, mais poderoso. O trabalho do terapeuta é direcionar esse processo, redirecionando o cliente diante de desvios, como memórias tangenciais ou discussões intelectuais, ajudando-o a destilar e sintetizar a nova experiência de forma eficaz, bem como a encapsular o novo senso do próprio *self* e acerca dos outros que essa experiência proporciona. Os clientes se veem mais empoderados na definição de sua própria experiência e em interações imaginárias com figuras de apego.

Intervenção típica

"O que acontece quando você toca naquela ferida agora? Você disse que é mais 'gerenciável, não tão avassalador', não é mesmo? Então, você pode fechar os olhos e dizer àquela pequena parte desamparada de David como se sente?... Isso foi ótimo, David, muito real e forte. Você está dizendo a ele que não precisa estar tão assustado agora... que seus medos são naturais, mas agora você encontrou sua força e sabe como consolá-lo... você sabe do que ele precisa... Você pode dizer a ele, mostrar a ele que está tudo bem?... Ao fazer isso, você se eleva, e sua voz parece mais profunda. Essa é a parte 'adulta' de David acalmando a parte mais vulnerável. Como é fazer isso, ser capaz de fazer isso?"

Assim, como é o fechamento do estágio 2? Para Gary, que ouvimos mais cedo no final do estágio 1, lidando com sua ansiedade e sua depressão, o fechamento pode ser descrito da seguinte forma:

"As coisas parecem diferentes. Após nossa sessão, fui para casa e, pouco antes de adormecer, dei por mim falando novamente com o meu irmão mais velho, aquele que todo mundo adorava, inclusive eu. Fiquei muito triste, assim como na sessão com você. Eu queria tanto... Eu sofria para ser seu amigo especial. Ouvi ele me dizendo: 'Você simplesmente não consegue, Gary, maninho bobo. Você não tem o que é preciso, cara. Apenas rasteje de volta para as sombras, volte para trás de mim'. Mas, em vez de ficar todo agitado, eu só senti toda essa tristeza enorme por aquele sonho, aquela saudade, aqui no meu peito. De ser como ele. Com ele... eu queria tanto a aprovação dele! E fico triste por não ser ele, nunca serei tão deslumbrante, brilhante, popular. Mas então ouvi a sua voz, e aquela parte de mim que diz: 'Bem, talvez Gary não precise ser um garoto tão deslumbrante. Talvez eu não tenha que ter medo de não viver conforme o padrão do irmão mais velho o tempo todo. Posso dizer a ele que eu sou diferente, não inferior, apenas diferente'. Foi um momento meio choroso. [Risos.] Minha mãe sempre dizia que eu era mais delicado, e eu tomava isso como uma coisa ruim. Mas na verdade não era. Acho que aprendi a gostar da minha delicadeza nessas sessões, e vou sair para ver minha mãe na próxima semana e dizer-lhe que vejo agora como ela tentou me apoiar."

Gary não está apenas menos ansioso e menos deprimido, ele está equilibrado, assertivo e sintonizado com suas vulnerabilidades e suas necessidades. Ele está empoderado.

Estágio 3: Consolidação

Os elementos essenciais do estágio 3 da EFIT, consolidação, são:

- O terapeuta ajuda o cliente a traduzir as descobertas feitas na terapia em novas posições em relação a problemas pragmáticos e relacionamentos em sua vida cotidiana. Novas soluções surgem naturalmente a partir de modelos internos de funcionamento revisados e de uma nova capacidade de utilizar as emoções como *bússola*, elucidando necessidades e preferências. Decisões significativas podem agora ser abordadas com mais confiança, e novas soluções podem ser formuladas. O principal papel do terapeuta é validar a nova confiança e o senso de protagonismo do cliente.

    Intervenção típica
    "Antes, você simplesmente tentava concordar com seu chefe e esconder seus sentimentos, mas agora algo novo está acontecendo. Você pode lidar com seu medo de forma diferente... você disse a ele que não! Você recusou! E então você definiu o que queria que acontecesse... Trata-se de um novo tipo de abordagem. Se você pode fazer isso, então os problemas de trabalho começam a mudar — certo?"

- Com o cliente, o terapeuta cria colaborativamente uma visão geral da jornada terapêutica do cliente e apresenta a realidade no que diz respeito às questões clínicas apresentadas nas primeiras sessões. Essa visão geral é formulada em uma narrativa evocativa simples que é diretamente relevante para o cliente. Ela especialmente articula e enfatiza os pontos fortes do cliente, bem como as novas formas de se envolver com as dificuldades, e novamente normaliza as dificuldades pelas quais o cliente passou em termos de realidades existenciais e dilemas universais (Yalom, 1980). Mudanças na regulação emocional, quadros de significados cognitivos, respostas comportamentais, como evitação, e níveis e formas de envolvimento interpessoal são apresentados e tornados vívidos. O terapeuta também ajuda o cliente a criar uma visão para o futuro em que tais questões podem ser gerenciadas de forma eficaz, de modo a minimizar a possibilidade de recaída e ajudar a garantir que novos caminhos sejam tomados para produzir crescimento. O terapeuta celebra a capacidade do cliente de se desprender de antigos padrões autorreforçadores de experiência e relação, assim como promove a capacidade do cliente de representar mentalmente o terapeuta como figura de apego substituto de apoio que pode ser deixada de lado, mas também mantida na mente.

Intervenção típica

"Você chegou até aqui, James. Como você mesmo diz, deixou de ser um 'covarde terminal' para enfrentar todos esses medos e descobrir que você pode se superar. Nas últimas semanas, você... [Lista quatro mudanças específicas e novas formas de se engajar com outras pessoas.] Você pegou todas aquelas histórias antigas sobre quem é James e as transformou. Isso é muito difícil de fazer. Muitos de nós lutamos com isso a vida inteira. E você foi capaz de voltar-se e pedir apoio à sua esposa e dizer-lhe que quer estar com ela no futuro. O velho James simplesmente não conseguia encarar isso! Como você quer que James seja no futuro — o que você o vê fazendo, sobretudo em momentos em que a 'fraqueza' potencial entra em jogo?"

Como é o final do estágio 3 para Gary? Ele me diz:

"Retirei meu pedido para esse cargo. Ele não combina comigo. Era mais sobre tentar ser como meu irmão. Estou procurando trabalhos que estejam em sintonia com meus sentimentos sobre quem Gary é, quem eu quero que ele seja. Isso é muito bom. Fui a um encontro também, e descobri que estava menos ansioso — senti menos pressão para ser brilhante! Pense que o título dessa história foi Gary ansioso e sua busca pelo pai que ele perdeu quando era realmente pequeno — e como ele colocava seu irmão em um trono. Eu compartilhei isso com minha mãe e ela me deu um grande abraço."

OS MOVIMENTOS DO TANGO NO EFIT

Os estágios e as intervenções são, em sua maioria, padronizados entre as modalidades e, se considerarmos o núcleo do processo de mudança recorrente que acontece em todas as sessões de EFT (independentemente da modalidade), notamos que esse processo também é genérico. Lembre-se de que os movimentos do Tango são: refletir o processo presente; organizar e aprofundar as emoções; coreografar encontros envolventes; processar o encontro; e integrar e validar. Nesta seção, descrevo como podem ser os cinco movimentos do Tango na EFIT.

Movimento 1 do Tango da EFT: refletir o processo presente

Dave me conta que não consegue tomar decisões, como comprar um carro, ou mesmo deixar a esposa comprar almofadas novas, em virtude de seu TAG, pelo qual foi internado três vezes. Ele me diz que quer uma solução, e depressa, antes que sua esposa o largue! Sento-me com ele e acompanho o processo interno e interpessoal que ocorre quando ele pensa em tomar uma decisão. Ele me conta sobre sua vida passada, criado com um pai imprevisível, perigosamente violento, e uma mãe deprimida e sempre sendo informado de que o abuso direcionado a ele era culpa dele, por ser mais como uma menina, "Daniella", do que Dave. Enquanto ele fala sobre isso, também começamos a conversar sobre quando sua esposa, Frankie, comprou almofadas para casa e ele olhou para o recibo e imediatamente ficou furioso. Sua esposa lhe disse que era impossível ficar casada com ele e saiu de casa. Utilizo reflexos e perguntas como: "E como você está se sentindo ao me contar isso?", ou "Você pode ir mais devagar e me ajudar a entender quais pensamentos surgiram para você enquanto olhava para o recibo?", ou "Isso é o que acontece — parece que acontece muito, você está esperando que algo dê errado e, quando isso acontece, toda essa raiva vem à tona, não é?" Dave compartilha que, uma vez que se acalma, ele "decide" que, na verdade, ele é um "completo idiota e que seu pai estava certo — ele é um covarde e um fracasso", então ele se retira por dias e se esconde no porão. Apesar das tentativas de Dave de sair para longas histórias de conteúdo de decisões passadas repentinamente revertidas, identificamos um drama interior que consiste em Dave assumir uma postura de vigilância em um mundo "perigoso" e sentir uma necessidade urgente de estar no controle, seguido por um gatilho em que ele descobre que não está no controle e um movimento de raiva, seguido de entorpecimento e evitação. Quanto mais ele se preocupa com tudo estar sob controle, mais ele procura o perigo e o encontra. Quanto mais ele explode e traça linhas rígidas para tentar afirmar seu controle, menos espaço ou confiança ele tem para tomar decisões ou confiar nos outros para ajudá-lo, e mais ele se preocupa! As tentativas de autoproteção tornam-se uma prisão.

Acompanhamos esse mesmo drama conforme ele se desenrola quando, após incontáveis semanas verificando um carro nos mínimos detalhes, ele começa a assinar o contrato de compra e, de repente, fica alarmado, encontra algo errado com o carro e sai furioso da loja. Delineamos, passo a passo, o mesmo tipo de padrão recorrente com sua esposa. Ele monitora o contato deles e, se ela se atrasa alguns minutos para encontrá-lo e assistir a um programa de TV, ele se sobressalta e a repreende. Ela se retira, e ele exige explicações, perseguindo-a e culpando-a. Ela explode, diz que ele é impossível e que ela não deveria ter se casado com ele, e vai dormir no sótão por alguns dias e o ignora. Ele então se sente inútil e a "bajula", mas a coisa toda acontece novamente. Quanto mais exigente ele é sobre o tempo que passam juntos, mais ela se retira, e quanto mais ela se retira, mais ele se irrita e exige, e decide que ele é um parceiro inadequado. Concluímos que essa "dança do perigo e da desgraça" tomou conta de seu relacionamento e, como resultado, ele está sempre preocupado que ela irá, de fato, deixá-lo, por isso ele "tem que" verificar constantemente a conexão deles. Minha aliança com Dave parece ser fácil, e compartilho com ele que tudo isso soa exaustivo e triste. Ele trabalha muito apenas para tentar sentir algum controle e segurança em sua mente, em seu mundo e em seu relacionamento, o que é natural, dado que ele cresceu em constante perigo. Ele concorda. Cada vez que retornamos a essas situações na terapia, elas ficam mais claras, e isso aumenta a aceitação de Dave de que ele está preso nesse tipo de dança autoperpetuadora da desgraça.

Movimento 2 do Tango da EFT: aprofundar e organizar as emoções

À medida que Dave retorna à sua incapacidade de tomar mais uma decisão, seu peso infinito das probabilidades e sua incapacidade de arriscar e escolher, simplesmente fico com suas emoções. Ele diz que realmente só sente raiva. Eu o faço ir mais devagar e peço-lhe que pare no momento, antes de ficar com "raiva". Quando ele levanta a mão para assinar a compra de um carro, o que acontece? Passo a fazer perguntas sobre os cinco elementos das emoções. Faço as seguintes perguntas e recebo as seguintes respostas:

> **Sue:** O que você sente no seu corpo nesse momento?
> **Dave:** Sinto meu coração batendo e prendo a respiração.
> **Sue:** Que significados/pensamentos surgem com as emoções, o que você diz para si mesmo?
> **Dave:** Eu ouço essa voz dizendo: "Você vai estragar tudo aqui. Como saber se isso está certo? Isso é um erro. Não dá para ter certeza. Você vai estragar tudo, e vai ser horrível", e eu não consigo decidir. Não consigo seguir adiante.
> **Sue:** Que ação você quer tomar, o que seu corpo quer fazer?
> **Dave:** Quero rever todas as alternativas de novo e de novo e de novo. Mas isso não funciona. Quero fugir, escapar. Mas eu sou um covarde, patético. Eu tenho essa coisa de doença de ansiedade geral.
> **Sue:** Qual é a coisa mais catastrófica que poderia acontecer aqui? [Isso aborda a percepção implícita e acrescenta ao quadro de significados.]
> **Dave:** Vou perder dinheiro, falhar, falhar de novo. Será tudo desesperador.

Eu resumo esse intercâmbio e sugiro que ele de alguma forma transforma tudo isso em raiva, talvez para encontrar algum senso de controle ou parecer forte, ou ele fica preso em como tudo isso parece impossível, então ele fica frustrado e tenso. Dave responde: "Tudo isso, mas principalmente por eu só saber como fazer isso — ficar com um pouco de raiva. Sinto-me mais forte por um minuto, eu acho". Volto às suas palavras: "Vou estragar tudo, errar, quero correr". Ele fica muito quieto enquanto eu repito esses elementos e novamente os reúno. Em seguida, ele diz: "Acho que estou com medo, com medo de nunca acertar, não é mesmo?" Pergunto como ele se sente ao admitir isso, e ele diz: "Paralisado, então eu simplesmente congelo e caio fora da situação". Verificamos como isso acontece com sua esposa e quando ele tem de tomar uma decisão. Juntos, refinamos a experiência em termos de Dave estar sempre à beira do pânico; ele alterna entre tentativas raivosas de controle e a fuga ou a resposta congelada. Ele nunca pode simplesmente confiar em si mesmo, bem como tem vergonha, considerando que seu terror de cometer um erro é uma "fraqueza". Ele me diz: "Isso é estranho. Juntar tudo isso assim. É como se uma terra estranha de repente se tornasse real, meio que reconhecível... familiar".

Movimento 3 do Tango da EFT: coreografar encontros envolventes

Pergunto a Dave como ele se sente me contando tudo isso. Ele desvia o olhar. Ele pergunta se eu acho que ele é algum tipo de aberração. Valido que ele cresceu sem ninguém seguro para dizer que poderia confiar em si mesmo, cometer erros e ainda ser amado e que vejo como ele é corajoso para enfrentar essas coisas e me contar sobre elas. Ele chora. Eu normalizo suas feridas de apego e o impacto da rejeição mordaz que o moldou em sua juventude. Pergunto-lhe: quem mais poderia julgá-lo como incapaz de tomar decisões, como um fracasso ou um covarde? Primeiro, ele fala de seu pai e de como ele era humilhante, mas sua expressão facial e sua voz mudam quando ele menciona sua esposa. Ficamos aqui, e analisamos o que acontece com ele quando Frankie não vem assistir à TV exatamente quando ela disse que iria e, então, após ele a repreender, ela o exclui. Exploramos o quão impotente e "fora de controle, assustado" ele se sente. Ela é a única em quem ele "meio que" confiou. Agora, começamos a percorrer as etapas de criar encontros engajados. Estes incluem intensificar as emoções centrais do cliente em uma realidade concreta "sentida" que se torna um estado absorvente; destilar a essência dessa experiência em uma mensagem breve e convincente a ser dada a um outro significativo; direcionar o cliente para iniciar esse encontro; e, se necessário, reorientar e oferecer direção ao cliente. Essa tarefa é feita de forma a regular as emoções do cliente, uma vez que a pessoa se envolve com elas de maneira mais profunda.

Na sessão com Dave, *aumentei* seu engajamento nessa emoção repetindo as imagens que ele usa, destilando significados centrais e "segurando-o" e evocando segurança com voz baixa e lenta, acompanhando em sintonia com sua experiência. Peço-lhe, então, que compartilhe seu medo e seu desamparo com a Frankie que vê ao fechar os olhos. Com a minha ajuda para enquadrar a formulação da mensagem em termos concretos, simples e pontuais, ele fala para sua esposa: "Eu nunca tenho certeza de mim mesmo. Nunca tenho certeza se você me ama — se eu sou bom o suficiente, com todas as minhas raivas e meus desligamentos. Então eu te pressiono a responder, quero que você me faça sentir mais seguro. Mas quando você se afasta, eu não tenho controle, fico com medo, apavorado". Dave chora. Ele está completamente imerso na realidade desse encontro. Eu valido e normalizo seu medo em termos de apego. Peço-lhe que me diga o que Frankie responde à sua revelação, e ele sorri e relata que a vê confortando-o e "me amando, afinal, mesmo que eu seja covarde". Ele sorri para mim através de suas lágrimas. (Mais tarde, em outra sessão, fizemos um encontro com seu pai abusivo e humilhante e a mãe que não o protegeu e, por fim, com seu *self* cuidadoso, mas prestes a entrar em pânico, que está sempre dizendo a ele que está prestes a provar que ele é um tolo e um fracasso e que, portanto, será abandonado.)

Movimento 4 do Tango da EFT: processar o encontro

Eu reflito o encontro com Frankie e exploramos a resposta de Dave à sua oferta imaginada de conforto. Ele afirma que se sente bem em se abrir e se arriscar com ela e "sabe" que ela é "gentil" com ele quando ele pode ser "suave", em vez de bravo ou insistente. Esse conforto o acalma e tranquiliza. Pergunto-lhe como se sente em falar diretamente comigo sobre seu lado suave e se ele ainda se preocupa que eu o veja como uma "aberração". Ele ri e diz: "Talvez só um pouquinho, mas é bom estar aqui com você. Seguro. Sinto-me visto e está tudo bem". Reitero a disposição de sua esposa em responder à vulnerabilidade de Dave e valido que não é para onde seu cérebro vai naturalmente, pois muito de sua experiência inicial foi desprovida desse conforto quando o perigo se aproximava. Quero ter certeza de que ele pode realmente absorver esse conforto, então, a meu convite, ele fecha os olhos e ouve novamente o conforto dela e me diz o que vê em seu rosto e como seu corpo se sente. Quero que essa experiência seja mais acessível para ele quando o pânico se aproximar.

Movimento 5 do Tango da EFT: integrar e validar

Às vezes, refiro-me a esse movimento como "dar um laço em um pacote", e é isso que fazemos aqui. Resumimos o processo que acaba de ocorrer, focando nas emoções que surgiram e como Dave lidou com elas de forma diferente, assumindo novos riscos e explorando esse novo território, além de apontarmos os significados que ele foi capaz de formular. Eu valido o quão difícil é ter confiança em si mesmo e correr o risco de cometer erros se você aprendeu, em seus primeiros anos, que há boas razões para ser cauteloso e ficar atento à desgraça que se aproxima. Também valido sua força em ser capaz de olhar para o medo de ser indigno e a dor por trás da sua raiva. Dave me diz: "Certo. Se eu puder tocar nisso antes de apelar para minhas armas, bem, talvez eu possa pedir a ajuda da minha esposa com essa suavidade em vez de empurrá-la para longe com tanta força — afastá-la". Eu respondo: "Você é um homem inteligente, Dave. A nova música emocional exige novos passos — nos move para uma nova dança".

O melhor resultado na EFT não é apenas que os sintomas de transtornos emocionais diminuem ou mesmo que isso impacta outros comportamentos menos funcionais, mas que a experiência corretiva da terapia molda um senso de *self* mais seguro, coerente e resiliente e um senso mais seguro acerca dos outros como figuras de apego responsivas. O objetivo é abrir a porta a toda a miríade de pontos fortes associados a essa segurança e à resiliência flexível, sua principal característica. A ciência do apego nos oferece um mapa para o crescimento contínuo, do berço ao túmulo. Ela nos oferece um guia para a *segurança* emocional que gera uma conexão *sólida* com o próprio *self* e com os outros. Essa conexão segura e saudável com a própria vida emocional e com os outros, mantida na mente ou em encontros reais, é um lugar em que o *self* continua a crescer e se expandir ao longo da vida — para que o cliente seja capaz de viver bem e de forma plena.

UMA ATIVIDADE DE APRENDIZADO EM CASA

Para você pessoalmente

Este exercício está dividido em quatro partes. Primeiro, você consegue identificar a pessoa mais próxima de você e/ou a pessoa com quem você experimentou a conexão mais positiva em sua vida — uma pessoa especial? Pode ser alguém do seu passado ou um relacionamento presente. Pode ser até uma imagem de uma figura espiritual que sintetiza suas crenças religiosas. Agora, escolha também uma pessoa conhecida do seu dia a dia.

Segundo, você pode procurar uma memória pessoal vívida e perturbadora e identificar um gatilho para essa memória? Por exemplo, lembro-me de um momento em uma cidade estranha quando criança quando percebi que estava perdida, e também me lembro de estar em um quarto de hospital vazio vendo meu filho ser levado para uma operação de emergência. O gatilho para o primeiro é um aperto repentino no peito e o pensamento de que ninguém sabe onde estou e não consigo encontrar o caminho para casa. O gatilho para o segundo é a imagem do prédio do hospital em que isso ocorreu.

Terceiro, você consegue se sentar em silêncio, fechar os olhos e acionar a memória perturbadora? Imagine o conhecido que acabou de identificar confortando você. Classifique o quão reconfortante isso é em uma escala de 1 a 10. Agora, acione a memória novamente e imagine a pessoa especial vindo para confortá-lo. Classifique o quão reconfortante isso é em uma escala de 1 a 10.

Quarto, fique com a memória dessa pessoa especial confortando você e deixe o drama se desenrolar. O que exatamente essa pessoa diz ou faz? Como seu corpo reage e seus processos de pensamento mudam? Seu senso do que fazer — como agir — muda de alguma forma?

Qual é a mensagem-chave que você ouve dessa pessoa especial? Já imaginou utilizar essa mensagem para encontrar conforto em uma situação angustiante que pode surgir em sua vida agora?

Em muitos aspectos, esse exercício é paralelo a partes do processo de EFIT, bem como é paralelo a um estudo sobre apego realizado por Selchuk e colaboradores (2012).

Para você profissionalmente

Um cliente deprimido, Martin, diz o seguinte:

> "Eu sei que você dirá que isso já aconteceu antes, e acho que aconteceu, mas eu acabei de ser destruído por uma mulher novamente, em uma festa no sábado à noite. Então eu apenas saí com meu rabo entre as pernas, como de costume, e passei o dia seguinte listando todas as razões pelas quais parece que eu tenho uma taxa de falhas tão grande com as mulheres. É desesperador. Eu simplesmente não sou o que as mulheres querem. Nunca vai funcionar para mim. Algumas das mulheres lá eram bastante amigáveis, eu acho, mas... bem, eu tentei chegar em uma delas, fiz um ou dois comentários *sexy*. Desastre. Ela simplesmente mudou de assunto na hora. Eu me senti tão idiota que fiquei muito mal. Então eu acabei me levantando e saí da festa. Qual é o motivo? É assim comigo. Não aguento mais isso. Talvez eu devesse simplesmente explodir minha cabeça ou algo assim." [Ri, mas depois fecha os olhos.]

Como você, em termos muito simples, poderia refletir isso (movimento 1 do Tango) de forma que ajude Martin a começar a ver esse drama (i.e., como a maneira como ele lida com sua ansiedade na festa e depois que ele sai confirma e mantém todos os seus piores medos), ao mesmo tempo que seus sentimentos dolorosos e suas conclusões?

O "diagnóstico" que Martin recebe de seu médico é depressão, mas também podemos ver os elementos-chave de ansiedade debilitante aqui, emoção intensa e vigilância à ameaça, mecanismos de enfrentamento e atribuições que exacerbam o problema, bem como estratégias evitativas relacionadas a sentimentos internos e situações interpessoais.

Como você o ajudaria a organizar sistematicamente suas emoções aqui (movimento 2 do Tango) usando os elementos de gatilho, percepção inicial, resposta corporal, criação de significado e tendência de ação?

Tente escrever o que você diria. (Isso é um exercício, portanto não há respostas erradas!)

LEVE ISTO PARA CASA E PARA O CORAÇÃO

- O apego oferece ao clínico maneiras claras de entender os transtornos emocionais (conforme descrito no modelo UP, de Barlow) que se encaixam com as pesquisas atuais sobre depressão e ansiedade.
- O terapeuta experiencial orientado ao apego descobre a realidade do cliente com essa pessoa, tanto como o cliente constrói sua realidade emocional quanto suas interações com figuras de apego. O foco está no processo presente que se desenrola na sessão. A responsividade empática baseada na sintonia sensível é a chave para esse processo.
- O terapeuta é uma figura de apego substituto, que modela um porto seguro e uma base segura na sessão, destila os pontos fortes do cliente e encontra a lógica nos padrões bloqueados de processamento interno e interacionais do cliente, para então gradualmente levar o cliente a novas maneiras de construir emoções, enquadrar modelos do *self* e acerca dos outros e moldar as interações com outras pessoas significativas.
- A EFIT desenvolve-se nos estágios de estabilização, reestruturação do apego e consolidação.
- O processo do Tango da EFT genérico é facilmente aplicado na terapia individual; grande parte do processo, como organizar e aprofundar as emoções, é o mesmo de outras modalidades. No entanto, a menos que uma figura de apego da vida do cliente seja convidada para uma sessão, o movimento 3 do Tango, que estabelece *enactments* para alterar os padrões interpessoais, ocorre com representações de figuras de apego que ganham vida na sessão ou em encontros com o terapeuta.

5

Terapia individual focada nas emoções em ação

Certa vez, recebi um caso de terapia individual que me foi encaminhado por outra terapeuta. A cliente, uma mulher, tinha acabado de iniciar a terapia de casal com ela e parecia estar realmente bloqueada, quase histérica e completamente incapaz de compartilhar ou se envolver com a terapeuta ou com seu parceiro na sessão. A terapia de casal parecia ser muito difícil nesse momento, mas a terapeuta estava preocupada com o bem-estar dessa mulher. A cliente concordou em me ver e ter todas as sessões gravadas e transcritas. Alguns trechos são utilizados aqui.

FERNANDA: A HISTÓRIA DE FUNDO

Fernanda entra no meu escritório com um sorriso brilhante, mas fixo, e me diz, com pressa, que quer me ver porque tinha acabado de começar a terapia de casal com seu marido, Daniel, após 13 anos de casamento e após seis anos de separação. Ela compartilha que sabe que a terapia de casal não funcionará porque "é muito difícil para mim falar sobre essas coisas. Tem coisas que eu simplesmente não consigo superar e sobre as quais não falo com ninguém"; Fernanda conta que tem 46 anos e trabalha como supervisora em um banco e está morando com o filho adulto e o cachorro, geralmente vendo o marido nos fins de semana. Na Escala de Depressão de Beck, comumente utilizada, ela pontua 22, e, na Escala de Ansiedade de Beck, 35; as duas pontuações estão na faixa moderada (uma pontuação de 20 a 28 marca depressão moderada e 22 a 35 marca ansiedade moderada nessas escalas). No entanto, Fernanda certamente parece extremamente ansiosa, mesmo para uma primeira sessão.

Uma vez que as introduções terminam e começamos a conversar, Fernanda de repente passa de uma troca de gentilezas superficiais para um choro copioso, mas me diz, ao mesmo tempo, que não tem certeza se quer relembrar ou compartilhar as "coisas dolorosas" que guarda dentro de si. Ela diz que sempre sentiu seu marido distante e que, quando morava com ele, costumava implorar para que ele demonstrasse "que você me quer e me ama", ao que Daniel geralmente respondia: "Eu não quero falar agora". Ela descreve como se sentiu excluída da família de três meninos adolescentes do primeiro casamento do marido, que moravam com eles na maior parte do tempo. Eles falavam espanhol com o pai, e ele respondia em espanhol, deixando Fernanda com o sentimento de que "eu não fazia parte de nada". Após sete anos de sofrimento crescente nessa relação, ela conta baixinho que foi "enganada e feita de tola" por um homem que lhe vendeu um carro. Ela acreditou que esse homem tinha se separado de sua esposa e teve um caso de seis meses com ele, resultando em sua separação de Daniel. Quando a esposa do homem descobriu o caso, ele imediata e completamente rompeu com Fernanda e se recusou até mesmo a falar com ela. Ela chora ao me contar isso, e diz que "não consigo superar isso" e "não consigo falar com ninguém sobre isso, pois tenho muita vergonha. Eu fui uma tola". Ela continua a me dizer que sua família e Daniel a julgaram e a condenaram pública e virulentamente por esse caso, a ponto de ela perder contato com ambos. "Parece que estou no controle", diz ela. "Sou uma boa funcionária no trabalho. Coloco uma grande fachada, mas por dentro... Não consigo dormir. Não consigo olhar quando passo pelas concessionárias. Não consigo respirar quando penso nisso e sou obcecada por isso. Penso nisso o tempo todo. Quebrei todas as minhas regras, fui contra todos os meus valores. Mas eu já deveria ter superado isso — ser capaz de superá-lo! Não posso mais ficar assim."

Indago sobre seu histórico de apego com a família, perguntando a quem costumava recorrer para se confortar e com quem se sentia mais segura e podia contar enquanto crescia. Sugiro-lhe que me conte sobre um incidente em que se sentiu próxima e segura em sua família. Ela não responde às minhas perguntas, mas me encara sem expressão. Ela então começa, com uma pressa sem fôlego, a me dizer que, em sua família, a qual era muito ligada à música, ela era a mais talentosa, mas "nada nunca foi bom o suficiente para meu pai, que gostava mais das apresentações musicais da minha irmã. Ele sempre me empurrava para competições muito difíceis. Eu tinha que ser melhor, mas nunca tive aprovação, mesmo quando ganhava!" Apesar de seus protestos de que não queria falar, Fernanda vai diretamente para seus dilemas emocionais. É fácil para mim me conectar e ressoar com ela. Posso sentir sua ansiedade em falar comigo, mas também a pressão que ela está sofrendo para confidenciar a alguém sobre sua dor, e suas expressões não verbais são fáceis de ler. Ela também responde instantaneamente a qualquer comentário compassivo ou tranquilizador que eu faça. Fico imaginando, logo na primeira sessão, que ela esteja com fome, faminta até, pela afirmação e pelo pertencimento que aparentemente faltavam na sua família de origem. Em termos de emoções, quando lhe pergunto diretamente, ela é capaz de me dar uma lista, ainda que a princípio de forma mecânica, remota. Ela lista um misto de raiva de si mesma, vergonha por seu "crime" e sua incapacidade de superá-lo e tristeza por ter ocorrido o caso extraconjugal e o rompimento. Impressionam-me seus sentimentos de perda, desamparo e inadequação, bem como sua autocrítica, o que logicamente configuraria e manteria sua ansiedade e sua depressão. No entanto, acima de tudo, é a sua agitação que se destaca. Sinto que ela ficou sem a energia necessária para expressar seus sentimentos. Sigo o exemplo de Fernanda e me relaciono com ela no nível que ela apresenta na sessão.

Vejamos agora meu trabalho com Fernanda ao longo de sete sessões, focando nos elementos essenciais do processo (com o conteúdo mais superficial omitido), enquanto Fernanda e eu dançamos juntas em um caminho típico da EFIT. No estágio inicial da estabilização (os estágios da terapia conforme aparecem na EFIT são apresentados no Capítulo 4), crio um porto seguro para refletir os elementos-chave de sua realidade e validar e normalizar sua dor em um quadro de apego. Tento ser acessível, responsiva e engajada.

SESSÃO 1

A principal preocupação na primeira sessão é, claro, fazer uma aliança e refletir de forma empática a dor de Fernanda e como ela se relaciona com essa dor. De fato, a ênfase nessa sessão são os dois primeiros movimentos do Tango da EFT, refletir o processo presente e organizar e aprofundar o afeto.

> **Sue:** Então, me ajude, me diga se estou entendendo certo. Você diz a si mesma que deveria ser capaz de "desligar isso". Você sente dor e está constantemente frustrada consigo mesma — meio que criticando a si mesma por sentir dor? (*Fernanda acena com a cabeça.*) Você vem carregando toda essa culpa, dor e consternação há anos, sozinha, dizendo a si mesma para escondê-las e não "sobrecarregar" os outros com tudo isso. Nunca se voltando para os outros em busca de conforto e se sentindo presa em todos esses sentimentos e sozinha com eles. É isso mesmo? [Refletindo o processo presente emocional e interpessoal e colocando-o em um quadro de apego.]
>
> **Fernanda:** Sim. Você entendeu. Eu compartilhei algumas coisas com um amigo, mas... eu não quero que as pessoas saibam a realidade disso.

Sue: A realidade. [O apego me dá um mapa claro da realidade um tanto caótica que ela está descrevendo, suas necessidades e seus medos, e isso facilita minha capacidade de sintonizar com ela.] Hum — Acho que você está me dizendo que a realidade é que, quando você morava com seu marido, você estava morrendo de fome, faminta por atenção e validação, por saber que era vista, amada, por ser especial para alguém. Você não sentiu isso com seu pai, seu marido ou sua família, e, de repente, alguém apareceu, algo bateu mais forte e foi irresistível. Como sair das trevas para a luz. Você simplesmente não conseguiu correr disso. Você quis ter isso. Mas era uma mentira, e você perdeu até o fio fino de conexão que tinha. E você também se culpa — você se puniu por anos e anos por sua fome — pelo fato de ter chegado a esse ponto?

Fernanda: (*Em lágrimas.*) Sim. Sim. Aquele homem me deu elogios, elogios! Ele me disse que eu era linda! Foi tudo uma farsa. [Ela entra em muitos detalhes sobre sua decepção, sobre como ela deveria ter visto através disso, e sobre como seu marido descobriu e sua família a julgou. Escuto, resumo e volto à necessidade que a impulsionou a se envolver com esse homem.]

Sue: Por muitos anos, você necessitava disso, de se sentir especial, acolhida e vista, por tanto tempo, mas então isso era uma farsa, uma mentira. Isso dói muito!

Fernanda: (*Falando rápida e agitadamente.*) Ele simplesmente se afastou de mim e se recusou a falar — nunca explicou nada! Por que eu permiti que isso acontecesse comigo? Estou muito envergonhada com isso.

Sue: Hum — (*Suave e lentamente, já que Fernanda está muito mobilizada.*) Você é muito forte por vir aqui e compartilhar isso comigo tão abertamente — por assumir esse risco de se sentir constrangida aqui, talvez julgada por mim. (*Fernanda acena com a cabeça.*) Você está presa aqui nessa espiral de sofrimento contínuo. Você buscou a conexão de que precisava desesperadamente e se encontrou, ou se encontra, ainda mais sozinha, e então você se culpa por deixar isso acontecer e depois por não ser capaz de se recuperar. Você se julga, além de se sentir julgada pelos outros! Muito difícil, e isso deixa você ainda mais chateada, mais sozinha, lutando para colocar uma máscara o tempo todo. Dói estar tão sozinha com toda essa dor e essa dúvida sobre si mesma. (*Fernanda chora.*) [Estamos nos movendo fluidamente, sobretudo entre o movimento 1 do Tango, refletir o momento presente, e o movimento 2, aprofundar e organizar as emoções, e tocando nas emoções subjacentes tanto quanto é necessário no estágio de estabilização.]

Fernanda: (*Suavemente.*) Eu não digo às pessoas, não posso dizer a Daniel. Eu simplesmente me afasto da minha família.

Sue: Então, como é me contar essas coisas — você está preocupada que eu esteja te julgando agora? O que você vê no meu rosto? [Movimento 3 do Tango: coreografar encontros envolventes.]

Fernanda: (*Hesitante.*) Eu me sinto compreendida! Parece que você está segura. Mas é difícil aceitar isso. Eu não estou acostumada...

Sue: Sim, você está acostumada com — você espera — julgamentos, condenações até, e você mesmo se julga. Então deve ser estranho entrar aqui e arriscar, me contar tudo isso e começar a se sentir compreendida — difícil de aceitar realmente. [Movimento 4 do Tango: processar o encontro.]

Fernanda: (*Chora de novo.*) Acabei de te contar mais do que nunca disse a ninguém! Como eu poderia ter sido tão estúpida! Às vezes eu só me sento no carro e grito. Continuo a me lembrar — vejo um carro que me faz lembrar... eu tento me esquecer, mas... nada funciona realmente.

Sue: [Eu resumo a discussão novamente — movimento 5 do Tango: integrar e validar.] Isso é constantemente acionado, não é! Isso não é simplesmente algo que aconteceu anos atrás. Isso ainda está acontecendo agora, e, então, desencadeia o sentimento de culpa, outra pilha de sofrimento. Acabei de conhecê-la e ouvir sua história, mas minha sensação é de que todos nós, quando estamos famintos por amor e afeto e precisamos saber que importamos para alguém — que somos aceitos e aceitáveis —, nos voltaremos a isso quando for oferecido, como uma planta que se volta para o sol — é irresistível para nós. É simplesmente assim que somos feitos. Parecia que de repente lhe ofereceram o que você tanto necessitava por toda a sua vida, e assim você se agarrou nisso. Você queria tanto acreditar naquele homem que quebrou suas próprias regras. E então você se julgou — foi isso que lhe ensinaram a fazer em sua família. Você carregou essa dor e essa vergonha sozinha por seis anos — uau! Isso é muito difícil, difícil demais. Não podemos lidar com esse tipo de dor sozinhos, é demais. Você se machucou, você já estava em carne viva e, então, foi abandonada e rejeitada, enganada. Assim, você decide que talvez isso seja o que você merece e, então, se esconde. E não para por aí. Você se machuca e não consegue se perdoar por não ser uma esposa — uma pessoa — perfeita, por simplesmente não ser capaz de viver segundo as regras, não importa o que aconteça. Então você se bate e se machuca ainda mais. Será que eu estou entendendo bem?

Fernanda: Sim, eu falhei aqui. Cometi adultério e traí meu marido. Foi o que minha irmã falou. (*Longa pausa.*) Mas eu não quero mais me sentir assim — podemos fazer essa dor sumir? É ridículo!

Sue: Bem, podemos olhar para ela juntas e podemos mudá-la, para que você não sinta que precisa ser uma espécie de supermulher, santa, juíza, pessoa perfeita o tempo todo. Talvez assim você possa se entender e se perdoar um pouco. Sua história é triste para mim, nada ridícula... mas muito triste. Não estamos preparados para lidar com esse tipo de experiência sozinhos — de não nos sentirmos no direito de ser ouvidos e acolhidos. Tudo bem se eu disser isso? Talvez a sentença para Fernanda tenha acabado agora?

Fernanda: Eu sinto que você me entende. Talvez possamos fazer isso. (*Sorrisos. Ela também está sensivelmente mais calma do que quando entrou na sessão.*)

Se olharmos não apenas para a metassequência do Tango da EFT, mas também para as microintervenções experienciais aqui, então podemos ver um reflexo focado e sintonizado do processamento emocional e dos padrões interpessoais; validações e questões evocativas; aprofundamento do envolvimento com imagens e repetições; conjecturas que são simples e permanecem no limiar da experiência sentida pelo cliente; criação de novos tipos de *enactments*/interações (com o terapeuta); e reformulações interpessoais.

SESSÕES 2 E 3

Nas duas sessões seguintes, Fernanda e eu listamos seus "crimes", ou seja, "adultério, machucar minha família, machucar meu marido e, claro, trair a mim mesma". Nós nos focamos especialmente em refletir o processo presente (movimento 1 do Tango), explicando seu próprio diálogo interior e a dança emocional com sua tristeza e sua vergonha e como isso se traduz em seus diálogos internos e reais com os outros. Descrevemos como suas expectativas em relação a si mesma são muito altas e como ela nunca sonharia em ser tão dura com outra pessoa quanto ela é consigo mesma. Falamos do juiz implacável que ela ouve em sua cabeça, inspirado em seu pai; como disse Bowlby, fazemos o que nos fizeram. Ela agora julga que "falhou" na música, com sua família e, acima de tudo, em seu casamento. Exteriorizamos seus pensamentos negativos como o juiz que lhe diz: "Sua dor não importava no passado, e não importa agora — você merece sofrer".

Às vezes, ficamos com a organização e o aprofundamento das emoções (movimento 2 do Tango) em torno de seu "crime" e de todas as acusações específicas que o juiz dirige a ela: que estava cega quanto ao jogo em que foi pega com seu amante, que ela magoou seu marido, que magoou a família de seu marido. Utilizando uma pergunta evocativa típica da EFIT, pergunto: "O que acontece com você ao me contar sobre isso — o que você está sentindo agora?" Ao responder, ela começa com uma resposta superficial e reativa de raiva de si mesma, mas ela passa a ter consciência de uma "dor" em seu peito, depois que eu lhe pergunto:

"O que está acontecendo em seu corpo agora?" Isso cresce em uma sensação de que ela poderia soluçar, e, quando eu pergunto: "O que seus pensamentos dizem para você agora?", ela fala sobre ouvir uma voz interior dizer-lhe: "Você é responsável; a culpa é toda sua". Ela diz que essa voz provoca um desejo de fugir e se esconder de todos. Vejamos como esse processo de montagem se aprofundou.

Sue: [Resumo nossa conversa e então peço mais especificidade.] Podemos voltar um pouco? Podemos ficar com a dor no peito e o "soluço" que você sentiu que estava lá. Há dor aqui, não é? Parte de você constantemente se castiga por se envolver com outro homem e machucar as pessoas, e parte de você se prepara para chorar de dor? Será que estou entendendo? (*Fernanda acena com a cabeça.*)

Fernanda: (*De repente calma e falando intelectualmente agora.*) Não sou uma má pessoa. Como eu pude fazer isso? É um mistério para mim! Como eu pude fazer isso? [Sai do aprofundamento, mas isso parece pertinente, então eu a sigo. Posso voltar mais tarde.]

Sue: Eu acredito em você. É claro que você é basicamente uma pessoa muito séria, responsável, cuidadosa. Você é alguém que se torturou durante todos esses anos por machucar as pessoas. [Como uma figura de apego positivo, enquadro o senso de *self* de Fernanda em termos compassivos, de aceitação.] Mas você realmente não entende como isso aconteceu. Então, alguma parte de você talvez decida que você deve ser apenas defeituosa, falha de alguma forma?

Fernanda: Sim, exatamente. O juiz diz que eu devo ser apenas uma má pessoa ou, talvez, apenas burra. E minha família confirmou isso — meu pai e minha irmã mais velha especialmente; minha mãe e meu irmão não disseram nada. [A sensação de estar desesperadamente sozinha e de ser má/indigna, e por isso merecer esse isolamento, talvez seja o lugar mais tóxico que podemos moldar para nós mesmos.]

Sue: E isso realmente dói, se sentir tão julgada, tão rejeitada em um momento em que você era tão vulnerável. Também uma parte de você concorda — diz que eles estão certos, o que lhe causa ainda mais dor.

Fernanda: Sim. Meus dois amigos próximos foram solidários, mas... eu tenho grandes expectativas quanto a mim mesma, eu acho. Mas eu fico brava com a minha irmã quando ela é tão crítica comigo.

Sue: [Para onde ir? O que ressoa comigo é "mistério" e "dor". Então eu sigo essa ressonância utilizando minhas próprias emoções como guia.] Hum — parte de toda essa agonia e obsessão sobre o que aconteceu e o que isso significa, se isso significa algo terrível sobre você, é que suas ações ainda são um "mistério" para você?

Fernanda: [Um longo desvio se desenrola sobre como ela está no controle de sua vida e como ela deve aprender a lição com isso. Escuto, mas mantenho meu foco, esperando uma chance de voltar ao canal emocional.] Mas eu me julgo pelo que aconteceu, mesmo que eu não entenda. Eu falhei de alguma forma. Eu tento descobrir isso o tempo todo, mas... é uma obsessão. Não há como sair desse sentimento, de ter falhado.

Sue: Bem, minha sensação é de que é difícil descobrir em sua cabeça, mas no fundo, por dentro, você sabe o que aconteceu — que você se afastou de seu marido para se envolver com outra pessoa, apesar de sua sensação de que isso era algo estranho a quem você era. Havia algo aqui que tornava todas as altas expectativas que você tinha de si mesma meio sem importância. Você disse que sua relação com seu marido era "dura" e que o homem era muito "lisonjeiro".

Fernanda: (*Lágrimas instantâneas e agitação.*) Eu era invisível em meu relacionamento com Daniel. Invisível com os filhos dele, na minha casa. Eu não existia... mas eu deveria ter me esforçado mais para consertar isso. Mas...

Sue: Hum. (*Tocando no braço de Fernanda para acalmá-la e mantê-la focada.*) Invisível. Você me disse que ele foi abandonado por sua primeira esposa por outro homem e que ele era sempre muito evitativo em seu relacionamento, de modo que você passava todo o seu tempo batendo na porta dele. Ouvi você dizer que se sentia sozinha, excluída. Isso deixa as pessoas loucas, é insuportável. Vocês estão em um relacionamento, todos os seus desejos preparados pela presença da pessoa que amam, mas não há resposta! Essa pessoa não aparece! E de repente lá estava alguém, querendo você! Você está parecendo cética, suponho eu. O juiz diz: "defesa inadmissível".

Fernanda: (*Risos.*) Exatamente. (*Fica calma e quieta.*) Mas, parece que é minha responsabilidade. Daniel até diz que a culpa também foi dele, mas... [Ela desconsidera sua própria dor, então agora quero destacá-la.]

Sue: [Eu decido pressionar o botão de *replay* e refocar.] Podemos voltar aos seus sentimentos? O que acontece com você quando diz: "Eu estava invisível, sozinha"? (*Fernanda chora.*) Acho que você disse que não havia conversa — Daniel e seus filhos até falavam em uma língua diferente nas refeições, que você não conseguia entender. E Daniel rejeitou ou pareceu ignorar seus apelos em torno disso. Você disse que era tudo um grande "zero", não é? Era como se ele não estivesse lá — você estava emocionalmente separada. Você não tinha um parceiro.

Fernanda: (*Chora.*) Não é assim que você trata alguém que ama. (*Chora mais — pergunto novamente o que ela sente.*) Eu me sinto tão triste, triste, triste. Eu estava tão sozinha, com mais quatro pessoas na casa! Eu me esforcei tanto para ser uma boa esposa, uma boa mãe. (*Reflito e repito suas palavras em voz baixa e lenta.*) É como se eu tivesse sido dispensada — não se importavam comigo. Como se eu não merecesse ser amada de forma alguma. (*Encurva-se na cadeira e soluça.*) Não consigo respirar.

Sue: (*Voz suave e lenta — esticando a mão e tocando em Fernanda suavemente na parte externa do joelho.*) Sim. Muito doloroso. Não merecendo, faminta, desesperada para ser vista e acolhida. Assim como com seu pai, esforçando-se, mas sem resposta, sem afirmação. Isso é muito difícil, não é? Tipo ninguém se importa com Fernanda? O que você fazia, Fernanda, quando isso acontecia? O que seu corpo lhe dizia para fazer?

Fernanda: Eu começava a passar mal e sentir essa dor, uma dor no coração, e depois me levantava e ia embora. Eu saía da sala e ninguém vinha atrás de mim. Ninguém se importava. Claramente eu era totalmente desnecessária lá. Eu me esforçava muito.

Sue: Sim. Doía demais. Então você fugia, saía de perto. Para encontrar alguma segurança, para fugir da dor — uma dor que você ainda sente. (*Fernanda acena com a cabeça.*) Uma dor no coração. Ser invisível — sozinha. Então você tinha que sair. Fernanda, você pode me olhar, por favor? (*Fernanda me olha.*) Você tinha que sair, não é? Anos com essa dor no coração, tentando, mas nunca sendo reconhecida. Essa é uma dor que enlouquece a todos, faz com que todos nos sintamos desamparados, morrendo. Você tinha que sair, estava morrendo de fome. Mas você se aguentou e suportou... tentou mais... até que alguém lhe ofereceu carinho, e você se virou para ele como uma planta se volta para a luz. É isso?

Fernanda: (*Muda o tom de voz — parece mais cognitiva e declarativa.*) Mas isso não é desculpa, não é mesmo?

Sue: (*Sorrindo e tocando no braço de Fernanda.*) Acho que o meritíssimo juiz acabou de aparecer! Desculpa. Você precisa de uma desculpa para fugir dessa agonia? Cada neurônio em seu cérebro está ligado para dizer que essa dor é insuportável. Quando ligamos e ninguém atende, ficamos desesperados, em pânico. Todo neurônio começa a cantar: "Alguém me veja, aja como se eu fosse importante, como se eu existisse". [Eu valido, utilizando a compreensão clara de sua dor e seu medo, amparada pela teoria do apego.]

Fernanda: Sim, eu estava desesperada, como se eu fosse ficar sozinha para sempre. (*Tranquilamente.*) Acho que eu não merecia isso. [Essa é a principal ameaça existencial, a catástrofe, de que o isolamento nunca acabará, que estaremos sempre sozinhos.]

Sue: Certo. Se você fechar os olhos, você pode ver a Fernanda que tentou e tentou fazer com que Daniel se abrisse para ela — a Fernanda que se sentou à mesa de jantar excluída e sozinha. Tão só. Você pode vê-la, você pode ver sua dor? (*Fernanda acena com a cabeça.*) Você pode fechar os olhos e dizer-lhe: "Você está muito ferida — você não merece estar tão ferida". [Movimento 3 do Tango, coreografar encontros envolventes, desta vez com o *self* vulnerável abandonado de Fernanda.]

Fernanda: (*Move-se para esse encontro imaginário perfeitamente. Seus olhos estão fechados.*) É tão solitário para você. Desesperador. Você se esforçou tanto por tanto tempo. Você brincou, abraçou, explicou, ficou brava, você... você não merecia isso. Você não poderia simplesmente ficar lá... você era... inexistente.

Sue: (*Gentilmente.*) Sim. Nada do que você fez tirou a dor. (*Fernanda balança a cabeça.*) O medo de que você nunca seria importante, de estar sempre sozinha, como se você não existisse. [Resumo seu pânico existencial.] Até que um dia, um estranho — um homem — aparece e sorri para Fernanda.

Fernanda: Ele sabia exatamente o que dizer. Ele era caloroso. Ele me fazia elogios, elogios — era só ele aparecer! Era tão bom, muito bom!

Sue: Como o sol saindo, você necessitava desses elogios, desse reconhecimento, por tanto tempo. (*Fernanda acena com a cabeça.*) Como se, de repente, você fosse especial para alguém. Você é importante. Ele tem prazer em te ver. Ele te vê! Como se sente agora, Fernanda?

Fernanda: Meu coração está explodindo de alívio.

Sue: Como você poderia recusar isso, Fernanda? Ninguém poderia. Morrendo de fome e, de repente, um banquete. Esperança. O que você sempre desejou, ali mesmo. Você estende a mão... Tão humano... tão natural... Ele diz "venha", e você se volta para ele. (*Fernanda chora e sorri ao mesmo tempo.*) O que está acontecendo enquanto eu digo isso? O juiz pode considerar essa dor, essa necessidade? Circunstâncias atenuantes — chama-se "ser humano". Será que ele vê o quadro inteiro agora? Como você poderia não responder? [Estou modelando a compaixão e o envolvimento mais profundo de Fernanda com sua dor e seu significado para evocar autocompaixão.]

Fernanda: (*Risos.*) Certo. Certo. É como se alguém estivesse pegando fogo e eu não o culpasse por pular de um prédio em chamas. Eu entendo. [Ela oferece uma imagem de resumo maravilhosa aqui. Ela então recapitula nossa discussão com a minha ajuda. A repetição é necessária para o engajamento total e a incorporação de novos quadros ao lado dos velhos e bem trilhados caminhos de pensamento e resposta.]

Sue: Então, você pode fechar os olhos novamente e ver a Fernanda sozinha e com dor? O que você gostaria de dizer a ela sobre o "mistério", sobre o que você está aprendendo sobre ela procurar esse homem?

Fernanda: (*Chorando.*) Você se machucou muito. Você estava morrendo. Desesperada. Como não responder? Ele jogou com você. Ele viu o quanto você precisava de amor. Você só tinha que chegar até ele, ir com esperança. [Agora, resumimos o que discutimos e concordamos que o juiz em sua mente parece estar um pouco silenciado no momento. Fernanda concorda em ir para casa e tentar escrever uma narrativa descrevendo todo o processo. Eu a encorajo a fazer isso após cada sessão.]

SESSÃO 4

Estamos agora saindo da estabilização (estágio 1) para a reestruturação (estágio 2). Fernanda conta que anotou em sua reflexão narrativa sobre as duas últimas sessões que talvez estivesse "apenas buscando algum conforto quando me permiti ter o caso extraconjugal. Era desejo, o queijo do ratinho, a coisa 'irresistível' para mim". Ela também me diz que a voz de seu juiz interior agora é mais branda, menos "julgadora". Ela entende agora que não saiu simplesmente e decidiu machucar as pessoas, "como se eu fosse um monstro", e se colocou no inferno por seis anos devido à "luta na minha cabeça" sobre "se eu posso me perdoar — não ser tão dura comigo". Concordamos que, embora tenha quebrado suas próprias "regras sobre ser fiel", ela está começando a considerar sua "dor e solidão". Há, de fato, uma "Fernanda de bom senso", que está começando a aceitar o que aconteceu, e isso é "um alívio; é como tirar um peso enorme de mim". No entanto, Fernanda entra na Sessão 4 chateada porque Daniel insistiu para que ela participasse de uma reunião com sua família. Ela me diz: "isso significa que estarei sozinha na cova dos leões. Ele diz que eu provavelmente vou ficar em silêncio e não tentar falar com eles, então, é claro, vou me sentir sozinha. Estou bloqueada nisso. Não consigo encará-los". Vejamos, de forma destilada, como é o Tango em torno dessa questão. Primeiro, reflito, descrevo e destilo o que ela me diz, focando em gatilhos, experiência emocional e significados de apego.

Movimento 1 do Tango da EFT: refletir o processo presente

Sue: (*Usando a* proxy voice, *falando diretamente como Fernanda.*) Então me ajude aqui, parece que você diz para si mesma: "Eu estarei tão 'exposta' aqui. Trinta pessoas estarão me julgando como uma pessoa 'infiel' e uma esposa ruim, como uma 'fracassada'". O que acontece com você quando diz isso para mim?

Fernanda: Não sei... é a velha coisa do julgamento de novo. [Ela entra em uma longa história sobre a família de Daniel e como alguns deles tiveram casos e divórcios, mas, para ela, isso não conta em termos de como ela se sente sobre seu comportamento.]

Movimento 2 do Tango da EFT: aprofundar e organizar as emoções

Sue: (*Lenta e suave — refocalizando.*) Podemos voltar e ficar com os sentimentos um pouco? Esse é o seu ponto da ferida, sentir-se julgada pelos outros, o que desencadeia o juiz que se instala na sua própria cabeça. É assustador ser julgada, temer que você nunca seja aceita. Essa é a parte mais difícil? O que seu corpo diz agora? [Eu esboço o elemento gatilho das emoções aqui e quero passar para a sensação corporal que as acompanha.]

Fernanda: Mesmo quando falo sobre isso, me sinto mal. Eu me sinto tão vulnerável. Daniel tem razão, eu fico em silêncio nessas horas, depois saio o mais rápido possível. Tento parecer corajosa, mas me sinto mal, quase tonta. Como se eu não pudesse fazer nada, nem organizar meus pensamentos.

Sue: Isso é assustador, ficar com esse sentimento? Seu corpo diz: "Isso é perigoso"? Você diz para si mesma: "Eles estão me julgando e eu quero me fechar ou fugir"? (*Fernanda acena enfaticamente e chora.*) O que é o mais perigoso? Daniel não está lá com você, não é? [Eu expresso o elemento de tendência de ação de sua resposta emocional e também estou tocando na mensagem aqui — o significado que Fernanda faz disso. O apego nos diz que o perigo e a vulnerabilidade enfrentados de forma solitária são insuportáveis e desorganizados, daí a "tontura".]

Fernanda: Sim. O pior de tudo é que ele sempre escolherá sua família em vez de mim, e eu estarei sempre sozinha. É como se meu pai sempre escolhesse minha irmã, mesmo que eu me esforçasse tanto para agradá-lo. Não consigo. Eu congelo.

Sue: [Repito maçanetas emocionais e uso imagens em voz suave e lenta — convidando-a ao aprofundamento.] A solidão é insuportável aqui, avassaladora. Você espera uma onda de desaprovação que se encaixe com a voz do seu próprio juiz — com seus medos sobre quem Fernanda poderia ser, um fracasso. E você está sempre sozinha enfrentando isso, muito sozinha. Dolorida. Tonta. Sentindo-se doente. Invisível. Como se você não existisse. Ninguém está lá com você quando se sente exposta. Parte de você diz que você deve merecer isso — senão não faria sentido? Isso é tão difícil. [Estou relacionando o isolamento traumático de Fernanda ao seu modelo negativo de *self*.]

Fernanda: Estou despedaçada. Ninguém entende. É como se eu estivesse sempre abandonada. Aquela que não tem importância. Então, quando Daniel me diz agora "eu te amo", isso meio que não tem eco. [Isso captura a terrível ironia do apego ansioso — quando o amor é oferecido, ele não é confiável, então não pode ser aceito. A palavra de Fernanda, "despedaçada", parece-me capturar perfeitamente sua experiência de dor e seu desamparo para lidar com a dor de maneira construtiva, sendo o tipo de entrada emocional que pode ser utilizada para ajudá-la a "mudar o canal" suavemente e entrar nesse âmbito emocional na sessão.]

Movimento 3 do Tango da EFT: coreografar encontros envolventes

Sue: Certo. Então você pode fechar os olhos e ver Daniel. Você consegue ver o rosto dele, dizendo que você apenas se senta em silêncio nessas reuniões, que talvez se você se esforçasse mais? ... O que você quer dizer a ele agora?

Fernanda: (*Fecha os olhos e chora.*) Mas eu estou machucada. Tenho medo. Você não está lá para me apoiar. Como se eu não importasse. É sempre a mesma coisa. Não importa o quanto eu tente. Você diz que quer me apoiar, mas...

Sue: (*Suave e lentamente, toco no joelho dela e deixo minha mão lá.*) Sim. Sua experiência com aqueles que você ama e de quem depende é que, quando realmente importa, ninguém vê sua dor — ninguém está lá com você. Ninguém está ao seu lado. Então, quando Daniel diz que quer apoiá-la, você quer dizer: "Eu não acredito em você. Você não me ajuda com a minha dor, com o meu medo". Você pode dizer isso a ele?

Fernanda: (*Fecha os olhos.*) Você me deixa sozinha, enfrentando toda aquela reprovação, um *tsunami* de desaprovação. É assustador, mas é tão triste. (*Chora.*) Não há nada que eu possa fazer.

Sue: Um *tsunami*. Esmagador. Aterrorizante. Mas você tenta calar essa dor, colocar uma "cara destemida" e se esforçar mais. E você acaba se culpando. O que você precisa dele? Como ele pode ajudá-la com esses sentimentos? Você pode tentar dizer a ele?

Fernanda: (*Rosto apertado, muito atenta, em voz suave.*) Você diz que está lá, mas eu não sinto isso. Eu quero que você fique ao meu lado, pegue minha mão e fique ao meu lado. Mostre-me que eu sou importante, para que eu não tenha que ficar tão triste.

Processamos, então, como foi dizer isso a ele (movimento 4 do Tango, processar o encontro) e celebramos (movimento 5 do Tango, integrar e validar) por ela ter feito algo novo; ela não se desconectou, não colocou uma fachada nem mesmo se culpou aqui. Arriscou, afirmou sua dor e pediu o que precisava. Reconheço com satisfação que Fernanda agora é capaz de passar para a afirmação assertiva e autêntica de necessidade, que faz parte da dependência construtiva. Também falamos muito brevemente sobre como Daniel pode não saber bem *como* apoiá-la, em vez de não se importar. Sua capacidade de declarar suas necessidades explicitamente e de um lugar de vulnerabilidade é a melhor maneira de ajudar Daniel a responder. Ironicamente, o senso centrado e regulado do *self* e o equilíbrio emocional que ela está construindo aqui também são seu melhor recurso se Daniel, de fato, não puder responder às suas necessidades.

SESSÃO 5

O processo-chave na sessão 5 gira em torno de como Fernanda encontrou sua irmã mais velha enquanto visitava sua mãe no hospital e como "tudo era educado e fingido". Ela queria falar com Daniel sobre esse encontro, mas percebeu que não poderia trazê-lo à tona. Exploramos juntas como ela descobre que agora está cansada de atuar com a cara destemida. Ela percebe que nem mesmo sua mãe a "defende" ou a apoia quando ela é "condenada" ou ignorada por sua irmã mais velha. Ela teve coragem de dizer à mãe mais tarde que "isso dói". Sugiro que é sua verdade que ninguém veio ajudá-la quando seu casamento e sua vida desmoronaram, assim como ninguém nunca estendeu a mão para ajudá-la nos anos seguintes ou viu sua dor ao ser julgada por seus erros. Um momento-chave ocorre quando Fernanda faz uma pergunta.

> **Fernanda:** Então, se ser excluída dói, o que eu devo fazer? Peço desculpas por ter sido magoada ou ter cometido um erro? (*Pergunto-lhe como ela se sente ao dizer isso. Será que ela acha isso certo, pedir desculpas a quem a machuca? Ela concorda que é culpada por ter sido magoada e excluída? Ela fica em silêncio por um bom tempo, depois olha para mim.*) Talvez eu seja uma pessoa terrível. Uma pessoa que não merece ser aceita.
>
> **Sue:** Hum — você coloca a mágoa em si mesma. É natural para você decidir que a culpa deve ser sua? Então você pode se esforçar mais e talvez mudar isso? Isso é mais possível de fazer do que apenas sentir a dor, a tristeza e a perda — o desamparo e a solidão? Desligada, excluída, inferior, invisível, quem pode lidar com isso! [Bowlby sugere que uma criança naturalmente decidirá que é uma criança má para manter algum senso de controle, em vez de lidar com o pânico avassalador e o luto pelo abandono, e que isso pode ser funcional, pelo menos no curto prazo. A resposta de Fernanda faz sentido, e valido sua maneira de lidar, mas agora a deixa presa em quadros estreitos e negativos sobre o próprio *self* e acerca dos outros, li-

mitando sua escolha de ação.] Ninguém estava lá para você quando sua vida desmoronou — isso é triste, assustador. [Na dúvida, volto a focar na dor. Quando os clientes se sentem seguros o suficiente para realmente se permitirem sentir sua dor com o terapeuta, a autocompaixão e a capacidade de formular e defender suas necessidades seguem naturalmente.]

Fernanda: É avassalador. Eu precisava que alguém estivesse comigo lá. Eu não podia pedir a Daniel, a quem eu tinha machucado. Então coloquei uma máscara e decidi que a culpa devia ser minha — minha culpa — por não ser merecedora. Se eu sou sempre invisível, julgada e sozinha, então...

Sue: A vida é insuportável. Você é tão forte ao mergulhar e olhar essa tristeza e essa solidão no rosto, Fernanda. Sinto-me honrada em trabalhar com você aqui. Você está encontrando outro caminho, aqui mesmo. Abrindo-se e compartilhando aqui comigo, enfrentando seus medos e suas dores, e começando a terapia de casal com Daniel. Você é incrível. [A validação autêntica, dada de maneira pessoal e sincera, é a resposta mais poderosa que um terapeuta pode oferecer para apoiar um senso emergente do *self* em um cliente. Identificar uma nova resposta que acabou de ocorrer na sessão e utilizá-la para construir um senso de eficácia também forma uma parte inerente do movimento 5 do Tango, integrar e validar. O sucesso é algo que está acontecendo agora — e o cliente o está criando, em vez de ser algo que ocorre no futuro, talvez no final da terapia.]

SESSÃO 6

Esta sessão foi dedicada principalmente a um encontro imaginário com o pai de Fernanda e ao processamento das respostas dela nesse encontro. O foco da sessão foi nos movimentos 3 e 4 do Tango, que envolvem coreografar e processar encontros mais envolventes com outras pessoas significativas. Nesse tipo de encontro, no estágio 2, de reestruturação, estou constantemente acompanhando e configurando o diálogo, repetindo os sinais e as imagens e validando e aprofundando as emoções para ajudar Fernanda a moldar um novo senso de *self* e novas respostas a partir do diálogo em evolução. Esse diálogo é mantido por uma música emocional recém-formulada e mais coerente. Para ser mais breve, apenas uma parte dessa sessão é discutida aqui.

Fernanda entra na sessão eufórica, relatando que disse a Daniel que não iria com ele a uma reunião de família a menos que "ele me apoiasse, ficasse do meu lado e segurasse minha mão", e ele a ouviu e a reassegurou. Ela também havia dito a ele: "Não estar perto e ser ouvida começou toda essa cascata de eu me transformar nessa pessoa obcecada, que sempre tem medo de que eu não seja boa o suficiente, então preciso da sua ajuda aqui". Celebramos isso juntas. [Do ponto de vista do apego, é claro que ser capaz de reconhecer a vulnerabilidade dessa maneira e pedir o que você precisa, em vez de fazer tentativas constantes de se regular e acalmar sozinha, é um sinal positivo de força e crescimento. Para Fernanda, afirmar suas necessidades ocorre como um processo orgânico baseado em novas experiências emocionais, e não como resultado de uma "habilidade" que lhe foi ensinada na terapia.]

> **Fernanda:** Eu não quero mais engolir e fingir. Quero ouvir meus sentimentos. Cheguei a dizer para minha mãe: "Parece que não me importo, mas todos os dias sofro com tudo o que aconteceu". Ela ficou chocada. Eu também fiquei um pouco chocada por ter dito isso.
>
> **Sue:** (*Estou impressionada e encantada aqui.*) Uau. Isso é ótimo. Incrível. Você sobreviveu, deixando sua dor de lado e tentando fazer o que os outros esperavam, então isso é arriscado — novo. Como se sente?
>
> **Fernanda:** Desconfortável! (*Nós duas rimos.*) Minha família é só julgamento sobre tudo e mais alguma coisa comigo, então... para vir a público... para abaixar a máscara...
>
> **Sue:** Sim. E você tomou esse julgamento e aprendeu a fazer isso consigo também, a esconder seu sofrimento e voltar a culpa de sua fome de aprovação para si mesma. Então, isso é novo: pedir apoio a Daniel e dizer à sua mãe: "Eu sofro". Dizer: "Eu mereço apoio!" Mas eu acho que o pai é o pilar aqui, não é?
>
> **Fernanda:** Sim. Eu me esforcei tanto para agradá-lo quando criança, me destaquei na escola e na música, que era com o que ele tanto se importava. Mas eu nunca poderia estar à altura dos padrões dele. Nunca. Ele não era assim com minha irmã e meu irmão. E a mãe ficou meio que calada. Ele que dava o tom.
>
> **Sue:** Então, essa tinha que ser a norma. Você se acostumou a se nocautear tentando se destacar e agradar, mas a mensagem foi que você não merece aceitação ou aprovação. O ônus estava sobre você para encontrar uma forma de agradar e, se você não pudesse, bem, obviamente havia algo de errado com você!
>
> **Fernanda:** (*Sorrindo.*) Você sempre acerta em cheio, não é? Eu sempre falava: "O que há de errado *comigo* para que ele nunca esteja satisfeito?" No final da minha adolescência, eu meio que perguntei isso a ele, e ele apenas disse que sempre achou que eu poderia fazer melhor. Isso sempre esteve na minha cabeça, todos esses anos, mas tento não deixar que isso me incomode. Está no passado agora, eu acho.
>
> **Sue:** É mesmo? Realmente? Eu posso ver dor e perplexidade em seu rosto agora. Você ainda está se perguntando: "Como é que ele foi tão duro

comigo e me julgou?" Vamos perguntar a ele. Vamos ter essa conversa agora. Pode fechar os olhos? Você pode vê-lo, como ele era quando você estava em sua adolescência — você sempre se esforçando tanto para agradar e mascarar sua dor com a desaprovação dele. O que você quer dizer a ele?

Fernanda: (*Olhos fechados; intensamente, suavemente.*) Por que eu não era boa o suficiente? Eu me esforcei tanto. Isso dói... (*Volta-se para mim.*) Mas ele está melhor agora. Ele está velho e menos exigente. Não quero machucá-lo.

Sue: Hum — Talvez fosse ser uma filha má só por se deixar imaginar isso? (*Fernanda acena lentamente.*) E você sempre se esforçou tanto para ser boa? (*Fernanda acena novamente.*) Você pode dizer a ele, agora, apenas para você: "Eu não quero chateá-lo, mas preciso lhe dizer que eu sofri todo esse tempo, você me feriu. Passo a vida escondendo meu medo de que eu seja de alguma forma falha e fingindo que estou bem, usando uma máscara".

Fernanda: (*Fecha os olhos, faz um longo silêncio.*) Eu sempre pensei, não, eu sabia que havia algo errado comigo. Você nunca soube, mas todos os dias eu ficava obcecada por isso, se eu pudesse descobrir, talvez eu pudesse consertar isso, talvez. Isso doeu. (*Em voz alta.*)

Sue: (*Reflete e repete o que foi dito antes.*) Qual é a sensação de dizer isso, agora?

Fernanda: Ajuda. Sinto-me aliviada. Mas também é assustador — assustador.

Sue: Certo. É sair da dança familiar com ele, não é, onde você está sempre tentando agradar, se preocupando com como está falhando, se escondendo atrás de uma máscara. O que vai acontecer agora — o que é assustador — o que ele vai fazer?

Fernanda: Temo que ele fique bravo comigo, como quando eu era criança. Ele dirá: "Isso não é preciso. Eu sempre te amei. Você é minha filha", e vou me sentir ainda mais reprovada. (*Pergunto-lhe como é ouvi-lo desconsiderar seu sofrimento, e ela chora. Ela então, espontaneamente, fecha os olhos novamente para falar com ele.*) Mas sempre me senti assim. Você me fez sentir assim, sempre me dizendo para melhorar, melhorar, melhorar. Você sabe que é verdade! Eu simplesmente não conseguia descobrir como agradá-lo, nunca. Tenho mais de 40 anos e passei todo esse tempo em agonia, tentando descobrir o que há de errado comigo. [Fernanda agora expressa o núcleo de sua dor por perceber a rejeição de seu pai e como isso moldou seu senso de quem ela é. Ela está aberta à sua experiência, sensível às suas nuances, totalmente envolvida na experiência, coerente e clara. Do ponto de vista do apego, trata-se de uma exploração regulada da dificuldade e do medo, típica de indivíduos seguros. Do ponto de vista da EFT, esse desabafo faz um paralelo com os eventos estudados nas intervenções de casal, denominados "suavizações", nos quais medos e necessidades são expressos de forma regulada e que leva à ação construtiva. Além disso, essas suavizações predizem o desfecho e o acompanhamento bem-sucedidos na EFT para casais.]

Sue: O que você quer dele, Fernanda, o que ajudaria agora? Diga-lhe.

Fernanda: (*Prende a mandíbula com firmeza.*) Eu quero que você me ouça e diga que lamenta.

Sue: Dizer para você que ele se preocupa com toda a dor que você está sentindo há tanto tempo, que essa dor importa, que você importa. Que você merecia mais do que julgamento. Diga-lhe.

Fernanda: (*Olhos fechados; em voz calma, mas intensa.*) Como você pôde fazer isso comigo? Eu necessitava da sua aprovação — que você ficasse satisfeito comigo. Mas você reteve isso. Você me julgou até a morte. Você me matou de fome, pai. Eu fui excluída, mas todos os outros tiveram suas falhas aceitas. Você nunca dizia nada quando meus irmãos falhavam. Nunca senti que me encaixava na nossa família.

Sue: (*Suavemente, usando a* proxy voice *para aprofundar a emoção.*) Sim — "Nunca fui aceita. Você me deixou julgada e necessitada. Então eu sempre duvidei de mim mesma. Eu levei tudo isso para mim. Decidi que eu não prestava, que era inaceitável. E então aconteceu novamente com Daniel, e eu fiquei presa aqui novamente, desesperadamente querendo aprovação e me esforçando tanto, me sentindo vazia e em carne viva [essas são suas palavras de uma sessão anterior], faminta e indesejada. Mas tentando fazer cara de corajosa, até que minha vida simplesmente desmoronou. E eu tinha certeza de que eu era falha e culpada, então eu me torturei por anos repetindo isso. Mas começou com você, pai. Você me deixou faminta de amor e carinho". (*Fernanda está acenando com a cabeça e chorando com tudo isso.*) Como é me ouvir dizer isso, Fernanda?

Fernanda: (*Em lágrimas.*) É triste, triste, triste. Perdi tantos anos tentando descobrir isso. (*Fecha os olhos novamente e fala com o pai.*) Todo mundo diz que você é um grande cara, mas, para mim, você foi um malvado. Você foi tão maldoso comigo. Na verdade, eu me sinto furiosa com você. Talvez seja por isso que eu sempre tive tanta dificuldade em comprar um cartão de Dia dos Pais. Eu não quero ser leviana aqui, mas... você não era uma espécie de grande pai para mim, você simplesmente não era. (*Abre os olhos e olha para mim.*) É difícil dizer isso! Sinto que sou uma filha má, talvez, dizendo isso.

Sue: (*Inclinando-me para a frente, em voz baixa, ocasionalmente colocando minha mão em seu braço.*) Sim. Você está tão acostumada a ter o cuidado de agradá-lo, tentando provar que você é o que ele quer que você seja, não arriscando a desaprovação dele. É difícil se levantar e declarar que ele falhou com você. A única maneira como você conseguiu algo dele, não perdeu a esperança de ser amada completamente, foi engolir sua dor, não protestar. Então você volta para aquele lugar familiar de: "Eu devo ser má de alguma forma". É difícil sentir que você tem o direito, o direito de ficar brava com ele? (*Fernanda acena com a cabeça.*) É difícil dizer-lhe: "Você não me deu o que eu precisava, o que um bom pai teria me dado. Você não se encantou comigo, nem me mostrou que eu tinha valor".

Fernanda: (*Olhando alegremente para o tapete.*) Isso mesmo. Isso mesmo, mas ele dizia que eu era ingrata, que ele me pressionava para o meu próprio bem. (*Peço a ela que use a voz dele e responda a Fernanda.*) Ele diz: "Você está exagerando. Você estava bem".

Sue: Então, você pode dizer-lhe como é ser tão dispensada — como se sua dor não importasse? Que você se sente ainda mais sozinha e excluída, ainda mais desamparada? (*Fernanda acena enfaticamente.*)

Fernanda: (*Fecha os olhos, fala baixinho.*) Não, simplesmente não me dispense, pai. Isso é assustador, mas fique você bravo, silencioso ou não, eu tenho que lhe dizer essas coisas. Não quero viver atrás dessa fachada, me sentindo mal comigo mesma a vida inteira. Ouça-me! (*Peço a ela que lhe diga isso novamente e ela o faz. Aqui, Fernanda naturalmente passa para uma declaração de necessidade assertiva, sentida.*)

Sue: Como é que se sente agora, para dizer isso? Dizer: "Eu tenho o direito de ficar brava com você. Exigir que você me ouça. Eu precisava tanto da sua aceitação, da sua aprovação"?

Fernanda: (*Com calma e clareza.*) Sim, eu tenho esse direito. Sinto-me bem agora. Mas sei que ele não consegue me responder. Ele simplesmente ficava em silêncio. Ele não sabe como, na verdade. Engraçado, eu vejo o padrão aqui, tudo isso. Tudo isso. Eu sou muito boa em me julgar. Eu assumi o lugar dele.

Sue: (*Rindo.*) Sim. Sim. Realmente. Você queria ser uma boa filha — agradar seu pai. Você aprendeu bem a lição. E talvez seu pai não possa realmente sair disso. Mas você pode, e você está saindo. Você está mudando o padrão aqui; tomando as rédeas e decidindo qual é a sua realidade e como lidar com ela de forma que a deixe forte. (*Fernanda comprime os ombros e ri, satisfeita.*)

SESSÃO 7 (ABREVIADA)

Fernanda enviou-me um *e-mail* em pânico antes da sessão. Ela havia encontrado o ex-namorado na rua e ficou chocada ao se ver em pânico e em lágrimas. No entanto, em vez de entrar em seu poço habitual de vergonha, ela deu um grande salto de fé e ligou para Daniel e pediu sua ajuda. Quando ele respondeu com conforto, ela foi capaz de aceitar isso. Ela então ligou para sua melhor amiga, que lhe disse que o pânico era compreensível porque ela era uma "vítima" desse homem, que se aproveitou claramente de sua vulnerabilidade. Fernanda achou essa resposta validante e um claro contraste com sua postura anterior e de longa data: "Eu sou a vilã dessa história". No entanto, ela então voltou a questionar como ela poderia ter sido tão tola a ponto de ser enganada por esse homem. Ela me diz: "Ele me usou, mas eu deveria ter dito não". Fiquei frustrada e apontei de forma bastante mecânica que se julgar duramente é uma habilidade bem praticada e que de fato ela tinha uma escolha, mas nenhum de nós pode viver sem aprovação, aceitação e pertencimento para sempre; todos nós sofremos por isso. Estamos programados para buscar essa conexão amorosa. Então, ouço minha voz, centralizo-me novamente e reacendo minha empatia, pedindo-lhe que veja a solitária e dolorida Fernanda nos olhos de sua mente. *Na dúvida ou no desequilíbrio, volte-se para a dor do cliente; essa é uma boa máxima.* Quando ela consegue fazer isso, peço-lhe que diga explicitamente a essa Fernanda o que ela sempre sussurrou para essa parte de si mesma: que ela tem de ser infinitamente forte e dispensar seu coração solitário e dolorido. Ela precisa simplesmente recusar a promessa de amor que viu no rosto do ex-amante e morrer de fome. Ela começa, mas depois olha para mim e cai na gargalhada. Agora, rimos juntas da situação aparentemente escandalosa dessa exigência. Ela me diz que entende que isso é muito difícil e que não pode mais fazer isso com ela mesma. Mas então ela fica séria e me diz que, ao fundo, ela de fato ouve a voz de sua irmã mais velha e muito religiosa, May, dizendo-lhe isso.

Em seguida, detalhamos seus sentimentos em torno de sua irmã e montamos um encontro com essa irmã na sessão. Fernanda imagina May cantando "egoísta, egoísta, egoísta" para ela. Examinamos a resposta de Fernanda, que é sentir-se súbita e totalmente "cansada". Conseguimos chegar juntas à conclusão de que ela está simplesmente cansada de tentar atender às expectativas de sua irmã (e enunciar que, por trás de sua irmã, está o coro de seu pai, da família de seu marido e do juiz dentro de si mesma). Com uma voz calma, ela diz a May: "Apenas deixe-me ser eu". Eu expando isso para: "Apenas deixe-me ser eu. Eu realmente não sou tão má. Sou uma boa pessoa que só precisa de amor, de estar segura e de pertencer". Fernanda conta a May sua versão da história, e, de maneira surpreendente, a irmã simplesmente "desaparece". Isso é um "grande alívio"; May e seus julgamentos não são tão poderosos quanto antes. Fernanda acrescenta que, se ela vai tirar a máscara e admitir sua vulnerabilidade, isso é novo e um pouco assustador, e ela não quer que May veja isso. Valido que sua fachada era como sua armadura; isso a manteve segura em um nível, mas sozinha em outro. Agora, ela pode escolher em quem confiar e com quem se arriscar. Fernanda se imagina dizendo a May que está com medo porque May verá sua vulnerabilidade e terá ainda mais poder para machucá-la. Ela fala com essa imagem da irmã e sabe muito bem que May nunca será capaz de realmente aceitá-la. Ela identifica que seria "incapacitante" ser aberta e deixar entrar a realidade de que, de fato, May não se importa com sua dor. Essa irmã exige perfeição dos outros. Pergunto se a parte julgadora de Fernanda está com a irmã nisso.

Fernanda: Não. Não. Essa parte julgadora de mim está mais suave, mais compassiva agora. Só não quero me mostrar, sem máscara e vulnerável, para ela e sua rejeição.

Sue: Então, com ela, você ainda pode precisar estar com a guarda levantada, mas você não exige mais que você seja perfeita? (*Fernanda acena com a cabeça.*) Assim, você pode escolher com quem se sente segura e de quem manter distância. Você não precisa ouvir as exigências de sua irmã para ser "perfeita"? Talvez você possa se perdoar um pouco por sua humanidade? Se você puder aceitar a si mesma, talvez a aprovação dela não importe tanto, *afinal*?

Fernanda: (*Rindo intensamente.*) Ouço isso. Bem, eu gosto disso. Isso é surpreendente, não é? É tão simples. Não é como um momento de *big bang*. Estou me perdoando cada vez mais... se ela não pode fazer... bem... (*Risos.*) Isso é um alívio. Esse é um grande alívio.

Sue: Você sobreviverá muito bem, eu creio. Você está aprendendo tanto, tão rápido. Você é tão forte, tão corajosa, e parece que você está dançando de novas maneiras com seu marido e aprendendo a ser mais gentil consigo mesma, então... talvez May não possa responder da maneira que você desejava. Talvez May precise se apegar aos julgamentos dela. A questão é: você se sente aleijada agora? Lembra, não foi mesmo essa palavra que você usou para descrever como esses julgamentos a afetaram?

Fernanda: Não. Não, eu não sinto isso. Esse era apenas um medo antigo, talvez. Talvez ela esteja apenas estancada em sua integridade.

Sue: Você pode fechar os olhos e dizer-lhe: "Consiga você aceitar isso ou não, minha dor importa para mim. E eu posso aceitar os lugares em que fiquei presa, momentos em que tentei encontrar uma saída para essa dor — e fiz coisas das quais me arrependo".

Fernanda: (*Animadamente.*) Sim. Sim. Sim. Isso realmente ecoa comigo, Sue. Minha dor é importante para mim, e eu não vou passar a vida julgando a mim mesma, então, você não pode dizer... hum...

Sue: Talvez, seja como "você não consegue dizer quem eu sou e se eu sou má ou não"?

Fernanda: Certo. É muito bom dizer isso.

Agora, peço a ela que junte tudo de novo, feche os olhos e fale com a irmã da maneira certa para ela, e ela faz isso de forma eloquente. Eu então pergunto a ela se pode fazer isso uma segunda vez, realmente ouvindo a si mesma dizendo essas palavras e certificando-se de que ela as sente profundamente em seus ossos. Ela faz isso. Sugiro-lhe que agora pode tocar nesse ponto e ouvir essa mensagem quando quiser.

Em seguida, resumimos a sessão e descrevemos os riscos assumidos e as descobertas feitas (movimento 5 do Tango, integrar e validar). Concordamos que Fernanda deve agora começar a se concentrar mais em fazer terapia de casal com Daniel e que, por enquanto, a próxima sessão será nossa última.

SESSÃO 8 (SESSÃO FINAL)

Discutimos os temores de Fernanda sobre a terapia de casal e como, quando Daniel lhe dá qualquer validação e cuidado, ela tem dificuldade em confiar nele e acolhê-lo. Valido isso à luz de sua vigilância pela desaprovação e do quão "estranho" e "novo" esse sentimento de aceitação ainda é para ela. Concordamos que é difícil se soltar e usufruir do amor de alguém quando você treinou seu cérebro para estar sempre pronto para lidar com um "*tsunami* de desaprovação". Ela me diz que gosta das minhas imagens e que irá mantê-las. (Observe que ela está me dizendo que, na maioria das vezes, imagens evocativas funcionam muito melhor do que declarações orientadas a *insights* cognitivos.) Ela me confidencia que correu um "grande, grande risco" e disse a Daniel que quer voltar a morar com ele e que ele respondeu positivamente, mas ambos ainda estão muito "cautelosos". Ela admite que, por dentro, às vezes ainda luta para se sentir realmente no direito de esperar essa aceitação. Em geral, ela relata que se sente muito mais esperançosa sobre seu relacionamento com Daniel, está se conectando mais com sua mãe, está planejando ir a reuniões familiares com Daniel, sente-se muito mais calma ao encontrar sua irmã e está reconhecendo que não precisa confrontar seu pai, que agora está frágil e mais afetuoso com ela. Ela relata menos depressão e ansiedade em geral. Ela me diz, com um grande sorriso: "Sinto que estou indo muito bem. Sinto-me melhor comigo mesma do que há muito, muito tempo".

Pergunto a Fernanda: "Então, o que aconteceu com o '*tsunami*' de desaprovação?" Ela ri: "Não é mais tão importante e central. É como se estivesse distante, ou talvez eu possa nadar!" Ela continua: "Quando essa música antiga começa, penso em nossas sessões, e o que se destaca é 'minha dor importa'. Você sempre age como se minha dor importasse, Sue! Isso ajuda muito quando vejo minha irmã. Nossa família tinha tudo a ver com competição, e ela sempre fará julgamentos, mas eu não tenho que me curvar a isso. E, você sabe, quem perde é ela, pois eu poderia ser uma boa irmã para ela". Sugiro que, quando os outros descontam suas intenções e sua realidade emocional, ela agora sabe que não precisa aceitar isso. Ela concorda.

Pergunto a Fernanda como está seu juiz interior, e ela me diz: "Essa voz não está tão alta agora. Parece que consigo respirar. Ela costumava me sufocar muito. Sou mais gentil comigo mesma. Eu ouço sua voz na minha cabeça às vezes, e isso ajuda". Ela volta à imagem de "faminta" e diz que isso realmente a ajuda a se perdoar por seu caso extraconjugal. Eu a valido por todas as mudanças que ela teve, sua bravura e sua abertura. Repassamos a história de nossas sessões juntas e tecemos uma narrativa coerente de como Fernanda aprendeu a "nadar" e ser gentil consigo mesma.

Sue: Então, você consegue ver aquela Fernanda desesperada que veio ver essa terapeuta, que não conseguia dormir e que se sentia tão sozinha? O que você gostaria de dizer a ela agora?

Fernanda: (*De olhos fechados.*) Eu posso dizer a ela: "Você não precisa pagar por esse caso para o resto da sua vida. Você já pagou. Você já sofreu o suficiente agora. E gente como sua irmã não consegue te definir".

Sue: Ah. É assim mesmo. E como se sente dizendo isso? Você pode dizer a ela novamente? (*Fernanda faz isso.*)

Fernanda: Parece tranquilo — como no espaço. (*Sorri largamente para mim.*)

Sue: Então talvez ela mereça algum amor? Ela pode até pedir o que precisa e expressar suas dores e não ficar usando a máscara para esconder sua dor? (*Fernanda acena com a cabeça, então peço a ela que diga isso a si mesma, e ela o faz.*) Minha sensação é de que você está orgulhosa do que essa sua parte vulnerável fez aqui. É isso mesmo? (*Fernanda acena com a cabeça.*) Você pode dizer a ela?

Fernanda: Hum, isso é como uma luta, mas sim. (*Fecha os olhos.*) Você lutou e saiu do outro lado. Estou orgulhosa de você. (*Olha para mim.*) Eu tenho que praticar isso um pouco. (*Risos.*)

Sue: (*Encosta-se e toca no joelho de Fernanda.*) Bem, estou orgulhosa de você, Fernanda. Tem sido incrível trabalhar com você, seguir nessa jornada. (*Fernanda chora.*) Você conseguiu fazer o que veio aqui para fazer?

Fernanda: Bem, parece que houve uma grande mudança, eu me sinto tão diferente. Eu conheci essa mulher, você sabe, que é capaz de encontrar aqueles pedaços no meu cérebro que me ajudam a ver o que estava acontecendo.

Sue: Ah, acho que não. Você fez isso, Fernanda. Gostaria que você aceitasse isso. Você chorou em quase todos os minutos das primeiras sessões, e olhe para você agora!

Fernanda: Sim, tocamos em muitas coisas dolorosas, mas estou muito mais bem-equipada para lidar com tantas coisas. Obrigada.

Sue: Obrigada também — obrigada pela confiança.

Ao final dessa sessão, Fernanda completou a Escala de Ansiedade de Beck, agora com pontuação 4, e a Escala de Depressão de Beck, agora com pontuação 5. Essa foi uma grande mudança. Perguntei-me se havia aqui algum questão de demanda; talvez ela estivesse tentando me agradar ou me agradecer, sendo uma boa cliente. No entanto, em retrospectiva, a redução nos escores pareceu refletir como ela se apresentava nas sessões e as mudanças que havia feito. Em especial, havia uma aparente diferença em seus sintomas somáticos, como sentir-se "instável" e "trêmula", que eram visíveis nas primeiras sessões, quando ela estava instável e chorava copiosamente. Seu endosso a itens, como sentir constantemente "medo de o pior acontecer", que mudou de uma designação "moderadamente" (descrita no teste como "muito desagradável, mas eu poderia aguentar") para uma designação "nem um pouco", também refletiu sua apresentação durante as sessões. Nas duas últimas sessões, ela às vezes ficava chateada com algo, mas rapidamente se recuperava e se apresentava muito menos inundada e mais centrada, calma e confiante. Esse quadro e essas medidas de avaliação também espelharam seu senso menos negativo e menos autocrítico de *self* e suas mudanças em suas relações interpessoais — sua percepção acerca dos outros.

Foi relativamente fácil trabalhar com Fernanda, na medida em que suas emoções eram acessíveis, embora ela estivesse muito instável e desorganizada nas primeiras sessões. É interessante notar como ela respondeu às minhas imagens evocativas na sessão: ela as pegou e as utilizou ativamente. Essa resposta me sinaliza que um cliente responderá bem às minhas intervenções, e o progresso será rápido. Se Fernanda tivesse estado menos em contato com suas emoções, o processo teria sido semelhante, porém mais lento, e eu teria de me envolver em mais reorientação/redirecionamento e usar mais intervenções para organizar e aprofundar o afeto. De fato, Fernanda se saiu bem após essas sessões, engajando-se totalmente na terapia de casal com seu marido, vendendo sua casa e voltando a morar com ele, bem como reunindo-se com sua família e com a dele, até mesmo achando uma forma de se reconciliar com sua irmã mais velha.

EXERCÍCIOS

1. Encontre dois lugares na transcrição em que você poderia ter feito algo diferente. O que você teria feito? Formule uma justificativa sobre por que eu intervim da maneira que eu fiz.
2. Encontre três lugares em que as intervenções utilizadas aqui se encaixam ou ilustram os princípios de mudança efetiva estabelecidos no Capítulo 3 deste livro.
3. Se você tivesse recebido essa mulher para uma consulta, o que você acha que teria mais dificuldade em trabalhar com ela?

6

Chegar sãos e salvos na terapia de casais focada nas emoções

> *A forma como os cônjuges respondem às revelações diárias e aos pedidos de apoio uns dos outros pode ser mais consequente do que a forma como negociam as diferenças de opinião...*
> — **K. T. Sullivan, L. A. Pasch, M. D. Johnson e T. N. Bradbury (2010, p. 640)**
>
> *O amor não fica ali apenas, como uma pedra, ele tem que ser feito, como o pão, e refeito o tempo todo, feito de novo.*
> — **Ursula K. Le Guin**

Um vínculo de longo prazo em geral é visto como um dos objetivos mais importantes da vida (Roberts & Robins, 2000). Não é surpreendente, então, que a terapia de casal seja agora oferecida por quase dois terços dos profissionais na América do Norte, ou que o sofrimento no relacionamento seja uma das razões mais comuns para a procura da terapia. Contudo, os profissionais geralmente acham que trabalhar com casais é uma empreitada muito pesada (comparada, em um artigo do *New York Times*, a "pilotar um helicóptero em um tornado") (*New York Times*, 3 de abril de 2012). Os relacionamentos amorosos estão em toda parte e à vista de todos, mas, ao mesmo tempo, são dramas complexos que ninguém pode dominar totalmente. Os terapeutas de casais precisam de uma forma clara de enxergar e trabalhar com essa complexidade. O campo tem oferecido aos terapeutas diferentes ideias sobre a natureza central e os fatores definidores nos relacionamentos íntimos. Podemos ver um relacionamento íntimo como um contrato no qual as habilidades de negociação são primordiais; uma repetição inevitável e inconsciente das relações com os pais; ou uma amizade de companheirismo baseada no respeito. As relações também podem ser vistas em termos amplos como simples construções sociais, ou como baseadas na biologia e em imperativos biológicos. Neste livro, vemos os relacionamentos íntimos em termos da ciência integrativa e substantiva do apego adulto (Johnson, 2004, 2013), e assim baseamos as intervenções de terapia de casal nessa ciência. O amor romântico é visto como um vínculo de apego, o qual é uma estratégia de sobrevivência chave, projetada para manter outras pessoas significativas próximas e disponíveis para apoio e proteção — para poder compartilhar a tarefa de lidar com as incertezas e as ameaças da vida e para que os indivíduos possam encontrar o mundo de maneira aberta e exploratória, prosperando e crescendo em relativa segurança. Como disse Mozart, "o amor protege o coração do abismo".

PESQUISAS SOBRE EFT ORIENTADA AO APEGO PARA CASAIS

A perspectiva do apego e a abordagem da EFT para a reparação de relacionamentos ecoam todas as principais descobertas empíricas recentes sobre a natureza essencial dos conflitos relacionais (Gottman, Coan, Carrere, & Swanson, 1998). Ambas enfatizam:

- O poder das emoções negativas, por exemplo, como visto na expressão facial, para prever a estabilidade e a satisfação em longo prazo nos relacionamentos.
- A importância do processo, ou a natureza do envolvimento emocional e como os parceiros se comunicam (em vez do conteúdo ou da frequência das brigas).
- A toxicidade de ciclos negativos de comportamentos de perseguição--evitação e de levantar muros.
- A necessidade de ciclos de apaziguamento mútuo para a estabilidade do relacionamento.
- O poder das emoções positivas, denominado predominância dos sentimentos positivos na literatura comportamental, mas referindo-se a uma conexão mais segura no mundo da EFT.

A EFT coloca todos esses fatores no contexto do apego e os explica em termos de apego. Por exemplo, o apego oferece uma explicação convincente sobre exatamente por que os comportamentos de levantar muros são tão corrosivos nos relacionamentos íntimos de adultos. A falta de responsividade emocional quebra as suposições de conexão segura e induz uma angústia avassaladora de separação. O apego também explica por que maridos em relacionamentos felizes e seguros podem aceitar protestos e queixas de apego enquanto permanecem engajados, mostrando menos reatividade às críticas percebidas e estando abertos às propostas de contato implícitas em tal comportamento (Johnson, 2003b).

Em termos de estudos de resultados e de processos de mudança, a EFT, mais do que qualquer outra abordagem, exemplifica o nível mais alto ou ideal de validação empírica, conforme estabelecido pela American Psychological Association (APA) para terapia de casal e família (Sexton et al., 2011). Segundo o exigido por esse padrão, a EFT foi validada em vários ensaios clínicos randomizados e demonstrou resultados positivos consistentes com grandes efeitos; foi estudada em comparação direta com outra intervenção (denominada terapia conjugal comportamental tradicional); demonstrou ter resultados estáveis no acompanhamento em longo prazo; foi validada em termos dos mecanismos de mudança declarados do modelo (em nove estudos de processo de mudança até o momento); e tem sido utilizada com sucesso para abordar diferentes problemas em diferentes populações e diversos problemas em relacionamentos conflituosos. A única lacuna significativa nesse corpo de pesquisas é que a EFT não tem sido sistematicamente testada em termos de resultados em diferentes grupos culturais, embora na prática clínica ela tenha sido de fato adaptada e usada com sucesso com casais tradicionais e não tradicionais, homo e heterossexuais, muçulmanos e cristãos, casais do Leste Europeu e da Califórnia, casais militares e civis, monogâmicos e poliamorosos e casais de baixo e alto *status* social (ver, em Johnson, Lafontaine, & Dalgleish, 2015, um resumo da pesquisa, e, em *www.iceeft.com*, uma lista completa de estudos e de revisões).

Uma vez que conflitos no relacionamento acarretam outros transtornos de saúde mental, e vice-versa, é especialmente relevante que a EFT tenha se mostrado fácil e efetivamente adaptada a casais que enfrentam problemas como depressão e TEPT (Dalton et al., 2013; Denton, Wittenborn, & Golden, 2012). A discórdia do casal está associada a uma ampla gama de transtornos de humor, ansiedade e abuso de substâncias (Bhatia & Davila, 2017). Como já foi dito, a discórdia no relacionamento aumenta os sintomas depressivos e de ansiedade ao longo do tempo, e, à medida que os sintomas ocorrem, a satisfação diminui (Whisman & Baucom, 2012). Níveis mais altos de apego ansioso parecem aumentar a ligação entre conflitos e depressão (Scott & Cordova, 2002), e episódios depressivos são previsíveis por eventos de relacionamento negativos, sobretudo os associados à traição ou humilhação, como casos amorosos (Cano & O'Leary, 2000). A simples falta de apoio do parceiro também aumenta o risco de um episódio depressivo (Wade & Kendler, 2000). Talvez o mais revelador de tudo seja que a crítica percebida de um parceiro prevê reincidência de vários transtornos (ver uma revisão em Hooley, 2007). Essas descobertas falam da dor que a crítica de um parceiro inflige, uma dor que é perfeitamente lógica, dados os princípios da ciência do apego.

Pesquisas sobre o processo de mudança

Embora tenham sido encontradas algumas mudanças nos modelos e nos estilos de apego resultantes da terapia individual, especificamente na terapia psicodinâmica de longo prazo (Diamond et al., 2003; Fonagy et al., 1995), pouca ou nenhuma pesquisa examinou mudanças na segurança do apego na terapia de casal e de família, apesar de as principais interações com figuras de apego serem mais acessíveis nessas modalidades e os padrões de respostas de apego serem mais destacados e abertos a possíveis modificações. Nosso laboratório conduziu recentemente um estudo mostrando que 20 sessões de EFT podem aumentar a segurança do apego em parceiros ansiosos e evitativos, e esse efeito permaneceu sólido em um acompanhamento de dois anos (Burgess Moser et al., 2015; Wiebe et al., 2016). Os resultados desse estudo também foram ampliados por outro, por meio de um escaneamento cerebral, que mostrou que os cérebros de parceiras do sexo feminino eram mais capazes de usar os sinalizadores de segurança ao segurar a mão de seu parceiro para mudar sua percepção da ameaça de choque elétrico após sessões de EFT (Johnson et al., 2013). Esses resultados apoiam as premissas da teoria do apego, bem como confirmam o impacto positivo da EFT em nível fisiológico. A ciência do apego em geral, e a EFT em especial, está ligada e é apoiada por estudos de pesquisas de processos da neurociência nos relacionamentos de casais (Greenman, Wiebe, & Johnson, 2017).

Como uma clínica orientada a diminuir a desconexão emocional e moldar eventos de vínculo seguro, e, mais especificamente, como uma terapeuta EFT, o que posso esperar dessa infinidade de estudos? Primeiro, isso indica que posso antecipar, uma vez que eu seja treinada em EFT e compreenda os princípios do apego, que 70 a 73% dos casais que vejo não estarão em conflito ao final de 8 a 20 sessões de terapia e farão mudanças duradouras. Também me informa que um número ainda maior, aproximadamente 86% de casais conflituosos, relatarão melhorias significativas em seu relacionamento, mesmo que não estejam exatamente onde querem estar quando decidirem parar a terapia. Esse corpo de pesquisa me reassegura que, mesmo que os parceiros lutem com problemas de saúde mental, como depressão e ansiedade, que resultam sobretudo de experiências traumáticas, posso trabalhar com essas questões em um contexto relacional e fazer a diferença na qualidade do relacionamento e nos sintomas de transtornos emocionais. As pesquisas me encorajam a trabalhar em direção a uma aliança verdadeiramente colaborativa com ambos os parceiros, aprofundando gradualmente as emoções e moldando interações mais abertas, engajadas e afiliadas, especialmente interações mutuamente responsivas, denominadas *reengajamento do parceiro evitador* ou *suavização do parceiro perseguidor*, que ocorrem em eventos de mudança na EFT. Na literatura de educação de relacionamentos na EFT, estas são chamadas de conversas de tipo *Hold Me Tight* (abrace-me forte). As pesquisas me fornecem uma base sólida e segura para me sustentar. Elas me dão esperança e direcionamento quando casais entram no meu consultório.

O APEGO COMO UM GUIA PARA OS PROBLEMAS E AS SOLUÇÕES NA TERAPIA DE CASAL

Qual é o problema essencial nos relacionamentos conflituosos? Há muitas possibilidades: o conflito em si; expectativas diferentes e comunicação distorcida; respostas padronizadas que se tornam automáticas e restritivas; e diferenças de temperamento, objetivos, saúde mental ou níveis de comprometimento. Bowlby teria sugerido que olhássemos para além das divergências corrosivas e considerássemos a *privação* como a chave — a perda ou a falta de sintonia na responsividade. Podemos dar o exemplo de Tim e Sarah, em um de seus momentos mais difíceis.

Tim: Eu não quero falar sobre isso porque você exagera o tempo todo, e eu estou sempre errado. Você sempre aumenta as coisas.

Sarah: É claro que você nunca acredita no que eu digo! Eu te digo a minha verdade, e você a descarta como se fosse loucura. Você não me ouve de jeito nenhum.

Tim: Não consigo lidar com as reclamações constantes. Não adianta. Você está sempre focada no que eu estou fazendo de errado, na verdade, acha que eu não faço nada certo. Eu te dei flores ontem, mas isso não conta, não é?

Sarah: E quando eu fiquei doente? Você nem se importou. Eu fico esquecida. Não estou na sua agenda. Quando eu fiz uma cirurgia de sinusite e você foi até o hospital, ficou lá por uns 10 minutos e pronto. E você chupou meu picolé! Quando acordei você já tinha saído, e o picolé que a enfermeira trouxe sumiu!

Tim: Você me disse que eu poderia chupá-lo. Não quero mais falar sobre isso. (*Afasta-se com cara de bravo.*)

Sarah: Você é tão antipático. Como quando eu saí do hospital, e você simplesmente me enfiou no carro e me deixou em casa.

Tim: (*Silêncio. Suspiros.*) Isso não tem sentido, é frustrante. Essa história, como todas as histórias, começa a mudar e ganhar outra conotação.

Estou sempre errado. Não há nada que eu possa dizer, de jeito nenhum. Tenho que voltar a trabalhar.

Um terapeuta EFT orientado ao apego vê isso como um cenário de desconexão emocional e necessidades de apego não atendidas que desencadeiam alarmes, especificamente medos profundos de rejeição e de abandono por parte da única pessoa com quem cada parceiro mais conta. Um parceiro lida com o alarme desligando-se e silenciando o outro; o outro lida com isso protestando contra a falta de receptividade do parceiro com comentários críticos. Ambos lidam com sua vulnerabilidade de forma a desencadear a vulnerabilidade do outro e manter ou exacerbar o sofrimento e o isolamento. Aqui, Sarah está tentando fazer com que Tim responda à sua sensação aterrorizante de que ela não importa para ele, enquanto expressa raiva e indignação. Tim está tentando fugir de seus sentimentos de fracasso e rejeição, defendendo-se e descontando em Sarah, e depois se retirando. *Ambos confirmam constantemente os piores medos de apego do outro*. Mais tarde, ao recuperar parte do seu equilíbrio emocional, Sarah pode "mudar o canal", procurar Tim e dizer: "Sinto que minha dor não importa para você, Tim. Eu chamo e ninguém está lá, ninguém vem. Estou sozinha. Isso dói". Mas Tim ainda está preso em sua própria sensação de impotência e fracasso, e, então, em vez de sintonizar com a vulnerabilidade dela, ele diz: "Eu me esforço bastante, mas nada parece funcionar, então talvez eu não seja aquele que irá ajudá-la aqui". E o ciclo recomeça.

As emoções apresentadas aqui, especificamente a ameaça, o fio principal na linha da trama, são mais do que convincentes, são desorganizadoras. O almejado porto seguro torna-se, em vez disso, fonte de incerteza, perigo e dor. O medo reduz os quadros cognitivos e as opções de resposta. Os parceiros perdem o controle de sua dança, gerando uma sensação de desesperança. Esse processo torna ambos mais suscetíveis a problemas de saúde mental, como depressão e ansiedade. Do ponto de vista do apego, qualquer intervenção que não mude a música emocional de maneira significativa e aborde diretamente a ameaça do apego terá, na melhor das hipóteses, eficácia mínima, e somente por tempo limitado. Como observa Zajonc (1980, p. 152), "as emoções dominam a interação social e são a principal moeda na qual a interação social é negociada". No entanto, como até recentemente, se as emoções forem vistas em termos de ventilação e catarse, não é tão útil um foco em termos de mudança terapêutica na terapia de casal e, de fato, até o advento da EFT, elas eram geralmente evitadas. Em contraste, na EFT, a emoção é vista como alvo-chave e agente ativo de mudança, capaz de evocar mudanças centrais no elemento organizador mais potente no vínculo dos parceiros — a responsividade emocional entre eles. Conforme é dito com frequência na literatura da EFT, a emoção é a grande organizadora das interações

— é a música da dança entre os íntimos. É quase impossível mudar uma dança, a menos que você mude a música.

O problema de relacionamento aqui é enquadrado para o casal em termos de *como* eles dançam juntos e como seus sinais emocionais os levam para fora do equilíbrio e para o isolamento doloroso. Essa sensação de isolamento é um sinal de perigo para o sistema nervoso de cada parceiro e costuma limitar o repertório de resposta de cada pessoa e manter a dança negativa do casal. A falta de conexão segura também impede a capacidade dos dois de mudar o canal, quando em conflito, e efetivamente se aproximarem. A solução para esse problema é, em primeiro lugar, ajudar os parceiros a ver seu relacionamento como uma dança de apego, reconhecer seu impacto um no outro e começar a se unir para limitar sua dança negativa e a insegurança resultante dela. Em segundo lugar, é preciso ajudar os parceiros a entrarem em uma dança positiva de atender e responder às necessidades de apego um do outro, para que haja uma conexão segura. A pesquisa sobre eventos de mudança de EFT e os elementos-chave do vínculo seguro, conforme estabelecidos pela ciência do apego, nos informa que o aspecto central de tais danças de vínculo positivo são as conversas do tipo *Hold Me Tight*, como já mencionamos. Essas interações, em que ambos os parceiros se tornam capazes de tolerar, nomear e compartilhar suas emoções suaves e vulneráveis, ou seja, são emocionalmente acessíveis, responsivos e engajados um com o outro, são experiências emocionais corretivas significativas. Nesses momentos, os medos de apego são acalmados, os modelos internos de funcionamento do *self* e acerca do outro são transformados e os repertórios comportamentais interativos são expandidos. Esses eventos de mudança predizem de maneira consistente o sucesso no final da EFT e no acompanhamento futuro (Greenman & Johnson, 2013). Eles também predizem mudanças no apego, sobretudo no apego ansioso, e mudanças em fatores-chave do relacionamento, como o perdão das feridas (Makinen & Johnson, 2006). O relacionamento é então redefinido, para ambos os parceiros, como um porto seguro para onde ir e uma base segura para sair dele.

Como seria uma conversa do tipo *Hold Me Tight* para Tim e Sarah? No estágio 1 da EFT, estabilização (chamada de desescalada na literatura da terapia de casal), o terapeuta os ajuda a identificar sua dança negativa, que eles decidem chamar de dança do picolé. Aqui, Sarah se sente abandonada e desconsiderada e, por isso, tenta atingir seu parceiro "fazendo uma acusação contra ele". Ele ouve a acusação dela e se afasta, já que está sempre "no banco dos réus". Nas sessões de EFT, eles começam a entender como disparam os alarmes um do outro e passam para a autoproteção. O ciclo começa a diminuir em frequência, velocidade e impulso. Por exemplo, Tim agora pode perguntar: "Este é um daqueles momentos em que você sente que estou apenas deixando você em uma situação difícil, como se eu não me importasse? Não quero que você se sinta assim". O fato de ele perguntar isso acalma Sarah e abre uma porta para outro tipo de conversa. Nas conversas do tipo *Hold Me Tight*, no estágio 2 (reestruturação), ambos os parceiros mudam o nível e o canal de sua comunicação. Tim é capaz de dizer: "Eu me afasto. Não sei mais o que fazer. Estou inundado com essa sensação horrível de fracasso total, então eu fujo. Mas não quero mais fazer isso. Eu amo você e quero que seja capaz de confiar nisso. Talvez eu precise da sua ajuda. Posso falar isso às vezes e ainda ser suficiente?" Sarah o tranquiliza e, em seguida, toca em seus próprios medos de nunca importar para Tim ou para ninguém, algo que alimentou seus problemas anteriores com depressão. Ela diz a ele, expressando um apego explícito e evocativo: "Eu nunca tenho certeza de que alguém se importará com minhas dores e meus medos — se é que eu tenho o direito de esperar isso. Eu preciso saber que posso chamá-lo, e você fará o seu melhor para estar lá. Tudo bem assim?" Mensagens claras e destiladas de medo e necessidade evocam naturalmente cuidado e empatia nos seres humanos, a menos que sejam bloqueados pela absorção de tarefas de regulação do afeto, como regular o medo ou lidar com a raiva. Esses tipos de eventos movem um casal para uma dança de vínculo seguro que é codificada como massivamente significativa por nossos cérebros sociais e orientados ao apego. Esses eventos mudam a forma como os parceiros veem a si mesmos e um ao outro e, portanto, seus modelos internos de funcionamento. Eles também mudam seu senso de competência e de confiança sobre seu relacionamento e evocam novos níveis de responsividade explícita que estão associados à felicidade de longo prazo nos relacionamentos (Huston, Caughlin, Houts, Smith, & George, 2001). A literatura sobre apego é clara ao afirmar que, como nesses eventos de mudança, adultos seguros podem reconhecer melhor suas necessidades, podem dar e pedir apoio de modo mais eficaz e são menos propensos a serem verbalmente agressivos ou se esquivarem durante o conflito (Simpson, Rholes, & Phillips, 1996; Senchak e Leonard, 1992).

FORMULAÇÃO E AVALIAÇÃO DE CASO

A avaliação na EFT para casais foi delineada na literatura anterior (Johnson, 2004; Johnson et al., 2005), mas será brevemente resumida aqui. Em termos de questionários de autorrelato de satisfação no relacionamento, a maioria dos estudos da EFT tem utilizado o DAS (Spanier, 1976), no entanto, mais recentemente, tem sido utilizado o CSI (Funk & Rogge, 2007). Outros questionários específicos, como as Escalas de Depressão e de Ansiedade de Beck (Beck et al., 1996; Beck & Steer, 1993) e os questionários de apego descritos no Apêndice 1 deste livro, podem ser utilizados a critério do terapeuta. Os terapeutas também estão usando o Questionário A.R.E. do meu livro, *Hold Me Tight* (Johnson, 2008a, p. 57),* como uma forma rápida e impressionista de ter uma noção de como os parceiros lidam com medos e necessidades de apego.

INÍCIO DA TERAPIA: O PROCESSO DAS PRIMEIRAS SESSÕES

A primeira tarefa em qualquer terapia é criar segurança na aliança terapêutica. Na terapia de casal, a complicação óbvia é que essa segurança deve ser criada e mantida com dois clientes ao mesmo tempo, um na frente do outro, enquanto vivem em universos diferentes e muitas vezes conflitantes. A formação dessa segurança é parte crucial do processo de conhecer um casal e promover um clima de abertura, honestidade e exploração. Contudo, nas primeiras sessões, o terapeuta também está avaliando os parceiros e seu relacionamento, verificando contraindicações para a EFT que possam prejudicar a segurança emocional na sessão, necessária para uma intervenção eficaz. As contraindicações incluem violência significativa e contínua entre os parceiros, adições contínuas não tratadas que competem com o apego ao parceiro ou casos extraconjugais em curso que impedirão a recriação da confiança no relacionamento do casal. O terapeuta também precisa determinar se ele ou ela pode alinhar-se com os objetivos de tratamento e se os parceiros têm objetivos compatíveis. Quando uma cliente, Mary, concorda com minha formulação de que, para ela, o único foco da terapia parece ser mudar a "personalidade defeituosa" de seu marido deprimido e silencioso e ela não pretende explorar nada sobre si mesma, sugiro que esse é um objetivo com o qual um terapeuta de casal não pode concordar, ou mesmo alcançar de maneira pragmática. Seu marido também não compartilha desse objetivo de modo algum! O terapeuta então reflete de forma empática a posição de cada cliente e esclarece o que é possível na terapia de casal e o que ele ou ela pode autenticamente concordar em trabalhar.

O processo de avaliação em si é descrito na literatura da EFT (Johnson, 2004; Johnson et al., 2005) e consiste em duas sessões conjuntas e uma sessão separada com cada parceiro. Essa sessão individual é confidencial. No entanto, para que a terapia seja eficaz, se surgirem questões que precisam ser abordadas em uma sessão conjunta, os clientes são informados de que o terapeuta os ajudará a compartilhar essas questões de maneira que promovam seus objetivos no relacionamento. Essas sessões são necessárias para que a terapia não seja prejudi-

---

*Publicado no Brasil sob o título *Me abraça forte: como usar a terapia focada nas emoções para resgatar, manter ou aprofundar seu relacionamento* (Sextante, 2023).

cada por segredos ou questões inexploradas, das quais o terapeuta desconhece. Essa sessão individual permite explorar a história do relacionamento pessoal, incluindo a quem o cliente se voltou e de quem dependeu quando criança e se há um histórico de abuso, traição ou abandono na infância que possa complicar a promoção da confiança. Também permite explorar qualquer intimidação ou abuso que possa estar presente no relacionamento (ver Bograd & Mederos, 1999, para um artigo resumido e claro que faz um paralelo com a postura da EFT sobre a violência entre casais). Na sessão individual, o terapeuta também pode perguntar ao cliente como ele ou ela percebe o parceiro em geral, além de explorar se há outros vínculos de apego concorrentes, como casos extraconjugais, ou questões sexuais, como um uso compulsivo de pornografia, que o cliente está achando difícil compartilhar com seu parceiro.

A sabedoria clínica nos diz que a confidência de segredos que surgem em sessões individuais é administrada de forma relativamente fácil e construtiva por terapeutas com habilidades na EFT. No entanto, a omissão é difícil de manter ao longo do tempo e é claramente tóxica para futuras conexões seguras. Avaliação e tratamento não estão separados aqui; por exemplo, explorar o ciclo interativo negativo de um casal quando ocorre na sessão é formalmente denominado passo 2 no guia de tratamento da EFT, mas, em geral, começa na primeira sessão. A avaliação pode envolver o uso de questionários, mas é conduzida no mesmo teor e no mesmo tom que as demais sessões da EFT. O processo é colaborativo e respeitoso, com ênfase em esclarecer e dar sentido coerente à experiência, aos processos de relacionamento e aos padrões de cada cliente. Dada a quase completa escassez de educação para relacionamentos em países desenvolvidos e em desenvolvimento, no início da terapia, a necessidade mais básica da maioria dos parceiros é serem ouvidos e tranquilizados de que suas histórias fazem sentido, de que nenhum deles é louco ou mau e de que seu relacionamento pode ser compreendido e intencionalmente moldado; em suma, de que há esperança. O terapeuta EFT tem a perspectiva, as habilidades e a base das pesquisas para fornecer essa segurança.

A avaliação normalmente aborda 12 questões:

1. Como o casal decidiu vir para a terapia — qual é o catalisador, e como cada parceiro se sente ao vir?
2. Quais são os objetivos de cada parceiro, e que mudanças ocorreriam se a terapia fosse bem-sucedida?
3. Como o casal se conheceu e se comprometeu (se é que isso aconteceu), e como era o relacionamento no início?
4. Como as coisas começaram a dar errado, e o que cada parceiro vê como fator-chave em seu sofrimento?

5. Como cada parceiro incomodou ou feriu o outro? Há feridas específicas, como abandonos em momentos de alta necessidade, ou traições?
6. Como os conflitos ou os períodos de desconexão são desencadeados e mantidos, e como terminam?
7. Se os parceiros não podem recorrer e ajudar um ao outro com suas emoções, como eles as regulam?
8. Quais são os pontos fortes do relacionamento do ponto de vista de cada pessoa — elas ainda são capazes de se divertir, compartilhar atividades, demonstrar afeto e ter relações sexuais?
9. Há momentos em que o vínculo deles é aparente e "sentido" — quando eles são capazes de estar lá um para o outro —, ou pontos altos no relacionamento que eles mantêm do passado?
10. Ambos ainda estão empenhados em trabalhar na relação, e, se não, qual é o principal gatilho para sua ambivalência?
11. Eles conseguem dar uma ideia de suas interações, seus horários e seu tempo juntos em um dia típico?
12. Pelo que o casal está lutando em suas vidas — questões parentais; problemas no trabalho; problemas de saúde; problemas de depressão, ansiedade, adição ou outros problemas de saúde mental —, e como isso afeta suas interações diárias?

As respostas do casal são exploradas de forma realista e concreta, que oferece ao terapeuta e ao casal uma imagem de como eles interagem, ficam presos em conflitos ou distâncias e tentam resolver problemas de relacionamento, bem como a maneira como cada um regula suas emoções em momentos-chave. A estrutura de apego é inerente ao modo como o terapeuta comenta e integra as informações com o casal. O terapeuta pode fazer comentários que validam e normalizam, tais como: "Todo mundo fica preso em sua dança de relacionamento; somos todos muito sensíveis a quaisquer respostas negativas dos nossos parceiros. Isso porque eles são tão importantes para nós e porque dependemos deles", ou "Todos nós às vezes perdemos os sinais que nosso parceiro emite. E sentir-se sozinho em um relacionamento é muito difícil. Isso causa sofrimento a todo mundo, até mesmo aos mais fortes de nós, simplesmente porque é assim que os humanos estão conectados".

Durante a fase de avaliação, os parceiros são convidados a interagir, para que o terapeuta possa ver padrões de interação em primeira mão à medida que são demonstrados. Eu poderia perguntar: "Você acha que seu parceiro realmente sabe como as coisas são difíceis para você e como você está chateado? Você poderia dizer a ele, por favor? Ajude-o a entender". Em geral, o terapeuta presume que o sofrimento pela desconexão e a ameaça inerente criam um caos emocional e interacional. Os parceiros não têm ideia do impacto negativo que um tem sobre o outro, uma vez que estão preocupados em gerenciar as suas próprias emoções avassaladoras e tentar resolver os dilemas em que são apanhados, quando ninguém ganha. Nenhum dos dois pode realmente chegar ao outro e falar suas necessidades e seus medos de forma coerente, e, mesmo que isso comece a acontecer, nenhum dos dois pode acessar a confiança ou a empatia confiável para responder positivamente. Como já foi dito, a autoproteção se torna uma prisão; na verdade, torna-se confinamento solitário!

A julgar por estudos de pesquisa, as intervenções de EFT são eficazes na construção de uma aliança, e o abandono da terapia, uma questão-chave no campo de casais, geralmente não é um problema. Em um estudo para predizer resultados na EFT (Johnson & Talitman, 1997), a aliança terapêutica foi responsável por 20% da variância no resultado. Isso é o dobro da variância no resultado geralmente explicada pela aliança na terapia individual. Curiosamente, se a aliança é vista como constituída por três fatores — o vínculo com o terapeuta, a concordância sobre os objetivos e a relevância percebida das tarefas que o terapeuta estabelece —, é o elemento da tarefa com o maior impacto sobre o resultado na EFT. Isso está de acordo com o *feedback* consistente que os clientes compartilham com os profissionais de EFT. Como Paul me disse, no final da sessão 5:

> "Não sei como você sabe dessas coisas, mas a maneira como você trabalha está correta para nós. Parece capturar tão bem o nosso relacionamento e todas as nossas dificuldades. Deixa tudo claro, como se você estivesse indo direito ao cerne das coisas. Então, eu sei que no começo eu cooperava muito pouco. Eu não queria me virar para minha esposa e correr o risco de dizer coisas emocionais, mas eu fiz isso porque lá dentro eu sei que você está nos fazendo aprimorar o que realmente importa. Não estamos fazendo pequenos ajustes, apenas conversando sobre o que vem à mente. Essas coisas realmente me emocionam. Sei que esse é o caminho que devemos seguir."

A integração das intervenções de apego e vivenciais que moldam a aliança terapêutica na EFT nos diz que, uma vez que estejamos sintonizados com a realidade emocional dos clientes e realmente escutando sua dor, sobretudo a dor de não ser visto e aceito pelos outros, tudo o que eles fazem, por mais aparentemente autodestrutivo que seja, faz sentido. Há uma lógica orgânica profunda em como as pessoas juntam suas emoções e como elas se envolvem com os outros. Todos nós somos dominados em algum momento de nossas vidas pelas consequências imprevistas de como aprendemos a ao mesmo nos proteger dos outros e estar com eles. Como terapeutas, se estivermos sintonizados, a única resposta possível a essas consequências é a compaixão. A intervenção-chave utilizada na construção de uma aliança estável e resiliente na EFT é o reflexo desprovido de julgamento do terapeuta das realidades internas e externas dos clientes — juntamente à validação e à normalização constantes. O terapeuta modela o apego seguro trabalhando de maneira intencional para ser pessoalmente acessível, responsivo e engajado. Ele também discute abertamente o processo da terapia em si e quaisquer reações que um cliente possa ter a esse processo. Como exemplo, eu posso me ver dizendo: "June, gostaria que você me ajudasse aqui. Parece que sempre que lhe peço para esperar um pouco e provar seus sentimentos, você começa a falar sobre outros assuntos e parece irritada comigo. Será que isso é algo difícil para você fazer, algo com o qual simplesmente não está acostumada? Talvez eu precise ajudá-la um pouco mais, ou você quer apenas me dizer para eu parar de perguntar?" O terapeuta é uma figura de apego substituta e, assim como um pai ou mãe antenados, ele sintoniza com os lugares vulneráveis do cliente, abordando essa vulnerabilidade e os dilemas que isso apresenta diretamente.

Também é uma prática padrão sugerir aos casais, no início da terapia, que leiam ou ouçam a versão em áudio do livro *Hold Me Tight* (Johnson, 2008a). Esse livro apresenta e normaliza os processos de apego e oferece muitas imagens e histórias de casais capturados pela insegurança e pela desconexão, encontrando depois o caminho para um vínculo mais seguro.

Os movimentos do Tango da EFT já foram examinados nos Capítulos 3 e 4. O processo geral dos estágios da EFT para casais também foi delineado muitas vezes na literatura da terapia de casal (em diversos verbetes na lista de publicações, em *www.iceeft.com*, e em textos básicos sobre EFT, p. ex., Johnson, 2004). Portanto, vamos nos concentrar agora em examinar a metaintervenção-chave que é o Tango e os processos de mudança associados, à medida que se aplicam especificamente aos casais, e integrá-los em descrições dos diferentes estágios da terapia. A forma como o Tango é aplicado será um pouco diferente para modalidades distintas. Ao implementar o movimento 1 do Tango, refletir o processo presente, por exemplo, o terapeuta de casal foca sobretudo em delinear o ciclo de interação negativa de um casal em seus elementos mais essenciais e suas consequências de apego. O terapeuta faz isso de forma que exterioriza essa dança para que os parceiros possam ver como eles contribuem para construir a dança, além de vê-la como um processo que toma conta de sua relação e que, juntos, eles podem controlar.

ESTÁGIO 1: ESTABILIZAÇÃO — PROCESSOS E INTERVENÇÕES

O primeiro estágio da intervenção do casal envolve a desescalada do ciclo ou da dança negativa, geralmente de queixa e crítica, seguida de distanciamento e levantamento de um muro, que tomou conta da relação do casal e constantemente gera insegurança e sofrimento. O objetivo é estabilizar a relação em torno de uma esperança renovada e um senso de protagonismo. As principais tarefas nesse estágio são delinear o ciclo negativo na relação do casal e ajudar os parceiros a se unirem para reduzi-lo. O terapeuta, então, ajuda os parceiros a organizar suas emoções mais suaves de maneiras que levam a estratégias mais positivas de regulação de afeto e engajamento. Uma vez que os parceiros possam alcançar uma metaperspectiva e enquadrar a dança negativa como seu inimigo comum, eles começam a aceitar mais seu parceiro, e o relacionamento se torna mais positivo. Um parceiro culpabilizador e agitado será capaz de se mover de uma postura de: "Minha esposa é tão fria. Ela não é minha alma gêmea. Na verdade, ela é impossível de se conviver, e toda a família dela é assim", para "Nunca entendi o quanto ela é sensível às minhas mensagens de que preciso mais dela. Acho que pareço bastante crítico às vezes. Na outra noite, ela me disse: 'Ei, vai devagar aqui. Você está se sentindo excluído agora? Eu posso sentir essa pressão, essa sensação de fracasso começando. Aquela nossa dança em espiral está começando. Não vamos surtar um com o outro. Não precisamos fazer isso'. Agora, isso é diferente ou o quê!" O casal aqui pode ver sua dança e entrar em corregulação, ajudando um ao outro para que entrem em equilíbrio, com uma ação conjunta construtiva. Se houver comorbidades como depressão ou ansiedade que fazem parte do quadro clínico, elas são incluídas na descrição do ciclo. Aqui, são delineadas as maneiras pelas quais ambos acionam e são mantidos pelas interações negativas. Eventos de relacionamento negativo desencadeiam sintomas como depressão, e esta resulta em menos apoio social para o outro parceiro. Menos apoio desencadeia sofrimento no relacionamento e comportamento mais sintomático, às vezes, em ambos os parceiros (Bhatia & Davila, 2017). Eventos traumáticos passados do relacionamento, denominados feridas de apego, que violam as expectativas de apego por abandono ou traição em um momento crucial de necessidade, também são integrados a essa descrição.

O Tango no estágio 1 da EFT

Podemos agora integrar uma descrição das etapas do tratamento na EFT com os processos e as intervenções recorrentes estabelecidos no Tango da EFT.

Movimento 1 do Tango da EFT: refletir o processo presente — descrição da dança demoníaca

Há apenas alguns padrões centrais recorrentes que caracterizam as interações íntimas e definem a qualidade do apego de um casal. Quatro ciclos negativos podem ser identificados em relacionamentos conflituosos (Johnson, 2008):

1. O ciclo relativamente curto e afiado de *ataque-ataque*, tipificado pela escalada da agressividade e da culpabilização crítica, que os terapeutas da EFT chamam de *encontrar o vilão*, já que a luta é sempre sobre quem é o culpado pelos conflitos do relacionamento ou quem é o mais sórdido dos dois parceiros. Definir o outro como culpado oferece um momento ilusório de controle na onda de sofrimento que engolfa a relação de um casal.

2. O mais comum, e com frequência repetido incessantemente, é o *ciclo de criticar-evitar*. Descobriu-se que esse ciclo específico prediz a dissolução do relacionamento (Gottman, 1999); os terapeutas EFT costumam chamá-lo de *Polka do Protesto*, uma vez que uma pessoa está explicitamente protestando contra a desconexão, embora frequentemente de forma agressiva, que encobre o sofrimento da separação.

3. O *ciclo congelar e fugir*, em que ambos os parceiros, exauridos e desanimados, recuam e levantam um muro entre eles. Para o parceiro que já foi perseguidor, muitas vezes esse é o início do luto do relacionamento, que vai em direção à separação.

4. O *ciclo de caos e ambivalência*, em que um parceiro pode demandar proximidade, mas, quando lhe é oferecida, a ameaça envolvida em ser vulnerável com um outro necessário desencadeia defesa reativa e distanciamento, o que empurra o outro parceiro para a evitação frustrada. Esse ciclo em geral reflete um estilo de apego evitativo-temeroso, no qual o parceiro mais ativo faz ofertas ansiosas de conexão, mas depois muda para um modo mais evitativo e recua.

Essas respostas ambivalentes estão associadas a uma história de vínculos traumáticos na infância, em que a proximidade era almejada, mas sempre repleta de ameaça e dor avassaladora. Os parceiros, assim como as figuras de apego do passado, são simultaneamente uma fonte de segurança e uma fonte de ameaça, e cada interação é uma escolha potencialmente impossível entre isolamento e conexão perigosa. Em geral, quanto mais complicadas são as tarefas de regulação emocional e quanto mais caótica e avassaladora é a natureza da história de apego dos parceiros, mais elementos existem no ciclo e mais rápidos e convincentes são os gatilhos e a música emocional na dança de um casal (Johnson, 2002).

Que princípios o terapeuta EFT utiliza ao nomear e, assim, amansar o ciclo de um casal à medida que ele surge na sessão? Primeiro, o terapeuta tem que observar cuidadosamente e encontrar o padrão-chave no diálogo de um casal. Muitas vezes, gestos não verbais são fundamentais aqui. Alguém que evita na maioria das vezes pode explodir quando não consegue mais suprimir suas emoções, mas sua estratégia habitual é a retirada, e o gatilho para isso com frequência é muito claro. Então, Neil me diz que, quando sua esposa o persegue e começa a trazer à tona problemas do relacionamento, ele "quer sair correndo". Os micropassos no delineamento do ciclo de um casal, que faz parte do movimento 1 do Tango, refletir o processo presente, são os seguintes:

- O terapeuta observa os *passos específicos* na dança de um casal e *os descreve* em linguagem simples, neutra e concreta — verbos são melhores.

  "Fred, quando você começa a falar com essa voz calma, mas intensa, sobre como essa relação está 'fora de controle' e como Mary pode mudar, eu percebo que você, Mary, vira a cabeça, desvia o olhar e fica parada e quieta. Aí você muda de assunto. Fred, você então expressa raiva e, em seguida, aponta todas as formas que você quer que Mary mude. Isso parece correto?"

- O foco está em como o casal se move em sua dança, em seu padrão de conexão e desconexão. O terapeuta também *observa emoções superficiais* que acompanham os passos, por exemplo, observando que Mary parece se desligar, como se não sentisse nada, quando Fred fala com cada vez mais intensidade.

- O terapeuta *vincula explicitamente os movimentos de cada parceiro aos do outro em um ciclo circular*. Isso demonstra que a dança do casal é um ciclo de *feedback* autossustentável. O terapeuta *enquadra o ciclo como o inimigo*, e não a outra pessoa ou as diferenças entre os parceiros.

  "Fred, parece que quanto mais você tenta argumentar e dizer a Mary como você quer que ela melhore e o quão frustrado você está, quanto mais você a pressiona para te escutar, mais você, Mary, se afasta e se desliga. Você meio que o calou, e também seus comentários sobre como você o está decepcionando? Sim? E quanto mais você se fecha e o faz se calar, mais você, Fred, tenta insistir, argumentar. E Mary, você o vê como 'dando lições' para você, e você se fecha mais, até que, como diz Fred, 'Todo mundo se cansa e desiste, e a gente fica sem se falar durante dias'. Vocês dois são pegos nessa dança terrível de dar lições e se calar. Essa dança tomou conta de todo o seu relacionamento, seja falando sobre filhos, sexo ou questões referentes ao tempo juntos."

- O terapeuta *adiciona um quadro normalizador e consequências de apego* a essa descrição. O apego e a literatura da EFT dão ao terapeuta um mapa dos movimentos e das estratégias interacionais e como eles se ligam à maneira pela qual as emoções internas e os modelos internos de funcionamento do *self* e acerca dos outros são construídos, para que o terapeuta possa conjecturar com confiança e integrar os três.

  "Muitos casais ficam presos nesse tipo de dança, e é muito difícil perceber quando você está imerso nela. A dança acaba se tornando automática com o tempo. Frequentemente, parece que vocês estão em planetas diferentes. Essa dança deixa vocês dois sozinhos, se sentindo não escutados e não importantes, independentemente do que vocês digam, ou criticados e como se estivessem falhando, não sendo um bom parceiro, então é mais seguro se encolher para evitar mais críticas. Isso serve para vocês? Me ajudem se eu estiver errada aqui."

- É útil orientar os parceiros a dar um nome à sua dança negativa, para que eles possam passar para um metanível e identificá-la quando ela estiver ocorrendo.

Uma vez que o ciclo esteja claro, o terapeuta o reflete continuamente, à medida que ele ocorre, como é revelado em histórias de brigas de casais ou em incidentes do passado, e como aparece na terapia. As intervenções do terapeuta diminuem à medida que o próprio casal é capaz de ver e identificar o ciclo, embora façam parte de todas as sessões de EFT e muitas vezes sejam referidas apenas como segundo plano à medida que a terapia avança.

Movimento 2 do Tango da EFT: *aprofundar e organizar as emoções*

A habilidade mais essencial do terapeuta de casal competente é a capacidade de *mudar de canal* do quadro geral da dança de um casal para o microcosmo da construção das emoções do indivíduo e de seu mundo interior.

O terapeuta, assim como no processo de terapia EFIT, descrito no Capítulo 4, move-se para o mundo interior de cada pessoa, constantemente iniciado pelas interações com seu parceiro, e ajuda os clientes a acessar as emoções mais suaves, profundas e orientadas ao apego sob a superfície da dança interativa. Essas são as emoções que os indivíduos muitas vezes escondem de seus parceiros e de si mesmos e que os tornam vulneráveis. Como na EFIT, o terapeuta adota uma postura curiosa e faz perguntas evocativas sobre os gatilhos, as percepções iniciais, as respostas corporais, os pensamentos e as conclusões e as tendências de ação que surgem, descrevendo e destilando a formação e a expressão de emoções esclarecidas e mais reguladas.

O terapeuta identifica os momentos que constituem bloqueios aos processos de apego seguro, ainda mais evidentes na terapia de casal do que em sessões individuais. Assim, ela ou ele acompanha *como* os parceiros falam sobre vulnerabilidades e necessidades de apego, sobretudo se essas necessidades são consideradas vergonhosas ou inaceitáveis, ajuda os clientes a reenquadrá-las como simplesmente parte central do ser humano e ouve as crenças sobre a responsividade dos outros em geral. O terapeuta também acompanha as estratégias-padrão de regulação de afeto dos parceiros e como eles lidam com o sofrimento da separação, observando especialmente a vigilância extrema sobre a capacidade de resposta do parceiro; o aumento da agressividade orientada por alarmes; a esquiva e a imobilidade; a inundação, resultando em desorientação; e a alternância entre luta e fuga. À medida que essas estratégias entram em ação, *o terapeuta observa como as mensagens de apego se tornam distorcidas ou tão ambíguas que tornam a sintonia quase impossível.* Após chorar com seu sentimento emergente de solidão em seu casamento, Marjorie muda para um tom desdenhoso e anuncia ao marido, Pete: "Até um retardado saberia que eu preciso de apoio nessas horas. Mas então, é claro, você também teria que estar escutando!" Ela não consegue formular claramente sua solidão e expressa apenas raiva. O próximo bloqueio ao apego é fácil de prever: quando ela começa a tocar em sua solidão, Pete não confia nessa revelação e responde com uma distância cuidadosa. O próximo bloqueio surge quando ele, com alguma ajuda, consegue invocar sua empatia e a procura; ela não consegue responder a esse estímulo desejado, mas estranho, e começa a excluí-lo. A maneira mais fácil de registrar esses bloqueios, aceitá-los e acompanhar os parceiros através deles é estar sintonizado com as tarefas de regulação de afeto inerentes aos padrões de interação dos parceiros.

Movimento 3 do Tango da EFT: coreografar encontros envolventes

Como observado no Capítulo 3, ao moldar encontros, sobretudo em sessões de casais, o terapeuta primeiro intensifica as emoções centrais dos clientes em uma realidade claramente "sentida", destila o núcleo dessa realidade em termos simples e, em seguida, orienta os clientes a compartilhar de forma breve e intensa com o outro parceiro, reorientando e oferecendo direção quando necessário. Se o outro parceiro interromper, o terapeuta cuida para que quem estiver falando continue. Assim, na sessão 4, contorno as respostas racionalizadas de Clyde aos comportamentos de *"coaching"* de sua esposa e repito e exploro de forma evocativa o "desespero de ser pego de surpresa" que ele identificou em sessões anteriores. Ficamos com essa realidade até que ele destile essa experiência em um sentido central de "sempre menor que" e um sentimento de "não ser desejado". Peço-lhe, então, que compartilhe isso com sua parceira. À medida que ele fala dessa realidade, ela se torna mais clara, e essa revelação é, por si só, uma afirmação de seu *self*.

Os dois últimos movimentos do Tango — Movimento 4, processar o encontro, e Movimento 5, integrar e validar — são basicamente os mesmos, tanto em sessões de casais como na EFIT. Eu poderia perguntar a Clyde como ele se sente ao arriscar contar à sua esposa sobre sua realidade "sempre menor que" e ajudá-la a se manter conectada com essa realidade, em vez de explicar que esse é realmente seu "problema interior infantil neurótico". Vou então celebrar com eles como conseguiram administrar esse novo tipo de interação.

No estágio de reestruturação do apego da EFT (discutido mais adiante), esses encontros acabam se tornando poderosos eventos de vínculo, de modo que o terapeuta constrói gradualmente o impulso — o cenário gradual de compartilhar medos e necessidades pungentes e a modelagem da responsividade sensível do parceiro ouvinte — em tais encontros.

O Tango da EFT na terapia de casal: notas adicionais

Embora as modificações feitas nos movimentos do Tango na modalidade para casais possam ser discutidas de maneira separada, elas se unem e fazem parte do processo de modalidade cruzada do Tango da EFT. Por diversas vezes na terapia de casal, o ciclo interacional é refletido no presente à medida que ocorre, assim como a experiência de cada parceiro que fala. Essa experiência é organizada, aprofundada e destilada, embora em diferentes níveis e intensidades, dependendo do estágio da terapia. Mensagens esclarecidas com base no processo de organização das emoções são delineadas e utilizadas para moldar novos encontros ou encenações mais engajadas entre os parceiros, e a experiência de cada pessoa desse diálogo é processada. No movimento 5 do Tango, integrar e validar, todo o processo é resumido e celebrado para reconhecer o potencial de competência e eficácia de cada pessoa. Esse diálogo integrador deve começar a reduzir as visões negativas dos parceiros sobre o relacionamento, para que eles possam criar novas narrativas de seus problemas de relacionamento, seu parceiro, o potencial de conexão segura e seu senso de seu próprio valor e habilidades e se unir como uma equipe para solucionar problemas pragmáticos.

Após o processo de organização das emoções (movimento 2 do Tango) e como parte do processo de encontros envolventes (movimento 3 do Tango), Pete é capaz de dizer a Marjorie pela primeira vez que ele a acha "intimidadora" e de fato automaticamente fecha a porta para ela, não por indiferença, mas por um desejo frenético de evitar o "julgamento de incompetência" que ele espera que ela faça. Marjorie fica chocada e confusa e desconsidera a mensagem de Pete, mas o terapeuta a ajuda a processar esse encontro ainda mais, e ela começa a ouvir de uma nova maneira, ganhando apenas um pouco de distância de suas suposições "engessadas" sobre Pete e sobre os homens em geral. Isso significa progresso. O Tango se torna *mais focado e mais atrativo* à medida que o casal passa a espelhar o processo presente, com ênfase especial na descrição da dança demoníaca e no esclarecimento da insegurança e do isolamento que essa dança cria. A dança em si, mais do que os comportamentos individuais do parceiro, é enquadrada como o problema do casal, que eles podem neutralizar e mudar juntos. Marjorie é capaz de dizer a Pete: "Não vamos dançar nossa valsa cambaleante agora, não é? Se você está se sentindo criticado agora, sinto muito. Eu sei que estou pegando pesado".

Refinamentos nas técnicas para EFT com casais: fatiar mais fino, interceptar a bala e mudar de canal

As intervenções específicas que discutimos no Capítulo 3, tais como reflexo das realidades internas e interacionais, validação e fazer perguntas evocativas, são utilizadas constantemente com casais. No entanto, há também algumas intervenções especialmente pertinentes e necessárias quando se trabalha com casais. Ao criar *enactments* no estágio 1, em que se apropriam de "novas" emoções e as expressam a figuras de apego na própria sessão (em vez de interações imaginadas, como na terapia individual), as duas intervenções, *fatiar mais fino* e *interceptar a bala,* são particularmente importantes. Ambas as intervenções ajudam os terapeutas a gerenciar as interações entre parceiros de forma eficaz, explorando o processo de arriscar se abrir para um parceiro ou as dificuldades de responder a novas mensagens dele.

Quando o terapeuta pede pela primeira vez a Pete para compartilhar sua resposta assustada recém-acessada às explosões de raiva de sua esposa diretamente com ela, em vez de falar com o terapeuta, ele literalmente fica congelado em sua cadeira. Ele ressalta que isso é desnecessário, já que ela ouviu o que ele disse, e que é "tolice" repeti-lo. O terapeuta ajuda-o a explorar sua relutância em arriscar o engajamento com sua esposa enquanto se sente vulnerável e a focar nesse processo e, assim, assumir um risco menor — um risco que é fatiar mais fino. O risco menor é falar sobre a ansiedade em torno do próprio compartilhamento. Com a ajuda do terapeuta, Pete pode dizer a Marjorie que está "preocupado" em compartilhar diretamente esse tipo de sentimento, pois "você vai rir de mim e me achar um tolo, e eu serei ainda mais humilhado". O terapeuta valida seu risco, e Pete lamenta bastante. Mas então Marjorie, ainda presa em sua frustração e seus sentimentos de abandono, confirma os temores de Pete. Ela diz: "Bem, talvez *seja* tolice para um homem adulto ficar acovardado por sua esposa estar irritada". O terapeuta "intercepta a bala" aqui, virando-se para Marjorie e perguntando: "O que acontece com você quando Pete assume esse tipo de risco e se abre para você? Minha sensação é de que alguma parte de você está querendo que ele faça exatamente isso, que se abra e mostre seu coração, mas é difícil para você aceitar a mensagem dele agora. É difícil para você responder. Você não está ouvindo que ele fica preocupado somente porque você é muito importante para ele. [O terapeuta oferece a Marjorie uma mensagem tranquilizadora aqui.] Você não se vê como tendo o poder de 'humilhá-lo'! O que acontece com você enquanto eu lhe falo sobre isso?" Marjorie começa a ficar intrigada e olha novamente para o rosto do parceiro. Em seguida, ela diz com voz suave: "Você está realmente preocupado que eu ria de você? Eu nunca vejo você se importando com o que eu penso!" O terapeuta pede a Marjorie que diga a Pete: "Tenho dificuldade em ouvi-lo agora — você está tocando uma música tão diferente —, não consigo acreditar que o que eu digo tem todo esse impacto". Após ela expressar esse pensamento em suas próprias palavras, o casal dá um passo à frente em direção à conexão.

A capacidade do terapeuta de manter o equilíbrio de um cliente ou de outro, sintonizar e manter o foco e o engajamento, ou seja, fornecer um porto seguro e uma base segura para a exploração, é crucial em todas as modalidades de EFT. No entanto, a terapia de casal é uma modalidade na qual é especialmente fácil para o terapeuta perder o foco e ficar confuso. O terapeuta tem de *acompanhar* a experiência dos dois clientes, juntar sua experiência conjunta e, então, *conduzir* os parceiros de maneira sistemática por novos tipos de interações. A técnica utilizada nessa situação é simplesmente chamada de *mudar de canal*, e é especialmente útil com casais escalados, cujas interações mudam rapidamente em termos de conteúdo e níveis de envolvimento. Na verdade, ser capaz de ocasionalmente interromper o processo de terapia (de modo literal, como em "Parem. Podemos parar por um momento? Gostaria de voltar/focar em...") e mudar o canal para voltar aos trilhos é fundamental em todas as sessões com indivíduos, casais e famílias. Um terapeuta EFT normalmente mudará o canal das seguintes maneiras:

- Mude do passado para o presente: "Sim, isso aconteceu há muitos anos, mas agora, enquanto você fala sobre isso, como você se sente?"
- Mude do contexto individual para o de ciclo/interpessoal: "Você se vê como 'preguiçoso', mas será que essa dança que tomou conta do seu relacionamento está te derrubando e tornando difícil tentar?"
- Mude da cognição, das saídas para a discussão abstrata e simplesmente falar sobre algo, para a exploração emocional engajada: "Sim, isso é

fascinante. Mas podemos voltar aqui? Você usou a palavra 'despedaçado' há alguns minutos; poderia me ajudar dizendo o que acontece em seu corpo quando você usa essa palavra?"

- Mude do conteúdo para o processo: "Sim. Isso é importante, mas eu gostaria de parar por um momento e voltar ao modo como vocês dançam juntos. Parece que todas essas discussões sobre tarefas e histórias de incidentes ocupam todo o espaço aqui. Mas a dança — a maneira como vocês se movem um com o outro, respondem um ao outro — é sempre a mesma. Você... e depois você..., e parece que não há solução. Vocês nunca conseguem se unir e ajudar um ao outro"
- Mude do diagnóstico ou do rótulo para descrever padrões de comportamento: "Você a vê como 'louca' e levanta a questão do rótulo que o médico utilizou. O que era isso, *'borderline'*? Você simplesmente não consegue entender por que ou como faria sentido que ela exigisse proximidade de você e depois, quando você oferecesse, a recusasse? Não é?"

Durante cada sessão, o terapeuta mantém em mente simultaneamente o contexto interpessoal, isto é, a perspectiva sistêmica do ciclo da dança, a perspectiva pessoal individual, o enquadre geral de apego e a direção terapêutica — movendo-se em direção aos objetivos da EFT. Isso pode parecer complicado no início, mas, como tocar um instrumento musical, torna-se parte da memória muscular com o tempo.

ESTÁGIO 2: REESTRUTURAÇÃO DO APEGO — *SELF* E SISTEMA

Todos os movimentos do Tango se aplicam ao estágio 2 da EFT, e agora podemos simplesmente descrever como o processo de mudança nesse estágio emerge e como esses movimentos se tornam parte desse processo. Enquanto o estágio 1 trata de ampliar a perspectiva do casal em termos da natureza de sua dança e mudar o nível da música emocional da dança, o estágio 2 é sobre aprofundar a consciência dos parceiros acerca de seus medos e suas necessidades de apego e moldar interações sintonizadas, acessíveis, responsivas e engajadas. O estágio 2 tem tudo a ver com moldar a dependência construtiva. O objetivo é que os parceiros evitadores se tornem mais abertos e engajados e que os parceiros acusadores peçam que suas necessidades sejam atendidas de maneira suave e evocativa. Esse estágio culmina em encontros ou *enactments* específicos e especiais na terapia de casal (EFT) e na de família (EFFT), chamados de *reengajamentos* e *suavizações*, mas também chamados de conversas do tipo *Hold Me Tight*. Nesses encontros, ambos os parceiros são orientados a oferecer um porto seguro e uma base segura um ao outro, e, de modo ideal, ambos são capazes tanto de procurar quanto de responder ao outro. Essas conversas de vínculo *Hold Me Tight* predizem sucesso no final da EFT (Greenman & Johnson, 2013) e resultados positivos no acompanhamento futuro, bem como reduções no apego ansioso e no apego evitativo (Burgess Moser et al., 2015). O processo básico de mudança envolve três etapas: guiados pelo terapeuta, cada parceiro descobre e destila seus medos de apego e, gradualmente, assume o risco de compartilhar esses medos com seu parceiro de forma coerente e evocativa; esse parceiro é orientado a aceitar cada vez mais respostas a esses medos em uma série de interações; uma vez que isso ocorre, o parceiro de compartilhamento vulnerável é capaz de revelar e pedir que suas necessidades de apego específicas sejam atendidas; e o outro parceiro agora responde com conforto, cuidado e segurança. Tais eventos são transformadores em muitos níveis. Eles mudam as realidades existenciais individuais, as definições do *self* e acerca dos outros encapsuladas em modelos internos de funcionamento cognitivo "quentes", as estratégias habituais de regulação do afeto e o senso de cada pessoa de protagonismo no relacionamento.

Pete é capaz de identificar seus medos profundos de se encontrar carente ou, como seu pai costumava dizer, "simplesmente não ser homem o suficiente". Ele pode acessar sua vigilância constante por sinais de que não está "acertando" com Marjorie e compartilhar como esse medo "me faz parar no meio do caminho". Marjorie agora consegue ouvi-lo melhor e responder com empatia. Pete chora e passa a compartilhar necessidades de apego, dizendo a Marjorie que é muito difícil dançar com ela enquanto o julga tão duramente e que ele anseia pela garantia de que, mesmo que ele nunca seja totalmente seguro e forte, ela o aceite e o escolha como seu parceiro. À medida que Pete se torna mais presente e engajado, Marjorie também é capaz de realmente explorar e tocar em seu "terror" de descobrir que ela nunca importará para ninguém, que ela sempre será mantida "do lado de fora", como "muito difícil de amar". Pete agora pode responder com cuidado sintonizado, e sua esposa passa a acessar e reconhecer ativamente suas necessidades de apego de ouvir que é "desejada, necessária, que eu pertenço a você". A prática clínica e os resultados de pesquisas nos dizem que esses tipos de interações, em que a vulnerabilidade é compartilhada e mantida, são experiências emocionais corretivas clássicas que movem os parceiros de uma conexão insegura para uma conexão segura, levando a mudanças estáveis no *self* e no sistema.

Processo do estágio 2 na modalidade de casal

As intervenções do Tango como são utilizadas no estágio 2 são lançadas em um nível mais profundo e exigem que os parceiros assumam riscos pessoais mais significativos. Em especial, o movimento 2 do Tango, sobretudo o *aprofunda-*

mento da consciência emocional e da expressão, é enfatizado aqui, à medida que as vulnerabilidades são tornadas concretas e específicas. Esse estágio de aprofundamento resulta em um compartilhamento mais intenso e transformador nos encontros engajados estabelecidos no movimento 3 do Tango. Técnicas experienciais, como reflexos sintonizados do processo, questões evocativas, conjecturas, reenquadres e validações, continuam sendo utilizadas no estágio 2 da EFT com casais, embora com mais foco e intensidade. A única técnica quase exclusiva do estágio 2 da EFT é *semear o apego* (Johnson, 2004), que, em geral, é empregada como um prelúdio ou para abordar bloqueios à coreografia de interações mais engajadas no movimento 3 do Tango. Aqui, a relutância de um parceiro em arriscar acessar o outro é imediatamente validada e desafiada por uma simples imagem de possíveis interações seguras. Essa técnica é especialmente útil quando os parceiros parecem nunca ter experimentado essa segurança, seja em suas famílias de origem, seja em seus relacionamentos românticos, e não têm nenhuma imagem de como são as interações seguras. O terapeuta conjectura como seria uma interação segura em determinado momento, de modo a apresentar uma imagem externa, mas potencialmente positiva. O terapeuta pode dizer:

> "Sim, eu entendo que pode parecer estranho você até pensar em se voltar para o seu parceiro enquanto você se sente vulnerável. Você nunca experimentou o resultado disso antes. Você nunca poderia imaginar, agora, virar-se para sua parceira e dizer-lhe: 'Estou com medo e meu instinto é me esconder, mas realmente quero que você me ajude com esse medo para que eu não esteja tão sozinho com ele'. Dizer isso pode parecer estranho, esquisito. Você não pode imaginar sua parceira ficando comovida por isso e querendo confortá-lo. Todas as suas imagens são de outros desprezando você e se afastando. Então isso é difícil — até deixá-la entrar um pouco —, não é? O que acontece com você quando eu lhe digo isso?"

Essa intervenção semeadora parece estimular os desejos de apego, bem como ampliar a percepção dos clientes sobre o que é possível.

Como já foi dito, a exploração emocional de temas centrais e gatilhos agora é aprofundada, e as emoções assumem um tom mais existencial no estágio 2. O terapeuta fica mais tempo com o processo de realmente envolver emoções como medo, vergonha e tristeza que foram previamente delineadas e organizadas. No trabalho de aprofundamento da experiência emocional, o terapeuta normalmente utiliza a repetição e as imagens, além das "maçanetas" emocionais que o cliente já identificou, para *manter* o cliente em sua experiência e destilar o significado dessa experiência. O objetivo é manter-se no limiar da consciência dos clientes e de sua capacidade de tolerar uma sensação de vulnerabilidade.

Essa vulnerabilidade geralmente envolve o contato com desejos de apego e medos catastróficos de isolamento e perda do pertencimento. Novamente, como já observado, as definições centrais do *self* e acerca dos outros são descobertas e exploradas aqui, e as experiências de apego centrais são mais plenamente vivenciadas. Nesse ponto, os clientes também podem ver a importância e tolerar o terapeuta trabalhando com seu parceiro por períodos maiores na sessão.

Esse envolvimento mais profundo com as emoções permite revelações mais autênticas e íntimas que caracterizam as conversas do tipo *Hold Me Tight*. Em geral, o terapeuta começa trabalhando mais ativamente com o parceiro mais evitativo, ajudando-o a revelar de modo gradual medos e necessidades de apego ao seu parceiro, que é orientado a acolher, aceitar e começar a responder a essas mensagens. O terapeuta pede ao parceiro evitativo que inicie esse processo de busca de conexão segura antes de pedir ao parceiro perseguidor que assuma os mesmos riscos. Isso evita o desencadeamento de um cenário de recaída, no qual o parceiro perseguidor passa a correr riscos e buscas vulneráveis, só para gerar mais obstrução ou falta de resposta. Ambos os parceiros precisam estar na pista de dança para moldar um novo tipo de dança.

Esse processo de descobrir emoções centrais mais suaves, destilá-las e, então, revelar medos e necessidades é então repetido com o parceiro mais crítico. Uma vez concluído esse processo, a acessibilidade, a capacidade de resposta e o engajamento mútuos provocam sequências e respostas de vínculo transformacionais e completas. Essas respostas são intesificadas pelo terapeuta, e sua importância para cada parceiro e para a conexão no relacionamento é destacada. Esses momentos são chamados de *suavizações* na literatura, pois ambos os parceiros se moveram para emoções vulneráveis; os parceiros críticos "suavizaram" sua postura mais agressiva, e os parceiros evitativos derrubaram suas paredes rígidas. Os *enactments* mais intensos e estruturados, em que parceiros evitativos se abrem e definem ativamente a relação que querem e parceiros críticos pedem o que precisam a partir de uma posição de vulnerabilidade, moldam novas danças, ou seja, novos ciclos de interações de apego positivo que criam conexão segura, às vezes pela primeira vez na vida dos clientes. Os movimentos 2 e 3 do Tango estão no centro desses eventos de mudança de suavização do tipo *Hold Me Tight*. A experiência mais profunda das emoções de apego leva ao alcance direto do outro e convida à compaixão e à conexão com o outro. A essência do vínculo é a vulnerabilidade sentida e respondida.

O movimento 5 do Tango, validação, muitas vezes assume uma qualidade diferente no estágio 2 da EFT e da EFFT. Como terapeuta, frequentemente fico poderosamente comovida ao observar parceiros ou um pai e um filho descobrindo-se, talvez pela primeira vez. Claro, também é tocante ver como um encontro imaginário com um ente querido se desenrola em um nível mais profundo de conexão. No entanto, fazer parte desse drama enquanto ele acontece entre pessoas íntimas na sessão, enquanto ambos tropeçam em direção à conexão, tem uma capacidade única de arrebatar o coração do terapeuta sintonizado. Estou ainda mais propensa a validar, com lágrimas nos olhos aqui, e a me sentir grata aos meus clientes por me ensinarem de forma concreta e imediata sobre minha própria humanidade.

Assim sendo, como podemos capturar o desenrolar do estágio 2 da EFT com um casal? No início do estágio 2, Pete é encorajado a realmente acessar e se envolver com seu medo de que ele "nunca será homem o suficiente para Marjorie". Ele começa a não apenas nomear, mas a sentir e ser capaz de tolerar e andar por aí com esse medo de sempre ser considerado indigno pelos outros. Em um nível existencial, isso desencadeia profunda desesperança e desamparo. Ele compartilha esse desamparo enquanto o terapeuta o ajuda a entrar no movimento 3 do Tango — uma interação mais profunda e envolvente. O terapeuta então ajuda Marjorie a ouvir isso e dizer a Pete que ela nunca compreendeu como seus comentários podem desencadear esses sentimentos nele e como ela não quer que ele sinta essa dor. O terapeuta pergunta a Pete como Marjorie poderia ajudá-lo com esse lugar doloroso que ele gasta tanto de sua energia tentando evitar. (Observe como o terapeuta EFT encoraja ativamente a corregulação de emoções difíceis, em vez de contenção ou de autoconsolo.) Pete diz ao terapeuta, e assim é capaz de dizer à sua esposa, que ele precisa ouvir a mensagem de que é especial e valorizado por ela; que ele pode errar e ainda ser visto dessa forma. Marjorie responde com empatia e cuidado, e o marido chora de alívio e admiração. À medida que esse processo foi se desenrolando, o terapeuta também incentivou Marjorie a entrar lentamente em contato com seu medo (no processo de aprofundamento, que faz parte do movimento 3 do Tango). Ela é capaz de articular que, se ela arriscar realmente a procurar Pete, descobrirá que suas necessidades são julgadas como "irrelevantes", e ela saberá que estará sozinha para sempre. Agora, o terapeuta normaliza esses medos e ajuda Marjorie a ficar com suas emoções mais suaves, em vez de tentar dizer ao marido como resolver seus problemas conjugais. Ela é guiada em uma série de *enactments* estruturados, os quais ela toca e aprofunda em sua consciência emocional e, então, compartilha isso com Pete, que agora está responsivo e engajado. Ela é capaz de falar com Pete sobre sua necessidade de reafirmação quando acessa sua dor por nunca poder contar com outras pessoas para estarem junto a ela. Ambos os parceiros proporcionam uma experiência de vínculo que serve como antídoto para o outro, em que os modelos de *self* e acerca dos outros são revisados e repertórios emocionais são expandidos. As conversas do tipo *Hold Me Tight* transformam nosso mundo em um lugar mais seguro, onde podemos confiar que os outros estão lá para nós.

Nessa criação de ciclos positivos de acessibilidade e responsividade, é útil que o terapeuta geralmente esteja ciente dos bloqueios ao processo de apego que delineei. Em especial, no estágio 2, devem ser tratadas as feridas de apego, mais bem descritas como momentos em que ocorreram violações relacionadas a temas de apego ou abandonos em momentos de intensa necessidade. Essas feridas têm sido mais frequentemente descritas em termos de apego e inseridas no ciclo do casal nas sessões do estágio 1, mas agora precisam ser diretamente abordadas e curadas para que ocorram novos níveis de acessibilidade e responsividade. A conversa sobre perdão e cura de tais feridas constitui uma forma específica de conversa do tipo *Hold Me Tight*. Por exemplo, Marjorie, ao explorar seus medos de procurar Pete, retorna a uma ferida a que se referiu nas primeiras sessões, quando precisou que ele fosse com ela a um procedimento médico e, de seu ponto de vista, ele considerou a necessidade dela imatura e a deixou sozinha para realizar o procedimento. Os passos dessa conversa, incluindo declarar a dor da ferida, fazer com que o outro parceiro ouça essa dor e assuma a responsabilidade pelo fato de que ela ocorreu, ajudar a pessoa ferida a entender o estado de espírito do outro quando ela ocorreu, fazer com que o parceiro ferido expresse abertamente essa dor em termos coerentes de apego e ajudar o outro a responder com remorso e cuidado de forma a curar essa ferida, são delineados em detalhes na literatura da EFT (Johnson, 2004; Zuccarini, Johnson, Dalgleish, & Makinen, 2013).

Do ponto de vista da EFT, os casos extraconjugais, um problema comum na terapia de casais, são vistos como feridas de apego. Em geral, há um momento de dor aguda visto como exemplo da dor advinda desse caso. Como já dito, o terapeuta EFT coloca os eventos em um enquadre de apego e ajuda o cliente ferido a acessar essa dor e regulá-la e compartilhá-la de forma que promova empatia, remorso e segurança do parceiro que feriu (MacIntosh, Hall, & Johnson, 2007; Johnson, 2005). A natureza de tais feridas e do processo de perdão e reconciliação é esclarecida e mantida sob controle, colocando esses fenômenos em um enquadre de apego.

ESTÁGIO 3: CONSOLIDAÇÃO

Os objetivos do terceiro estágio da EFT com casais são estabilizar, reforçar e celebrar as mudanças, dentro e entre parceiros, feitas em sessões anteriores e ajudar os parceiros a se unirem como equipe para lidar com problemas pragmáticos. As sessões anteriores focaram sobretudo no processo de regulação do afeto e no envolvimento com os outros, mais do que no conteúdo das questões e dos problemas. Agora, a segurança recém-descoberta com a própria vida emocional e com os mais próximos promove a tolerância às diferenças, a cooperação eficaz e a coordenação de respostas e empatia, para que problemas antes impossíveis possam ser abordados e resolvidos com relativa facilidade. O terapeuta pode simplesmente facilitar uma conversa orientada a objetivos entre os parceiros, principalmente utilizando o reflexo — movimento 1 do Tango — para mantê-los no caminho certo. Por exemplo, enquanto Pete e Marjorie discutem abertamente seus problemas como pais, eles descobrem que seus objetivos nessa área são quase idênticos, mas que Pete está mais confortável com um estilo mais colaborativo com sua filha adolescente, já Marjorie está mais preocupada com a segurança de sua filha e se torna mais ditatorial. Quando Pete pode ouvir Marjorie e acalmar alguns de seus medos em torno de sua filha, eles podem criar planos que se adaptem a ambos como pais. O terapeuta incentiva o casal a olhar para as questões de conteúdo e a lidar com elas, utilizando sua abertura e sua responsividade recém-descobertas. A segurança aumenta a flexibilidade e a capacidade de explorar opções, e o terapeuta valida essa nova postura colaborativa construída. O casal também parece literalmente ter mais energia para se dedicar a esse processo, já que não gasta tanto tempo vigiando manobras ameaçadoras e defensivas. O ensino das habilidades de comunicação ou resolução de problemas, uma grande parte de muitas intervenções com casais, não parece acrescentar nada à eficácia da EFT (James, 1991). Em vez disso, o casal experimenta um novo equilíbrio emocional e aprende novas maneiras de se envolver organicamente, de dentro para fora.

O terapeuta também reflete, valida e celebra a nova dança de responsividade positiva do casal (um movimento 5 do Tango mais intenso do que o usual) e ajuda os parceiros a criar uma nova narrativa integradora de como eles transformaram seu relacionamento e passaram do desamparo ao protagonismo. Essa narrativa funciona como ponto de referência para o futuro e capacita o casal a lidar com dificuldades futuras (Johnson, 2004). Os terapeutas EFT esperam que seus clientes continuem a aumentar seu relacionamento e a crescer nele; nos estudos de acompanhamento, há evidências desse crescimento contínuo após a EFT.

A observação clínica e a ciência do apego sugerem que a ausência de recaída associada à EFT está relacionada a cinco fatores:

1. O poder atrativo e inerentemente recompensador das interações de vínculo positivo que continuam a ressoar e oferecer ao casal um porto seguro e uma base segura. O cérebro humano é projetado para reter essas informações cruciais, orientadas à sobrevivência.

2. A nova capacidade por parte dos parceiros de manter a coerência e a ordem internas diante da vulnerabilidade que está associada a melhor regulação do afeto e a uma conexão mais segura.

3. As mudanças na conexão sexual e de cuidado de suporte que acompanham interações mais seguras.
4. A memória potente dos riscos compartilhados e respondidos e a recompensa da confiança, que compensam dores e desajustes quando eles aparecem.
5. A redefinição das relações próximas como compreensíveis e administráveis e do *self* como parceiro interativo competente.

Ao final da EFT, os parceiros conhecem a música, entendem por que ela é tão convincente e aprendem como dançar juntos em harmonia e como redefinir a música e os passos quando a dança está errada.

Todos esses estágios costumam levar mais tempo e exigir mais repetição quando os problemas de saúde mental complicam o sofrimento do relacionamento (ver EFT adaptada para questões de TEPT em Johnson, 2002). Entre esses casos, estão evitação extrema, incluindo a síndrome de Asperger; capacidade limitada de usar a linguagem (Stiell & Gailey, 2011); e interações extremamente escaladas. Todas essas questões são colocadas no contexto das estratégias de regulação de afeto como opção-padrão e dos ciclos interpessoais de desconexão e conexão com figuras de apego. Casais altamente escalados costumam alarmar e sobrecarregar os terapeutas. O terapeuta EFT vê essa escalada sobretudo em termos de tentativas desesperadas de ganhar uma sensação de controle quando as ameaças de rejeição e abandono tomam conta, portanto é capaz de identificar o que por trás da agressão explícita tem uma vulnerabilidade que foi acionada e utilizar reflexos e reenquadres. O terapeuta também se torna mais diretivo e assume o controle das interações entre o casal, acalmando-os e refletindo a dança, pois isso faz com que os dois parceiros acompanhem o ritmo da dança. Então, em certo momento, o terapeuta diz a Pete e a Marjorie:

> "Quero que parem por aqui. Parem. Vocês dois estão sendo pegos nessa conversa de encontrar o vilão, na qual cada um de vocês prova para o outro que ele é um mal parceiro e quase indigno de amor! Vocês estão ambos rotulando e provocando um ao outro, colocando o dedo na ferida um do outro e atiçando mais fogo. Todos estão se queimando aqui. Marjorie, isso começou quando você estava falando sobre Pete decepcioná-la por não ir ao hospital; e Pete, você se defendeu chamando sua esposa de tirana, que só dá ordens. Eu gostaria de voltar..."

O terapeuta então reflete e empatiza com as dores e os medos subjacentes mais suaves de ambos os parceiros, levando a conversa para um nível mais seguro.

NOVOS RUMOS PARA AS INTERVENÇÕES DE CASAIS ORIENTADAS AO APEGO

A nova visão oferecida pela ciência do apego abre novos caminhos para que os clínicos que ajudam os casais a criar relacionamentos mais positivos e duradouros explorem novas maneiras de utilizar as intervenções de casais a serviço da saúde e da felicidade.

Programas educacionais

Uma vez que entendemos o amor e o apego, podemos educar os casais de maneira mais eficaz e prevenir problemas de relacionamento. A integração da visão de apego acerca do amor com a intervenção de casal resultou em um novo programa educacional preventivo, chamado Hold Me Tight®: Conversations for Connection (Johnson, 2010). Esse programa é baseado em *Hold Me Tight: Seven Conversations for a Lifetime of Love* (Johnson, 2008a), um livro para o público em geral que, por sua vez, é baseado em muitos anos de pesquisa e prática em EFT e na ciência do apego que está por trás dessa prática. O resultado positivo desse programa educacional foi recentemente replicado (Kennedy, Johnson, Wiebe, & Tasca, no prelo; Conradi, Dingemanse, Noordhof, Finkehauer, & Kamphuis, 2017) em vários estudos em ambientes comunitários com líderes mais novatos e experientes. Esse programa é agora oferecido em muitos idiomas diferentes no mundo inteiro. Também foi adaptado para uso com casais cristãos e grupos educacionais oferecidos por igrejas (Johnson & Sanderfer, 2017) com base em uma adaptação cristã de *Hold Me Tight*, intitulada *Created for Connection* (Johnson & Sanderfer, 2016). É interessante notar que as histórias das ações de Cristo nas escrituras fornecem um exemplo de acessibilidade, responsividade e engajamento, e agora há uma literatura fascinante sobre Deus como uma figura de apego. Hold Me Tight® é o primeiro programa educacional de relacionamento baseado em uma compreensão clara e fundamentada do amor romântico e em um método extensivamente pesquisado de reparação e manutenção de relacionamentos. Esse programa reflete a capacidade da ciência do apego de mudar nossa consciência cultural sobre a natureza dos relacionamentos amorosos adultos, assim como a ciência já mudou nossa consciência das necessidades das crianças e de nossas práticas parentais.

Intervenções na saúde física

Nos últimos anos, surgiu uma ligação clara entre o funcionamento e a saúde fisiológica e a qualidade do apoio social e a estreita conexão com os outros, de modo que faz sentido que as intervenções baseadas em casais para problemas médicos estejam se tornando mais comuns (Baucom, Porter, Kirby, & Hudepohl, 2012). Relacionamentos íntimos positivos têm impacto nos indicadores específicos de saúde; por exemplo, interações com figuras de apego (familiares e parceiros) foram associadas a taxas mais baixas de pressão arterial ambulatorial em comparação com outras interações sociais (Gump, Polk, Kamarck, & Shiffman, 2001; Holt-Lunstad, Uchino, Smith, Olson-Cerny, & Nealey-Moore, 2003). *As interações de apego regulam a fisiologia, e os parceiros se internalizam como representações de segurança ou de perigo, ou seja, no nível das realidades emocionais e fisiológicas.* Foram encontradas ligações específicas entre condições de saúde e apego; por exemplo, a dor crônica tem sido associada à insegurança, e o apego ansioso parece estar especialmente associado a doenças cardiovasculares (McWilliams & Bailey, 2010). Especificamente, foram traçadas ligações entre doenças cardíacas, função imunológica e respostas crônicas ao estresse e a fatores de relacionamento, como críticas hostis, ou fatores positivos, como sensação de segurança calmante e sentida (Pietromonaco & Collins, 2017; Uchino, Smith, & Berg, 2014). A modelagem do apoio interpessoal passou a ser vista como elemento essencial na promoção da saúde e no enfrentamento positivo da doença. Faz sentido, então, que o programa educacional Hold Me Tight® seja utilizado agora como parte do protocolo de tratamento para a recuperação de ataques cardíacos e o gerenciamento contínuo de doenças cardíacas. Esse programa, intitulado Healing Hearts Together (Tulloch, Greenman, Demidenko, & Johnson, 2017), é agora implementado rotineiramente em um grande hospital cardíaco em Ottawa, Canadá, e já foram coletados resultados preliminares positivos (Tulloch, Johnson, Greenman, Demidenko, & Clyde, 2016). Como me diz Mike, que tem no peito um novo coração:

> "Quando meu mundo desmoronou e eu estava mais vulnerável, Lise e eu começamos a brigar sobre a quantidade de vinho que eu deveria beber enquanto eu tomava remédios. Eu sabia que isso colocava meus batimentos cardíacos no teto, e isso me deixava tão agitado que eu esquecia meus remédios completamente, e ela estava ficando deprimida. Precisávamos de ajuda aqui. Preciso dela comigo e me apoiando, para que meu novo coração continue batendo e minha ansiedade seja administrável."

Diferentes versões desse programa educacional também foram adaptadas para casais que enfrentam a doença de Parkinson, o câncer e o diabetes. Como foi dito no famoso estudo de House, Landis e Umberson (1988) há muitos anos, o isolamento emocional é mais desastroso para a saúde do que o tabagismo, a obesidade ou a falta de exercícios. A ciência do apego, ao integrar biologia e conexão social, nos oferece prevenção direcionada e intervenções de melhoria da saúde para promover o antídoto para esse isolamento tóxico.

Abordagem efetiva do cuidado de suporte e da sexualidade

As realidades de apego moldam os outros dois elementos-chave das relações adultas, o cuidado de suporte e a sexualidade. Aqui, o mapa fornecido pelo apego, como em todas as outras áreas, ajuda o terapeuta a entender e a lidar com as questões de maneira pontual.

O cuidado de suporte que é sinalizado por altos níveis de apego ansioso costuma não ter sintonia e ser menos eficaz. As estratégias de cuidado de suporte tornam-se, então, compulsivas e controladoras e menos precisas em termos de interpretação das necessidades do parceiro. Parceiros altamente evitativos costumam desconsiderar suas próprias necessidades e as de seus parceiros, ser menos empáticos e menos propensos a ver os outros como merecedores de cuidados (Feeney & Collins, 2001). Isso parece acontecer também em relacionamentos de casais do mesmo sexo (Bouaziz, Lafontaine, Gabbay, & Caron, 2013). De forma significativa para o terapeuta de casais, os procedimentos de estimulação subliminar destinados a aumentar a sensação de segurança efetivamente provocam um comportamento compassivo e de apoio (Milkulincer et al., 2001, 2005). Esse efeito de estimulação é paralelo à experiência clínica na EFT, na qual raramente um parceiro, mesmo um evitativo, quando apoiado pelo terapeuta, não pode começar a responder à vulnerabilidade expressa pelo outro parceiro em interações-chave de vínculo. Considere Andrew, o resumo da não responsividade silenciosa no início da terapia. Dez semanas depois, quando sua esposa, Louise, expressa dor pela perda de seus sonhos de proximidade com ele, Andrew consegue dizer: "Quando você chora, eu fico todo confuso. Parte de mim só quer correr. Mas então eu me lembro das coisas que você disse nessas sessões e meu corpo se sente mais aquecido. Eu não quero que você se machuque, e eu não quero machucá-la. Eu quero consolá-la. Eu só não sei ao certo como fazer isso. Você pode me ajudar?"

A literatura sobre sexualidade e apego explodiu nos últimos anos (ver uma análise em Mikulincer & Shaver, 2016; Johnson, 2017). Conceitual e clinicamente, faz sentido que as qualidades que definem um vínculo seguro, ou seja, acessibilidade/abertura, responsividade e envolvimento sintonizado com os outros, também aumentem a capacidade de ler intenções, coordenar sinalizadores e se relacionar dentro do quarto. A segurança molda a confiança, o conforto e a capacidade de explorar a sensualidade, bem como a capacidade de se soltar e brincar nas interações sexuais (Birnbaum, Reis, Mikulincer, Gillath, & Orpaz, 2006). O sexo casual e desprendido, o foco exclusivo no desempenho e nas sensações com baixos níveis de intimidade e a menor satisfação sexual são mais comuns em parceiros evitativos; já o foco no sexo como termômetro do amor e na proximidade com o parceiro é mais comum nos que apresentam apego ansioso.

A insegurança se presta a menor autoestima sexual e maior ansiedade, sobretudo nas mulheres. Em geral, um relacionamento seguro, conectado e positivo parece ser a melhor receita para a realização sexual (Johnson & Zuccarini, 2010). Isso se reflete no fato de que os casais normalmente relatam uma vida sexual muito melhor em termos de frequência e de satisfação ao final da EFT (Wiebe et al., no prelo). Isso ecoa uma descoberta recente de que os níveis de proximidade e de sensibilidade, que se espera que aumentem na EFT, são os principais fatores que ligam apego inseguro e menor satisfação sexual em casais conflituosos e não conflituosos (Peloquin, Brassard, Delisle, & Bedard, 2013; Peloquin, Brassard, Lafontaine, & Shaver, 2014).

O apego oferece, então, uma ponte que nos permite integrar sexualidade e parentesco de forma específica e concisa, que integra intervenções de terapia de casal e de terapia sexual (Johnson, 2017). Assim como Hawton, Catalin e Fagg (1991) descobriram anos atrás, a experiência na EFT indica que os padrões de comunicação no início da terapia predizem os relatos de satisfação sexual dos parceiros. Além disso, à medida que esses padrões mudam, eles têm impacto positivo na conexão sexual. Isso pode ser especialmente crucial em termos de satisfação das mulheres, uma vez que todas as evidências sobre excitação feminina sugerem que as mulheres monitoram o nível de conexão segura em um relacionamento antes de permitir que sua excitação física seja experimentada como desejo real, e que este também é muitas vezes em resposta ao sentimento desejado pelo outro, e não à luxúria espontânea (Gillath, Mikulincer, Birnbaum, & Shaver, 2008; Basson, 2000).

O terapeuta EFT ajuda os casais a delinear ciclos de interação sexual, seja espelhando os principais padrões de um casal, seja fornecendo um contraste com esses padrões. Homens mais evitativos e retraídos buscam sua dança sexual, mas frequentemente são rejeitados, já que não oferecem conexão emocional segura em outros aspectos. Se o terapeuta ajuda esses parceiros a se moverem em suas emoções e os ajuda a compartilhar a necessidade de se sentirem desejados, isso pode mudar a percepção do outro parceiro de que ele ou ela é apenas um instrumento para alcançar o orgasmo e, assim, criar um novo clima na cama. Novas perspectivas que vinculam realidades de apego ao comportamento sexual moldam intervenções novas e direcionadas. É mais provável que o terapeuta EFT trabalhe a partir da base orgânica — a base interna e de baixo para cima das emoções e como elas são expressas pelo corpo — para moldar novos ciclos sexuais positivos, em vez de depender de intervenções de cima para baixo, orientadas por habilidades ou técnicas. Tais intervenções tornam-se irrelevantes quando não condizem com a realidade emocional do parceiro. Quando Terry é capaz de expressar o medo profundo de falhar que desencadeia sua disfunção erétil e receber conforto de sua esposa, enquanto também ouve que, para ela, a melhor parte de fazer amor é o toque terno dele, ele catastrofiza menos. Terry e sua esposa podem se tornar uma equipe lidando com a perda ocasional de sua ereção.

Ao trabalhar com casais do mesmo sexo (Allan & Johnson, 2016; Johnson & Zuccarini, 2011), aplicam-se todos os princípios e as técnicas que discutimos. É uma ironia fascinante que, assim como os casais heterossexuais parecem estar se voltando para relacionamentos mais desapegados e menos comprometidos, bem como para encontros ou relacionamentos abertos, jovens *gays* do sexo masculino, o grupo de pessoas associadas à promiscuidade na mente da maioria das pessoas, agora estão se voltando para a monogamia e o compromisso. Isso faz sentido. É difícil esperar e acreditar em apego seguro e compromisso quando seus relacionamentos são proibidos. Pesquisas documentam que cerca de 82% da população masculina *gay* agora aspira a relacionamentos comprometidos de longo prazo (Gotta et al., 2011). O terapeuta orientado ao apego aceita a evidência da ciência do apego de que os seres humanos estão naturalmente ligados ao amor romântico e ao que Bowlby chamou de apegos hierárquicos. Podemos estar apegados ao mesmo tempo a alguns outros que nos são preciosos, mas geralmente temos uma figura de apego central e primária e lutaremos para manter e proteger esse relacionamento. O apego seguro é uma estratégia de vida primária e sumamente funcional extremamente difícil de criar e sustentar em relacionamentos mais desapegados e menos comprometidos. O apego nos desafia de maneira ativa a rever alguns dos velhos mitos e convenções em torno da sexualidade, como, por exemplo, de que o compromisso de longo prazo com uma pessoa resulta naturalmente em uma familiaridade maçante que acaba com o erotismo e que a novidade constante é o ingrediente principal da paixão. Essa visão confunde o engajamento vivo e ativo que tipifica a conexão segura com a falta restrita de intimidade e responsividade. Em um vínculo amoroso, no qual a desconexão ocorre naturalmente, mas é seguida por nova sintonia e reengajamento, os parceiros se apaixonam repetidas vezes ao longo de seu relacionamento.

CONCLUSÃO

Acevedo e Aron (2009) completaram um estudo de escaneamento cerebral que mostrou que as respostas fisiológicas a um parceiro em certa proporção de parceiros recentes e de longo prazo eram idênticas, sugerindo que o amor romântico é muito mais do que uma resposta efêmera e pode durar ao longo do tempo. Em outro estudo, esses pesquisadores e outros colaboradores (O'Leary, Acevedo, Aron, Huddy, & Mashek, 2012) descobriram que 40% das pessoas casadas há mais de 10 anos relataram estar "intensamente apaixonadas". Eles então desafiaram diretamente os terapeutas de casal a se focarem em moldar intencionalmente as respostas que chamamos de amor, em vez de abordar tudo, exceto essas respostas, e esperar que o amor retorne como resultado de outras mudanças menos fundamentais. Obviamente, para responder a esse desafio, o terapeuta precisa ter compreensão detalhada e explícita sobre o amor propriamente. A ciência do apego nos oferece esse entendimento. A questão central do vínculo, "Você está aí para mim?", está implícita (e às vezes realmente explícita) em todos os conflitosa crônicos do relacionamento. No entanto, os parceiros podem não saber formular seu sofrimento nesses termos. Os relatos consistentes de casais na prática clínica, a ausência de desistências em pesquisas e na prática e os resultados da EFT em geral apontam para a *relevância* percebida desse foco no amor e na conexão emocional para os clientes, que muitas vezes dizem aos terapeutas EFT: "Você está chegando ao cerne da questão aqui. Essa coisa de vínculo realmente acerta em cheio. As coisas estão fazendo sentido pela primeira vez." A ciência e a prática do apego baseadas nessa ciência oferecem aos terapeutas de casal um porto seguro e uma base segura para ancorar e encontrar sua confiança e sua criatividade. Pisando no terreno sólido da ciência do apego, o campo da intervenção de casais pode avançar em um nível totalmente novo.

UMA ATIVIDADE DE APRENDIZADO EM CASA

Para você pessoalmente

Você consegue identificar um padrão ou ciclo negativo no qual você fica preso juntamente a um parceiro ou a alguém que você ama? Em termos mais simples possíveis, você pode esboçar os passos dessa dança negativa? Faça isso como se estivesse observando o que cada pessoa faz, como cada uma se move. Tente fazer isso a distância, sem julgamentos, e observe também como as ações de cada pessoa acionam as do outro em um ciclo de *feedback* recorrente ("Quanto mais você..., mais eu..., e mais eu...").

Como você lida com suas emoções mais vulneráveis nesse cenário? Que sinais você estaria enviando para o outro — o que o parceiro veria? Como um terapeuta empático pode resumir a dança que vocês dois fazem de forma que se sinta seguro e visto? Como esse terapeuta pode refletir os sentimentos superficiais que você estava mostrando e começar a introduzir os sentimentos subjacentes e mais vulneráveis que você está sentindo nessa situação, sobretudo quaisquer medos de apego que surjam?

Veja se você pode escrever o que esse terapeuta poderia dizer.

Para você profissionalmente

Um casal, Zena e Ted, fica bloqueado em seu ciclo negativo habitual que se parece com isto:

Zena: (*Em tom muito calmo e razoável e escrevendo notas em um bloco.*) Eu realmente não acho que esta seja uma discussão útil, Ted. Podemos simplesmente pagar as contas da maneira que você preferir. Há muitas formas de fazer isso. (*Lista três alternativas complicadas.*) Não vejo sentido em me emocionar com questões pragmáticas, tais como pagar contas. (*Começa a descrever como sua irmã e o marido dela lidam com essa questão.*)

Ted: (*Agitado e com raiva.*) Como chegamos até aqui? Eu estava falando sobre como nunca falamos nada a respeito de nós! Quando é que é bom se emocionar — você pode me dizer, madame sempre calma e tranquila? Eu estava falando sobre como fico preocupado com o dinheiro. Não preciso de uma maldita palestra sobre o que sua irmã faz. (*Bate com a mão no joelho.*) Se eu quiser uma contadora credenciada como esposa, vou sair e procurar uma. Você se parece com uma tagarela, só vomitando conselhos o tempo todo. (*Cobre os olhos com as mãos.*) Eu acho que nem somos mais um casal.

Zena: (*Pisca rapidamente, respira fundo e se inclina para trás em sua cadeira.*) Gostaria que você fosse razoável aqui. Eu realmente não entendo por que você fica tão chateado. Parece que você está sempre chateado. Alguns homens apreciariam uma esposa que o ajuda em problemas como esse. Mas parece que não importa o que eu tente fazer hoje em dia... (*Pausa longa; passa uma mão sobre a outra várias vezes.*) Este é um daqueles momentos em que, se estivéssemos em casa, eu normalmente desistiria e subiria para estudar, esperando até que você se acalmasse. Você não aprecia meus... esforços.

Ted: (*Voltando-se para o terapeuta.*) Ela não entende por que estou chateado. Talvez eu nem entenda por que estou tão chateado! Eu sou um maluco? Entendeu por que estou tão chateado aqui?

Como você, em termos mais simples, refletiria o ciclo desse casal para eles conforme ocorre aqui, incluiria suas aparentes consequências de apego e terminaria com uma afirmação que enquadra essa dança como o problema nessa relação?

Como você responderia à pergunta de Ted usando um enquadre de apego, sem invalidar ou criticar sua parceira?

Tente escrever o que você diria. (Estamos só fazendo um exercício; então, novamente, não há respostas erradas.)

LEVE ISTO PARA CASA E PARA O CORAÇÃO

- A terapia de casal, para ser direcionada e efetiva, requer um mapa delineando a natureza essencial dos relacionamentos amorosos, o que dá errado e o que exatamente é necessário para corrigi-lo.

- A desconexão emocional e a privação — necessidades de apego não atendidas por conforto, apoio e cuidado — estão no centro do sofrimento no relacionamento. A solução é a formação de acessibilidade emocional, responsividade e engajamento (A.R.E. — como em "Você está aí para mim?").
- A EFT para casais atende aos critérios para o mais alto nível de validação empírica, conforme estabelecido pela divisão de casais e famílias da APA, e descobriu-se que ela muda a qualidade do apego nos relacionamentos de casais.
- Os estágios da terapia — estabilização, reestruturação do apego e consolidação — e o processo e as principais intervenções de mudança terapêutica são os mesmos para EFT e EFIT. Os movimentos essenciais do Tango são os mesmos em todas as modalidades, exceto por algumas modificações que surgem do fato de que duas partes, muitas vezes hostis, estão na sessão com o terapeuta, em vez de apenas o terapeuta e um cliente individual. Por exemplo, o delineamento do ciclo negativo — o diálogo "demoníaco" no processo de reflexo do movimento do Tango da EFT — é mais elaborado, e algumas intervenções, como *interceptar a bala e semear o apego*, são mais relevantes e frequentes.
- Os quatro ciclos encontrados nos relacionamentos conflituosos, em que os parceiros alternam entre perseguir e fugir, são *encontrar o vilão, criticar e se afastar, congelar e fugir* e *caos e ambivalência*.
- O terapeuta de casal precisa saber como mudar de canal com os clientes para manter o foco no presente, no ciclo, e não nas falhas de um parceiro, na emoção, e não na discussão abstrata, no processo, e não no conteúdo, e no comportamento concreto, em vez de em rótulos ou diagnósticos.
- Como sempre, os alvos são os bloqueios à formação da dependência construtiva, tais como as feridas do passado que impedem a tomada de risco na sessão. O terapeuta EFT aborda tais bloqueios com o cliente e então os "suaviza". Dessa forma, podem ocorrer eventos de vínculo — conversas do tipo Hold Me Tight® — que mudam a segurança do relacionamento e os modelos internos de funcionamento dos parceiros. Em eventos de vínculo, os movimentos 2 a 4 do Tango são intensificados e utilizados até que novos níveis de engajamento seguro sejam alcançados.
- Compreender os relacionamentos amorosos e a natureza fundamental da responsividade emocional nos permite criar novos programas de educação de relacionamento, como o programa Hold Me Tight®, para utilizar esse tipo de programa para abordar problemas de saúde física que desafiam os relacionamentos e para entender outros aspectos dos relacionamentos amorosos, como sexo e cuidado de suporte, de novas maneiras.
- O que você entende, você pode moldar. A ciência do apego está nos levando a uma nova era de conceituar relacionamentos românticos e criar intervenções efetivas com casais.

Terapia de casais focada nas emoções em ação

Há muitos exemplos de casos e transcrições de processos de mudança bem-sucedidos da EFT na literatura de terapia de casais, bem como recursos de treinamento desses processos em diferentes estágios da terapia e com diferentes tipos de casais (ver listas de capítulos, artigos e recursos de treinamento em *www.iceeft.com*). Em vez de apresentar outro caso assim, neste capítulo, apresento uma sessão de consulta com um casal desafiador, que está cronicamente em crise e tem problemas que bloqueiam a reparação do relacionamento.

SARAH E GALEN: A HISTÓRIA DE FUNDO

Esse casal tem entrado e saído da terapia EFT por vários anos. Segundo seu terapeuta, eles se esforçaram até o final do estágio de estabilização. Nesse ponto, seu ciclo negativo de sofrimento está agora desescalado, e uma base segura foi estabelecida para o crescimento de ciclos de vínculo positivos. No entanto, agora o terapeuta está bloqueado e parece que não há progresso.

Sarah veio para a América do Norte como imigrante aos 20 anos, do que parece ter sido um passado muito abusivo. Quando criança, ela sofria *bullying* físico, sexual e emocional e era humilhada constantemente, sobretudo por um parente mais velho. Ela então conheceu Galen, casou-se com ele e logo teve dois filhos. Desde o início, o relacionamento dos dois consistia em "décadas de brigas violentas", com Sarah procurando Galen nos primeiros anos, mas depois entrando em fúria, fazendo ameaças constantes de se separar e colocando um muro entre eles. Galen, então, passou a procurá-la. Sarah admite que sua "defesa" habitual é lançar "insultos cruéis" contra Galen e "atirar-lhe pedras".

Em um incidente de violência anos atrás, Galen passou a noite na prisão, mas não foi acusado. A violência física não foi uma preocupação no momento em que entraram na terapia ou no momento desta sessão. Antes desta consulta, Sarah havia contratado vários advogados, mas concordou em mais uma tentativa de mudar o relacionamento. Nenhum dos parceiros parece ter experimentado apego seguro na infância ou um com o outro. Galen relata nunca ter conhecido o amor e a aceitação, e Sarah parece estar lidando com traumas complexos, conforme identificado pela especialista em trauma Judith Herman (1992); ou seja, ela é alguém que sofreu uma "violação da conexão humana" quando criança. As outras pessoas são, ao mesmo tempo, uma fonte ativa de medo e uma solução muito necessária para ele. Ao ouvir a apresentação do caso pela terapeuta, ocorre-me que, se Sarah tivesse sido atendida em minha clínica hospitalar anos atrás, ela sem dúvida já teria sido rotulada como *borderline*. Ao entrar na sessão, digo a mim mesma: "Esse é um 'casal de traumas' (Johnson, 2002; Greenman & Johnson, 2012), sempre preparado para o pânico do apego e vigilante quanto ao perigo e à injúria, e essa sensibilidade foi exacerbada por mais de 20 anos de conflito crônico. Então, siga com cautela".

O objetivo da sessão, definido pelo terapeuta que está trazendo o casal, é reforçar a desescalada e trabalhar um dos principais bloqueios para progredir no estágio 2 da EFT — a capacidade de um parceiro, nesse caso a parceira, de ver e absorver a busca vulnerável do outro, ou seja, começar a confiar nesses novos sinais, para que possa ser iniciada uma experiência corretiva de conexão segura. O terapeuta me conta que o casal sabe do seu ciclo negativo e do impacto que tem um no outro, e que Galen está agora correndo o risco e procurando sua parceira, mas depara-se continuamente com uma parede de suspeita e sarcasmo de Sarah. Ela se vê como em seu "casco de tartaruga" ou como uma "guerreira", sempre pronta para entrar no "modo de batalha".

Nos poucos minutos antes do início da sessão, Sarah se vira para mim e pergunta: "As pessoas realmente esperam por amor? Sério?" Não tenho a chance de respondê-la antes do início da sessão.

SESSÃO DE CONSULTA

Após as apresentações e uma curta conversa, começamos.

> **Sarah:** (*Para mim.*) Então, eu acho que essa coisa funciona, mas... o que acontece se duas pessoas não são certas uma para a outra, apenas crescem de forma diferente?
> **Sue:** Ah. Não tenho certeza de que duas pessoas são realmente "certas" uma para a outra por um longo tempo. Quase todos nós não sabemos dançar

juntos, mas espero que possamos ensinar uns aos outros. Se somos preciosos uns para os outros, ficamos, lutamos e aprendemos. Não há uma pessoa perfeita esperando por aí. Mas alguns relacionamentos são mais fáceis. Ouvi dizer que vocês dois não usavam uma grande conta bancária de confiança e segurança quando se conheceram, mas parece que vocês já cresceram muito aqui, mostraram muita coragem lutando pelo seu relacionamento!

Galen: Nunca chegamos a um lugar sólido, de mãos dadas e olhando para o pôr do sol juntos! (*Risos.*) É quase como se eu estivesse acostumado com o nosso relacionamento sendo uma batalha!

Sarah: (*Para mim.*) Mas agora eu fico quieta — não digo nada. Tivemos uma briga e tanto. Lutando como cães e gatos.

Galen: Mas agora ela nunca dança comigo! Chegamos a algum lugar de...

Sarah: Conforto... mais pacífico...

Galen: Mas eu gostaria de poder ir além, é difícil, você sabe... Qual é o próximo passo?

Sue: Ah, sim. Agora você gostaria de saber como criar a parte do ficar sólidos no pôr do sol juntos? — É isso? Você quer ficar mais junto de Sarah? (*Galen acena com a cabeça.*)

Galen: Mas não quero dizer nada que possa causar...

Sue: Uma discussão. (*Galen acena com a cabeça.*) Então você diz a si mesmo que precisa ter cuidado, cautela? Talvez esperando um sinal dela de que ela está pronta para deixá-lo entrar?

Galen: Exatamente. Exatamente. Mas eu não entendo.

Sue: Então as coisas estão mais calmas, menos perigosas. E você está do lado de fora da porta esperando, dizendo: "Aqui estou eu, querendo ficar mais perto. Você vai me deixar entrar?" [Reflete o processo presente — começando a mudar para o movimento 1 do Tango — capturando os elementos mais essenciais de sua posição.]

Galen: Estou esperando. Estou esperando. (*Olhando para Sarah.*)

Sue: (*Voltando-se para Sarah.*) O que acontece com você quando esse homem diz: "Sarah, estou esperando na porta"?

Sarah: (*Sorrindo.*) Bem, eu gosto de ser buscada. Eu não persigo mais. Fiz isso por anos e anos. Mas às vezes eu quero entrar em uma briga para realmente ter agitação em casa. Se eu me retirar... ainda me sinto rejeitada de alguma forma. Perco poder. Mas, se você não quiser me perseguir, tudo bem. Eu não me importo.

Sue: Hum. Mesmo sendo ruins, havia conexão nas brigas? Agora você pode se retirar, mas, de alguma forma, parece uma perda — não tão poderosa —, você ainda se machuca. É quase como se alguma parte de você estivesse dizendo: "Eu preciso que você venha e passe pela porta e me diga que você me quer, pois no fundo eu ainda me sinto rejeitada"? — É isso mesmo?

Sarah: Mais ou menos. Ele não foi honesto comigo quando nos casamos. Verifiquei e descobri coisas sobre a família dele que não tinha me contado.

Sue: E isso soou um alarme para você. (*Sarah acena.*) Você tem boas razões para estar vigilante. Aqueles que se aproximaram de você quando você era jovem eram perigosos, então os alarmes soaram. E assim você entrou nessa longa batalha com Galen e vocês se machucaram muito mutuamente. (*Sarah acena novamente.*) [Validando sua cautela.] E, Galen, você tem medo de cometer um erro aqui, então você espera... pelo sinal dela. (*Para Sarah.*) Mas é como se você estivesse dizendo a ele: "Você não virá me buscar? Não quero arriscar nem te procurar. Nem sei como abrir a porta".

Sarah: Quando ele dorme lá embaixo, eu o deixo lá. Mas fico chateada por ele não ter ido para a cama. E quando ele vai, eu ainda estou chateada. É como: "Oh, agora você está aqui!" [Aqui vemos um conjunto de vínculos clássicos sem solução; ela não pode arriscar ou procurar, mas ela ainda está carente e, quando ele se aproxima, ela se ressente e o rejeita. O caminho para a conexão de cura está fechado.]

Sue: Hum. Então você está se recusando a procurá-lo, mas ainda está meio zangada por ele não estar te procurando. (*Sarah ri.*) Ele está esperando que você mostre que o quer, não é isso, Galen? (*Galen acena.*) Nenhum de vocês tem o que quer. Vocês têm uma trégua, mas... parece que nenhum de vocês sabe realmente como seria um bom relacionamento aqui? É um território estrangeiro, estranho. Assim, ninguém realmente sabe como se mover. Mas é como se você, Sarah, estivesse dizendo: "Eu ainda me sinto rejeitada. Eu tenho um lugar sensível onde me machuquei. Eu preciso que você me mostre que me quer, que venha me buscar e me convide a entrar"? [Mensagem de apego aumentado — clareia o sinal dela. Preparando o terreno para o trabalho da sessão — focando no bloqueio dela para responder às propostas dele.]

Sarah: Sim. Eu diria que é isso. Sim... não sei como demonstrar interesse. Tenho que ir até o topo da montanha, mas não consigo mais subir. E então, havia aqueles tempos... (*voltando-se para Galen*) em que você não estava lá comigo. Minha irmã teve que ir me buscar no hospital quando eu tive nosso segundo filho. Tempos como esse.

Sue: Sim. Essas lembranças ainda doem, né? (*Ela acena, concordando.*) E fazem você lembrar como é perigoso precisar dele — querer contar com ele — para se abrir a ele. Então você precisa da ajuda dele. Depois de toda a luta, você não consegue escalar as montanhas para tentar chegar até ele. [Galen está observando e ouvindo isso atentamente. Talvez eu esteja apresentando uma imagem de sua esposa diferente da que ele costuma ver.] Você precisa da ajuda dele com isso. Você tem sido muito magoada — e a rejeição ainda dói. Você não consegue chegar — nem sabe ao certo como dar essa mensagem a ele —, como abrir a porta? Até isso exige muita coragem para estar aberta e dizer isso? [Geralmente reflito, valido e fico com seu bloqueio — sua relutância em confiar. Isso também faz parte do movimento 1 do Tango — refletir seu processo emocional presente.]

Sarah: Sim. Eu aprendi a ser independente. Então eu me deparo com o Chefe. Mas seria bom se ele cuidasse das coisas às vezes. Nós nos magoamos terrivelmente. Fiquei decepcionada e sozinha por anos, e ele teve sua própria dor. [Esse enquadre me mostra que eles estão de fato desescalando. Ela consegue reconhecer sua dor.]

Sue: Se ele cuidasse das coisas, se ele cuidasse de *você*, especialmente nisso. É essa busca por uma nova conexão que é meio desconhecida, mas que você ainda sabe que quer — como você se magoa, ainda dói quando ela não está lá. Lutar era uma forma terrível de se agarrar na conexão, mas... o afastamento também não é tão bom.

Sarah: Se ele cuidasse da conta do cartão de crédito — eu pedi para ele conferir os valores outro dia. (*Saídas para menor intensidade.*) Ele disse: "Não, não me peça para fazer isso".

Sue: Você precisa da ajuda dele agora, com a mudança para esse novo território emocional. E não parece funcionar pedir ajuda, mesmo com tarefas simples? Você está dizendo algo profundo aqui, Sarah. Você queria que ele estivesse com você, e ele não sabia como fazer isso, então você fez acusações e se confinou. Mas ainda há uma dor — um desejo de ser desejada — procurada — porque você é um ser humano (movimento 2 do Tango — organizando o sentimento corporal dela e dando sentido à sua narrativa atual, buscando a emoção mais profunda por baixo da agressão protetora.]

Sarah: (*Rápido e em voz alta.*) Eu não o deixo cuidar de mim porque ele nunca fez isso. Eu não tranco a porta!

Sue: Certo. Alguma parte de você quer que ele chegue e te pegue — que a ajude a se mover em direção a ele. Mas você não consegue abrir a porta — mesmo que ainda esteja desejando — apesar de sua raiva e sua decisão de não precisar, de ser independente. Você ainda deseja uma conexão com Galen. (*Sarah sorri para mim e acena com a cabeça.*) Você pode dizer a ele — a porta não está trancada, mas eu não consigo abri-la? Não posso correr o risco de me machucar de novo.

Sarah: Eu odeio esse pedaço — essa é a parte que eu odeio.

Sue: (*Calma e gentilmente.*) Todo mundo odeia esse pedaço. Parece arriscado. Você pode dizer a ele — eu não sei como abrir a porta agora. Isso não é seguro, é muito arriscado. [Movimento 3 do Tango — pegue uma resposta emocional esclarecida e use como música para criar um novo movimento de dança — um encontro mais engajado.]

Sarah: (*Com o ombro voltado para Galen.*) Não sei como. Não sei como. Como deixar você entrar.

Galen: (*Olhando para mim.*) E então eu tomo isso como rejeição — fico confuso. E assim apenas tento lidar com isso por conta própria.

Sue: Sim. Isso é muito normal, muito natural. Vocês entraram nessa dança sabendo que precisar de alguém era muito perigoso, nunca tendo visto como é uma dança segura e em sintonia. Então, naturalmente, quando vocês perderam o equilíbrio e machucaram um ao outro, vocês se sondaram, pegaram suas armas, colocaram suas armaduras. Mas olhe para vocês agora. Vocês estão aprendendo a ser abertos e trabalhando arduamente aqui. É incrível ouvir a dor que lhes diz para tentar dar ao outro a chance de aprender como amar. [Movimento 5 do Tango — validar.] A ironia, Galen, é que, se não amasse essa mulher do jeito que a ama, você não se sentiria tão ameaçado, rejeitado. Você apenas a veria, e responderia talvez como faria a uma criança que precisa de sua ajuda, mas você está com medo de ficar preso em todas essas batalhas e mágoas novamente. Então você fica parado, inseguro.

Galen: Eu a amo muito. Não quero machucá-la.

Sue: Sim. Eu acredito em você. O que acontece com você quando ela diz: "Eu não sei como deixá-lo entrar"? [Técnica de pergunta evocativa — parte do movimento 4 do Tango — processar o encontro coreografado.]

Galen: Sinto-me rejeitado. Não fazendo parte de um casal.

Sue: Alguma parte de você diz: "Talvez ela não me queira"? Isso seria assustador!

Galen: Sim. É assustador. E ela dizia isso nas nossas brigas. Então eu só tento manter a paz... mas ela entende isso de maneira diferente.

Sue: Certo. Então vamos ficar por aqui. Esse é um momento-chave. Vocês ficam presos a distância quando poderiam estar se movendo em uma direção totalmente nova. Muitos de nós ficamos presos aqui. Sua esposa está em um lugar estranho e assustador — um lugar que ela não conhece — preocupada em confiar em você e se lembrando das vezes em que se machucou — decepcionou —, pois todas as dores machucam. Está com medo de abrir a porta para você. (*Eu olho para Sarah, inclino-me para a frente, ela acena. Coloco a mão no joelho dela.*) Você sabe que quer mais, mas congela com a ideia de outra briga — sente-se insegura. E você espera um sinal claro dela, de que ela quer correr o risco de se aproximar. Mas não há um sinal claro, então você diz a si mesmo: "De qualquer forma, ela não me quer". E assim ela decide que você não vai procurá-la, e a dor surge novamente nela. Ambos acabam se sentindo rejeitados — sozinhos e presos. Isso é difícil, difícil. [Retorno ao movimento 1 do Tango — refletir ou espelhar a dança emocional que define o relacionamento central atualmente em termos de apego. O terapeuta também está sinalizando o bloqueio — o lugar essencial em que estão presos no relacionamento desse casal.]

Galen: Exatamente. Sim. Exatamente. Não sei se ela está esperando um sinal meu! Não quero fazer errado.

Sue: Certo. Você está sendo cuidadoso aqui — cuidadoso. Você não entende que ela precisa da sua ajuda, que ela não pode abrir a porta, que ela precisa que você entre e a busque, mostre a ela como estar perto? (*Ele olha para Sarah agora como se não soubesse quem ela é.*) Mas Sarah, você tem dificuldade em enviar um sinal claro aqui, não é? Você não pode realmente enviar um sinal de "venha me buscar — me ajude"? [Este é um dos bloqueios típicos ao reparo e à reconexão do apego — ela não consegue pedir o que precisa.]

Sarah: (*Suavemente.*) Eu não faço isso, não quero deixar que ele... que ele... cuide de mim.

Sue: (*Inclinando-se para a frente, em uma voz suave e lenta.*) Sim. Talvez você nunca tenha se sentido segura, acalmada, cuidada e consolada e aprendido a se soltar e relaxar nessa proximidade — nunca teve isso. Então seu cérebro diz: "Você está brincando?... Tome cuidado.... A única coisa real é a batalha... Isso não é seguro". (*Sarah chora.*) Mas então você está sozinha. E você tem essa dor. Porque quando conheceu Galen, você se deixou desejar por essa conexão segura — não é? Mas você ficou tão magoada, ferida. Parece que é mais seguro apenas conviver com a dor — desistir do desejo? [Movimento 2 do Tango — aprofundar o conflito emocional entre o desejo e o medo de se machucar.]

Sarah: Não consigo deixar de lado a mágoa do passado. Não consigo esquecer.

Sue: Você não precisa esquecer, Sarah. Essas mágoas importam. Mas você e Galen podem ajudar um ao outro com elas e superá-las. Acho que você já fez um pouco disso na terapia. Agora parece que você está dizendo a Galen: "Eu não posso arriscar aqui. Preciso da sua ajuda, não posso abrir a porta. Eu nem sei o que é ser amada de verdade, não consigo imaginar aceitar isso". Hum...

Sarah: (*Suave e cheia de hesitação.*) Eu simplesmente não consigo falar sobre isso. Não sei como fazer isso. (*Para Galen.*) Eu não sei como pedir sua ajuda, confiar em você. [Sarah faz sozinha o movimento 3 do Tango.]

Sue: (*Suavemente.*) E parece perigoso, eu acho. Você aprendeu a se cuidar — tomar cuidado — e lutar. E isso também aconteceu com Galen. Então você está dizendo a ele: "Eu não sei como abrir a porta para podermos aprender a dançar juntos de uma nova forma — de um modo mais seguro, mais próximo". Mas você está dando um passo — aqui mesmo — compartilhando isso — dizendo como é difícil. [Uma breve mudança para os movimentos 4 e 5 do Tango — processar o encontro e validar/integrar.]

Sarah: Sim. Isso é encorajador. (*Sorri de leve.*)

Sue: Galen, ouvi dizer que você é cuidadoso. Você não quer voltar para a guerra novamente. (*Galen concorda, acenando com a cabeça.*) Mas você sabe como cortejá-la, como ajudá-la a se mover em sua direção? Você a cortejou, lá atrás?

Galen: (*Sorrindo.*) Sim. Eu fiz. E me ajuda muito saber que ela precisa da minha ajuda aqui. Eu gostaria de estar aqui para ela. [Isso confirma a avaliação e as declarações do terapeuta em sua introdução a este caso, antes da sessão. Galen está se reaproximando e tentando estar presente para sua esposa.] Saber que ela precisa de mim! (*Ele se volta para ela.*) Preciso ouvir isso. Realmente.

Sue: (*Amplificando sua mensagem.*) Você está dizendo: "É assustador para mim também me aproximar após todas as nossas batalhas e nossas feridas. Mas se eu sei que você precisa de mim, e talvez eu possa descobrir como ajudar. Será que eu posso ajudá-la a se sentir segura o suficiente para se aproximar? Mas é assustador para mim também". Você pode dizer a ela?

Galen: (*Para mim.*) E se eu der um passo errado e pisar no pé dela? Existe a incerteza. Posso fazer errado. Mas, se ela precisa de mim, então é como se eu tivesse encontrado a resposta!

Sue: Ah, ajuda muito saber que você é importante para ela — então você tem um caminho a seguir. Você foi pego sendo muito cuidadoso. Foi pego em: "Não devo dar um passo errado aqui". Mas agora, quando você ouve que por baixo dessa distância, dessa cautela, Sarah ainda sofre com a rejeição, que ela precisa de alguma ajuda de você, que ela está em território estrangeiro, que ela não sabe o que realmente é se sentir segura, amada e cuidada — então ela não pode te buscar, não pode arriscar. Então isso parece melhor, mais claro talvez. (*Galen acena.*) [Repetição para ajudá-lo a consolidar essa imagem de sua esposa e continuar a envolvê-la em torno desse enquadre.] Como seu corpo reage a isso, ao ouvir que ela está meio congelada — esperando que você a corteje, que a ajude a se mover em sua direção? [Movimento 4 do Tango — processar o encontro que Galen e Sarah estão criando aqui.]

Galen: (*Risos.*) Me dá arrepios. (*Peço com a mão para que ele lhe diga isso. Ele se volta para ela.*) Descobri que você precisa de mim para ajudá-la — para dar um passo e cortejá-la. Uau! (*Sarah cai na gargalhada.*)

Sue: Você pode aceitar isso, Sarah? Você consegue ver como ele quer saber como encontrar um caminho até você?

Sarah: Bem... Vou tentar. Mas o dragão aparece. A parte de mim que quer me proteger.

Sue: E o que esse dragão diz para você? (*Sarah fica calada.*) Talvez diga que ele vai te decepcionar de novo? [Interpretação no limiar da sua experiência a serviço de promover o processo do movimento 2 do Tango — aprofundar a emoção que molda a forma como ela dança com Galen.]

Sarah: Isso mesmo. Diz que ele vai me decepcionar de novo.

Sue: Sim. E nos decepcionamos no amor. Não podemos dançar juntos e estar sempre sintonizados. Não podemos nunca pisar nos dedos um do outro. Mas você está aprendendo a entender e curar esses deslizes — essas falhas. E eu entendo que isso não é o que você viveu em sua vida antes e com Galen. Você se machucou terrivelmente. Como é ouvi-lo dizer que fica arrepiado quando ouve que há uma forma de se aproximar de você?

Sarah: Sinto-me bem. Bom. É um salto de fé. Será um salto de fé. (*Volta-se para Galen.*) Quando eu tentei fazer isso, acabamos brigando. Você gritou comigo. [Novamente, Sarah se move para um encontro mais engajado com seu parceiro — movimento 3 do Tango — sem que a terapeuta insista. À medida que a terapia prossegue, o processo do Tango flui de maneira natural, com o casal assumindo o lugar do terapeuta e moldando o processo.]

Sue: Como você se sente ao dizer isso? É um salto. Já foi tão ruim antes, você ficou tão machucada. Quando você ouve que ele quer que você corra o risco de se abrir...

Sarah: (*Seu rosto é afável aqui.*) Assustada. Como saber o que vai acontecer? Não me sinto segura.

Sue: (*Inclina-se para a frente e toca o braço de Sarah.*) Sim. Você está dizendo que este é um lugar difícil de se estar — um lugar assustador — pensar em arriscar-se, dar um salto de fé, deixar entrar a esperança de que Galen possa estar lá. É como "Eu vou me deixar levar pelo seu amor — me deixar ter esperança — após a dor. Eu ficarei..." [Movimento 2 do Tango — aprofundar a emoção — explorar o medo catastrófico que mantém Sarah presa.]

Sarah: Nua de alguma forma. Só de estar aqui agora já é assustador!

Sue: Sim. (*Respeitando sua ambivalência.*) Uma parte de você deve estar apenas dizendo não (*Sarah acena concordando mais de uma vez*), que você vai se ferir novamente. Mas aqui está você, falando sobre esse salto de fé. Você não simplesmente se recusou. Você disse: "*Será* um salto de fé". E tem razão. Ele poderia machucá-la — por um momento, você não terá sua arma e sua armadura. Você me fez aquela pergunta no início, antes da sessão, a respeito do amor. Parte de você ainda está lutando aqui, perguntando: "Posso ter esperança nisso?" Você está arriscando só por estar aqui. E você precisa da ajuda dele — para acalmar sua parte do dragão protetor? (*Sarah acena, concordando.*) Vocês assustam um ao outro. Parece que vocês sabem como encontrar os lugares aconchegantes e atacar ou deixar o outro do lado de fora. Mas aqui estão vocês — em um território estranho. E, Sarah, você está se perguntando: "Pode haver alguém para realmente cuidar de mim? O que acontece quando estou aberta e despida com alguém — posso dar um salto de fé?" Muito difícil. O que está acontecendo enquanto conversamos, Sarah? É um risco tão grande se abrir e dar a ele a chance de te acolher, de te cortejar? [Nesse tipo de momento da EFT, o significado existencial da luta de um parceiro torna-se vividamente aparente — os temas do isolamento, do conflito, da escolha e do medo do desamparo são claros.]

Sarah: (*Suavemente.*) As pessoas fazem isso? As pessoas conseguem fazer isso? Estou só perguntando. Talvez o amor nunca funcione. [Esse é o tipo de pergunta que parte o coração do terapeuta, e é uma pergunta para a qual o terapeuta deve ter uma resposta autêntica!]

Sue: Sim. As pessoas fazem isso. E é assustador para todos nós. Mas é especialmente assustador quando as pessoas com quem você contava quando era muito pequena a feriram — a traíram —, ensinando-a que a proximidade era perigosa, e quando você e seu parceiro não sabem como criar um lugar seguro. Você e Galen ficaram muito presos em suas batalhas, mas as pessoas fazem isso. Queremos alguma coisa — algo realmente importante.

Sarah: Sim — eu quero a conexão. Quero vivenciar isso. Acho que nunca tive isso, de jeito nenhum. (*Ela chora.*)

Sue: Hum — difícil viver sem isso, não é? (*Sarah acena, concordando.*) Mesmo que nunca o tivéssemos, sabemos que há algo que desejamos — uma dor quando isso está faltando. Isso é triste — nunca ter tido isso —, muito doloroso. E o desejo ainda está lá. Você pode dizer isso a ele? [Estímulo direto do desejo inato de apego. Movimento 3 do Tango, após aprofundar sua emoção, coreografar um encontro envolvente em sintonia com essa emoção aprofundada.]

Sarah: (*Para mim.*) Eu nunca tive essa conexão, nem com minha própria mãe! Ninguém para me proteger, para vir me buscar! Eu não sei como fazer isso... essa coisa de conexão. (*Ela chora.*)

Sue: Aha — então é muito arriscado até mesmo ter esperança, sentar-se aqui e dizer a Galen: "Eu preciso da sua ajuda. Eu preciso que você venha me buscar, que me ajude a abrir a porta. Isso é triste e assustador — mas eu ainda quero essa conexão". (*Aprofundando a emoção com a proxy voice.*) Você pode dizer isso a ele? (*Aponto para Galen.*)

Galen: (*Interrompe.*) Vou mostrar-lhe como fazer isso. Eu quero lhe mostrar. Eu a ajudarei. Posso não ser nenhum especialista, mas acho que posso fazer isso — eu quero. Aprendi algumas coisas sendo pai, e meu tio me disse...

Sue: (*Interrompendo e voltando ao foco.*) Galen, você quer estar lá para ela — para interromper sua dor — para ajudá-la a se sentir segura — sim — diga a ela.

Galen: (*Para Sarah.*) Não suporto vê-la sentar e chorar assim. Vou mostrar-lhe como fazer isso. Eu estarei lá. Vou errar às vezes, mas... se eu souber que você precisa de ajuda... os erros podem ser difíceis... (*Perdendo o foco.*)

Sue: Você não quer que ela se machuque? Você quer estar lá para ela? Para ajudá-la a se sentir segura e não ter que passar a vida toda se preparando para pegar uma arma — isso é muito solitário. Mas é difícil para ela se arriscar, confiar. Você pode dizer a ela novamente? [Voltando ao foco e mantendo-o no movimento 3 do Tango.]

Galen: (*Para Sarah, inclinando-se para a frente, suavemente e com intensidade.*) Eu só quero estar lá para você. (*Sarah está olhando para Galen.*)

Sue: (*Suavemente.*) Você consegue ouvi-lo, Sarah? Você pode começar a aceitar isso?

Sarah: Estou lutando para aceitar. Minha mente está correndo — para confiar.

Sue: Sim, é muito difícil se arriscar diante de toda a sua mágoa. Como ele pode ajudá-la? Aqui mesmo, agora, como ele pode ajudá-la?

Galen: (*Convincentemente.*) Diga-me. Fale-me. O que você precisa que eu faça?

Sarah: (*Muda de canal, faz uso do humor.*) Aqui mesmo? Não, tem muita gente assistindo!

Sue: (*Ela desligou, então eu trabalho para intensificar o convite dele.*) Uau, Galen. Você está alcançando-a agora. É quase como se você estivesse dizendo: "Eu só precisava que o sinal fosse claro, para saber que você precisava de mim. Quero ajudá-la, não machucá-la". O que eu vejo e ouço é que você está realmente com ela agora. Esse sentimento é urgente; vê-la presa em seu medo e saber que ela ainda quer conexão apenas te deixa motivado! Você quer muito cuidar dela, não é? [Reforçando a mensagem dele e seu significado de apego.]

Galen: Sim. É como se eu acordasse — *uau*. Eu simplesmente não sei como dizer isso, como chegar até ela. Não sei como fazê-la sentir isso — acreditar, confiar em mim, me dar uma chance.

Sarah: (*Para mim, ela muda de canal, usando um tom intelectual.*) Sim — como se constrói confiança, afinal?

Sue: Desse jeito. Você está fazendo isso. Pelo que me disseram, Sarah, mesmo antes de conhecer Galen, você não tinha nenhuma razão possível para confiar em um homem novamente — para se colocar nas mãos de um homem. Mas você lutou junto com Galen, e nenhum de vocês sabia como criar um espaço seguro e amoroso, e aqui estão vocês. Você está aqui fazendo essas perguntas difíceis. Está correndo pequenos riscos com ele, e pedindo que ele a ajude com seu medo. Incrível. Muita coragem. Galen, você também está superando seus medos — medos de ser derrotado na batalha — e de fazer um movimento errado e decepcionar Sarah. Você está alcançando-a — correto. [Movimentos 4 e 5 do Tango, processar o encontro e validar/integrar o processo em andamento aqui.]

Galen: (*Para Sarah.*) Sim. Sim, estou. Eu estou buscando alcançar você. Quero que você dê um salto de fé.

Sarah: (*De repente parece pequena e tímida.*) Eu... eu não sei o que dizer. Isso me faz sentir muito... estranha.

Sue: Você não está acostumada com isso. (*Sarah balança a cabeça.*) Este é um lugar estranho para você. Quando estamos assustados e a música é nova, não costumamos pular como uma bailarina, estamos desequilibrados. Tememos que a outra pessoa nos deixe cair. (*Sarah ri.*) Você disse que queria a conexão com Galen, mas, quando ele está aqui, é estranho. Diferente. Aqui está ele, cheio de energia, pedindo que você arrisque se abrir para ele, para começar um novo tipo de dança. [Voltando ao movimento 1 do Tango e à intervenção de refletir o processo presente.]

Sarah: Sim, eu entendo, mas também estou lutando para isso. Eu quero muito a conexão. Mas não tenho certeza se quero ir para lá — será que isso faz sentido?

Sue: Você pode apostar que sim. Sim. Você quer estar perto, mas minha sensação é de que alguma parte do seu cérebro lhe diz: "Você está louca? Fique atenta, apenas fique com o que você sabe, que é lutar ou mantê-lo afastado. Silencie essa esperança, esse desejo, e espere até que o inimigo apareça! Você sabe disso". [Usando a *proxy voice* para mantê-la engajada em sua emoção e validando seu medo e a necessidade de que ela esteja vigilante.]

Sarah: Até agora o inimigo sempre apareceu. Tive um pai e cinco irmãos. E então entramos em nossa guerra. Então...

Sue: Você é uma lutadora, feroz. Você pode dizer a ele: "É muito difícil para mim abaixar minhas armas e pedir sua ajuda — mostrar que preciso de ajuda aqui. É difícil admitir que eu quero a conexão e não consigo alcançá-la, pois isso é muito assustador. É aterrorizante". Está certo isso? (*Ela acena com empatia.*) [Sintonia e interpretação empática são relativamente simples aqui, dado o mapa da EFT de significados de emoção e de apego.] É como pular no espaço para dizer: "Preciso da sua ajuda com esse medo". Se isso estiver certo, você pode dizer a ele?

Sarah: (*Para mim, sorrindo entre lágrimas.*) Você é tão boa! [Saída em potencial — desvio.]

Sue: Não! Eu simplesmente conheço essa dança. É *você* que é boa e corajosa. Você está dando um novo passo aqui. Eu apenas dei um pouco de direção, um pouco de segurança. Você pode dizer a ele? [Se o terapeuta sabe que está no alvo, ele pode persistir enquanto mantém espaço para resistência e ambivalência.]

Sarah: (*Para Galen.*) Você consegue captar os sinais se eu perguntar? Eu faço piadas às vezes, e você não as entende!

Sue: (*Para Sarah.*) Ah. E eu entendo? Você meio que dá um sinal sobre isso — precisando de conexão —, mas disfarçado, como uma piada. O sinal está disfarçado. É menos arriscado assim. (*Ela ri e concorda.*) Mas aí ele não entende! E seu eu guerreiro diz: "Isso é tolice, você acha que ele vai responder. Ele simplesmente decepcionou você de novo! Vá para o inferno com toda essa coisa do risco".

Sarah: Exatamente. Sim.

Sue: Sim. Acho que todos nós fazemos isso quando não nos sentimos seguros, não é? Tentamos nos esconder e chamar ao mesmo tempo. Não queremos ser vistos — vistos em nossos lugares tranquilos. Também faço isso com meu marido. Eu o chamo em grego e depois fico com raiva porque ele não entende minha mensagem. (*Todos nós rimos.*) Espero que ele decifre minha mensagem sem que eu corra o risco de ser clara, de saber que estou com medo por trás de todas as minhas palavras. Mas ele não entende a mensagem. [A autorrevelação disciplinada para normalizar e evitar a vergonha faz parte da EFT.] É tão difícil arriscar, perguntar, ser visto, sair e dar um salto de fé... Podemos nos machucar muito. Queremos a conexão sem o risco. Eu também! (*Mudança de tom.*) Mas Galen está aqui (*Ele realmente está — intensamente engajado, inclinado para a frente.*), e ele quer ouvi-la. (*Devagar.*) Sarah, quando ele realmente ouve — ele está aqui! (*Sarah olha para ele, estudando seu rosto.*) Deve ser difícil aceitar isso, Sarah, acreditar que essa conexão — que sempre esteve fora de alcance — está sendo oferecida. Ele quer cuidar de você. [A mensagem dele pode estimular o desejo dela, acalmar seu medo e oferecer-lhe a solução para seu dilema existencial. Limito-me a repeti-la.]

Sarah: (*Interrompe, chorando.*) Eu quero. Desejo isso. Estou tão só. Mas agora não sei como deixá-lo entrar. Não sei como é... Como saber se é real? (*Olhando para o chão.*)

Galen: (*Suavemente.*) Quero ajudar você, Sarah. Eu quero que você se sinta... sinta... bem... amada.

Sue: Sarah, você pode olhar para Galen, por favor? Você o ouviu? (*Ela olha para ele.*) Galen, você pode dizer isso novamente, por favor? (*Ele o faz. Sarah parece confusa. Ela está no limiar de sua experiência conhecida e quebrando todas as suas regras.*) Você tem tanta coragem, Sarah, de estar tentando aceitar isso, de dizer: "Eu preciso de conexão, Galen". Isso deve ser tão assustador para você, para se permitir sentir essa necessidade e admitir que precisa de ajuda aqui. Sua única maneira de sobreviver tem sido pegar uma arma ou evitar acesso a outras pessoas — vê-las como inimigas. Este é um tipo novo de luta — não é? Mas você está dando um salto — um salto longe de lutar sozinha —, mostrando a Galen onde você está, para que ele possa vir buscá-la! O que acontece com você quando ele diz isso: "Eu quero que você se sinta amada"? [Movimento 4 do Tango — processar o encontro.]

Sarah: (*Alternando olhares entre mim e Galen. Falando em voz baixa e intensa.*) Não quero ficar sozinha. Sinto que estou sozinha o tempo todo, e estive sozinha por... desde sempre.

Sue: Sim. Sim. (*Suavemente.*) Você está dizendo a ele: "Estou lutando para dar esse salto de fé, para correr esse risco — só que dói muito estar sozinha. Não quero ficar sozinha. Não posso mais ficar sozinha. Preciso da sua ajuda". [Refletindo seu dilema existencial, a essência de todo trauma complexo, a escolha entre o perigo do isolamento ou o perigo da conexão potencial e de ser novamente traumatizada. O desejo de apego é mais forte do que o medo aqui.] Você consegue ouvi-la, Galen? O que acontece com você quando ela diz isso?

Galen: (*Sorrindo e tocando em Sarah com a mão.*) Eu a escuto — eu escuto você. Só quero abraçar, te abraçar. (*Sarah acena e sorri.*) Tem sido tão difícil, todas as lutas, bagunçando nossas vidas, a vida de nossos filhos.

Sue: Você pode ouvi-lo, Sarah — aceitá-lo?

Sarah: (*Sorrindo e chorando.*) Eu o escuto. Eu o escuto. Sinto-me bem.

Sue: (*De repente consciente de que estamos passando da hora.*) Hum — se seus filhos pudessem vê-los agora! Ficando com esses sentimentos difíceis, sendo tão honestos, enfrentando medos enormes, arriscando — aprendendo a confiar! Uau. Esse é o início de um tipo diferente de luta, que você pode continuar com seu terapeuta, correndo pequenos riscos, aprendendo a ajudar um ao outro. É uma luta voltar para casa, um para o outro. Ninguém nunca mostrou a nenhum de vocês como fazer isso — vocês nunca tinham visto uma conexão segura —, não sabiam como fazer isso acontecer, e vocês ficaram presos em uma dança que apenas continuava confirmando todos os seus piores medos. Mas olha o que vocês conseguem fazer! Depois de todas as dores, depois de todos os lugares em que vocês estiveram. Isso é especial. Isso é enorme. Galen, você disse: "Estou apenas de pé, esperando o sinal dela, preso em cuidados, com medo de fazer errado, então não a procuro". Sarah, você disse: "Eu não posso me virar para ele. É muito assustador. Um salto de fé. Não quero ficar sozinha, mas... Preciso da sua ajuda para me aproximar, arriscar. Venha me ajudar a sair da minha proteção, da minha prisão. Preciso da sua ajuda". Olha o que você fez! [Movimento 5 do Tango.] Isso é incrível, pessoal. Sinto-me honrada por estar aqui com vocês.

A sessão, então, é encerrada. Após um pequeno intervalo, o *feedback* do grupo de pessoas que assistiram a essa sessão em vídeo é dado ao casal. Esse *feedback* é enquadrado em mensagens megavalidadoras de apoio e de incentivo. A intenção é dar ao casal uma experiência de ser visto, acolhido, compreendido e apoiado — de ter uma base segura — e incentivar o progresso na terapia.

COMENTÁRIOS SOBRE A SESSÃO

Esta transcrição é fundamentalmente precisa, mas um tanto destilada, na medida em que, na sessão real, refleti e repeti mais, para aprofundar o envolvimento emocional do parceiro com o processo experiencial. Quando as pessoas estão processando a ameaça em um lugar emocional desconhecido, a experiência me diz que elas precisam ouvir um sinal, um novo enquadre, pelo menos 5 a 6 vezes, para realmente começar a absorvê-lo. Gosto de pensar nessa repetição em termos de sussurro da amígdala. Assim como ao acalmar um cavalo desesperado, o terapeuta ajuda o cliente a passar da atenção consumida pelo alarme inundado, até bloquear qualquer novo elemento ou resistência, ao relaxamento gradual e uma curiosidade minúscula sobre o novo elemento, até retardar o envolvimento com esse elemento aceitar o novo elemento com tranquilidade e a regulação decrescente da ameaça, que então começa a alterar os padrões existentes de como a vida interior de um cliente é organizada.

Esta sessão é especialmente interessante, na medida em que podemos ver como surgem bloqueios ao processo de vinculação, que impedem a criação de momentos de dependência construtiva. É assim que a insegurança se desenrola e se recria. Esses bloqueios, que se alimentam uns dos outros em uma cascata de desorganização e sofrimento, podem ser vistos na pesquisa "Situação Estranha" original, com mães e filhos, e em sessões de EFT; eles podem ser resumidos desta forma:

- Uma perda de equilíbrio emocional em momentos de angústia de separação, a ponto da inundação reativa ou entorpecimento. Perde-se a conexão organizada consigo mesmo e com a experiência emocional nuclear. A sintonia com as próprias emoções de apego é, então, muito difícil. É interessante notar aqui que, na ciência do apego, a comunicação precisa e coerente por parte do cuidador principal em relação às emoções relacionadas ao apego é considerada o principal determinante do posterior estilo de apego de uma criança (Shaver, Collins, & Clarke, 1996). Essa pessoa ajuda a criança a detectar, refletir e atuar sobre os sentimentos de forma coerente, modelando uma teoria da mente para a criança. A criança, então, encontra-se no outro.

   Exemplo
   Esse problema de apego pode aparecer no consultório do terapeuta da seguinte maneira: um cliente diz: "Tudo bem. Então eu fico com raiva o tempo todo. Todas essas pequenas coisas me fazem incendiar. Mas... Eu nem sei por que estou com tanta raiva". Ou: "Estou bem. É o que acontece. O que você quer dizer com como eu me sinto em relação a isso? Uau, viu aquele carro passando? Foi tão rápido".

- Uma falta de habilidade de formular mensagens emocionais claras e coerentes para a figura de apego e, assim, potencializar as respostas de apego dessa figura. Sinais claros são obviamente difíceis de moldar se formos inundados ou anestesiados, ou se formos pegos em luta ou fuga.

   Exemplo
   No consultório do terapeuta, uma cliente pode dizer, com a voz vazia: "Não sei do que preciso. Sinto-me muito triste. Mas eu, com toda a certeza, não me casei para ficar sozinha o tempo todo. Você joga isso o tempo todo". Ou: "Eu não deveria ter que dizer como me sinto. Se você me amasse, saberia". As propostas por mais conexão são muitas vezes coloridas com emoções mutáveis ou mensagens conflitantes. A ameaça inerente embaralha a capacidade do outro de decifrar mensagens. Como minha cliente me diz: "Eu quero que ele responda, me pegue. Mas, para ser vista, realmente vista como vulnerável, prefiro que não".

- Uma falta de habilidade para receber uma resposta positiva e ser acalmada. Vemos na sessão que alguns parceiros exigem calma e tranquilidade, mas, quando lhes são oferecidas, não são reconhecidas, confiáveis ou integradas, por isso são deixadas de lado.

    Exemplo

    No consultório do terapeuta, Cory pede e recebe uma oferta de tranquilidade de Steve, mas depois a desconsidera. Ele lhe diz: "Se você pode fazer isso agora, então onde você esteve durante todos aqueles nossos anos juntos? Você está apenas dizendo o que você acha que eu quero ouvir!" Steve está, então, em um verdadeiro impasse.

- Uma falta de habilidade para sintonizar e retribuir o cuidado com um parceiro. Os bloqueios de processamento mencionados para o vínculo ocorrem dentro de um indivíduo, mas é evidente que alguns indivíduos evitam oferecer qualquer empatia ou cuidado ao seu parceiro.

    Exemplo

    Na sessão, Joan me diz: "Sim, eu vejo a 'dor' de Bill, como você a chama. Mas, para eu responder a isso — bem, isso apenas negaria todas as coisas ruins que ele fez comigo. Ele só quer fugir da responsabilidade". Os parceiros com apego evitativo se fecham justamente quando eles ou seus parceiros se tornam vulneráveis.

- Falta de habilidade para integrar um porto seguro e uma base segura em novos significados com relação a modelos do próprio *self* e dos outros, e assim ser capaz de começar a confiar nos outros como um recurso. Revisar um modelo interno de funcionamento implica a capacidade de generalizar a partir de uma nova experiência específica; às vezes, isso é difícil para as pessoas fazerem.

    Exemplo

    Na sessão, Jim desconsidera a nova responsividade de sua parceira. Ele me diz: "Sim, ela está me dizendo agora que se importa, e eu escuto isso. E isso ajuda. Mas, no final, eu simplesmente não acredito que você possa confiar em ninguém. Ela diz isso agora, mas, e amanhã e no dia seguinte? Ela vai se virar contra mim quando lhe convier".

Em algum nível em nossa sessão, Sarah parece estar ciente de que ela pode, às vezes, ser excepcionalmente reativa e facilmente provocada nas interações com seu marido. Ela envia mensagens que disfarçam suas vulnerabilidades e suas necessidades de apego em agressividade e aparente afastamento, o que estimula o medo de Galen da rejeição e promove seu distanciamento. No entanto, é o bloqueio referente à sua incapacidade de se abrir à mensagem de cuidado dele que trabalhamos de maneira extensiva. Como em todos os bloqueios, na EFT, nós nos ajustamos ao processo, identificamos o bloqueio, tornando-o aparente, validando-o e massageando-o, assim como um massagista faz com um músculo preso ou travado que não tem fluxo.

Após essa sessão, Sarah e Galen retornaram à terapia com seu terapeuta EFT e continuaram a trabalhar para que Galen permanecesse emocionalmente envolvido, sendo capaz de ver o medo de Sarah e responder às suas necessidades (e vice-versa) e ajudando-a a deixar de lado sua desconfiança orientada à sobrevivência o suficiente para permitir muitas outras experiências corretivas de conexão segura com ele. Sarah gradualmente foi capaz de se concentrar mais em sua luta para confiar em Galen e menos nos defeitos dele. Ela é uma sobrevivente de trauma que foi marcada por insegurança crônica e experiências traumáticas de apego, então ela precisa ir com cautela e tempo para desenvolver um senso básico de confiança em seu marido, assim como ele precisa de tempo para fazer o mesmo e promover sua confiança com sua esposa. Também apareceu um problema com Sarah recorrendo ao álcool para obter conforto, que também teve de ser tratado. Seu trauma também foi um pouco reacendido quando o pai dela morreu e ela voltou para casa, para seu funeral. Como é típico na prática da EFT com casais que lidam com traumas complexos (MacIntosh & Johnson, 2008), com o tempo, as interações de vínculo positivo entre Sarah e Galen aumentaram e tornaram-se mais estáveis e integradas. Ambos se tornaram mais positivos em termos de seu senso de *self* e de serem capazes de apoiar um ao outro, ajudando um ao outro a encontrar o equilíbrio quando forem acionados para a rejeição ou o abandono. Galen foi cada vez mais capaz de ajudar Sarah a se curar dos resultados de seu abuso quando criança e desenvolver o senso básico de confiança, a pedra angular da segurança do apego.

Uma sensação corporal de segurança promove a competência na comunicação (Anders & Tucker, 2000). Não é surpreendente, então, que uma realidade central de tantos relacionamentos adultos com sobreviventes de trauma seja que muitas vezes é extremamente difícil para um parceiro ler de modo adequado os sinais de apego de um sobrevivente e, assim, responder de forma acolhedora a eles. Esses sinais são principalmente distorcidos por agressão defensiva ou entorpecimento e, portanto, são continuamente perdidos. Essa resposta, então, induz mais pânico e desespero no sobrevivente, bem como alienação e sofrimento no outro parceiro. *Um sobrevivente precisa de mais apoio de um parceiro, mas é menos capaz de pedi-lo de forma eficaz.* Sobreviventes de abuso infantil são muito mais propensos a exibir um estilo de apego evitativo temeroso (Shaver & Clarke, 1994; Alexander, 1993). As mudanças emocionais de extrema vulnerabilidade e necessidade para extrema evitação e corte, típicas desse estilo, são experimentadas como loucuras feitas por parceiros, que perdem então a capacidade de serem empáticos. Como observa Goleman (1995, p. 112), "a sintonia com os outros exige um mínimo de calma em si mesmo".

Intervir e abordar esse e outros bloqueios semelhantes que perpetuam os efeitos do trauma é quebrar o ciclo destrutivo que tantas vezes vemos na terapia de casal, em que a conexão insegura e os conflitos no relacionamento exacerbam a ansiedade e a depressão e outros sintomas associados ao trauma, de modo que esses sintomas consolidam a insegurança e a ruptura do relacionamento. Ao trabalhar com clientes traumatizados em todas as modalidades, os terapeutas precisam ter certas questões em mente. Isso inclui o fato de que geralmente há mais dificuldades na aliança do cliente com o terapeuta; que é necessária educação específica sobre os efeitos do trauma; que há mais violência e escalada nas relações; que problemas de abuso de substâncias são mais comuns; que tempestades emocionais devem ser enfrentadas e que deve ser oferecida contenção emocional (ver, em Johnson & Williams-Keeler [1998], um exemplo de um terapeuta EFT lidando com um *flashback* em uma sessão de casal); que recaídas e retrocessos são inevitáveis; e que os riscos emocionais devem ser avaliados, fatiados mais finos e apoiados a cada passo. No entanto, o poder de uma terapia focada nas emoções e orientada ao apego para ir ao núcleo existencial de feridas traumáticas fica evidente na sessão com Sarah e Galen. O lugar mais óbvio e natural para curar feridas é nos braços de alguém que amamos. Como observado na literatura sobre trauma (van der Kolk, 2014, p. 354), "mais do que qualquer outra coisa, ser capaz de se sentir seguro com outras pessoas define a saúde mental". A ciência do apego leva isso um passo adiante, sugerindo que, para que possamos nos curar, crescer e prosperar, precisamos ser capazes de invocar uma outra pessoa valorizada e confiável quando nos sentimos vulneráveis e sabemos que seremos ouvidos e respondidos.

EXERCÍCIOS

1. Encontre dois lugares na transcrição da sessão em que você poderia ter feito algo diferente. O que você teria feito? Formule uma justificativa para explicar por que eu intervim da maneira como eu fiz.
2. Encontre três lugares em que as intervenções aqui utilizadas se encaixam ou ilustram os princípios de mudança efetiva estabelecidos no Capítulo 3.
3. Se você tivesse recebido esse casal para uma consulta, em que você acha que teria mais dificuldade ao trabalhar com eles?

8

Restaurando vínculos familiares na terapia familiar focada nas emoções

> *De fato, não há comunicações mais importantes entre um ser humano e outro do que aquelas expressas emocionalmente, e nenhuma informação mais vital para a construção e a reconstrução de modelos internos de funcionamento do próprio self e acerca dos outros do que informações sobre como cada um se sente em relação ao outro.*
> — *John Bowlby (1988, pp. 156-157)*
>
> *O valor da teoria do apego está em tornar as necessidades de apego subjacentes ao "comportamento problemático visíveis... A teoria do apego aprimora uma perspectiva sistêmica sobre a intervenção porque ajuda os clínicos a entenderem o significado único do comportamento disruptivo no contexto da relação criança–pais."*
> — *Marlene M. Moretti e Roy Holland (2003, pp. 245-246)*

Bowlby foi, sem dúvida, o primeiro terapeuta familiar (1944) e o primeiro clínico a adotar a teoria dos sistemas (Bertalanffy, 1968) e a compreender as enormes implicações clínicas e de desenvolvimento de ciclos de padrões negativos e autossustentáveis da interação entre íntimos. Assim como na terapia individual e na de casais, a perspectiva do apego oferece uma potente mudança de paradigma que permite intervenções direcionadas, que transformam os membros individuais da família, bem como a família como um todo. Como Louis me diz em nossa última sessão familiar:

"As coisas mudaram. Sinto que tenho minha filha, minha Emma, de volta. Acho que não era tanto sobre 'desafio' e 'regras', mas sobre desespero. A vida é difícil para os jovens hoje em dia, e agora, com a ajuda da minha esposa, talvez eu saiba como estar com minha filha e ajudá-la com esses sentimentos. Estamos jantando em família novamente. Nunca tivemos conversas parecidas com as que tivemos aqui. De coração para coração. Podemos ser novamente um porto seguro um para o outro. Isso ajudou a mim e à minha esposa também." (Sua esposa sorri para ele.)

Estratégias específicas de apego entre indivíduos, por exemplo, entre pai e filho, afetam outros membros de uma família sinergicamente, moldando outros relacionamentos e a experiência de cada pessoa com a família e a cultura familiar. Parceiros inseguros, em diversos estudos (p. ex., Finzi-Dottan, Cohen, Iwaniec, Sapir, & Weisman, 2003), relatam um clima familiar menos positivo e pontuam menos nas dimensões de coesão familiar (a extensão do vínculo emocional entre os membros da família) e adaptabilidade familiar (o grau em que uma família é capaz de ajustar suas regras em resposta à mudança). Na terapia familiar, a lente se amplia além do apego em determinado relacionamento para acolher todo o drama familiar. Patricia e a mãe têm uma relação problemática, em que Patricia tenta ansiosamente fazer com que a mãe, distante e orientada por regras, responda. Patricia recorre a gestos suicidas dramáticos, que aterrorizam seu pai, que se silencia e se afasta. Patricia e a mãe estão presas em um ciclo apertado de críticas e protestos ferozes. Esse ciclo só muda quando ela consegue chegar até o pai, e ele consegue ouvir sua vulnerabilidade, responder com amor e proteger Patricia dos julgamentos críticos da mãe. Assim como acontece com indivíduos e casais, o enquadre de apego oferece ao terapeuta familiar uma forma clara de ver e moldar relacionamentos e trazer os membros mais vulneráveis, crianças e adolescentes, para um porto seguro. A conexão segura também alimenta a capacidade das crianças de expandir seus horizontes e sair para o mundo como adultos confiantes.

Para preparar o terreno para ir além do indivíduo e das díades, vamos revisitar a essência da teoria dos sistemas. Em primeiro lugar, tanto Bowlby quanto Bertalanffy enfatizaram o poder das sequências interligadas de interação (Bowby, 1969), pelas quais os participantes evocam respostas previsíveis de outros, que formam ciclos de *feedback* estáveis, moldando a homeostase e limitando o desvio (Johnson & Best, 2003). Para entender um sistema comportamental vivo, é necessário ver o todo, não apenas as partes. Assim, um pai retraído estimula o comportamento de busca de atenção e de ação de uma criança. Tentar tratar a criança sem atender ao pai que se esquiva e não responde é inútil. A estabilidade do sistema pode tornar-se constritiva e rígida. Um sistema saudável é um sistema aberto e flexível, pronto para se adaptar a novas circunstâncias.

Em segundo lugar, a causalidade nunca é uma linha reta; ela nunca é estática ou linear. O processo, ou *como* as coisas acontecem, determina o resultado. Muitos começos podem levar ao mesmo resultado. Acompanhar os processos em evolução bidirecionais e reciprocamente determinantes torna-se, então, uma prioridade. Esse princípio sugere que a teoria de sistemas, na prática, é não patologizante. As pessoas simplesmente ficam presas em padrões disfuncionais estreitos que evoluem por muitas "boas" razões, que depois são difíceis de mudar.

Em terceiro lugar, não há nada na teoria dos sistemas em si que impeça um foco emocional interno. No entanto, a forma como foi implementada no campo da terapia familiar excluiu as emoções, apesar da recomendação de Bertalanffy de que o melhor caminho para a mudança seria encontrar e alterar os *elementos definidores* de um sistema, que, certamente, nas famílias, tem que incluir a natureza da comunicação emocional. Também houve pouca ênfase nas motivações internas (fatores estruturais, tais como hierarquia e fronteiras, foram enfatizados), exceto grandes nomes, como Minuchin e Fishman (1981), que reconheceram o poder do pertencimento na dança familiar.

Por fim, a teoria dos sistemas sustenta o foco no presente, que é encontrado na EFT. Como os teóricos do apego sugeriram (Shaver & Hazan, 1993), é o constante *processo de confirmação nas interações presentes*, em vez de modelos existentes simplesmente enviesando a percepção, que mantém e confirma realidades e respostas pessoais rígidas.

DIFERENÇAS ENTRE EFFT E EFT

Em termos de objetivos, a principal diferença entre a EFT para casais e famílias diz respeito à mutualidade. Com casais, o terapeuta está trabalhando para criar acessibilidade mútua, responsividade e engajamento entre parceiros (mesmo que esse processo às vezes tenha de se concentrar temporariamente mais em um parceiro do que no outro). Já na EFFT, o terapeuta trabalha sobretudo para ajudar os pais a entender as vulnerabilidades de apego de seus filhos e estimular uma responsividade estimulante e sintonizada da parte deles e a aceitação desse cuidado pela criança. Os pais são ajudados a se tornarem um porto seguro e uma base segura para a criança, que é então capaz de agir como as crianças mais seguras agem naturalmente. Ou seja, eles conseguem se manter regulados e não reativos quando as figuras de apego estão momentaneamente indisponíveis; formular suas emoções e necessidades de forma coerente, para que possam alcançar inequivocamente sua figura parental; e acolher o cuidado e a preocupação quando oferecidos e utilizá-los para regular sentimentos difíceis. Esse processo resulta em confiança e senso de competência para lidar com mundos internos e externos e modelos internos positivos de funcionamento do *self* e acerca dos outros. Na EFFT, a relação entre pais e filhos é transformada de forma a promover resiliência e crescimento na criança ou no adolescente e um senso de atuação positiva nos pais.

Devido à natureza do vínculo pai–filho, também há menos ênfase na EFFT na promoção de igualdade e de intimidade do que na terapia de casal. No estudo de caso descrito no Capítulo 9, o pai é apoiado em sua necessidade de que seu filho respeite sua orientação e no estabelecimento de limites, e a conexão íntima que é desenvolvida é apropriada em nível e intensidade à do pai e à do filho adolescente. O pai é encorajado a oferecer cuidados e apoio ao filho, mas a recorrer à esposa para suprir suas necessidades de apoio emocional.

DIFERENÇAS ENTRE A EFFT E OUTROS MODELOS ATUAIS DE TERAPIA FAMILIAR

O que uma abordagem baseada no apego, exemplificada na EFFT, oferece de novo ou de diferente da terapia familiar conforme praticada atualmente? Quando olhamos para a EFFT em comparação com outras abordagens, surgem as seguintes diferenças na prática e no foco:

1. A EFFT possui natureza sistêmica, com foco no rastreamento e na mudança de padrões interacionais que definem a dança familiar. Muitas abordagens atuais, sobretudo modelos mais comportamentais, parecem enfatizar o treinamento dos pais em habilidades parentais ou de comunicação como sua principal estratégia de mudança, acreditando que essa estratégia alterará de maneira positiva as interações negativas e emocionalmente carregadas entre os membros da família como um todo (Morris, Miklowitz, & Waxmonsky, 2007). Da mesma forma, mas talvez mais relevante, John Gottman também ensina os pais a treinar seus filhos especificamente sobre emoções e regulação emocional (Gottman, Katz, & Hooven, 1997).

2. Outras abordagens sistêmicas tradicionalmente estabelecem novos tipos de encontros para desafiar os padrões habituais de poder e de controle e as coalizões em uma família (Minuchin & Fishman, 1981), já as abordagens de apego, e a EFFT em especial, atendem especificamente a padrões de distância e de desconexão que interrompem o cuidado efetivo e a criação de estímulos e momentos de vínculo seguro.

3. Muitas abordagens costumam ver toda a família junta como um grupo e, principalmente, utilizam reformulações cognitivas para mudar alianças com todos os presentes (Minuchin & Fishman, 1981). Já a EFFT começa e

termina com a unidade familiar como um todo, mas geralmente incorpora sessões conduzidas com uma série de subsistemas familiares: apenas os pais, a criança ou o adolescente que está tendo problemas com um dos pais, os pais com essa criança, ou o grupo de irmãos em uma família.

4. A característica mais marcante e exclusiva da EFFT é seu foco nas emoções que *organizam* a dança na família e no processo de evocar, destilar, aprofundar e regular essas emoções, para que as emoções recém-acessadas surjam de forma que mova a conversa familiar em direção à acessibilidade, à responsividade e ao engajamento seguro e empático. Em vez disso, as terapias familiares sistêmicas costumam visar padrões de interação e posições nessas interações e como elas se tornam restritas, e não na experiência vivida pelos dançarinos na dança (Merkel & Searight, 1992). (Destacamos que isso não é verdade para o trabalho de Virginia Satir [1967], que se concentrou no crescimento emocional e na comunicação.) Minuchin, talvez o pioneiro mais reconhecido no campo das intervenções familiares, agora reconhece que "ignorar as emoções foi o maior erro que cometemos na terapia familiar", e que, em retrospectiva, ele achou fácil reconhecer o valor de trabalhar de maneira ativa com a experiência emocional — a música da dança das interações íntimas (apresentação em um Networker Symposium em Washington, DC, março de 2017).

5. Os *enactments*, a modelagem das interações entre os membros da família, são diferentes em um modelo de terapia orientada ao apego em comparação com outros modelos familiares. Eles estarão mais carregados emocionalmente e mais orientados a moldar o engajamento seguro. Essa orientação difere da de terapeutas como Bowen (1978), que estudou famílias esquizofrênicas e popularizou o conceito de simbiose, levando muitos terapeutas familiares a destacar a diferenciação do *self* em relação aos outros e a criação de fronteiras como objetivo central das intervenções familiares. Em termos de apego, a diferenciação é um processo de desenvolvimento que ocorre *com* os outros, e não *a partir* dos outros, sendo um resultado natural do vínculo seguro, no qual a criança é ajustada, aceita e autorizada a explorar e ser diferente de seus pais.

MODELOS DE APEGO DA TERAPIA FAMILIAR

A EFFT compartilha muitas características com outros modelos de intervenção familiar orientados ao apego, como a psicoterapia diádica do desenvolvimento (DDP, do inglês *dyadic developmental psychotherapy*), de Daniel Hughes (2007), e a terapia familiar baseada em apego (ABFT, do inglês *attachment-based family therapy*), de Guy Diamond (2005). Todos partem do pressuposto de que os adolescentes que entram em terapia precisam se reconectar com os pais para alcançar uma autonomia mais confiante e que é preciso haver um novo nível de comunicação emocional coerente e responsiva para que isso ocorra. Eles abordam diversos sintomas, tanto internalizantes (como depressão) quanto externalizantes (como transtorno de conduta). Todos afirmam que questões de apego como rejeição, negligência e abandono são frequentemente obscurecidas por conflitos relacionados a problemas comportamentais (p. ex., negligenciar tarefas domésticas ou trabalhos de casa) e que a terapia deve promover conversas empáticas e sintonizadas sobre rupturas de relacionamento e feridas de apego.

Todos esses modelos elucidam padrões de interação de forma a esclarecer as necessidades de apego subjacentes a comportamentos problemáticos. Eles enfatizam estar emocionalmente presentes e sintonizados com os familiares e tentam lidar com as emoções e as questões emocionais mais do que é comum no campo da terapia familiar. Na prática, o modelo DDP compartilha a estrutura experiencial com a EFFT e, em muitos aspectos, faz um paralelo com os elementos centrais da EFFT (Hughes, 2004, 2006). A DDP enfatiza a criação de uma conexão sensível, reflexiva e emocionalmente sintonizada entre terapeuta e criança, entre cuidador e criança e entre terapeuta e cuidador. Ela enfatiza, de forma diretamente paralela à EFFT, a organização conjunta da experiência emocional e a formação de novas experiências emocionais corretivas de vínculo na sessão. Hughes enfatiza quatro elementos, chamados de PACE — ludicidade (*playfulness*), aceitação, curiosidade e empatia —, que qualquer terapeuta EFFT reconhecerá e com os quais ressoará. Tanto os terapeutas EFFT quanto da DDP estão emocionalmente presentes e utilizam dicas não verbais, como tom de voz, ritmo e repetição, além de falar em *proxy voice* (i.e., falar com a voz da criança por um momento) para evocar a realidade emocional da criança ou do adolescente. Ambos podem refletir e descrever de maneira sugestiva como faz sentido para uma criança adotada excluir e desafiar seus pais como reação natural ao seu medo de que eles não estejam comprometidos com ela e a abandonem.

Em geral, as principais diferenças entre esses modelos são que a ABFT parece ser consideravelmente mais cognitiva e orientada a sintomas na aplicação do que a DDP ou a EFFT, ao passo que a DDP é bastante implementada com crianças mais novas e, na maioria das vezes, com crianças em situações de acolhimento ou adoção. Neste momento, o modelo ABFT tem mais validação em pesquisa de resultados do que os modelos PDD ou EFFT (Diamond, Russon, & Levy, 2016).

TERAPIA FAMILIAR FOCADA NAS EMOÇÕES

Antes de discutir a EFFT com mais detalhes, é importante ressaltar um aspecto dessa terapia que parece estar em grande parte ausente nos modelos tradicionais de terapia familiar. Na EFFT, há um reconhecimento claro de que, embora um pai seja mais responsável do que uma criança ou um adolescente pela organização do relacionamento, no entanto, *tanto* pai *quanto* filho são profundamente impactados em suas emoções e seu senso central do *self* por suas interações em dramas orientados ao apego. A boa parentalidade implica movimento. Os pais muitas vezes ficam presos entre a proteção ansiosa e a preocupação com seu filho e a necessidade de que seu filho assuma a responsabilidade e cresça. Quando os pais percebem que a conexão com a criança está perdida, frequentemente lidam com essa dor passando para crítica e controle reativos; eles se tornam cada vez mais inseguros aos olhos de seus filhos. Os parceiros também costumam ter perspectivas diferentes sobre como a criança deve ser tratada, e assim ocorrem fissuras estressantes na aliança parental e no vínculo entre os pais. Cada pai também tem de lidar com a influência de seus próprios modelos de apego, pois eles enviesam ou restringem sua capacidade de resposta ao filho. Assim, os pais são apanhados em sua própria frustração, permeada de medo e sensação de impotência, e muitas vezes estão profundamente envergonhados ao perceberem suas insuficiências como pais. O pressuposto da EFFT é de que *os pais precisam de apoio para compreender e regular suas próprias emoções em torno de seus papéis parentais e encontrar seu equilíbrio, para poderem ajudar seus filhos a fazer o mesmo.* O terapeuta EFFT não apenas apoiará os pais em uma sessão individual em torno do problema familiar (como geralmente ocorre na DDP), mas também trabalhará de maneira ativa em uma sessão de casal para processar a dor associada ao seu papel parental, ajudando os parceiros a trabalharem juntos para regular esse sofrimento, para que possam ser melhores cuidadores e figuras de apego para seus filhos. O terapeuta também validará que nenhum pai pode ser perfeito, que a paternidade boa o suficiente é realmente boa o suficiente e que é sempre um desafio estar ao lado de alguém à medida que ele cresce. Em vez de ensinar habilidades parentais como habilidades cognitivas por si só, novas experiências corretivas de conexão e novas perspectivas são criadas, evocando novas respostas para uma criança. Como na EFT para casais, nossa experiência é de que, nas últimas sessões da terapia familiar, os pais se unem e, em comunicação aberta com seus filhos, formulam tipos mais hábeis e eficazes de parentalidade. A empatia de um terapeuta pelos dilemas dos pais oferece um lugar seguro para os pais regularem suas emoções e a aceitarem melhor a si mesmos como pais e à criança que desencadeia sua dor.

Com esse reconhecimento em mente, os objetivos da EFFT são modificar os ciclos conflituosos de interação, que amplificam conflitos e enfraquecem a conexão segura entre pais e filhos, e moldar ciclos positivos de acessibilidade e de responsividade, que ofereçam ao adolescente em desenvolvimento um porto seguro e uma base segura (Johnson, 2004; Furrow et al., no prelo). Como descrito nos capítulos anteriores, a terapia ocorre em três estágios: estabilização, que envolve a desescalada de ciclos negativos de interação; reestruturação do apego por meio de interações mais seguras e engajadas que abordem os gatilhos, os medos, as mágoas e as necessidades do apego; e consolidação, na qual mudanças são integradas e novas narrativas de problemas familiares e reparos são construídas. Esse processo de terapia familiar geralmente ocorre ao longo de 10 a 12 sessões. As duas primeiras sessões normalmente incluem a família inteira. Uma vez mapeada a rede de alianças, apreendidas as visões dos familiares sobre o problema e inserido o comportamento problemático da criança ou do adolescente no contexto dos padrões de apego familiar, as sessões podem ser conduzidas com qualquer combinação de membros da família, incluindo a possibilidade de o terapeuta atender membros sozinhos por uma sessão.

O terapeuta concentra-se em duas tarefas: a elucidação e o reprocessamento das emoções e das respostas emocionais relacionadas ao apego e a revisão gradual dos principais padrões de interação para criar momentos de vínculo potentes que resultem em uma conexão mais segura. Como na EFIT e na EFT, o terapeuta foca nas emoções como elemento organizador nas interações e descobre e destila a experiência do cliente com ele, em vez de atuar como *coach*. *O terapeuta EFFT confia no poder de novos sinais emocionais e interações para evocar novos comportamentos e revisar expectativas, percepções e modelos de relacionamentos em pais e filhos, em vez de utilizar instrução formal em sequências de habilidades, ou ressignificação ou manipulação de fronteiras e hierarquias.* O reconhecimento, a validação e a expressão das necessidades de apego são parte fundamental da EFFT, assim como lidar com a frustração e o desespero da criança ou do adolescente com a desconexão. A vulnerabilidade explícita em uma criança também costuma impulsionar as respostas protetoras e carinhosas dos pais. A terapia também procede da mesma forma que a EFT para casais, com o terapeuta passando pelas etapas do Tango da EFT com diferentes membros da família, em diferentes sessões.

AVALIAÇÃO NA EFFT

Para obter um breve raio X do funcionamento familiar, os terapeutas da EFFT podem utilizar uma medida de autorrelato, como o Inventory of Parent and Peer Attachment (IPPA; Armsden & Greenberg, 1987). O IPPA oferece ao terapeuta uma compreensão inicial da percepção atual de um adolescente sobre suas relações familiares e de pares em termos de confiança, comunicação e alienação. Essa medida levanta questões como "minha mãe espera demais de mim" e "posso contar com minha mãe quando preciso desabafar" (avaliado em uma escala de 5 pontos). Pesquisas sugerem que as escalas de confiança e de comunicação enfatizam sobretudo a ansiedade de apego, já a alienação enfatiza muito tanto a ansiedade de apego quanto a evitação (Brennen, Clarke, & Shaver, 1998). Outra medida é o McMaster Family Assessment Device (FAD; Epstein, Baldwin, & Bishop, 1983). O FAD é composto por sete subescalas: Responsividade Afetiva, Envolvimento Afetivo, Controle do Comportamento, Comunicação, Resolução de Problemas, Papéis e Funcionamento Geral da Família. Aqui, os membros da família são convidados a responder a afirmações como: "Planejar atividades é difícil porque nos entendemos mal". As duas primeiras subescalas são de interesse específico para o terapeuta EFFT, nas quais os membros da família classificam afirmações como: "Não demonstramos nosso amor uns para os outros" ou "Você só obtém o interesse dos outros quando algo é importante para eles".

No entanto, em geral, como discutido nos capítulos anteriores, o terapeuta avalia a família como um ambiente de apego e a experiência de cada pessoa nesse ambiente, ouvindo e se envolvendo com a família e observando as interações enquanto elas se desenrolam ao vivo na sessão. O terapeuta concentra-se nos aspectos A.R.E. da interação: quão abertos ou *acessíveis*, sensíveis e *responsivos*, e *emocionalmente engajados* são os membros da família? Os membros podem colaborar para criar um porto seguro e, mais importante na adolescência, uma base segura a partir da qual o adolescente pode se *transformar* de uma criança em um jovem adulto que pode correr riscos e explorar seu mundo, mas que também pode recorrer e utilizar os recursos da família quando necessário? Como aponta Daniel Seigel (2013) em seu livro *Brainstorm: The Power and Purpose of the Teenage Brain*, um adolescente saudável passa para a interdependência, não para o isolamento do tipo "faça você mesmo". O cérebro do adolescente naturalmente se volta para mais busca de novidades, mais engajamento e confiança com os pares e maior intensidade emocional e pensamento mais criativo, mas também está lidando com novas realidades desorientadoras e muitas vezes perturbadoras. Os sistemas exploratórios e de apego como porto seguro frequentemente competem pela primazia nesse momento da vida, portanto os pais lutam para se adaptar às demandas alternadas de seus filhos, para estarem perto e para se afastarem. No processo de encontrar um equilíbrio e como parte das crescentes habilidades de tomada de perspectiva do adolescente, os pais também muitas vezes, de repente, acham as novas reflexões e as avaliações de seus filhos sobre a relação de apego desconfortáveis e difíceis. Em uma terapia baseada no apego, o foco está menos em "se um adolescente pode estabelecer autonomia em um desacordo do que no desafio da autonomia como pano de fundo contra o qual os relacionamentos são ativamente mantidos ou significativamente ameaçados" (Allen, 2008, p. 425). *A conexão sustentada potencializa a individuação.* Desse modo, o terapeuta observa não apenas se o adolescente pode buscar seus pais e usar o relacionamento para regular sentimentos difíceis, mas também se o adolescente pode diferir com segurança e distância de seus pais, bem como recorrer a relacionamentos de pares para atender a algumas de suas necessidades de segurança.

Como observado em Johnson, 2004, Capítulo 11, o terapeuta EFFT avalia os problemas familiares da seguinte maneira:

- O terapeuta acompanha a organização dos padrões familiares de interação ou de dança. Por exemplo, quem apoia e se alia a quem, quão previsíveis, rígidas e negativas são as interações da família e quem responde a situações de sofrimento e oferece conforto? No caso apresentado no próximo capítulo, a principal dança familiar é a seguinte: o filho expressa desafio e raiva ao pai; o pai argumenta e insiste; o filho se afasta completamente, cantarolando e desviando o olhar, mas mostra comportamentos não verbais agitados, como bater em sua perna de maneira contínua. A mãe, então, repreende o pai por nunca estar em casa e confessa estar totalmente esgotada pelo comportamento do filho; o pai argumenta que não pode fazer nada para mudar no trabalho ou em casa e, depois, se retira. A mãe chora — ocorre uma pequena pausa —, e o ciclo recomeça. Se olharmos para a interação entre os pais, a mãe está em uma busca frenética, ansiosa e extremamente angustiada, enquanto o pai está distante e emocionalmente ausente, trabalhando por cerca de 12 a 14 horas todos os dias. O conflito em seu relacionamento alimenta o drama fora de controle com seu filho irritado. Se olharmos para a interação entre cada um dos pais e o filho, este é agressivamente ameaçador, o que vemos como sendo seu protesto contra a distância e o desengajamento do pai. Ele recebe regras fundamentadas e distanciamento em troca. A mãe tenta ser sensível ao filho, mas se dissolve em sua própria dor e agitação, ao que o filho responde com birras e ameaças de suicídio.

- O terapeuta ajusta-se ao tom emocional da família — a música da dança. As cargas emocionais negativas mais fortes na família retratada no Capítulo 9 são entre pai e filho e entre pai e mãe. Filho e mãe parecem estar em considerável sofrimento, alternando entre raiva e ansiedade, mas o pai permanece relativamente sem emoção e vê seu filho e sua esposa como irracionais e fora de controle. Quanto mais no controle ele aparenta estar, mais irritados e ansiosos ficam seu filho e sua esposa. O filho relata poder ir até a mãe em busca de conforto, mas expressa essa necessidade de forma extremamente incongruente, acenando com as mãos e mudando de assunto continuamente. A partir da observação, é importante formular exatamente quais são as estratégias comuns de regulação do afeto de cada membro da família e o provável impacto dessas estratégias na qualidade do vínculo com outras pessoas da família. (Para obter um resumo geral de como o contexto familiar, p. ex., a modelagem parental da regulação emocional, afeta o desenvolvimento da regulação emocional em crianças, ver Morris, Steinberg, & Silk, 2007.)

- O terapeuta ouve a história da família, incluindo os principais eventos de sua história, crises recentes e como cada pessoa as percebe e sua compreensão do problema presente. Como é atribuída a responsabilidade pelo problema por diferentes membros? O terapeuta sonda com perguntas evocativas, por exemplo, perguntando o que acontece quando o filho tem uma birra violenta e como cada pai lida com isso.

- O terapeuta observa e pergunta diretamente sobre a acessibilidade, a responsividade e o engajamento na família: quem recorre a quem, e esse alcance é efetivo? Uma questão fundamental é sempre esta: como os pais, como cuidadores e figuras de apego, estão bloqueando ou permanecendo sem responder à dor e às necessidades da criança, e como eles veem seu filho e entendem seu comportamento negativo? Os pais já experimentaram apego seguro como indivíduos em suas famílias de origem ou como parceiros (ou esse é um território completamente estranho?), e houve interações seguras entre pais e filhos recentemente ou no passado?

- O terapeuta examina e explora a natureza da aliança terapêutica inicial e o objetivo pretendido da terapia para cada pessoa e para a família como um todo. Ele também observa se os membros da família são abertos às suas perguntas e às suas intervenções e a facilidade de cada pessoa para se conectar.

À medida que esse processo se desenrola, o terapeuta compreende melhor os ciclos de interação mais problemáticos e como eles desencadeiam e mantêm os sintomas que levaram a família à terapia. Também fica claro, em termos de apego, quais interações precisam mudar para criar qualquer tipo de conexão segura e um clima familiar mais calmo e seguro. Um foco na dança, usando a lente do apego e a música emocional, dá ao terapeuta um lugar calmo para estar, por mais caótica ou desregulada que seja a família.

A pesquisa sobre apego seguro na adolescência também auxilia o processo de avaliação, na medida em que diz ao terapeuta o que procurar e o que estabelecer como meta para o processo terapêutico. Em um estudo, meninos com apego seguro, ao se tornarem desconectados e/ou conflituosos com suas mães, expressaram menos raiva, mantiveram a assertividade e passaram para uma forma de metaprocessamento de comunicação (p. ex., comentar sobre a interação, como em: "Nós dois estamos tentando ser ouvidos aqui, mas não está funcionando"). Essa capacidade permite a reparação e a reconexão de relacionamentos (Kobak, Cole, Ferenz-Gilles, Fleming, & Gamble, 1993). O apego seguro tem sido associado à comunicação aberta e eficaz tanto com pais quanto com pares próximos; no entanto, as dificuldades em comunicar com precisão os estados internos aos outros parecem ser um forte marcador de insegurança.

Adolescentes desconsiderados são mais propensos a apresentar transtornos de conduta e abuso de substâncias, mas adolescentes com apego ansioso, altamente sensíveis ao seu ambiente social, muitas vezes agem para protestar contra um sentimento de rejeição ou abandono e chamar a atenção dos pais.

Considerando a aliança parental na avaliação da EFFT

É sempre possível, se a relação dos pais estiver em evidente sofrimento, incluir elementos do procedimento de avaliação do casal, conforme descrito no Capítulo 6. No entanto, é importante lembrar que, na EFFT, o objetivo em relação ao relacionamento do casal é criar equilíbrio suficiente e conexão segura entre os parceiros para potencializar a coparentalidade eficaz e permitir que o sistema de cuidado funcione sem problemas, em vez de criar ou restaurar o apego seguro para o casal em si. A principal questão na avaliação é, então, como a atual relação entre os parceiros apoia ou interfere na capacidade de cada um dos pais de estar ao lado da criança e de criar uma estratégia consistente de cuidado. Cônjuges com maior ansiedade de apego e evitação relatam níveis mais baixos de ajustamento conjugal, menos cooperação coparental e mais conflito de coparentalidade. Além disso, é o ajustamento conjugal que medeia a relação entre o apego inseguro nos pais e esses aspectos da coparentalidade (Young, Riggs, & Kaminski, 2017). Não será surpresa para os terapeutas familiares que o conflito de casal seja inerentemente traumatizante para os filhos; o que eles podem não saber é que os pesquisadores estão agora sugerindo ativamente que a terapia de casal sozinha pode ser utilizada para reduzir ou prevenir problemas de comportamento em crianças (Zemp, Bodenmann, & Cummings, 2016). Isso faz sentido à luz de novas descobertas que documentam o quão sensíveis as crianças são ao conflito entre os pais, como elas fazem atribuições de autoculpa por esse conflito e como o afastamento dos pais uns dos outros é muitas vezes um preditor mais poderoso de desajuste infantil do que a hostilidade aberta. As crianças não parecem habituar-se a esse conflito, mas sensibilizam-se cada vez mais com ele. Crianças pequenas parecem expressar sua angústia diante do conflito parental em comportamentos externalizantes (agressão e desobediência), ao passo que, em adolescentes, são mais prevalentes os sintomas internalizantes, como depressão. De maneira notável, a comunicação de conflito mais construtiva entre os pais promove a segurança emocional das crianças e melhora seu comportamento pró-social longitudinalmente (McCoy, Cummings, & Davis, 2009). É claro que o estilo de apego também afeta a atitude do parceiro em relação às tarefas de parentalidade, o que constitui uma fonte frequente de conflito entre os parceiros. Pais com estilos de apego mais seguros percebem a parentalidade como menos ameaçadora e preocupante e mais gratificante (Jones, Cassidy, & Shaver, 2015). Descobriu-se que a evitação do apego (sobretudo em homens) molda as reações dos novos pais aos cuidados com os filhos — à divisão do trabalho nos dois primeiros anos de parentalidade. Pais mais evitativos parecem ver o cuidado dos filhos como mais restrito à sua autonomia e como bloqueio de seus outros objetivos de vida (Fillo, Simpson, Roles, & Kohn, 2015).

O estudo Adverse Childhood Experiences (ACE), com 18 mil participantes (Felitti et al., 1998), mostra fortes correlações entre experiências adversas precoces, tais como perda e abuso, e a saúde mental e física adulta posterior, bem como as principais causas de mortalidade adulta nos Estados Unidos. Esses e outros achados semelhantes reforçam a ideia de que os terapeutas devem prestar muita atenção e abordar o impacto do conflito parental e da alienação em seus filhos. Em muitas versões da terapia familiar tradicional, a relação entre os pais era frequentemente desconsiderada. No entanto, a pesquisa geralmente implica que, para o ótimo desenvolvimento e o funcionamento das crianças, a primeira preocupação não é, de fato, a criação de uma "aldeia", mas a criação de uma equipe de pais engajados e colaborativos. O terapeuta EFFT, que na maioria das vezes também pratica EFT para casais, idealmente estará sintonizado com a conexão e a desconexão entre parceiros parentais e, assim, será capaz de explorar como a responsividade nessa relação afeta a família como um todo, bem como a criança que apresenta problemas. Na prática, não é raro, à medida que a EFFT chega ao fim, recomendar que os casais considerem algumas sessões de terapia de casal, a fim de fortalecer seu vínculo e sua parceria parental.

ESTÁGIOS DA EFFT

No primeiro estágio da EFFT, estabilização, o terapeuta focaliza o problema apresentado e avalia a dinâmica entre os membros relevantes da família, validando a percepção de cada membro da família sobre esse problema e identificando e refletindo o padrão de interação negativa (ou dança) da família. O terapeuta explora o impacto dos padrões familiares negativos nos indivíduos e nos diferentes subsistemas familiares (p. ex., subsistema parental ou fraternal, ou a relação de cada pai com o adolescente). Então, o terapeuta reenquadra o problema familiar como decorrente de padrões negativos de desconexão que bloqueiam a resolução colaborativa de problemas e se concentra em criar um clima emocional seguro e normalizar as dificuldades familiares, sem culpar ninguém (Palmer & Efron, 2007). À medida que os passos dos principais ciclos negativos de interação são esclarecidos, as emoções que impulsionam esses passos são descobertas, destiladas e reveladas (esse é o processo configurado nos movimentos 1 e 2 do Tango). Quase sempre, pais e filhos não têm consciência do efeito que têm um sobre o outro e são pegos em um ciclo de vergonha e culpa. Ou interpretam o comportamento do outro da pior forma possível e atribuem más intenções uns aos outros, ou afundam-se em respostas enfraquecedoras de vergonha por perceberem-se fracassando como pais ou como filhos.

É especialmente importante regular e processar as emoções dos pais nesse estágio, para que elas possam se tornar fundamentadas e começar a ter o espaço psíquico para ter empatia com seu filho. Do ponto de vista do apego, é aterrorizante encontrar as tempestades das transições da infância ou da adolescência sem uma figura paterna confiável ao seu lado. No entanto, também é aterrorizante enfrentar o fracasso e o desamparo como pai e sentir o medo de que não se possa proteger, orientar ou se conectar com o filho. Uma das primeiras críticas ao trabalho de Bowlby foi que ele colocava uma carga muito pesada sobre as mães, em termos de serem constantemente responsivas aos filhos. Posteriormente, outros comentaristas esclareceram esse equívoco. Por exemplo, Tronick (2007) deixa claro que as melhores mães, com filhos pequenos com apego seguro, sentem falta de sintonia com os pedidos de proximidade de seus filhos na maior parte do tempo. No entanto, essas mães também são mais propensas a perceber o sofrimento de um filho e iniciar o reparo e a reconexão. Um relacionamento é um fluxo constante de conexão sintonizada, erros e faltas e reparação. Uma vez que o tom geral é de segurança, então erros e faltas são simplesmente falhas na dança, em vez de sinais de rejeição ou de abandono catastrófico. A vulnerabilidade de ambos os pais e da criança deve ser vista e honrada. Do ponto de vista da EFFT, as respostas rotuladas como "entrelaçamento", que muitas vezes faziam parte do diagnóstico dos terapeutas familiares e invariavelmente eram aplicadas às mães, podem ser vistas como uma resposta natural à ameaça de não ser capaz de proteger ou se envolver de maneira efetiva com uma criança preciosa e à pressão de enfrentar essa ameaça sozinha, sem uma aliança de participação segura com um parceiro.

Ao final do estágio 1, o terapeuta reenquadra respostas emocionais individuais, reativas e superficiais como parte de uma dança interativa mais ampla, alimentada por emoções primárias subjacentes (p. ex., medo, sofrimento, tristeza e sentimentos de fracasso ou perda) e necessidades de apego não atendidas. Acessar as emoções primárias e compartilhá-las (movimento 3 do Tango) na maioria das vezes cria empatia e responsividade entre os membros da família e ajuda a família a diminuir a escalada (Johnson et al., 2005).

O segundo estágio da EFFT, reestruturação do vínculo, utiliza os processos básicos do Tango, as intervenções e as técnicas experienciais, como no estágio 1, só que agora a família tem uma base mais segura e está menos presa a ciclos negativos reativos e atribuições. O objetivo no estágio 2 é facilitar experiências positivas de vínculo entre pais e criança ou adolescente. O terapeuta evoca uma articulação mais explícita e profundamente sentida de medos de apego por parte do jovem cliente e coreografa seu alcance em busca de conexão e apoio parental. O terapeuta aborda, de forma empática, bloqueios nessa busca, tal como o medo de rejeição por parte da criança. Da mesma forma, o terapeuta aborda bloqueios para abertura, convidando a responsividade por parte dos pais, como o medo da vulnerabilidade, em geral, ou o medo de não "se sair bem" como pai perfeito. O terapeuta ajuda cada pai a manter-se sintonizado e engajado e responder à busca de seu filho com segurança, autenticidade e cuidado. (Esse processo é capturado no movimento 3 do Tango — coreografar encontros envolventes.)

Essa interação constitui um *evento de vínculo* paralelo à formação do processo de conexão segura na EFT para casais, exceto por dois fatores. Em primeiro lugar, na EFFT, o processo é menos recíproco do que na EFT. O pai é apoiado pelo terapeuta para ser o mais forte e sábio, capaz de ajudar a criança a reconhecer e compartilhar emoções e necessidades subjacentes de apego. Os pais são apoiados a recorrer uns aos outros para obter apoio emocional e proximidade. Os pais solteiros são encorajados a procurar ajuda de outras pessoas de apoio, tanto imaginadas quanto reais, ou a estarem abertos ao apoio do terapeuta na sessão. Os terapeutas muitas vezes trabalham com os pais para descobrir e reconhecer suas próprias vulnerabilidades à medida que exploram seus comportamentos parentais em sessões, com o propósito de ajudá-los a estar mais presentes e mais sintonizados como cuidadores de seus filhos. Desse modo, um terapeuta pode ajudar uma mãe que está frenética e preocupada com sua filha e seus comportamentos de risco a entrar em contato com os sentimentos subjacentes que impulsionam sua obsessão em resolver problemas e dar conselhos, que a adolescente simplesmente descarta e dos quais se distancia. A mãe acessa o desamparo e o medo por baixo de sua frustração, que a mantém constantemente "chateando" sua filha. Quando mãe e filha se reúnem com o terapeuta, a mãe pode, então, de forma coerente e mais regulada, revelar o medo e o desamparo que surgem quando a filha rejeita sua orientação e sua proteção. A mãe oferece uma imagem formulada com o terapeuta e diz: "Eu vejo você parada no meio da estrada com os olhos fechados, sem se mover, enquanto grandes caminhões estão se dirigindo em sua direção. Então eu grito cada vez mais alto para você, do lado da estrada. Eu fico frenética. Mas você ouve, abaixa-se, afasta-se de mim e esconde-se. Não há nada que eu possa fazer. Não quero ficar louca e chata o tempo todo. Como posso ajudá-la a ver o quão assustada estou por você, e talvez ajudá-la a me pedir o que você precisa? Eu quero estar lá para te ajudar". Uma conversa efetiva de vínculo na EFFT ocorre quando um pai pode regular suas emoções efetivamente e se tornar acessível, responsivo e engajado com seu filho, seja criança ou adolescente. A criança pode, então, com a ajuda do terapeuta, compartilhar medos e necessidades, buscando conexão com um pai que pode oferecer um porto seguro e uma base segura.

Em segundo lugar, a intensidade das emoções nessas conversas de vínculo do estágio 2 costuma ser menos sustentada do que quando ocorre entre parceiros adultos na EFT. O desejo dos pais de proteger e responder aos seus filhos geralmente é mais fácil de acessar e mais convincente do que sua abertura para acalmar um parceiro que os machucou ao longo de muitos anos. Além disso, uma vez que as estratégias defensivas estão menos engajadas, os adolescentes estão mais abertos a uma mudança na responsividade por parte dos pais. O terapeuta é mais cauteloso em dosar a intensidade emocional com clientes jovens, sobretudo os mais novos e/ou os mais frágeis. Como sugeri anteriormente, o terapeuta é cuidadoso com o ritmo, muitas vezes alternando entre ajudar um cliente adolescente a tocar em sentimentos difíceis e passar para um reflexo ou brincadeira mais cognitiva, para combinar melhor o teor emocional da sessão com a capacidade dessa pessoa de tolerá-la e processá-la.

O tipo positivo de encontros estruturados em tais sessões é nitidamente um exemplo prototípico das interações responsivas que definem o apego seguro em centenas de estudos sobre apego entre pais e filhos. Quando esses encontros ocorrem em sessões entre parceiros adultos na EFT, eles têm demonstrado impacto significativo na segurança do apego em indivíduos evitativos e ansiosos (Burgess Moser et al., 2015). Esses tipos de eventos são codificados como tão significativos pelo cérebro humano que seu efeito é *desproporcionalmente impactante* na qualidade das relações familiares, assim como a conexão familiar é *desproporcionalmente importante* no desenvolvimento saudável. *Esse tipo de escultura sistemática direcionada ou coreografia das principais interações definidoras do apego é um avanço crucial na prática da terapia familiar.*

De maneira contínua, o terapeuta também enquadra e normaliza as necessidades de apego não atendidas de clientes jovens e processa a dor de antigas tentativas de apego fracassadas. Assim, Amy senta-se em seu silêncio entorpecido, pontuado por *flashes* de estado de guerra com sua mãe. No entanto, após muitos reflexos empáticos lentos e de fala mansa e perguntas evocativas sobre o que exatamente está acontecendo nos momentos em que ela novamente decide roubar os comprimidos e o álcool de sua mãe, ela é capaz de identificar e chorar pela perda que sentiu quando o novo namorado de sua mãe se mudou para a casa delas. O terapeuta ajuda Amy a destilar seus medos de que ela foi substituída e valida sua necessidade de segurança. O terapeuta a ajuda a compartilhar coerentemente um momento-chave específico de abandono por sua mãe e orienta a mãe, além de suas afirmações sobre como os jovens de 16 anos devem ser "independentes" para um novo nível de ressonância e conexão empática. Acontecem momentos-chave de transformação quando a nova responsividade dos pais à vulnerabilidade de uma criança resulta na sensação de uma conexão segura. O terapeuta ajuda a criança a "absorver" essa sensação corporal e integrá-la ao seu senso de *self* (esse processo é capturado no movimento 4 do Tango — processar novos encontros). Esses eventos têm efeito cascata sobre todos os membros da família. Quando uma mãe observa um pai responder a seu filho de forma cuidadosa, essa resposta modela respostas semelhantes para a mãe. Também altera sua visão sobre seu companheiro e seu filho "problema".

No estágio final da EFFT, o terapeuta foca em consolidar as mudanças que os membros da família fizeram no estágio 2. Nesse estágio, a família é capaz de integrar as novas formas de explorar as dificuldades e tomar decisões familiares caracterizadas pela abertura, pela responsividade e pelo engajamento entre todos os membros. A família pode criar uma narrativa de ruptura e reparação e uma visão conjunta de como os membros querem que sua família funcione no futuro. Eles também podem criar novos rituais familiares para apoiar essa visão (no movimento 5 do Tango). O terapeuta ajuda-os a formular essa narrativa em termos de um porto seguro e uma base segura que apoiem o crescimento e a exploração da criança e das expectativas realistas sobre como os pais podem fornecer essa segurança. Emoções positivas e ciclos positivos são destacados e celebrados. O novo senso de conexão da família pode então se traduzir em cooperação diária e resolução de problemas. Assim, a recusa de um adolescente em se levantar para ir à escola a tempo se dissolve quando sua mãe, agora menos ansiosa com sua parentalidade e o "desempenho" de seu filho, calmamente lhe diz que não vai importuná-lo e começar sua "dança" ou levá-lo para a escola de carro, como antes. Ele então faltará à aula como consequência e terá de lidar com o professor por sua conta. A parentalidade autoritária mais flexível parece surgir naturalmente quando os pais têm uma aliança de coparentalidade engajada, podem aceitar as necessidades de apego de seus filhos e podem permanecer fundamentados e regulados em situações emocionais ou frustrantes.

EFICÁCIA DA EFFT

Os estudos acerca dos resultados do modelo EFT concentraram-se quase que exclusivamente na modalidade de terapia de casal. Pode-se supor que intervenções que se mostraram tão potentes em uma forma de díade de apego deveriam logicamente ter efeitos semelhantes em outra. No entanto, há, até o momento, apenas um estudo preliminar sobre a eficácia da EFFT. Esse estudo, que de fato considerou a EFFT efetiva, examinou os resultados em uma pequena amostra de 13 mulheres jovens diagnosticadas com bulimia nervosa em um ambulatório hospitalar (Johnson, Maddeaux, & Blouin, 1998). A maioria também preenchia critérios para depressão clínica, e várias haviam tentado suicídio. Todas as mulheres pesquisadas, exceto uma, classificaram-se como tendo apego ansioso ou temerosamente evitativo, conforme avaliado pelo Questionário de Relacionamento (Bartholomew & Horowitz, 1991). Os efeitos de um grupo educacional cognitivo-comportamental foram comparados com os efeitos da EFFT. Ambos os tratamentos (de 10 sessões) foram supervisionados por especialistas nessas intervenções, e foram realizadas verificações de implementação. Ambos os tratamentos resultaram em diminuição da gravidade dos sintomas bulímicos, menores pontuações no Inventário de Depressão de Beck e redução da sintomatologia psiquiátrica geral. As taxas de redução para compulsão alimentar e vômitos foram melhores na EFFT do que as relatadas para a terapia individual. Estudos de caso têm dado algum suporte para a eficácia da EFFT como intervenção terapêutica com famílias nas quais os adolescentes estão lutando com comportamentos sintomáticos (Bloch & Guillory, 2011; Palmer & Efron, 2007) e intervenções com famílias recasadas enfrentando problemas de ajustamento (Furrow & Palmer, 2007). Pesquisas futuras do Centro Internacional de Excelência em EFT (ICEEFT, do inglês International Centre for Excellence in EFT) focarão em documentar os resultados da EFFT.

O TANGO DA EFFT COM PAI E FILHO: TIM E JAMES

Talvez a melhor maneira de elucidar a EFFT seja delinear quais são os principais processos de mudança do modelo EFT, a sequência de intervenções chamada Tango da EFT e uma conversa de suavização ou vínculo com uma díade pai--filho. Esse caso já foi descrito anteriormente em um formato diferente na literatura clínica (Johnson, 2008b).

James era um jovem de 16 anos alto e forte. Ele havia sido expulso da escola por comportamento agressivo com professores e alunos. Ele era especialmente opositor e desafiador com seu pai, Tim, e foi pego diversas vezes fazendo *bullying* e se tornando abusivo com seus quatro irmãos, muito mais novos. A mãe de James, Moira, tinha depressão clínica e sofria de dores crônicas, além de estar preocupada com seus filhos mais novos. A maior parte da interação negativa na família era agora entre pai e filho, e essa interação estava se tornando perigosamente hostil e explosiva. Tim havia conseguido convencer seu filho a me ver em um esforço para tentar "resolver as coisas", já que, anos antes, eu havia ajudado ele e Moira a reparar seu relacionamento. Isso deixou Tim esperançoso de que ele poderia ser capaz de reparar sua conexão com seu filho. Seu filho não compartilhava desse sentimento! Tim admitiu que, até quatro anos atrás, quando parou de beber, tinha sido "muito duro" com seu filho primogênito, mas agora estava tentando "compensar isso". James rejeitou os esforços de Tim para ser solidário, afirmando agressivamente que ele não precisava de ninguém, que ele odiava seu pai e que todos eram "contra" ele de qualquer maneira. James tinha chegado à terapia de maneira relutante e se recusou a falar durante a maior parte da primeira sessão, xingando-me e olhando fixamente para o chão.

Nas duas primeiras sessões, ficou claro o constante ciclo autogerador de desconexão entre pai e filho. Tim estava ocupado argumentando com seu filho, provocando e perseguindo, enquanto James desconsiderava seu pai e torcia os lábios em desprezo, desafiando abertamente as tentativas de Tim de discutir ou estabelecer padrões para sua interação. Por fim, Tim ficou irritado, fazendo comentários críticos e depois se retirando, desencadeando uma acusação sarcástica de seu filho sobre sua falta de cuidado. James viu a raiva de seu pai como "prova" de que Tim estava sempre procurando encontrar maneiras de "acusar" seu filho por suas falhas. O ciclo parecia ser constante e rigidamente invariante. Difícil! Porém, para o terapeuta, o ciclo foi relativamente simples de descobrir, descrever e destilar em termos de significados de apego e gatilhos de ação. O outro padrão discutido na sessão, e delineado por mim de forma narrativa com Tim enquanto James ouvia, era que a única conexão positiva tênue de James na família era com sua mãe, mas isso agora foi prejudicado por sua necessidade de proteger seu filho mais novo do *bullying* de James. Então, ela também já havia se afastado de James (e se recusou a fazer terapia com ele). Apesar do seu estado de guerra, estava claro para mim que James se sentia desesperado e sozinho nessa família, mas não conseguia encontrar nenhuma maneira de começar a se envolver ou confiar em seu pai, mesmo quando Tim tentava se aproximar dele. James lembrou-me da descrição convincente de Bowlby (1944) sobre os delinquentes de Londres: "por trás da máscara da indiferença está a miséria sem fundo, e, por trás da aparente insensibilidade, o desespero". Ele continuou descrevendo como via esses jovens clientes congelados em uma postura de "nunca mais serei ferido" e paralisados por seu isolamento e sua raiva.

Em uma sessão individual com James, sua depressão ficou clara. Disse-me que era "inútil" e que "não tinha futuro". Ele falou com saudade sobre momentos passados em que se sentiu conectado com sua mãe ou brincou com sua irmã mais nova, mas expressou apenas hostilidade fria por seu pai. Mapeamos juntos os padrões de conexão e de desconexão, seu sentimento de solidão e como esse problema *familiar* (não os problemas inerentes à inadequação de James) havia ocorrido. Delineamos as opções que ele viu — "expô-los", "excluí-los" e "não se importar de qualquer maneira" — e como todas essas respostas ajudaram por um momento, mas acabaram deixando-o sozinho e sem esperança. Uma tentativa de aliança terapêutica foi feita com James. O ponto de inflexão desse processo de terapia, no entanto, foi uma sessão com James e seu pai. O estado de espírito atual de um pai em relação ao apego é um poderoso preditor dos comportamentos externalizantes de seu filho (Cowan, Cowan, Cohn, & Pearson,

1996). Modificar as respostas de apego de Tim ao filho era um caminho óbvio para mudar o comportamento agressivo de James.

O Tango genérico da EFT com Tim e James, que em seu momento mais intenso também se transforma em uma conversa vincular, pode ser detalhado nos seguintes termos:

- *Movimento 1 do Tango da EFT: refletir o processo presente.* É apresentada a dança do apego de tentativa de aproximação por Tim, seguida de rejeição de James e comentários críticos crescentes e insistência de Tim. O terapeuta também descobre com James o ciclo emocional interno que está por trás dessas interações, ou seja, como as respostas de Tim "confirmam" o sentimento de James de não pertencer e de ser inútil e indesejado, desencadeando sua raiva reativa. Ambos acabam andando em círculos pelo desânimo, pela rejeição, pela frustração urgente e pelo entorpecimento. Ambos estão presos e desamparados nessa dança. A dança define seu relacionamento e o senso de *self* de James.

- *Movimento 2 do Tango da EFT: aprofundar e organizar as emoções.* O foco é em como Tim fica preso em sua preocupação com James, na vergonha do tratamento anterior de James quando ele estava bebendo e seus sentimentos de fracasso como pai. Com a minha ajuda, sobretudo utilizando reflexo e perguntas evocativas, Tim organiza os elementos específicos de sua resposta emocional. Ele descreve momentos em que é "golpeado" pelo desafio de James, mas também pela dor que vê no rosto dele (gatilhos); e momentos em que seu corpo esquenta e ele diz a si mesmo: "A culpa é sua, ele está atacando. Você falhou com ele. Você é um pai de merda" (resposta do corpo — sensação corporal e atribuições de significado). Então ele se sente compelido a tentar assumir o controle ou, dominado pelo desamparo, afastar-se (tendência à ação). Enquanto ficamos aqui, Tim começa a soluçar, demonstrando sua profunda tristeza por seu "fracasso em ser o pai que James precisava" e sua sensação de que agora ele se machucou irremediavelmente e perdeu sua conexão com seu filho.

- *Movimento 3 do Tango da EFT: coreografar encontros envolventes.* Detalho as emoções de Tim com ele e peço-lhe que as compartilhe com seu filho. Tim faz isso com autenticidade e abertura, dizendo a James que ele está certo em não confiar, pois ele falhou com ele como pai. Ele também pede desculpas ao filho. Encorajo Tim a compartilhar seu medo de que ele tenha prejudicado seu filho e o empurrado para não ser capaz de confiar em nada — ver todos como perigosos. James luta para fingir indiferença por alguns minutos, mas então, em uma mudança incrível, realmente começa a tentar confortar Tim e dizer a ele que está tudo bem. Gentilmente reflito e *valido* essa resposta, mas o encorajo a ouvir e deixar Tim dizer o que ele tem a dizer; seu pai está oferecendo seu coração e seu cuidado como pai, e James não precisa cuidar dele. Enquanto Tim continua a pedir desculpas, tanto por sua agressividade anterior quanto por sua ausência como pai apoiador, filho e pai choram.

- *Movimento 4 do Tango da EFT: processar o encontro*. James começa a deixar a mensagem de seu pai entrar e a compartilhar como a mensagem de Tim acalma seus medos sobre si mesmo. Ele então relata um episódio em especial, quando decidiu desistir e tentar encerrar seu desejo pela aprovação de Tim. Nesse ponto, ele também decidiu que "provavelmente havia algo de errado comigo". Tim se mantém engajado e responde com empatia.
- *Movimento 5 do Tango da EFT: integrar e validar*. Reflito toda essa interação, validando o cuidado que eles têm um com o outro e sua coragem de se abrir e arriscar compartilhar um com o outro. Falamos sobre como esse processo oferece a ambos a esperança de um tipo diferente de conexão. Pela primeira vez, James vira-se para mim e dá um sorriso enorme e aberto. Destilamos o "deleite" positivo que Tim sente por ter "encontrado" seu filho novamente e o espanto de James por ter sido visto e aceito. Passamos o tempo no enquadre de como pai e filho ficaram "presos", Tim se afogando em seus próprios problemas e incapaz de "levantar" seu filho. Esse enquadre é um antídoto para a perspectiva de James de que ele era de alguma forma indigno de ser amado.

Ao final dessa sessão, James também conseguiu, com alguma ajuda minha, manter-se envolvido e detalhar suas emoções, sobretudo a dor de se sentir "fora" da família e abandonado pelo pai. Ele compartilha como sua raiva e seu desespero estão "envenenando" e tornando tudo "escuro". Tendo primeiro identificado seu medo de ser rejeitado, ele é então capaz de expressar seus desejos enterrados por aceitação e amor de seu pai. Tim é capaz de responder cuidadosamente e descrever o tipo de pai que ele quer ser para seu filho, pedindo a James a chance de aprender a ser esse pai.

Essa experiência corretiva de conexão segura constitui uma conversa vincular clássica, cujos resultados são claros em uma sessão de acompanhamento alguns meses depois. James me diz que está aprendendo a confiar mais nas pessoas e não precisa mais "interpretar o cara durão". Ele também está de volta à escola, está orientando em vez de intimidar seu irmão mais novo e é capaz de se envolver comigo e com os membros da família com abertura e emoção positiva. A família demonstra que agora pode resolver problemas pragmáticos e diferenças de forma colaborativa. Um sistema mais flexível e aberto, em que os membros da família respondem uns aos outros, simplesmente promove a resolução eficaz de problemas. O processo descrito ilustra muito bem o tremendo poder de explorar, regular e utilizar emoções de apego para melhorar as relações familiares e como os membros da família se definem nesse contexto. Esse processo também é muito eficiente, exigindo apenas algumas sessões, e tem poder de permanência. A aprendizagem ocorre no próprio contexto interacional em que respostas futuras e mais positivas devem ser acessíveis e implementadas. Isso é diferente de treinar uma família para usar "habilidades", que muitas vezes não estão disponíveis (nível errado, canal errado), em momentos de interação familiar problemática, quando elas são mais necessárias.

TÉCNICAS EXPERIENCIAIS EM EFFT

O que eu, como terapeuta EFFT, realmente fiz nas sessões com Tim e James em termos de uso de técnicas experienciais? Nas sessões, mantenho todos os processos de mudança no fluxo certo e os potencializo pelo reflexo constante de interações e processos emocionais. O reflexo empático acalma e suporta a experiência de Tim e James, assim como a validação e a normalização. Normalizamos as tentativas parentais atrapalhadas de Tim em termos de sua própria criação e de se "perder" em um labirinto de bebida para lidar com suas próprias inseguranças quando James era criança. Faço perguntas evocativas para acessar as emoções e estruturar os *enactments*. Pergunto a James: "O que acontece com você quando seu pai tenta falar com você sobre seus arrependimentos — do jeito que ele tem feito aqui com você?". Eu intercepto a bala quando James responde: "Ele pode abandonar seus arrependimentos. Eles não me ajudam muito". Eu digo: "Certo. É difícil sintonizar com sua tristeza, sua mágoa por machucá-lo e sua perda de conexão com você. Difícil acreditar que ele se importa tanto — que qualquer coisa que ele diga poderia realmente ajudar você. Você não vê ninguém vindo te ajudar, é isso? [James acena concordando, mas dá de ombros.] Isso deve ser difícil". Um pouco mais tarde, propus um *enactment* pedindo: "Tim, seu filho está dizendo — e James, por favor, me corrija se eu estiver errada — que ele vê você como perigoso — como alguém que vai julgá-lo e vê-lo insuficiente. Você pode ajudá-lo com isso agora?" A palavra "perigoso" é uma conjectura aqui. Isso intensifica as palavras de James e está apenas um passo mais fundo em seu medo do que ele reconheceu ou articulou. O aumento da experiência é moldado por permanecer com as emoções e as declarações significativas em termos de apego mais poderosas e por bloquear desvios e saídas. Eu redireciono e mudo de canal quando Tim conta uma história longa e cheia de voltas, de como ele perdeu seu emprego quando James nasceu, refletindo suas palavras e, em seguida, dizendo: "Eu gostaria de voltar para quando você disse a James: 'tenho tanto medo de ter falhado com você'. Você pode dizer isso a ele de novo?" Usamos imagens que capturam e potencializam realidades emocionais. Sugiro que James, só porque era criança (e todas as crianças precisam disso), precisava ser segurado para se sentir seguro e especial para seu pai, mas que o próprio Tim estava perdendo seu equilíbrio e não estava com os pés no chão, então não poderia "segurar" seu filho. Assim, James estava caindo pelo espaço, e isso era assustador porque ele era apenas um menino pequeno em um grande mundo; isso também o fez querer gritar (protesto de apego) e atacar — afinal, parecia que ninguém iria ouvi-lo e ver o quão pequeno ele se sentia.

Ficamos com o processo emocional, em vez de nos concentrarmos em metas ou soluções, sobretudo quando tentamos moldar interações novas, mais engajadas. Quando Tim tenta se abrir para seu filho pela primeira vez e eu peço a James que responda, ele apenas vira os olhos e se afasta. Eu digo: "Seu pai está se abrindo aqui, mas, me ajude, por favor, é quase como se você estivesse dizendo a ele: 'vá para o inferno, pai. Eu não vou baixar a guarda e realmente ouvi-lo. É melhor ficar louco e mantê-lo fora, fora, fora'". James acena para mim com um meio-sorriso e me diz que eu não sou tão tola quanto pareço! Digo-lhe que isso me tranquiliza. Também uso constantemente os dois reenquadres: que os problemas familiares são sobre a dança que deixa James sozinho e Tim se sentindo como um mau pai, não os defeitos de James, e que seus comportamentos são sua maneira de expressar seu desespero — uma resposta natural quando nos sentimos sozinhos e rejeitados. As sessões com James e Tim são um bom exemplo de ir ao cerne da questão — à emoção, que "domina a interação social e é a principal moeda em que ela é negociada" (Zajonc, 1980), e permanecer no canal do apego. Os comportamentos menos funcionais de Tim e James são colocados no contexto de terrores de apego e necessidades não atendidas e nossas estratégias limitadas para lidar com eles sem uma conexão segura.

Assim como James, muitos dos jovens que chegam às sessões de terapia familiar mostram sinais de depressão e de ansiedade. Alguns também estarão lidando com traumas e perdas, e a família pode estar respondendo de maneiras que, inadvertidamente, exacerbam o impacto negativo dessa experiência. A terapia familiar pode abordar essas questões como parte da intervenção familiar ou de um pacote de tratamento geral que pode envolver outras intervenções, como grupos focados em depressão ou ansiedade social. Bowlby (1973) foi o primeiro a afirmar que as inseguranças de apego podem desencadear transtornos de ansiedade. *O isolamento emocional exacerba todas as dificuldades.* É claro que, não importa como a segurança seja medida, os estilos de apego estão ligados à sintomatologia específica, sobretudo para os que relatam ou são codificados como apego ansioso. No apego evitativo, os sintomas de ansiedade se ligam aos aspectos temerosos, e não aos aspectos mais descartáveis da evitação (Ein-Dor & Doron, 2015). O Estudo de Minnesota (Sroufe, Egeland, Carlson, & Collins, 2005), projetado para traçar a trajetória de desenvolvimento das orientações iniciais de apego desde antes do nascimento até a idade adulta e a velhice, mostra que, quando os bebês são classificados como resistentes ansiosos (às vezes chamados de preocupados), eles são mais propensos do que seus homólogos seguros a endossar transtornos de ansiedade aos 17 anos (Warren, Huston, Egeland, & Sroufe, 1997). O quadro é ainda mais claro em termos de depressão. Mais de cem estudos delinearam a relação entre as disposições de apego e a gravidade geral dos sintomas depressivos. O estudo prospectivo de Minnesota descobriu que tanto o apego evitativo quanto o ansioso estão relacionados à depressão na adolescência (Duggal, Carlson, Sroufe, & Egland, 2001).

Foi identificada a chamada *tríade sombria* de processos que ligam a insegurança à disfunção. Os elementos dessa tríade são:

1. Dificuldades com a regulação das emoções.
2. Maior vigilância de ameaças.
3. Níveis mais baixos de responsividade percebida pelos outros.

Todos esses elementos podem ser facilmente observados em muitas sessões de terapia familiar (Ein-Dor & Doron, 2015). Fatores familiares também predizem a resposta ao tratamento entre jovens deprimidos (Asarnow, Goldstein, Tompson, & Guthrie, 1993; Birmaher et al., 2000). Como James diz a Tim em uma sessão de seguimento futuro, "Era apenas mais fácil ficar com raiva e agir como se eu não sentisse nada além de 'fúria'. Mas lá dentro estava escuro. Tão solitário, eu sentia que ninguém se importava. Eu era apenas uma porcaria de qualquer maneira, então por que tentar? Mas para você vir aqui, pai, e falar essas coisas, isso mudou tudo. Para você fazer isso, é porque se importava comigo". O antídoto para a tríade sombria também é uma tríade: a acessibilidade, a responsividade e o engajamento de uma figura de apego.

CONCLUSÃO

Pinsof e Wynne (2000) sugerem que, embora a pesquisa de resultados possa oferecer direção para a prática em psicoterapia em termos amplos e gerais, ela parece ter influenciado muito pouco a maioria dos terapeutas de casal e de família. Falhou, então, em oferecer uma base integradora substancial para a disciplina de terapia familiar. Eles sugerem que mais pesquisas qualitativas abordarão essa necessidade. Talvez a questão seja que a linguagem e o modo de estudo de resultados não estão bem sintonizados com a dança do terapeuta com um grupo de familiares em conflito, engolfados na máscara do medo e do desamparo. As pesquisas sobre apego, no entanto, oferecem uma rica base empírica e conceitual que se traduz muito bem na prática cotidiana com famílias. A solução aqui é que os terapeutas se conscientizem dos avanços na pesquisa em ciências sociais e de desenvolvimento, que lhes oferecem um mapa substancial das relações familiares e uma imagem clara da saúde e da resiliência da família a serem atingidas. A enorme onda de perspectivas e intervenções familiares inovadoras que originalmente inspirou tantos clínicos no auge das intervenções de terapia familiar parece ter recuado a conta-gotas. Obviamente, há um lugar para treinamento e educação dos pais em qualquer disciplina de saúde mental, e a ciência do apego deu origem a maravilhosos programas de parentalidade para os pais de crianças pequenas, como o Circle of Security (Powell, Cooper, Hoffman, & Marvin, 2014; Hoffman, Cooper, & Powell, 2017) e o mais recente programa Hold Me Tight®: Let Me Go (Aikin & Aikin, 2017) para famílias com adolescentes, desenvolvido por meus próprios colegas. Além disso, intervenções familiares focadas, explicando o processo atual de interações por meio de uma lente de apego e moldando sinais emocionais para mudar padrões interacionais chave, oferecem uma poderosa intervenção multidimensional. Aqui, níveis e elementos de mudança no *self* e no sistema se desdobram e aprimoram uns aos outros de maneira que molda as experiências emocionais corretivas centrais de maneira previsível e eficiente. Simplesmente faz sentido ver os problemas do "paciente" identificados em uma família como reflexo de segurança — de conexões de apego — e desconexões, e a relevância dessa perspectiva é fácil para os membros da família sintonizarem e aceitarem. Em termos de relevância, um resultado de pesquisa que sempre me acompanhou é de um estudo publicado em 1985 (Lutkenhaus, Grossman, & Grossman), que descobriu que crianças de até 3 anos, que antes eram avaliadas com apego seguro, respondiam ao fracasso potencial com maior esforço, enquanto crianças com apego inseguro faziam o oposto. Como observou Bowlby (1988, p. 168), as crianças desse estudo já demonstravam a "confiança e a esperança" de sucesso que tipifica o apego seguro, em contraste com o "desamparo e o derrotismo" das crianças menos seguras. Certamente, confiança e esperança são o que todos os pais desejam dar aos seus filhos à medida que eles saem para a vida.

A batalha travada em uma família conflituosa ressoa no sistema nervoso dos membros da família como uma disputa de vida ou morte. Muita coisa está em jogo. Um terapeuta familiar orientado para o apego pode assumir esse senso de urgência e oferecer segurança e um modo de ordenar essa experiência que pode trazer a família de volta ao equilíbrio e a um senso de domínio novamente.

UMA ATIVIDADE DE APRENDIZADO EM CASA

Para você pessoalmente

Você consegue imaginar um momento típico difícil, ou seja, um momento em que as pessoas perderam o equilíbrio na sua família quando você era adolescente? Em sua opinião, quem teria sido a pessoa mais "perigosa" nessa interação? Como você normalmente estaria lidando com suas emoções nesse momento? Que sinais você teria enviado? Se um terapeuta tivesse entrado na sala naquele momento, como ele ou ela poderia ter resumido seus sentimentos em um enquadre de apego e apoiado você a compartilhá-los com essa pessoa potencialmente ameaçadora? Tente escrever o que esse terapeuta poderia ter dito.

Para você profissionalmente

Um pai lhe diz:

> "Então, ele está passando por um momento difícil na escola. Daí, tive muita dificuldade também. Fui entregar aqueles livros de exercícios, mas ele nem olha para eles! E ele mente para mim o tempo todo. Eu sei que ele está usando drogas. Será que ele acha que eu sou burro? Ele me faz lembrar do meu irmão, que jogou fora tudo o que meus pais lhe deram. Ele destruiu minha mãe. Quem esse garoto pensa que é? A solução aqui não é 'falar'. Fizemos muito disso. A solução é que ele simplesmente saia e desapareça e que aceitemos que temos um maldito viciado em vez de uma criança. Ele nunca vai terminar os estudos. Não faz a menor diferença o que fazemos."

Como você, em termos simples, refletiria os pensamentos desse pai de uma forma que validasse sua experiência, mas o ajudasse a começar a regular sua raiva e, em seguida, a ver as respostas e as necessidades de seu filho em termos de vulnerabilidades e em termos de apego? Tente escrever o que você diria. (*Dica: um ponto de partida pode ser refletir o quanto ele está chateado por seu filho parecer estar jogando fora seu cuidado.*)

LEVE ISTO PARA CASA E PARA O CORAÇÃO

- O objetivo da EFFT é moldar um porto seguro e um vínculo básico seguro entre pais e filhos, em que os bloqueios a esse processo de vínculo são sistematicamente abordados e os pais podem responder às necessidades de apego da criança.

- Todos os dramas de apego em um grupo familiar entram em jogo e refletem uns aos outros, de modo que múltiplos relacionamentos devem ser considerados, bem como a forma como eles afetam a criança que está se tornando disfuncional.
- A teoria de sistemas ajuda os terapeutas a compreender todo o sistema relacional e como esse sistema é organizado de forma a impedir a conexão positiva. Essa perspectiva afirma que uma mudança significativa requer uma mudança nos elementos organizadores de uma dança interacional. Nas relações de apego, isso envolve mudar a natureza da comunicação emocional e mover a dança, não apenas para manter a homeostase, mas também para a conexão segura.
- Na EFFT, os pais são apoiados para redefinir o relacionamento e oferecer conexão segura a uma criança. O terapeuta ajuda os pais a encontrar equilíbrio emocional, passando por sua própria dor, seu medo de falhar, medo de perder o filho e sua raiva, para "ver" a vulnerabilidade de seu filho e se tornarem figuras de apego responsivas, que podem oferecer conforto e estabelecer limites claros e cuidadosos. Cada criança é auxiliada a sintonizar com as necessidades de apego, a buscar e a receber os cuidados agora oferecidos. O modelo do *self* da criança está alinhado e disponível para redefinição nesse processo.
- A ciência do apego oferece um mapa claro dos fatores definidores da dança familiar complexa e um caminho claro para um melhor funcionamento familiar e infantil. Crianças com apego seguro são mais saudáveis e resilientes. Elas estão em um caminho de desenvolvimento diferente quando descobrem como moldar um relacionamento amoroso com um pai necessário e podem lidar com a depressão e a ansiedade de modo mais efetivo.
- A maioria dos pais que procuram terapia familiar está em um modo ativado de proteger e cuidar de seus filhos. O poder desse imperativo biológico, quando direcionado e aperfeiçoado pelo terapeuta, é uma força potente para a mudança. O medo dos pais de falhar a respeito disso tem de ser acolhido e regulado pelo terapeuta e, em seguida, transformado em um novo senso de confiança e competência.

9

Terapia familiar focada nas emoções em ação

Este capítulo apresenta duas sessões familiares que descrevem o processo da EFFT e delineiam as intervenções à medida que ocorrem.

JOSH E SUA FAMÍLIA: A HISTÓRIA DE FUNDO

Josh, um garoto de 11 anos cujos professores, funcionários do hospital infantil local e família estão totalmente alarmados com seu comportamento agressivo, vem me ver para nossa segunda sessão de EFFT. Na primeira sessão, três membros da família estavam presentes: Sam, seu pai, Emma, sua mãe, e John, seu irmão mais velho. Naquela sessão, descrevemos os principais padrões de interação na família e a parte de Josh neles (esses padrões também são resumidos no último capítulo). Josh estava agitado e esquivo nessa sessão: interrompendo, mudando de assunto e fazendo piadas. Surgiu uma imagem de uma família extremamente angustiada em que o pai, Sam, estava sob enorme pressão para trabalhar cerca de 12 a 14 horas por dia, mas também admitiu que havia recorrido ao trabalho para fugir do estresse de sua vida doméstica e do conflito conjugal com Emma. O menino mais velho, John, estava distante e não se envolvia no drama familiar, e me contou que passava a vida fora de casa e ocupado com esportes. Emma estava extremamente ansiosa e estressada, transmitindo, em voz alta e rápida, com lágrimas ocasionais, como ela lidava com seus filhos sozinha, e agora tinha um bebê pequeno para cuidar, bem como seu trabalho profissional. Com muitas lágrimas, ela respondeu ao meu reflexo empático de que estava sobrecarregada e assustada.

A família conta que Josh sofre *bullying* na escola, não dorme, tem erupções cutâneas por todo o corpo, que os médicos concordam ser resultado de sua alta ansiedade, e tem birras nas quais quebra móveis, ameaça matar o pai com uma faca e diz à mãe que vai se suicidar correndo e se jogando embaixo do ônibus que para em frente à sua casa. Suas explosões resultaram duas vezes na chegada da polícia à casa e na retirada de Josh por alguns dias. Apesar de seu alto QI, Josh também está fracassando na escola. Josh e eu formamos uma aliança provisória nessa primeira sessão, sobretudo com encontros curtos e lúdicos. Ele me disse: *"Eu não vou estar aqui. Eu vou ser Peter Pan"*. Quando eu compartilhei que preferia estar no meu jardim em uma tarde tão ensolarada, mas talvez fosse bom estar aqui no hospital com ele se ele me permitisse ser Sininho, ele me deu um largo sorriso e sentou-se ao meu lado. Mas eu podia sentir sua agitação vibrando pelo espaço entre nós. Os padrões que a família identifica são que Josh e Sam estão presos em constante conflito, com Josh assumindo uma postura de oposição a cada pedido feito por seu pai e explodindo quando Sam repete seus pedidos; que Josh fala com sua mãe e é menos reativo com ela, mas, quando ela tenta falar sobre questões familiares, a aterroriza com ameaças de automutilação; que Emma e Sam têm uma constante reclamação/perseguição seguida de um ciclo de desligamento/desistência em seu relacionamento "sempre infeliz"; e que John ocasionalmente briga com Josh, mas, na maioria das vezes, permanece fora do círculo de ansiedade e conflito no qual a família está.

Os principais bloqueios para interações seguras — os gatilhos para o pânico e o caos em espiral — pareciam ser entre Emma e Sam como casal e entre Emma e Josh, mas mais drasticamente entre Sam e seu filho. Pouco tempo após essa sessão inicial, Sam me ligou para informar que Josh se recusou a ir a mais sessões.

Nas próximas duas sessões com Sam e Emma, descrevemos seu ciclo negativo e como isso contribui para a espiral de ansiedade de Emma e o distanciamento e o sentimento de "desesperança" de Sam em seu relacionamento e na família. Falamos sobre como esse ciclo prejudica sua capacidade de se manter equilibrados e apoiar um ao outro como pais, preparando Emma para se voltar para seu filho como confidente. A falta de uma equipe de pais de base segura também contribuiu claramente para que Sam se sentisse preso em suas interações com seu filho e se tornasse ditatorial, o que Josh recebeu com mais oposição. Estabelecemos um momento uma vez por dia em que Sam e Emma podem simplesmente compartilhar quaisquer situações difíceis que surgiram naquele dia com Josh e ajudar um ao outro com os sentimentos que esses momentos evocam (ambos se sentem fracassados como pais), estejam ou não presos em seu próprio ciclo negativo de casal. Concordamos que trabalharei em seguida com Josh e Sam. Constantemente enquadro Josh como altamente sensível e ansioso, vibrando com a tensão na família, que emana dos problemas conjugais de seus pais e da ausência de Sam, devido às suas longas horas de trabalho, e como enfrentando a transição para a adolescência e desesperado pelo pertencimento seguro que seus pais podem fornecer. Relembramos um momento comovente da primeira sessão em que, quando perguntei a Josh o que ele gostaria de Sam (ele só havia expressado raiva até aquele ponto), ele de repente se virou e silenciosamente estendeu os braços abertos para seu pai. Sam então entrou em modo de congelamento e, após alguns minutos de silêncio imóvel, respondeu à minha pergunta sobre o que estava acontecendo com ele comentando, do nada: "Eu não sei o que fazer". Eu validei isso. Sam havia casualmente compartilhado na primeira sessão que, em sua família de origem, você fazia o que lhe era dito e era imediatamente enviado para seu quarto se estivesse de alguma forma chateado ou ficasse "melodramático" sobre qualquer coisa. Enquadrei isso como Sam crescendo sozinho, sem ninguém para confortá-lo ou ajudá-lo quando ele estava com medo ou precisava de segurança. Ele havia se fechado aos seus sentimentos, ao passo que outras crianças decidem gritar, berrar e protestar. Ele me ouviu.

Parte da dificuldade de Sam e Emma em manter seu equilíbrio emocional e responder ao filho de forma coerente e sensível era a sensação de fracasso e inadequação que ambos sentiam como pais. Essa é uma questão fundamental e que me parece ser muitas vezes contornada na terapia familiar. O terapeuta EFT ajuda ativamente os pais a regular e a lidar com essas emoções, normalizando o fato de que todos nós aprendemos a ser pais a partir da prática, à medida que a vida acontece, à medida que nossos filhos nos acionam, quando somos consumidos por querer ser pais responsáveis perfeitos e quando percebemos que muitas vezes não temos um mapa para a dança que está ocorrendo entre nós e nossos filhos.

TRABALHANDO COM JOSH E SAM

Josh concordou em vir me ver com seu pai após eu lhe enviar um *e-mail* dizendo que fiquei impressionada ao ouvir que ele é tão gentil e prestativo com seu amigo que tem deficiência (relatado por Emma para mim), que ele parece ser bom em ver o que está acontecendo com os outros e que eu o vi como sendo capaz de ajudar sua família, apontando os problemas desta.

Então, Josh entra na sessão vestindo uma camiseta que ele confeccionou, que diz: "Eu sou um distribuidor de abraços". Junto-me a ele na aliança positiva e lúdica que começamos a montar na primeira sessão. Ele parece mais calmo, faz mais contato visual comigo e é um pouco mais focado, mas eu me lembro de monitorar constantemente sua capacidade de tolerar momentos emocionalmente carregados. Sua janela de tolerância aqui é pequena; seu tempo de atenção parece ser de cerca de 10 segundos. Conversamos sobre os planos de verão dele e da família. Sam lamenta o quanto ele tem de trabalhar e suas longas horas. Ele tem pouco tempo livre para estar com sua família, e ele sabe que isso é difícil para sua esposa e para Josh, que concorda com a cabeça vigorosamente.

O clima entre pai e filho parece um pouco menos volátil nesta sessão do que na primeira.

Sue: Então, como está a relação entre vocês? Parece haver um pouco menos de tensão entre vocês agora?

Sam: Sim. As coisas estão basicamente melhores agora. Mas há aqueles momentos em que entramos em um jogo de gritos e não podemos falar nada. Depois, há outros momentos em que tento falar, em que ele parece chateado, e eu levanto o muro — não é assim que você chama quando alguém simplesmente age como se você não existisse?... (*Longo silêncio.*) Estou perdendo-o. Não consigo me aproximar dele, não consigo ajudá-lo.

Sue: Então a gritaria é quando surge a velha questão de você pedir para Josh fazer algo e ele se recusar — não é? (*Sam acena.*) E há outros momentos em que você tenta chegar até ele e ele te impede — é isso? (*Sam acena novamente.*) [Refletir/descrever o presente recorrente do bloqueio no relacionamento de Josh e Sam — movimento 1 do Tango.]

Sam: Eu dou uma orientação, tipo, por favor, desligue a TV, é hora de fazer sua lição de casa, e aí começa todo o inferno.

Sue: Então, em primeiro lugar, onde você e Josh ficam presos é quando você está tentando fazer seu trabalho como pai e dar a Josh alguma direção, e Josh se recusa — resiste — e fica muito irritado. Em segundo lugar, você quer ajudar Josh a se sentir melhor, e é como se ele recusasse sua ajuda? Logo, como pai, você fica muito paralisado. Então, o que acontece? Você basicamente só fica mais diretivo ou o procura menos? (*Sam acena.*) [Reflito o ciclo e reenquadro — sabemos, por sessões anteriores, que Josh não vê o cuidado ou a tentativa de aproximação de seu pai.]

Josh: Eu só preciso me acalmar — para... (*Ele bate as mãos no ar — depois olha pela janela.*) tudo.

Sam: (*Para Josh.*) Bem, meu trabalho é ajudá-lo a crescer — dizer coisas como: "Acho que você deveria arrumar seu quarto esta noite". Mas eu não posso dizer para você fazer nada, nada. Está melhor do que quando viemos ver Sue pela primeira vez, mas... eu peço com a maior educação possível. (*Josh começa a balançar a cabeça veementemente de um lado para o outro.*)

Sue: Não é assim que você vê as coisas?

Josh: (*Para Sam, mas olhando para o outro lado.*) Você apenas diz: "faça isso". Como se você estivesse me ordenando, como um sargento. E você diz isso umas cem vezes. Cem vezes. (*Ele levanta os braços em um círculo ao redor da cabeça para dar ênfase.*)

Sam: Eu não.

Josh: Como se eu fosse um cachorro. Um cachorro. Então eu me sinto — eu me sinto...

Sue: Furioso — provocado? — Talvez seja assim — "Eu vou mostrar a ele. Eu vou dizer não, você não pode mandar em mim"? [Interpretação/conjectura em *proxy voice* — esclarecendo a emoção reativa da superfície.]

Josh: *Sim.* Sim. Sim.

Sam: Bem, estamos mudando isso. Eu recuo e você me ouve mais... porém...

Josh: Você recua um pouco...

Sam: Eu tento.

Josh: Se você disser: "você pode fazer isso hoje?", eu faço. Tipo, "você pode cortar a grama hoje?" Trate-me de igual para igual.

Sue: Hum — isso é um pouco complicado, Josh, porque esse cara aqui é seu pai, e você tem 11 anos. Então ele é responsável por te educar. Esse é o trabalho dele, mostrar as rédeas. Então, talvez "igual" não esteja correto. Às vezes, ele precisa estar no comando.

Josh: Bem, então — trate-me como uma pessoa.

Sue: Tratá-lo com "respeito"? (*Josh acena.*)

Sam: Estou tentando fazer isso. Mas eu sou o pai e sou responsável pelas coisas que precisam ser feitas.

Josh: Você esquece as coisas. Você é velho. Tenho mais células cerebrais. As suas estão morrendo. Li isso em um livro.

Sam: (*Rubor vermelho.*) Isso é ofensivo, Josh. Eu tenho experiência.

Sue: Ei, Josh — eu também sou velha, mais velha do que seu pai. Quer saber quantas células cerebrais eu tenho? Cerca de 10, eu acho. (*Eu rio, e Josh ri.*) Mesmo que ele tenha menos células cerebrais, seu pai aprendeu muito ao longo dos anos, e seu trabalho é às vezes assumir o comando das coisas e pedir que você faça certas coisas. Você está bravo com seu pai agora? (*Josh calmamente balança a cabeça.*) Como você se sente quando seu pai lhe diz o que fazer, e você ouve sua voz de sargento? [Conter a escalada em potencial com humor. Fazer uma pergunta evocativa para provocar emoções mais suaves — movimento 2 do Tango.]

Josh: (*Voz suave, olhando para baixo.*) Como um cachorro.

Sue: (*Correspondendo com voz suave.*) Como um cachorro? Como se seus sentimentos não importassem? Pequeno. Como se você fosse mau?

Josh: Aquela voz — eu ouço que ele acha que eu não posso fazer muita coisa. Pequeno como um cachorro. Ele não pensa muito em mim.

Sue: Poxa, isso dói, né? (*Josh acena.*) Isso dói muito. Então você fica muito zangado (*Ele acena.*), pois isso dói.

Josh: Eu tenho que ir ao banheiro. (*Ele pula, e Sam vai com ele para mostrar-lhe o caminho até o banheiro. Entendo que essa é a maneira de Josh regular suas emoções. Sam e Josh retornam.*)

Sue: Você está bem? Estávamos conversando sobre como seu pai e eu não temos muitas células cerebrais (*Josh ri.*) e sobre como, quando seu pai lhe diz o que fazer, isso dói. Você se sente criticado — meio que rebaixado? (*Josh fica muito quieto, mas mantém contato visual comigo.*) Você pode ajudar Josh com esse sentimento, Sam? (*Eu julgo que, se eu estiver lá para ajudar, Sam pode começar a ver e responder à vulnerabilidade de seu filho.*) [Movimento 3 do Tango — modelar um *enactment*, mas com foco no pai ajudando o filho, em vez de assumir riscos mútuos.]

Sam: Na verdade, eu penso bastante na sua capacidade. Olha como você me ajudou a cortar a grama, olha como você me ajuda com outras coisas. (*Josh volta-se para Sam.*) Estou orgulhoso de você — todas as coisas que você faz, todos os esportes que você pratica. (*Josh olha para baixo e fica em silêncio.*)

Sue: O que está acontecendo, Josh? Você consegue ouvir seu pai? Talvez você ainda esteja preso àquela sensação de ser "rebaixado", é isso? [Movimento 4 do Tango — processar o encontro.]

Josh: Ele acha que eu não posso fazer isso. Mas se ele apenas me pedir, eu o farei.

Sue: Você pode dizer isso a ele?

Josh: (*Voltando-se para Sam.*) Eu farei as coisas — se você falar comigo como se confiasse em mim.

Sue: Sim. É como se você estivesse dizendo ao seu pai: "Eu quero que você me veja como um bom garoto".

Sam: (*Inclinando-se para Josh.*) Vou dar o meu melhor, Josh. Eu realmente vejo você como um bom garoto. E se você não fizer isso — o que devo fazer então? [O terapeuta resiste ao desejo de resolver problemas — diga: "simples e calmamente, diga as consequências", sobre as quais falamos nas sessões com Sam e Emma, pois Emma pode fazer isso e pode ajudar Sam a fazê-lo.]

Josh: Vou tentar, pai. Sim, vou tentar fazer isso.

Sue: Certo. E haverá momentos em que vocês ficarão presos nessa dança que parece uma luta de poder, pois é isso que acontece com pais e filhos. Faz parte do trabalho do seu pai lhe dar direcionamento, e, se você se sente rebaixado ou criticado por ser uma criança sensível, então você se recusa, e assim ambos ficam presos nessa dança terrível que faz você se sentir como um garoto mau e seu pai se sentindo como um pai mau (*Sam acena.*), um pai que não consegue fazer com que seu filho faça nada sem uma grande explosão. Mas aqui, você pode resolver como ajudar o outro a ouvir — como falar para que o outro ainda se sinta respeitado — para que você possa cooperar. Vocês podem fazer isso, pessoal. [Resumo a questão da autoridade, normalizo, identifico a mágoa/necessidade emocional que impulsiona o padrão de interação negativa e a exceção positiva do momento — movimento 5 do Tango.]

Josh e Sam acenam a cabeça e sorriem um para o outro. Volto agora à segunda questão que Sam levantou no início da sessão — o fato de que ele não pode chegar ao seu filho para oferecer conexão e conforto e fazer com que Josh o deixe entrar. Uma vez que o ciclo negativo de dar ordens e recusa raivosa começou a ser contido, a prioridade é a criação do início de um ciclo positivo de conexão segura entre pai e filho.

Sue: Gostaria de voltar ao tema que você trouxe no início, Sam. Havia essa questão de poder pedir a Josh para fazer coisas e Josh responder, mas também havia a questão de momentos em que você procura seu filho, em especial recentemente, e sente que não pode se conectar com ele. Minha sensação é de que isso é muito doloroso para você, não é? [De volta ao movimento 3 do Tango — organizando as emoções e encorajando Sam a estar emocionalmente presente para seu filho.]

Sam: Sim, é. (*Aperta os lábios e parece triste, vira-se para Josh.*) Como no outro dia, eu vim e te procurei, mas você não... você não me deixou entrar. Eu encontro uma parede à frente.

Josh: (*Olhando para baixo e para longe.*) Não me sinto confortável com alguns assuntos.

Sam: (*Mais urgência em sua voz.*) Eu posso ouvir que é difícil falar às vezes, mas você diz coisas como "cala a boca" e "cai fora", e isso dói, Josh.

Sue: Sim. Posso tentar adivinhar aqui um pouco do que está acontecendo? (*Josh acena para mim.*) Josh, minha sensação é de que você às vezes meio que fica sobrecarregado por sentimentos — eles parecem confusos e demais para se lidar. (*Josh sorri para mim e acena vigorosamente.*) Sentir raiva de alguém e precisar saber que ele acha que você é um bom garoto, se preocupar que ele não pense dessa forma, isso é difícil, e está acontecendo tudo de uma vez. (*Josh acena novamente.*) Então, talvez você ainda esteja chateado ou precisando manter distância de seu pai — precisando manter sua parede erguida. Logo, é difícil mudar de marcha e realmente ver quando ele está procurando você. (*Josh olha para Sam.*) Ele está tentando se conectar, o que eu acho que é o que você quer. Nessas horas, ele está te procurando e tentando mostrar que vê que você está sofrendo. Ele está tentando estar lá para você — mostrar que ele se importa e que você é especial para ele. É isso, Sam? [Interpretação/conjectura, normalizando a dificuldade de Josh em regular suas emoções e destacando o sinal positivo vindo de seu pai. Movimento 4 do Tango — processando novas emoções por meio de *enactments*.]

Sam: Sim, sim, sim. Eu sei que não fui bom nisso no passado.

Sue: Você acaba se sentindo meio rejeitado — excluído — como se tivesse falhado como pai. Você disse, no início da sessão, "estou perdendo-o". Nesse momento, você sente que está perdendo seu filho. (*Sam parece choroso.*) E isso dói muito — perder essa conexão, ser excluído por Josh. (*Sam acena, concordando. Eu me viro para Josh.*) Como é, Josh, ouvir que, nesses momentos nos quais é difícil para você deixá-lo entrar, seu pai sente todas essas coisas — magoado, rejeitado, como se estivesse te perdendo? [Perguntas evocativas.]

Josh: Parece estranho. Os pais sentem isso? Ele é durão, é um homem.

Sue: Ah, sim. Seu pai tem esses sentimentos mais suaves — ele não quer perder você — perder seu Josh —, seu precioso filho, então, quando ele não consegue chegar até você... não consegue se conectar... Você pode dizer a ele, Sam? (*Gesticulando com a mão de Sam para Josh.*) [*Enactment* estrutural com sinais emocionais aprofundados — movimento 3 do Tango.]

Sam: (*Suavemente, inclinando-se para a frente.*) Josh, nosso relacionamento é precioso para mim. Realmente me incomoda quando você me afasta. Eu não quero perder minha conexão com você.

Sue: Você consegue ouvi-lo, Josh? O que acontece com você enquanto seu pai diz isso?

Josh: Uau — golaço, golaço e outro golaço! Isso é como... surpreendente... surpreendente. Ele se importa! (*Ele sorri, mas é óbvio que está emocionado, mas tímido em mostrar seus sentimentos.*)

Sue: Você pode aceitar isso, que ele se importa? Não é assim que você tem visto seu pai. Você pode se permitir sentir isso? (*Voltando-se para Sam.*) Você pode dizer a ele novamente, Sam?

Sam: Eu não quero que você me exclua. Sinto muito que você não tenha pensado que eu me importava com você, Josh. (*Josh começa a torcer todos os seus lenços de papel em uma pequena bola.*)

Sue: (*Para Sam.*) Sim. Lembro-me de Josh lhe dizer, na primeira sessão no hospital, que ele não ia te ouvir porque ele achava que você não se importava com ele. É difícil aceitar tudo isso — que o pai que ele vê como tão no comando possa sentir esses sentimentos tão suaves. Que Josh não precisa ter tanto medo de que ele não seja importante para você. Todos os pais e os filhos brigam sobre coisas como tarefas e horários, mas, se vocês puderem se aproximar após as brigas, então... vocês podem se unir também. Acho que é isso que você quer, não é, Josh?

Josh: Sim. É estranho. É estranho (*Volta-se para Sam, falando em uma voz suave.*) porque você não está muito por perto. Você está sempre trabalhando. Não está por perto para conversar ou brincar. Você não está lá. (*Ele está torcendo mais lenços para formar bolas — um sinal para mim de que sua janela de tolerância para essa conversa emocionalmente carregada está se fechando. É muito comum que a sensação de abandono seja o impulso por trás da raiva de uma criança.*)

Sam: Sim. Eu sei. Eu me sinto muito mal. Todo mundo sofre por causa disso. Conversei com meu chefe e as coisas estão um pouco melhores, mas parece que é assim mesmo na minha área. Não tenho a quem delegar tarefas. Tento ao máximo estar em casa pelo maior tempo possível. Meu trabalho exige muito de mim. É difícil para sua mãe também. Quero estar com vocês. Quero estar com você. Nem sempre sei como fazer isso direito. (*Josh olha para cima e sorri para Sam.*)

Sue: (*Tomando a decisão de que isso é suficiente. É tudo o que Josh pode tolerar e fizemos um bom trabalho, que poderemos integrar da próxima vez.*) Sam, eu quero que você saiba que é incrível que você possa ser tão aberto e tão honesto e compartilhar tanto com seu filho. Josh é um garoto inteligente e honesto. É preciso coragem para entrar nessas sessões, pois ele também é sensível, e essas sessões podem ser difíceis — aparecem muitos sentimentos complicados. Mas aqui, com apenas uma pequena ajuda, ele aguenta firme e se abre. Ele deixa você entrar porque quer a conexão com você. E é maravilhoso, Sam, que você esteja se aproximando dele da forma como fez aqui. Você sabe como isso é especial, Josh, como é raro e maravilhoso ter um pai que pode fazer isso? Quantos pais você acha que podem fazer isso? [Movimento 5 do Tango — validar e integrar.]

Josh: (*Sorrindo bastante.*) Ah, não sei. Cerca de 75%, talvez.

Sue: Não, nem perto disso. Você tem um pai muito especial. Ele trabalha muito para proteger e sustentar sua família. E ele está aprendendo a se aproximar — talvez ele nunca tenha visto seu próprio pai fazer isso quando ele era criança!

Josh: (*Gritando.*) Ele é um provedor. Os pais devem fazer isso.

Sue: Sim. Seu pai é um homem forte. Ele cuida de sua família trabalhando duro; ele tenta dar-lhe tudo o que pode quando chega em casa; ele está lutando para ser um bom pai para você e seus irmãos e para ser um bom marido para sua mãe. Ele é forte. E isso é muito difícil, pois significa que ele tem que passar muito tempo longe da família que ele ama. Mas seu pai faz mais do que isso. Você conhece muitos pais que conseguem cuidar da família de todas as formas práticas *e* chegar aqui, se abrir e mostrar seus sentimentos mais suaves e ir ao encontro de seu filho? Isso exige que um homem seja realmente forte, que possa mostrar seus sentimentos mais suaves para aqueles que ama — que pode convidá-los a entrar, tentar cuidar deles emocionalmente. Isso é especial. (*Sam murmura um "obrigado" e chora.*) Ele deve te amar muito, Josh — muito mesmo. (*Estou ciente de oferecer a Josh um modelo de masculinidade, bem como validar Sam e as mudanças que ele fez. Também estou falando para a amígdala de Josh, com seu desejo de conexão e de segurança, expandindo seu modelo de quem é seu pai.*)

Josh: (*Sorrindo para mim.*) Ok, então, então ele é como — é como — 25% que podem fazer isso — que vão fazer isso.

Sue: Pais que realmente amam seus filhos e veem que seus filhos precisam que eles se aproximem, mesmo quando as coisas estão dando errado e há muitos momentos de raiva na família, fazem isso. Pais especiais correm o risco de se aproximar — como seu pai fez nesta sessão — para o garoto que ele não quer perder. (*Josh sorri e olha pela janela.*)

Sam: (*Para mim.*) Obrigado por isso.

Sue: De nada. Acho que devemos parar agora. Josh, você fez muito bem em vir à sessão e compartilhar do jeito que fez — você é bom nisso. Assim como você se abre e compartilha com seu amigo — o garoto deficiente —, aquele sobre o qual sua mãe me contou. Deve ser todas aquelas células cerebrais extras que você tem — deve ser isso. (*Ele sorri mais um pouco.*)

Mas acho que terminamos aqui. Devemos parar agora. E, Sam, da próxima vez, eu gostaria de ver você e Emma, se for possível. (*Ele acena.*) Então vamos parar por enquanto. Vocês foram brilhantes. Gostei muito de trabalhar com vocês. Vimos como estão administrando essa demanda represada — evitar lugares onde a raiva surge, e exploramos como ambos podem se conectar e se aproximar para não se perderem. Muito bem. [Resumir o processo da sessão em termos de momentos de desconexão e de conexão e validar.]

Após a sessão, reflito que Sam agora parece muito mais engajado e aberto com sua família. Ele é um evitador que agora está tentando se reengajar, para poder começar a ser mais presente e responsivo ao filho. Contudo, ele precisará trabalhar com sua esposa para realmente mudar seus padrões negativos de interação, e a futura terapia de casal parece ser indicada aqui. Com Josh, estou ciente da necessidade de monitorar a intensidade emocional da sessão cuidadosamente para não sobrecarregá-lo. Em parte do tempo, eu brinco, distraio e uso pequenos bate-papos nos quais Josh pode relaxar (alguns dos quais omiti aqui). Ele é precoce para a sua idade, mas também é muito sensível.

TRABALHANDO COM SAM E EMMA

Esta sessão com Sam e Emma é uma sessão com o casal, mas é focada no contexto familiar.

Começamos a sessão revendo a dança "demoníaca" que surgiu nas sessões anteriores e tomou conta da família de Sam e Emma. Esboço o quadro que tenho e peço que me corrijam. Sugiro que Josh se sente cortado e sem importância para Sam, e ele protesta com birras e recusas; Emma também se sente excluída de Sam, e então fica sozinha e cheia de ansiedade em seu papel de mãe, encontrando-se com raiva de Josh e em constantes encontros de conflitos com Sam; Sam sente-se perdido e "incompetente" (suas palavras) como pai e como marido, e tenta argumentar com Emma e dizer a Josh o que fazer — quando isso não funciona, ele se retira para seu escritório e fica entorpecido com o trabalho. Quanto mais Sam se aproxima e se retira, mais desesperados ficam Emma e Josh, e quanto mais eles gritam e reclamam, mais Sam quer fugir para seu trabalho. O ciclo gira fora de controle. Emma acrescenta com voz em pânico que simplesmente não pode ser mãe de seus filhos "sozinha", que está perdendo o equilíbrio no trabalho e que está permanentemente "surtada". Sam concorda com meu resumo e acrescenta que suas dificuldades chegam ao ponto em que ele só quer "fugir".

Eu foco em Josh como um garoto altamente inteligente e sensível que, nessa dança, não tem um lugar seguro para se sentir aceito, calmo e seguro. Ele não tem uma boa conexão com seu pai, não pode realmente se sentir amparado por sua mãe (mesmo que ela realmente tente o seu melhor), que está ocupada lidando com sua própria ansiedade e estresse. Valido o quanto é difícil ser pai com sensibilidade, sintonizar com um filho e responder de forma congruente quando não temos nosso próprio equilíbrio emocional. Josh também não tem certeza da segurança na família, pois vê seus pais brigarem, o pânico de sua mãe e a aparente distância e indisponibilidade de seu pai.

Emma me diz que vê Josh como apenas um "garotinho triste" e que se sente perdida em lutar com suas próprias emoções sobre seu casamento — seu sentimento de abandono e seus medos por seu filho. Ela diz a Sam: "Você apenas repreende Josh, e não dá a mim ou a ele a conexão de que precisamos". Eu me foco no fato de que ambos veem o outro como fracassando com Josh e se sentem desamparados em seus papéis parentais.

Sam: *(Para Emma.)* Você fica do lado de Josh e me prejudica — é isso que acontece! Você se ressente do meu trabalho e...
Emma: Eu só tento confortá-lo.
Sue: Posso interrompê-los apenas por um minuto? Vocês estão bloqueados aqui em torno de como ser pais de Josh. É difícil ser uma equipe quando você está lutando com seu próprio relacionamento, certo? Emma, eu

acredito em você quando você diz que sintoniza com a necessidade de Josh de conforto de você *e* de Sam, pois você sente essa necessidade do conforto de Sam também — não é? (*Emma acena.*) E nós falamos sobre seu relacionamento em uma sessão anterior e como vocês precisam repará-lo, mas vamos ficar com o que os impede de ajudar um ao outro como pais. Acho que vocês dois têm os mesmos objetivos aqui. Ambos querem que Josh fique mais estável, mais calmo, menos angustiado, e que seja mais fácil de conversar e conviver com ele. (*Ambos acenam.*) Emma, você está tentando dizer ao seu marido que a maneira como você o vê falando com seu filho não está funcionando — não está encontrando Josh onde ele mora, e Sam, você está se defendendo. Acho que, se isso fosse em casa, acabaria com você ficando exasperado e indo embora, não é, Sam? [Reflito o processo atual de interação — movimento 1 do Tango.]

Sam: Sim. Eu simplesmente voltava para o escritório. Ela e o garoto são uma montanha-russa. Eu nunca faço as coisas direito. Ela fica com raiva de Josh também — não apenas eu. Ela o atacou e o agrediu outro dia. (*Para Emma.*) Você está com raiva também.

Emma: Eu fiz, eu fiz isso. Eu me senti péssima com isso. (*Chora. Emma já falou sobre isso antes, e a terapeuta é clara de que esta é uma perda momentânea de controle.*) Mas eu não posso fazer isso sozinha.

Sue: [Movimento 1 do Tango — refletindo os circuitos emocionais internos agora.] Sim, vocês dois perdem o equilíbrio com Josh — ambos se sentem sobrecarregados e não conseguem se aproximar e apoiar um ao outro. Sam, o que acontece com você quando ouve de Emma que ela o vê dando ordens e ficando longe de seu filho? Você disse que é uma "montanha-russa" em que você nunca "acerta"? Então você se desliga.

Sam: Sim. Eu não sei como ser pai de Josh. Eu tento. Mas ele não me ouve, e sua raiva realmente me assusta. Eu sei que isso parece bobagem. Ela está com raiva de mim por trabalhar tanto. Ele está com raiva de mim. Então eu fujo.

Sue: É avassalador — e você não se sente seguro o suficiente para ir falar com Emma sobre esse lugar onde você não se sente seguro de si mesmo como pai, pois acha que vai ouvir que a culpa é toda sua. (*Sam acena e chora.*) E Emma, este é um daqueles momentos em que você está tentando cutucar Sam, para fazê-lo ouvir, ouvir suas preocupações e estar mais presente — responder mais emocionalmente a Josh?

Emma: Sim, eu sei que ele se sente criticado por mim. Mas não sei como fazê-lo ver que precisamos dele. Estou perdendo isso com Josh e ele. [Essa resposta faz sentido do ponto de vista do apego. A angústia da separação transforma-se em desespero raivoso diante do muro levantado ou da não responsividade.]

Sue: Então você também fica sobrecarregada, perdida. E fica desesperada e tenta explicar, chama Sam para se aproximar e ajudar. Mas não funciona e...

Emma: Estamos falhando, e Sam simplesmente sai pela porta!

Sue: Certo. Assim, você fica oscilando entre a raiva e se sentir abandonada e com medo — sobrecarregada, assim como Sam. Sozinha. Mas tudo o que Sam vê é sua raiva, e isso se descarrega em Josh, e, então, você se sente péssima com isso.

Sam: Eu vejo que nós dois estamos lutando — sozinhos. Eu vejo isso. Mas a raiva dela me assusta! Ela não é razoável! Minha família era muito legal e calma. Isso me assusta pra caramba.

Sue: [Movimento 2 do Tango — organizar e aprofundar o afeto.] Vamos ficar com isso. Parece que sua "corrida" aparentemente é a única opção quando esse medo te atinge, correto? E você realmente não vê a "razão" na raiva dela? Tanto Josh quanto Emma ficam tão furiosos que isso parece literalmente perigoso para você.

Sam: Sim, sim. Houve um momento em que Josh estava me fazendo ameaças com facas, e depois um momento em que Emma tentou me bater — e ela fica brava comigo o tempo todo. Então... se eu tento explicar que tenho que trabalhar até tarde da noite, ela simplesmente desconsidera isso. (*Ele olha fixamente para o chão.*)

Sue: O que está acontecendo com você agora, Sam, enquanto você fala sobre isso? Seu rosto parece estar vazio. Você está totalmente imóvel. Onde você está?

Sam: Eu estou... Eu estou... perdido.

Sue: Perdido — não há como sair daqui. Se você fica, você ouve que as pessoas querem te machucar, ou o quê?

Sam: Que eu não sou bom em nada. Inútil. Inútil.

Sue: E se você correr — sair — então todo mundo ficará tão enfurecido com você... Não há saída. É desesperador — você está desamparado? (*Sam acena repetidamente com a cabeça.*) Tem alguma coisa que te traga sensação de conforto, estabilidade?

Sam: Eu mantenho minha agenda — mantenho minhas listas de tarefas. Ela diz que tudo o que importa para mim é a minha agenda.

Emma: É a sua prioridade...

Sue: (*Para Sam.*) Mas essa é a sua maneira de se manter são, mantendo o desamparo a distância. Você pode dizer a ela... [Movimento 3 do Tango — coreografar encontros envolventes. Eu poderia tê-lo ajudado mais destilando a mensagem.]

Sam: (*Em voz baixa.*) Eu corro. Uma coisa que posso fazer é prover nosso sustento — ganhar dinheiro. Eu me apoio na minha agenda. Toda essa coisa emocional é tão difícil para mim. Mas quando você fica tão zangada... eu apenas... eu não sei qual é a palavra — sinto muito medo... apenas desesperança.

Sue: Pânico, talvez? (*Sam acena e depois chora.*)

Sue: [Movimento 4 do Tango — processar o encontro.] Qual é a sensação de dizer isso para ela agora?

Sam: Parece estranho. Receio que ela fique zangada. (*Olhando para Emma.*) Você está zangada?

Emma: (*Suavemente.*) Não. Não, eu não estou zangada, Sam. Sei que vou ao extremo, e não gosto de mim por isso. É um alívio ouvir o que está acontecendo com você. Eu nunca acho que estou tendo impacto algum. É como se você não se importasse. Aí eu fico me sentindo assim... afastada por você. Acho que nós dois nos sentimos inúteis em tudo isso, e isso dói.

Sue: Sim. Sua raiva é você ligar e ligar para tentar fazer com que ele responda. (*Emma chora e concorda.*) Você não quer ficar com raiva o tempo todo. Nesse momento, ele está arriscando e saindo para estar com você, e isso é reconfortante. [Movimento 5 do Tango — validar.] Olha o que vocês fizeram aqui. Sam, você não deu um sermão ou explicou ou correu — você encontrou outro caminho. Você disse a Emma sobre seu compromisso com tarefas e agendas — sobre sua sensação de ser inútil — fora de sua profundidade — sem esperança. E, Emma, você passou por seu estado frenético — sua raiva por ter sido deixada sozinha em tudo isso — e respondeu a ele, viu sua dor. Isso é incrível. (*Eles sorriem para mim, embora seus sorrisos sejam um pouco chorosos.*) Vocês são pegos em sua própria dança como casal, e às vezes parece que o outro é o inimigo, mas vocês dois estão no mesmo barco como pais, juntos com Josh.

Emma: Sim. (*Para Sam.*) Se eu pudesse vir até você e contar sobre meu dia com Josh e meus... meus medos, ter algum conforto, acho que as coisas seriam diferentes. Mas (*Agora ela realmente chora.*) eu acho que se eu não conseguir fazer com que Josh se comporte, abaixe o tom, então você vai nos deixar, vai me deixar. Eu não posso encontrá-lo agora, e se esses momentos ruins acontecerem novamente...

Sue: Ah, hum — e você está carregando todo esse peso de tentar administrar essa crise, lidar com Josh e encontrar uma forma de impedir que Sam se afaste mais. Não é à toa que você se quebra sob toda essa pressão — o frenesi tem que encontrar uma saída. Mas você está dizendo a Sam: "Se você puder compartilhar comigo e eu enxergar seus temores, não apenas você se afastando de mim, e se eu puder falar dos meus medos e sobre a pressão sobre mim para manter todos juntos em família, conosco, e apenas obter conforto, isso poderá fazer uma diferença real".

Emma: (*Para mim — e eu peço a ela que diga a Sam.*) Isso me acalmaria. Só por sentir que estamos no mesmo barco. Sei que demonstro raiva quando fico agitada. Envio mensagens misturadas.

Sue: O que Sam poderia fazer por você nesses momentos, Emma? Lembro-me de que em uma sessão anterior mencionamos que às vezes enviamos sinais de raiva quando estamos com medo — e notei que alguns casais podem usar uma palavra de código que significa "estou me afogando... só preciso saber que você está ao meu lado, mesmo que você não tenha nenhuma solução". De certa forma, ser capaz de fazer isso é a solução porque fundamenta as pessoas — elas são uma equipe quando o estresse chega. Quando você está fora de seu equilíbrio e estressado, é quando Josh realmente enlouquece — não é? Não há pai mais forte e sábio para ele usar como um modelo. Ele não consegue lidar com suas emoções, e também não pode contar com você para ajudá-lo a lidar com elas. [O estilo EFT de treinar habilidades parentais de baixo para cima.]

Sam: Sim, *sim, sim.* (*Para Emma.*) Outro dia Josh estava acelerado e você se virou e disse: "Essa é a tempestade", e então algo diferente aconteceu.

Emma: Certo. Você não se afastou. Você veio, ficou ao meu lado e estava calmo, embora eu estivesse perdendo a paciência com Josh. Você tocou no meu braço, disse algo como: "Todos nós podemos nos acalmar agora. Estamos todos ficando confusos". E então Josh saiu com você para a garagem para procurar seu equipamento de pesca e... isso meio que desarmou tudo.

Sue: Hum. Então vocês dois ficam sobrecarregados e desesperados, se sentem "inúteis" e com medo, mas *conseguem* encontrar outro caminho. Você pode usar o código "tempestade" para dizer um ao outro quando o *tsunami* está atingindo-os e acalmar um ao outro. Ninguém é culpado aqui. Só que uma tempestade está chegando. Tudo muda apenas estando um ao lado do outro. Apenas ajudando um ao outro a obter seu equilíbrio. Josh também tem que aceitar isso: nada é mais assustador para uma criança do que ver que, quando está em apuros, seus pais não conseguem apoiá-la — pegá-la. Então o garoto muitas vezes decide que deve ser porque ele é um garoto mau, em vez de ver o quão fora de equilíbrio seus pais "fortões" estão. Isso é brilhante, pessoal. Apenas ajudar um ao outro com esses sentimentos mais suaves faz toda a diferença. Isso faz sentido para você, Sam?

Sam: Sim, faz. É um tanto diferente. Eu entendo. Eu quero estar lá para ela.

Emma: Eu não quero ficar com tanta raiva ou fazer ameaças físicas a você, Sam. É terrível. E Josh me disse outro dia que eu havia dito a ele que era sua "aversão" que estava destruindo a família. Aquilo foi terrível. Me faz sentir tão mal comigo mesma. Aumenta a tensão na casa. Eu entendo que minha raiva te assusta. Mas eu não consigo fazer tudo sozinha, Sam.

Sam: Tudo bem. Ouça isso. Talvez possamos usar a palavra *"tsunami"* então — para ajudar a tornar as coisas menos assustadoras. Eu poderia usar isso também para dizer quando estou me perdendo, encurralado com Josh. Acho que ajudaria. Aqui, me ajuda sentir que você está me ouvindo. (*Emma se aproxima e toca suavemente no braço de Sam.*)

Não dou conselhos ou técnicas de paternidade em si, mas foco em moldar uma nova experiência emocional corretiva de apoio parental para esse casal e uma forma como eles possam ajudar a regular as emoções difíceis um do outro em torno dos dilemas da parentalidade e, assim, fornecer uma base mais segura para seu filho. Quando as sessões familiares terminam, eles aceitam minha sugestão de fazer terapia de casal e trabalhar seu relacionamento como casal.

Em uma consulta de seguimento futuro, a família relata que Josh em geral está mais calmo e agora não há mais "tempestades" ou ameaças de violência ou suicídio. Josh está se saindo melhor na escola, e Sam e Emma estão melhores em cooperar como pais e estão melhorando seu relacionamento. Emma sugeriu que ela realmente gostou que Sam agora parecia entender que a disciplina e as regras, por si só, não funcionavam com Josh, a menos que ele também se "aproximasse" de seu filho e se conectasse com ele. O casal concordou que, com o nível de ansiedade de Josh e seus outros problemas diagnosticados (como TDAH), haveria outras crises no futuro, mas eles se sentiriam mais capazes de enfrentá-las. Emma sugeriu que a "peça de ligação realmente funcionou aqui. Foi fundamental. Sem ela não iríamos a lugar nenhum. Acertou em cheio." Josh e Sam começaram a fazer atividades como jogar sinuca juntos, e Sam se tornou mais tolerante quando Josh fazia coisas "criativas", como decidir reabrir as paredes de seu quarto ou fazer para seu irmão mais velho um enorme bolo de aniversário, tomando conta da cozinha por dois dias.

Essa foi uma "tempestade" perfeita, na medida em que uma criança altamente sensível, com necessidades especiais significativas de conexão segura, começou a transição para a adolescência em um momento em que o casamento dos pais atingia um ponto baixo. Ambos os pais são desafiados como casal em seu papel parental e como indivíduos que enfrentam rejeição, abandono e perda de controle. A terapia consistiu em uma sessão inicial em família, sessões com os pais, sessões com Sam e Josh e uma sessão com Emma e Josh, depois uma sessão final com ambos os pais e Josh.

EXERCÍCIOS

1. Identifique pelo menos dois lugares nas transcrições em que sua primeira inclinação teria sido fazer algo diferente em termos de intervenção. Você pode formular uma justificativa para por que eu intervim da forma como eu fiz?
2. Como esse processo de tratamento difere dos modelos tradicionais de terapia familiar sistêmica, tanto em termos de estrutura geral quanto de intervenções específicas?
3. Que efeitos positivos específicos sobre cada pessoa e sobre a família como sistema você pode imaginar que são decorrentes de cada uma das duas sessões que discuto?
4. Se você tivesse visto essa família para uma consulta, o que você acha que teria mais dificuldade em trabalhar com ela?

10

Um posfácio:
a promessa da ciência do apego

> *Um algoritmo é um conjunto metódico de passos que pode ser utilizado para... tomar decisões... o método seguido ao fazer o cálculo.... Mesmo os ganhadores do Nobel de Economia tomam apenas uma pequena fração de suas decisões usando caneta, papel e calculadora: 99% de nossas decisões, incluindo as escolhas mais importantes na vida... são feitas pelos algoritmos altamente refinados que chamamos de sensações, emoções e desejos... No entanto, uma emoção nuclear é aparentemente compartilhada por todos os mamíferos: o vínculo mãe–bebê.*
> — *Yuval Noah Harari (2017, p. 97)*

> *Tentar entender a doença mental sem dar conta do poder da conexão social... é como estudar o movimento do planeta sem considerar a gravidade.*
> — *David Dobbs (julho de 2017, p. 83)*

O argumento apresentado neste livro é de que um foco nos elementos universais principais de nossa espécie — em nossa natureza de vínculo social e no lugar-chave das emoções na conexão da fisiologia, dos estados mentais e dos padrões de engajamento interpessoal — oferece um caminho elegante, eminentemente prático e unificador para o campo da psicoterapia. Esse caminho se afasta da fragmentação em direção à integração e da compartimentalização em direção à totalidade. Em termos de apego, isso dá aos praticantes uma base segura sobre a qual se posicionar no caos crescente de nosso campo.

No nível mais geral, a ciência do apego sugere que a parte "intermediária" da vida de uma pessoa deve sempre ser uma parte ativa da terapia. O *self* e o sistema e o dentro e o meio são duas faces da mesma moeda. Não faz sentido vê-los ou tratá-los de maneira separada. A compartimentação distorce isso. Ver o indivíduo constantemente se definindo em contextos de apego e de forma que reflita sua história de apego não é apenas mais preciso e holístico, mas também capacitador para o terapeuta, abrindo possibilidades de mudança que *usam* o poder embutido do sistema de apego. Por exemplo, uma vez que exploramos o poder dos vínculos de apego, ver décadas de vergonha debilitante simplesmente se dissolverem em um cliente com TEPT torna-se um evento comum. Esse cliente me diz que "falhou" em inúmeras terapias individuais, então a mudança real simplesmente não é possível. No entanto, na terapia de casal, quando ele fala de sua vergonha e sua esposa lhe diz como ela não apenas o aceita, mas o vê como seu escolhido — aquele de quem ela precisa —, ocorre uma cascata sísmica de mudanças. Há mudanças em seu senso de si, na natureza de sua conexão com sua esposa e em seu senso de como lidar com os dragões que todos enfrentamos tão somente como parte do ser humano. Afirmar-se com uma figura de apego em um encontro imagístico também tem uma carga potente que não existe em um processo de *coaching*, no qual os indivíduos aprendem habilidades gerais de assertividade. Ajudar os clientes a lidar com a perda de relacionamento será mais efetivo quando o terapeuta entender que essa perda envolve a reestruturação do autoconceito e que a falta de clareza do autoconceito desempenha um papel único no sofrimento emocional pós-rompimento (Slotter et al., 2010).

UNIFICANDO CIÊNCIA E PRÁTICA

Quando a perspectiva do apego e a rica ciência integrativa a ela associada se fundem com o modelo experiencial de terapia, temos uma intervenção efetiva que honra e prioriza o seguinte:

- A psicoterapia como um esforço essencialmente relacional, orientado ao apego. Isso dita a natureza específica da aliança terapêutica ótima. A conexão emocional com um terapeuta não é simplesmente uma base para treinar novos comportamentos específicos, mas um encontro genuíno em que o terapeuta é uma figura de apego substituto que oferece aos clientes um porto seguro e uma base segura. Essa conexão segura amplia seus horizontes intrapsíquicos e interpessoais. Sentir-se seguro(a), sensivelmente sintonizado(a) e conectado(a) de forma segura com alguém que ajuda a regular a vulnerabilidade é inerentemente uma fonte de crescimento para os seres humanos.

- O significado da emoção e da experiência emocional na psicoterapia, tanto como foco quanto como agente de mudança. O apego é uma teoria do desenvolvimento da personalidade, bem como uma teoria da regulação do afeto. O equilíbrio emocional e a flexibilidade fazem parte da dependência construtiva, e as emoções são os mais potentes movimentadores e motivadores no processo de mudança. A energia única criada pela evocação de emoções e a marca indelével de experiências emocionais corretivas podem muito bem ser o meio de avaliação de todas as psicoterapias efetivas — mas ainda parecem ser drasticamente subutilizadas. Para serem verdadeiramente utilizadas como agente de mudança, as emoções precisam ser delineadas como um processo, claramente identificadas, colocadas em uma moldura elucidativa e explicativa, e a energia de sua força motivacional precisa ser despertada.

- A integração entre o dentro e o entre. A terapia precisa contemplar os processos recíprocos nos quais o *self* e o contexto em que o *self* se insere — os principais sistemas relacionais de um cliente — são constantemente definidos entre si. É essencial entender a causalidade como um processo circular e padronizado. O *self* é expresso de maneiras abertas ou restritas que moldam padrões de resposta dos outros; esses padrões, então, retroalimentam o senso de si mesmo e o repertório de resposta de uma pessoa. A mudança duradoura é sempre um fenômeno intrapsíquico e interpessoal. A visão do ser humano aqui sugerida é essencialmente relacional, portanto os problemas de saúde mental e as soluções para esses problemas devem ser colocados nesse contexto. Assim, ensinar ao meu cliente habilidades individuais autotranquilizantes ou de enfrentamento para seus momentos de pânico provavelmente terá um valor muito limitado, a menos que eu mostre ativamente sua incapacidade de confiar nos outros e de buscá-los quando precisa de ajuda. Como sinaliza Bowlby, a capacidade de fazer conexões íntimas, tanto no papel de buscar cuidados quanto no de cuidar, é a "principal característica do funcionamento efetivo da personalidade e da saúde mental" (1988, p. 121).

- Foco nas realidades e nos significados existenciais nucleares. Essas realidades surgem naturalmente quando o terapeuta evoca os medos e as necessidades emocionais mais profundas de um cliente na sessão. Idealmente, a terapia é uma chance de lutar com os dilemas centrais da vida, como lidar com ameaças universais, incluindo isolamento emocional, vulnerabilidade emocional e física, inevitabilidade da perda e da finitude da vida, bem como questões de significado pessoal (i.e., encontrar sentido na jornada da vida e nos relacionamentos de uma pessoa). A perspectiva do apego sugere que, no final, é a conexão com os outros que nos permite encarar os dilemas impossíveis e insolúveis da vida, portanto o isolamento é o trauma existencial final.

- Intervenções que não foquem apenas nos sintomas ou no alívio de problemas, mas que vejam a pessoa inteira em um contexto interpessoal e as possibilidades que estão escondidas dentro de cada pessoa e em cada dança relacional. A disfunção é vista em termos de padrões estáticos que antes serviam a uma função de certa forma positiva, mas que hoje restringem o funcionamento adequado. É função do terapeuta validar as chamadas defesas e as respostas autolimitadas do cliente como estratégias de proteção que agora se tornaram prisões e conduzir respeitosamente os clientes para fora dessas prisões, assim como um bom progenitor faz com um filho.
- Uma orientação básica para o empirismo. No microcosmo da terapia, isso envolve a observação sintonizada do processo presente, a identificação contínua de variáveis centrais que levam à predição de padrões e um quadro explicativo claro. Essa orientação oferece uma base segura ao terapeuta e ao cliente, dando sentido aos dilemas e às dificuldades da vida. Em um nível mais amplo, a terapia deve ser baseada em uma teoria clara da personalidade e em como a personalidade se desenvolve e muda ao longo do tempo.

O profissional: presente e sintonizado

Para ter uma perspectiva diferente, a adoção da ciência do apego como base para a psicoterapia nos ajuda a evitar possíveis armadilhas. Se permanecermos consistentes com os argumentos aqui apresentados, um foco renovado na autenticidade relacional dos terapeutas, isto é, a habilidade de estar realmente presente e sintonizado com nossos clientes, isso pode contrariar o movimento em direção a intervenções reducionistas e mecânicas, que parecem estar se tornando cada vez mais comuns em nosso meio. Essas intervenções, apoiadas por afirmações de que a TCC é o padrão-ouro para a psicoterapia em termos de pesquisa de resultados, uma afirmação que tem sido efetivamente desafiada (Leichsenring & Steinert, 2017), parecem estar criando uma disciplina de psicoterapia que está se tornando cada vez mais, para utilizar as palavras de Irvin Yalom (2002), "empobrecida". O *coaching* em técnicas de enfrentamento e dicas de saúde mental pode ter seu próprio lugar, prestando-se a intervenções *on-line* em que o envolvimento de um terapeuta é mínimo, mas, para ajudar um cliente a ir além de simplesmente gerenciar sintomas, não temos melhor abordagem do que a terapia presencial com um profissional sintonizado e totalmente presente, sobretudo um profissional que tenha um mapa integrado e empiricamente sólido de como nós, seres humanos, somos constituídos. O manejo de sintomas também é uma interminável tarefa em expansão quando as necessidades e os dilemas subjacentes, inerentes apenas ao ser humano, não estão sendo reconhecidos ou atendidos.

Uma orientação de apego destaca os perigos inerentes a um mundo que está se tornando cada vez mais desprovido de conexão pessoal e dá sentido às evidências de que o crescente isolamento emocional, às vezes chamado de praga moderna, é uma ameaça ativa à saúde mental e física (Hawkley & Cacioppo, 2010). Seria uma suprema ironia se a terapia, concebida para ajudar no impacto de estressores como o isolamento, também se tornasse, ao mesmo tempo, cada vez menos relacional, isto é, se, mesmo na terapia, a conexão humana fosse rebaixada de, como enquadram Cacioppo e Patrick (2008), um "essencial a um incidental". A ciência do apego nos oferece uma oportunidade única de levar o esforço terapêutico de volta às suas raízes: a de entender os princípios organizadores que nos tornam quem somos e de nos conduzir a uma vida e a um crescimento de qualidade.

HONRANDO AS EMOÇÕES

No entanto, o apego não é o único princípio organizador que, até recentemente, foi perdido ou minimizado no mundo da psicoterapia. Em geral, as terapias baseadas empiricamente muitas vezes evitam ou minimizam as emoções e, certamente, não pensam nelas como recursos essenciais na criação de mudanças. Nas duas últimas décadas, vimos o campo dedicar enorme quantidade de atenção à correção das cognições, sob o pressuposto de que o foco na razão mudaria o afeto e o comportamento. De fato, outros textos têm apresentado intervenções mais cognitivas e orientadas ao *insight* como expressão natural da ciência do apego (Wallin, 2007). Nosso campo também parece recentemente apaixonado pelo cérebro como um órgão; os autores falam em terapia "baseada no cérebro". Allen Frances, um dos pais do DSM-IV, criticou recentemente a ideia de considerar normais os problemas psiquiátricos como essencialmente transtornos cerebrais, o consequente uso excessivo de substâncias (o uso de antidepressivos quase quadruplicou de 1988 a 2008) e a crescente medicalização do sofrimento. Ele sugere que os avanços da neurociência não aumentaram de forma alguma a intervenção efetiva (Frances, 2013). Esse ponto de vista agora parece ser compartilhado mesmo por Tom Insel, ex-chefe do National Institute of Mental Health, que anteriormente (por mais de uma década) havia canalizado financiamento para pesquisas focadas, de forma míope, em variáveis fisiológicas ou qualquer coisa começando com o prefixo "neuro" (Dobbs, 2017). As soluções farmacológicas geralmente são sobrevendidas, e as evidências sugerem que os achados benéficos são mais dependentes de fatores interpessoais, por exemplo, uma pessoa empática e cuidadosa dispensando os medicamentos, do que se acredita comumente (Greenberg, 2016). Mesmo em transtornos como a esquizofrenia, os tamanhos do efeito costumam ser maiores para intervenções direcionadas a variáveis sociais, como hostilidade e crítica expressas, do que para novos medicamentos (Hooley, 2007). Como uma espécie, temos fortes capacidades de autocura; na maioria das vezes, elas envolvem conexão de apoio com os outros. No entanto, o modelo biológico redutor geralmente ignora a evidência esmagadora de que o isolamento social e fatores como a percepção de rejeição aumentam o estresse e os problemas de saúde mental, ao passo que o apoio social os melhora e molda a resiliência.

Este livro apresenta a integração das perspectivas de intervenção experiencial e sistêmica, concentrando-se nas emoções como desdobramento natural da perspectiva do apego. No entanto, como já foi dito, embora Bowlby sempre tenha enfatizado a primazia do afeto, ele nunca encontrou uma forma única ou específica de utilizar o afeto para moldar o processo de mudança. Apesar disso, todos os exemplos clínicos que ele incluiu em seus escritos ecoam um foco em seguir, validar e expandir a experiência emocional contínua de maneira que Carl Rogers teria aplaudido. Continuar a desconsiderar o trabalho com as emoções como agente ativo de mudança pode ser visto, na psicoterapia moderna, como uma enorme armadilha. Mesmo que abordagens mais comportamentais tentem se tornar nominalmente mais inclusivas das emoções, elas costumam lidar com elas simplesmente de uma perspectiva de enfrentamento; por exemplo, a reavaliação, a aceitação e a supressão são oferecidas como estratégias alternativas para o controle do afeto (Hoffman et al., 2009), com a reavaliação sempre vencendo as apostas empíricas. O termo "reavaliação" refere-se sobretudo a examinar pensamentos disfuncionais irracionais ou tentar adotar uma "atitude indiferente e sem emoção" em relação às emoções, com o objetivo de diminuí-las (Gross, 1998b). Como alternativa, a exposição emocional pode ser utilizada com a crença de que ocorrerá uma habituação. O que falta nesse cenário é qualquer reconhecimento de que as emoções são reguladas e mantidas por meio dos outros. Também falta um sentido da natureza lógica e adaptativa das emoções e do processamento ativo das emoções, incluindo conceitos como granularidade crescente, apresentados aqui. Precisamos reforçar a visão da psicoterapia como necessariamente uma jornada para dentro e por meio das emoções, ao mesmo tempo que utilizamos as emoções para direcionar e ganhar força no processo de mudança.

Abordagens que minimizam o impacto das emoções e das formas ativas de descobri-las e trabalhar com elas, que dependem cada vez mais de drogas ou de intervenções comportamentais rápidas, ou que desconsideram as relações interpessoais como recurso-chave na cura, limitam, drasticamente, nossas estratégias para uma psicoterapia efetiva no século XXI.

A adoção de um enquadre de apego que foque em fatores humanos universais não implica que não haja necessidade de adequar o tratamento ao cliente — usar métodos diferentes para pessoas diferentes. Qualquer bom terapeuta leva em consideração as diferenças pessoais dos clientes e adapta o escopo, o foco, o ritmo e a intensidade da intervenção às suas necessidades específicas. Isso é especialmente verdadeiro em uma abordagem experiencial, na qual o respeito e a sintonia com cada cliente são condições *sine qua non* da terapia. O princípio geral em qualquer relação de ajuda é, como Kierkegaard sugeriu em 1948, que "primeiro é preciso garantir que se encontre onde a pessoa está e começar por aí".

De fato, tanto do ponto de vista do apego quanto da terapia experiencial, a sintonia é o início e o fim da psicoterapia efetiva. É fascinante, então, perceber que muito frequentemente a habilidade para criar essa sintonia é totalmente omitida do treinamento psicoterápico. À medida que os transtornos do cliente e as técnicas de mudança se multiplicaram, o foco tem sido incutir conhecimento sobre essa infinidade de informações. Ideias mais antigas, como o princípio de que um terapeuta precisa cultivar ativamente a autoconsciência, que é um pré-requisito para responder de forma flexível a muitos tipos diferentes de clientes, e que essa autoconsciência muitas vezes requer algum tipo de terapia pessoal como parte do treinamento, parecem ter saído de moda. A empatia genuína e a capacidade para se colocar no lugar do outro exigem curiosidade aberta e um salto de imaginação. Tais saltos são difíceis se alguém está atolado em suas próprias respostas reativas. A falta de autoconhecimento também fecha uma das principais vias para se conectar com os clientes: abertura e fé nos próprios sinais emocionais e intuições. Trabalhar com as emoções, sobretudo as necessidades e os medos nucleares dos outros, requer uma habilidade para olhar para essas coisas em si mesmo. O treinamento e a supervisão dos terapeutas devem oferecer um porto seguro e uma base segura em que esse tipo de abertura e essa sintonia possam ser cultivados.

O VALOR DOS RELACIONAMENTOS

A orientação ao apego também nos leva a uma área cheia de confusão e conflito — a dos valores. A psicoterapia é como uma empresa comprometida com a criação de valor, mesmo que os valores subjacentes às intervenções muitas vezes não sejam declarados. Decidimos, constantemente, que as pessoas estão em melhor situação se estiverem de uma forma ou de outra. Como também ponderou Aristóteles, "o que for honrado será cultivado". Os valores implícitos na teoria e na ciência do apego ecoam os valores demonstrados nos modelos experienciais de terapia. O valor mais primordial, parece-me, é a sacralidade da conexão —

dos relacionamentos como fonte primária de significado e crescimento na vida humana. Há muitas maneiras de priorizar a conexão humana como um valor. Alguns podem ver a conexão humana como uma questão espiritual e encontrar apoio para isso em ensinamentos religiosos e na crença em um grande plano cósmico. Outros simplesmente olham para a ciência que reconhece a conexão com os outros como o dado primordial da evolução, da sobrevivência e do bem-estar humanos. Jean-Jacques Rousseau, um dos grandes fundadores do humanismo, afirma em seu romance *Emile* que as regras de conduta podem ser encontradas "no fundo do meu coração, traçadas pela natureza em caracteres que nada pode apagar". O que a ciência do apego faz, juntamente a linhas complementares de investigação em áreas como a natureza inerente da empatia (de Waal, 2009), é tomar esse tipo de afirmação, que pode ser descartada como sentimentalismo barato, e dar-lhe sustentação no empirismo. É nosso dever, no século XXI, construir uma disciplina baseada nas necessidades mais fundamentais dos seres humanos, na natureza da privação e da dor humana e em quem somos em nosso modo mais funcional e no nosso melhor. Somos *Homo sapiens* e somos *Homo vinculum* — construímos vínculos —, isto é, só estamos verdadeiramente sãos e salvos quando infundidos com uma sensação corporal de conexão segura com um outro significativo.

Promover tal disciplina representa um grande desafio em um contexto em que muitos experimentos sociais novos e grandiosos estão em andamento, que ameaçam nos levar a uma direção diferente. Por exemplo, atualmente mais pessoas vivem sozinhas e não têm em quem confiar (na atualidade, quase 40% dos americanos se identificam como solitários, contra apenas 1 em cada 10, na década de 1970). Muitos de nós passamos muito mais tempo nas telas do que olhando para o rosto de outras pessoas. A atenção concentrada que dura mais do que alguns segundos está se tornando um luxo. Tudo está à venda, sejam drogas que proporcionam uma fuga da vida tangível, sejam bonecas sexuais que tornam desnecessário o contato com parceiros sexuais reais. A depressão é galopante. Em 2011, 3,5 milhões de crianças nos Estados Unidos tomavam medicação para TDAH (Centers for Disease Control and Prevention, 2016). Claramente, a miséria humana não está diminuindo; na verdade, ela está sendo ativamente criada pela forma como estruturamos nossas sociedades. O trabalho dos profissionais de saúde mental, então, não é simplesmente curar o sofrimento de indivíduos, casais e famílias sempre que possível, mas sim estudar, defender e educar e assumir um papel de liderança na construção de uma sociedade mais saudável, na qual os seres humanos possam prosperar. Para isso, precisamos de uma visão para unificar a psicoterapia e fazer dessa disciplina uma força coerente para o bem no mundo. Não podemos fazer isso se continuarmos sendo um conjunto de cultos diversos, todos negociando território e discutindo quem tem a liderança na competição das psicoterapias.

O filósofo Kwame Anthony Appiah, da Universidade de Nova York, faz o seguinte comentário: "Na vida, o desafio não é tanto descobrir a melhor forma de jogar o jogo; o desafio é descobrir qual jogo você está jogando". Como afirmei anteriormente (Johnson, 2013), ancorar nossos modelos e técnicas na ciência do apego e colocar as emoções no centro do que fazemos tem o potencial de mudar nosso jogo na psicoterapia. Em última análise, o único jogo que vale a pena jogar é construir uma sociedade mais humana — que esteja sintonizada com quem somos como animais de vínculo social. Por exemplo, as evidências nos dizem que, quanto mais seguros estamos, mais tolerantes com as diferenças, mais empáticos e mais altruístas podemos ser (Mikulincer et al., 2005). A ciência do apego é um projeto não apenas para o desenvolvimento ótimo da psicoterapia, mas também para uma sociedade melhor, mais essencialmente humana.

Apêndice 1
Medindo o apego

Antes de recorrer a medidas formais de apego, é importante aprimorar a capacidade de apreender e avaliar os níveis de segurança e as respostas associadas a esses níveis a partir da simples observação dos clientes na sessão. Desenvolver essa habilidade ajuda os clínicos a sintonizarem-se com a realidade emocional dos clientes. Também ajuda os clínicos a entenderem quando e como os clientes estão progredindo e quando eles chegaram a um vínculo mais seguro. Vale lembrar que tanto as respostas de apego seguras quanto as mais inseguras estão em espectro contínuo. O objetivo não é rotular os clientes com um estilo de apego, mas sintonizar os padrões e os processos atuais de resposta.

OLHANDO ATRAVÉS DA LENTE DO APEGO: APRENDENDO A OBSERVAR O DRAMA DO APEGO

No início da terapia, Harry admite que enviou, há alguns meses, um *e-mail* para a ex-amante. Ele fez isso após ter terminado formalmente esse relacionamento muito breve para refazer seu relacionamento com a esposa. Ele explica que esse é o único contato que teve com a ex-amante e que se sentiu culpado pelo ocorrido, mas precisou mandar um *e-mail* para ela, para ter certeza de que ela estava superando. Sua esposa, Zoe, diz ao terapeuta que acredita em Harry e que eles fizeram grandes progressos na terapia. Em seguida, ela explode. Vejamos algumas das maneiras pelas quais ela responde, sugerindo ao terapeuta que Zoe não está simplesmente estressada em seu relacionamento, mas com apego inseguro em sua orientação para relacionamentos em geral e em seu relacionamento com Harry, conforme ele evoluiu ao longo de muitos anos.

1. Ela ainda está extremamente perturbada com a notícia sobre o *e-mail*, e sua resposta emocional parece caótica. Ela alterna entre a raiva violenta e a tristeza intensa e expressões de sofrimento. Ela tem dificuldade para organizar seus pensamentos e ameaça deixar a sessão e terminar o relacionamento. Sua alta reatividade sugere que ela está experimentando um nível muito alto de ameaça.
2. Suas mensagens para Harry são confusas e geram confusão. Ela exige que ele concorde em mostrar seu *e-mail* todas as noites e, em seguida, que ele escreva novamente para sua ex-amante afirmando que se arrependeu do relacionamento. Quando ele concorda com a primeira exigência, mas se recusa a escrever a carta, ela começa uma catastrofização sobre como o relacionamento deles não deveria ter acontecido e nunca poderá ser reparado. Em lágrimas, ela diz a ele que precisa de Harry para provar seu amor e lhe dá uma lista de ações específicas que podem levar a isso.
3. Quando Harry assume a responsabilidade por ter enviado o *e-mail* e não ter contado a ela sobre isso, Zoe parece não o ouvir. Ele tenta ter empatia, estender a mão e oferecer segurança a ela, mas seus esforços não parecem fazer qualquer efeito sobre o sofrimento de Zoe. Ela parece não aceitar essa segurança e expressões de amor dele. Ela praticamente descarta os comentários dele e volta a reclamar de seu comportamento no ciclo negativo que existia antes da ferida causada pelo caso extraconjugal.
4. Mesmo após esse incidente ser tratado na sessão e a música emocional estar mais calma, Zoe parece hipervigilante e relutante em dar a Harry o benefício da dúvida, a ponto de minimizar mesmo sugestões positivas que Harry traz sobre passarem tempo juntos, dizendo que ela não confia que ele realmente superará.

Este é um quadro de apego ansioso significativo, representado a partir de uma posição de perseguidora em um momento de estresse e incerteza. A preocupação de Zoe com um sentimento de ameaça (o apego ansioso frequentemente também é chamado de preocupado), sua ambivalência sobre confiança e sua dificuldade em regular suas emoções são claras.

Dez semanas depois, como o terapeuta sabe se a orientação de apego de Zoe começou a mudar em direção à segurança em seu relacionamento com Harry? Se isso aconteceu, essa é uma mudança que poderia então ser generalizada para se aplicar à sua orientação geral em relação à dependência dos outros.

Zoe encontra uma foto de Harry e seus amigos, que inclui sua ex-amante (que ela havia pedido para ele jogar fora), sobre sua mesa. Ela traz a foto para a terapia e a tira da bolsa. Harry parece surpreso e pede desculpas, dizendo que jogou fora uma foto, mas não sabia que aquela estava lá. Ela pede a ele que simplesmente a coloque no cesto de lixo do terapeuta, e Harry concorda. Como as respostas de Zoe diferem da primeira sessão descrita aqui?

1. Zoe está brava ao confrontar Harry, mas sua raiva é muito mais ordenada e coerente do que era anteriormente. Ela passa a expressar seu medo de que essa mágoa continue a aparecer e assombrar seu relacionamento e que Harry ainda esteja ligado à sua ex-amante. Zoe está estressada, mas suas emoções são muito mais claras e menos intensas. Ela é capaz de explorar exatamente o que houve sobre o caso que a deixou tão "surtada", o que aconteceu que a tornou, por vários motivos, muito mais confiante e se sentia mais segura e próxima de Harry pouco antes de sua revelação.

2. A regulação emocional melhorada de Zoe aparece em seus sinais para Harry. Ela consegue focar no medo que esse incidente com a foto trouxe à tona e relacionar essa dor a outras traições em sua vida pregressa. Ela está mais equilibrada em sua narrativa. Ela pode explorar suas respostas, em vez de ficar obcecada acerca dos motivos de Harry, e consegue relacionar o caso extraconjugal em si ao ciclo negativo criado por ambos em seu relacionamento com Harry nos anos anteriores ao caso. Ela também não fica presa na catastrofização e pode enviar mensagens claras sobre sua dor e como Harry pode ajudar a superá-la.

3. Quando Harry oferece compreensão, arrependimento e cuidado, ela parece sintonizar e responder ao seu conforto. Ela pode reiterar sua necessidade de tranquilização, pedir-lhe um tipo específico de contato físico e que ele use as palavras que ela considera mais reconfortantes.

4. Zoe pode então passar a explorar com Harry como ele às vezes é acionado pelo tom de voz dela e tenta escapar, e como ela pode ajudá-lo a se tornar menos sensível e a ficar conectado com ela.

Este é um quadro de conexão segura crescente e manutenção do equilíbrio emocional diante da vulnerabilidade. Zoe não consegue manter essa sensação de segurança o tempo todo, mas, mesmo quando ela exibe respostas mais inseguras, estas são menos intensas, e ela pode diminuí-las com mais facilidade.

Na terapia individual, as orientações de apego dos clientes são exibidas em narrativas sobre suas vidas e seus relacionamentos e nas interações com o terapeuta. No entanto, aqui é importante estar ciente das expectativas que nós, como terapeutas, criamos e das respostas que evocamos. A maioria dos clientes, independentemente de seu estilo de apego dominante, tende a apresentar comportamentos evitativos quando confrontados com respostas do terapeuta que parecem desapegadas, julgadoras e escassas em empatia.

MEDIÇÕES DE APEGO MAIS FORMAIS

Este apêndice apresenta dois exemplos de questionários de apego adulto. Eles são oferecidos, primeiro, porque essas medições são utilizadas na pesquisa, e revisá-las pode tornar essa pesquisa mais significativa para os clínicos; segundo, porque saber como um fenômeno é medido o traz à vida e o torna concreto; e terceiro, porque ao usar a primeira medição, os leitores podem avaliar o estilo de apego ou a estratégia principal que está na frente e no centro para eles em sua vida atual.

É bom lembrar que, se você optar por preencher o Questionário de Escalas de Relacionamento, as perguntas são declaradas em termos de apego geral de uma pessoa. O estilo de uma pessoa com um(a) parceiro(a) de relacionamento específico pode diferir dessa orientação geral. A segunda medida, a Escala de Experiências em Relacionamentos Íntimos – Revisada, é enquadrada especificamente em termos do(a) parceiro(a) atual.

Todos os estilos são úteis e funcionais em diferentes momentos e circunstâncias e, embora frequentemente sejam estáveis, também podem mudar com experiências novas. A maioria dos indivíduos tem um estilo dominante principal e, em seguida, uma alternativa de reserva. Nessas escalas, geralmente posso me classificar como segura, mas, em momentos de alto estresse, posso me classificar como mais ansiosamente apegada.

Questionário de Escalas de Relacionamento (RSQ)

Por favor, leia cada uma das afirmações a seguir e classifique até que ponto você acredita que cada afirmação descreve melhor seus sentimentos sobre *relacionamentos íntimos*, utilizando a seguinte escala de classificação:

1	2	3	4	5
De modo algum		Um pouco parecido comigo		Muito parecido comigo

1. Acho difícil depender de outras pessoas.
2. É muito importante para mim me sentir independente.
3. Acho fácil me aproximar emocionalmente dos outros.
4. Quero me fundir completamente com outra pessoa.
5. Eu me preocupo em ser magoado(a) se me permitir ficar muito perto dos outros.
6. Estou confortável em não estar em relações emocionais muito íntimas.
7. Não tenho certeza de que sempre posso depender dos outros para estarem lá quando eu precisar.

8. Quero ser completamente íntimo(a) emocionalmente aos outros.
9. Eu me preocupo em ficar sozinho(a).
10. Sinto-me confortável dependendo de outras pessoas.
11. Muitas vezes me preocupo que os(as) parceiros(as) românticos(as) não me amem de verdade.
12. Acho difícil confiar plenamente nos outros.
13. Eu me preocupo com os outros se aproximando demais de mim.
14. Quero relacionamentos emocionalmente próximos.
15. Sinto-me confortável em ter outras pessoas dependendo de mim.
16. Eu me preocupo que os outros não me valorizem tanto quanto eu os valorizo.
17. As pessoas nunca estão lá quando você precisa delas.
18. Meu desejo de me fundir completamente às vezes assusta as pessoas.
19. É muito importante para mim me sentir autossuficiente.
20. Fico nervoso(a) quando alguém se aproxima demais de mim.
21. Frequentemente me preocupo que os(as) parceiros(as) românticos(as) não queiram ficar comigo.
22. Prefiro não ter outras pessoas que dependam de mim.
23. Eu me preocupo em ser abandonado(a).
24. Fico um pouco desconfortável em estar perto dos outros.
25. Acho que os outros ficam relutantes em chegar tão perto quanto eu gostaria.
26. Prefiro não depender dos outros.
27. Sei que outros estarão lá quando eu precisar deles.
28. Eu me preocupo que os outros não me aceitem.
29. Os(as) parceiros(as) românticos(as) frequentemente querem que eu esteja mais perto do que me sinto confortável em estar.
30. Acho relativamente fácil chegar perto dos outros.

Fonte: Griffin, D. W., & Bartholomew, K. (1994). The metaphysics of measurement: The case of adult attachment. In K. Bartholomew & D. Perlman (Eds.), *Advances in personal relationships: Attachment processes in adulthood* (Vol. 5, pp. 17–52). London: Jessica Kingsley.

Observação. Os itens 6, 9 e 28 devem ser codificados de forma invertida antes que se calcule as quatro pontuações de estilo de apego a seguir:

1. O escore do *Estilo Seguro* é calculado pela média dos itens 3, 9, 10, 15 e 28. Pontuações mais altas refletem apego mais seguro.
2. O escore do *Estilo Preocupado (Ansioso)* é calculado pela média dos itens 6, 8, 16 e 25. Pontuações mais altas refletem apego mais preocupado.
3. O escore do *Estilo Evitativo-Despreocupado* é calculado pela média dos itens 2, 6, 19, 22 e 26. Pontuações mais altas refletem maior evitação despreocupada.
4. O escore do *Estilo Evitativo Temeroso* é calculado pela média dos itens 1, 5, 12 e 24. Pontuações mais altas refletem maior evitação temerosa.

O estilo evitativo temeroso é menos conhecido pelos profissionais de saúde. De certa forma, esse estilo combina tendências ansiosas e evitativas. Esse estilo é associado à parentalidade por figuras de apego que eram ao mesmo tempo desesperadamente necessárias e perigosas, por isso, tinham de ser evitadas. A conexão é ansiosamente desejada e, quando oferecida, repleta de ameaças. Os outros são uma fonte de medo e uma solução para o medo.

Escala de Experiências em Relações Íntimas – Revisada (ECR-R)

As afirmações a seguir são sobre como você geralmente se sente em relacionamentos próximos (p. ex., com parceiros[as] românticos[as], amigos próximos ou membros da família). Responda a cada afirmação indicando o quanto você concorda ou discorda dela, utilizando a seguinte escala de classificação:

1	2	3	4	5	6	7
Discordo fortemente	Discordo	Discordo ligeiramente	Neutro/ em dúvida	Concordo ligeiramente	Concordo	Concordo fortemente

O apego seguro consiste em pontuações baixas tanto nos itens de evitação quanto de ansiedade. Esta versão foi preparada em termos de parceiros(as) românticos(as).

Itens de evitação

1. Prefiro não mostrar ao(à) parceiro(a) como me sinto profundamente.
2. Sinto-me confortável em compartilhar meus pensamentos e meus sentimentos privados com meu(minha) parceiro(a).*
3. Acho difícil me permitir depender de parceiros(as) românticos(as).
4. Estou muito confortável em estar perto de parceiros(as) românticos(as).*
5. Não me sinto confortável em me abrir para parceiros(as) românticos(as).
6. Prefiro não estar muito perto de parceiros(as) românticos(as).
7. Eu fico desconfortável quando um(a) parceiro(a) romântico(a) quer estar muito próximo.
8. Acho relativamente fácil chegar perto do meu(minha) parceiro(a).*
9. Não é difícil para mim chegar perto do meu(minha) parceiro(a).*
10. Eu costumo discutir meus problemas e preocupações com meu(minha) parceiro(a).*
11. É útil recorrer ao(à) meu(minha) parceiro(a) em momentos de necessidade.*
12. Eu conto praticamente tudo ao(à) meu(minha) parceiro(a).*
13. Eu converso sobre a coisas com meu(minha) parceiro(a).*

14. Fico nervoso(a) quando um(a) parceiro(a) se aproxima demais de mim.
15. Sinto-me confortável em depender de parceiros(as) românticos(as).*
16. Acho fácil depender de parceiros(as) românticos(as).*
17. É fácil para mim ser afetivo(a) com meu(minha) parceiro(a).*
18. Meu(minha) parceiro(a) realmente entende a mim e às minhas necessidades.*

Fonte: Fraley, R. C., Waller, N. G., & Brennan, K. A. (2000). An item response theoryanalysis of self-report measures of adult attachment. *Journal of Personality and Social Psychology, 78*, 350-365.

Itens de ansiedade

1. Tenho medo de perder o amor do(a) meu(minha) parceiro(a).
2. Frequentemente me preocupo que meu(minha) parceiro(a) não queira ficar comigo.
3. Frequentemente me preocupo que meu(minha) parceiro(a) não me ame de verdade.
4. Eu me preocupo que os(as) parceiros(as) românticos(as) não se importem comigo tanto quanto eu me importo com eles.
5. Muitas vezes eu gostaria que os sentimentos do(a) meu(minha) parceiro(a) por mim fossem tão fortes quanto os meus sentimentos por ele(a).
6. Eu me preocupo muito com meus relacionamentos.
7. Quando meu(minha) parceiro(a) está fora de vista, eu me preocupo que ele(a) possa se interessar por outra pessoa.
8. Quando mostro meus sentimentos por parceiros(as) românticos(as), tenho medo de que eles não sintam o mesmo por mim.
9. Eu raramente me preocupo que meu(minha) parceiro(a) possa me deixar.*
10. Meu par romântico me faz duvidar de mim mesmo(a).
11. Não costumo me preocupar em ser abandonado(a).*
12. Acho que o(s) meu(s) parceiro(a)(s) não quer(em) ser tão próximo(a) quanto eu gostaria.
13. Às vezes, os(as) parceiros(as) românticos(as) mudam seus sentimentos a meu respeito sem motivo aparente.
14. Meu desejo de estar muito perto às vezes assusta as pessoas.
15. Tenho medo de que, uma vez que um(a) parceiro(a) romântico(a) me conheça, ele(ela) não goste de quem eu realmente sou.
16. Fico louco(a) por não receber do meu(minha) parceiro(a) o afeto e o apoio de que preciso.
17. Eu me preocupo em não estar à altura das outras pessoas.
18. Meu(minha) parceiro(a) só parece me notar quando estou com raiva.

Observação. *Indica itens que devem ser codificados de forma invertida.

Apêndice 2
Fatores e princípios gerais em terapia

Muitos fatores gerais provocam mudanças na terapia. Certamente, fatores do cliente, fatores de relacionamento e fatores do terapeuta e da técnica parecem desempenhar, todos, uma função.

A Força-tarefa da Divisão 12 da American Psychological Association (APA) sobre a promoção e a disseminação de procedimentos psicológicos (Chambless et al., 1998) identificou esses fatores nos seguintes termos:

- Fatores do cliente, tais como gênero, estilo de apego e nível de motivação e engajamento, e expectativas e prontidão para a mudança.
- Fatores de relacionamento terapêutico, tais como qualidade da aliança e empatia, e fatores do terapeuta, como cordialidade, consideração positiva pelo cliente e autenticidade.
- Os fatores gerais da técnica incluem nível de diretividade do terapeuta, foco na mudança de sintomas *versus* foco no crescimento e no desenvolvimento, intensidade do tratamento, foco interpessoal *versus* intrapsíquico de intervenção, proeminência do papel que a emoção desempenha na terapia e foco em procedimentos intensivos *versus* de curto prazo.

FATORES DO CLIENTE

O foco nesses fatores edifica a questão de combinar o cliente com a intervenção: o conceito mais sensato de combinação que esta escritora observou é que clientes excessivamente emocionais podem exigir intervenções mais emocionais, ao passo que clientes desapegados precisam de técnicas que facilitem o engajamento emocional e a expressão (Stiles, Agnew-Davies, Hardy, Barkham, & Shapiro, 1998). Pode ser confuso tentar integrar todas as pesquisas nesse campo e relacionar todos esses fatores com a prática terapêutica cotidiana. Ter em mente as principais descobertas é um bom ponto de partida. A seguir, estão os achados mais pertinentes a respeito dos fatores do cliente.

1. A comorbidade com transtornos da personalidade parece dificultar o tratamento de transtornos como depressão.
2. Há menos abandono documentado se pacientes e terapeutas vierem das mesmas origens étnicas.
3. Algumas pesquisas sugerem que os clientes que tendem à impulsividade e a culpar o externo, muitas vezes chamados de externalizadores, podem se beneficiar de terapias para depressão que se foquem na redução de sintomas, na construção de habilidades e no manejo de impulsos, mais do que no autoconhecimento, o oposto, por sua vez, pode ser verdadeiro para clientes mais introspectivos (Beutler, Blatt, Alimohamed, Levy, & Antuaco, 2006).
4. O estilo de apego dos clientes parece predizer tanto a aliança quanto o resultado; clientes que exibem estilo de apego mais evitativo parecem ter mais dificuldade em fazer uma aliança positiva com seu terapeuta e muitas vezes têm resultados mais pobres (Byrd, Patterson, & Turchik, 2010; Marmarosh et al., 2009; Bacharel, Meunier, Lavadiere, & Gamache, 2010).
5. No tratamento da ansiedade, a gravidade e a duração dos sintomas parecem impactar de maneira negativa o tratamento; da mesma forma, descobriu-se que o nível de suporte social de um cliente pode predizer a efetividade do tratamento (Newman, Crits-Christoph, Connelly Gibbons, & Erickson, 2006).
6. Como acontece com tantos outros indicadores de enfrentamento, descobriu-se que estar casado(a) pode predizer uma melhora contínua da ansiedade, mas estar *infeliz* no casamento parece diminuir a mudança positiva (Durham, Allan, & Hackett, 1997). Como sempre, a qualidade dos relacionamentos mostra-se uma potente fonte de saúde ou, se essas relações são negativas, de suscetibilidade a problemas. Em estudos de TEPT, os conflitos relacionais predizem a severidade dos sintomas (Riggs, Byrne, Weathers, & Litz, 2005). De fato, identificou-se que perceber hostilidade em pessoas significativas geralmente desencadeia recaídas, tanto na ansiedade quanto na depressão (Hooley & Teasdale, 1989).
7. Um único diagnóstico e bons contatos interpessoais parecem ser típicos daqueles com maior probabilidade de se beneficiar da terapia para ansiedade; relações parentais e de apego negativas na infância tornam o tratamento efetivo da ansiedade mais difícil (Beutler, Harwood, Alimohamed, & Malik, 2002).

FATORES DO TERAPEUTA

Em termos de aliança terapêutica e fatores do terapeuta, há um consenso geral de que a relação com o(a) terapeuta, sobretudo a empatia e a autenticidade oferecidas nessa relação, influencia o resultado e, quando positiva, favorece a colaboração e o engajamento do cliente na terapia. Por exemplo, Zuroff e Blatt (2006) identificaram que em todos os modelos de terapia, considerando as características dos pacientes e a gravidade dos sintomas, a avaliação inicial da aliança pelos clientes impactou o resultado e o seguimento no estudo do National Institute of Mental Health (NIMH) sobre depressão (Elkin et al., 1989). No entanto, é importante observar que, em geral, a relação entre a qualidade da aliança e o resultado da terapia é relativamente pequena. Estudos sugerem que cerca de 10% da variância no resultado é explicada pela aliança (Castonguay et al., 2006; Beutler, 2002). Esse achado confirma nosso entendimento geral na terapia focada nas emoções (EFT) de que *a aliança é um elemento necessário, mas não suficiente* para criar mudanças positivas. Ainda assim, em um estudo da EFT para casais (Johnson & Talitman, 1996), descobriu-se que a aliança era responsável por até 20% da variância no resultado.

Também é importante perceber que a aliança pode não ser um fator tão "geral" como pensávamos. Ele parece diferir de maneira substancial nos diferentes modelos de terapia em relação à natureza, à qualidade e ao impacto, assim como parece desempenhar um papel distinto em diferentes terapias. Além disso, técnica e aliança podem ser difíceis de separar, pois elas interagem constantemente e influenciam-se reciprocamente.

O conceito de aliança terapêutica pode ser diferenciado em três elementos: vínculo, combinação dos objetivos e tarefa (Bordin, 1994). Talvez o resultado mais interessante na pesquisa da EFT tenha sido encontrado no estudo de Johnson e Talitman (1986). Nesse estudo, foi o elemento da aliança *tarefa*, e não o vínculo com o terapeuta ou a combinação dos objetivos, que predisse melhores resultados. Esse elemento de tarefa, tal qual medido por Bordin, captura a experiência do cliente de que o terapeuta está no alvo — que as intervenções são relevantes para o cliente e são fundamentais para preparar o terreno para a mudança. O resultado desse estudo da EFT foi surpreendente para nós, uma vez que a EFT enfatiza a presença do terapeuta e sua disponibilidade, responsividade e engajamento. Uma forma de entender esse achado é que o elemento tarefa se traduz em uma forte sensação de que o terapeuta está sintonizado e alinhado com o cliente de modo que seja relevante para as preocupações e os objetivos dele.

Em termos de características do terapeuta, algumas evidências mostram que terapeutas com estilo de apego ansioso preocupado tendem a responder de forma menos empática aos clientes, e o apego seguro no terapeuta parece contribuir para a profundidade da sessão e para um melhor resultado (Rubino, Barker, Roth, & Fearon, 2000; Levy, Ellison, Scott, & Bernecker, 2011). Qualidades como flexibilidade, persuasão, modulação e expressividade do afeto, calidez, aceitação e habilidade para expressar esperança também foram comprovados como impactando na aliança e no resultado do tratamento.

TÉCNICAS GERAIS

Como já foi discutido, é impossível para os profissionais aprenderem mesmo uma parcela significativa das intervenções delineadas em listas de tratamentos empiricamente apoiados, uma vez que são inúmeras (Follette & Greenberg, 2006). O impacto de técnicas específicas também é extremamente difícil de isolar e pesquisar, já que estão integradas em um rico conjunto de intervenções misturadas no drama contínuo de uma sessão de terapia. Há também a questão de que, mesmo em terapias manualizadas e validadas empiricamente, frequentemente é difícil determinar qual é de fato o componente ativo da mudança. Quando a TCC funciona, é em função da intervenção chamada desafio às crenças negativas do cliente? Há evidências crescentes de que provocar pensamentos negativos não é necessário para alcançar resultados positivos na TCC (Tang & DeRubeis, 1999; Dimidjian et al., 2006). De fato, como foi dito anteriormente no Capítulo 3, na TCC, parece ser a qualidade da aliança e a profundidade da experiência emocional que predizem o sucesso do tratamento para clientes depressivos (Castonguay et al., 1996).

Os próprios rótulos das intervenções e das técnicas tanto podem confundir quanto clarear. O *mindfulness*, por exemplo, que vem da palavra *sati*, que significa "consciência ou atenção", pode ser usado para se referir a muitos elementos diferentes. Germer, Siegel e Fulton (2003) apontam que a versão clássica do *mindfulness*, no qual uma pessoa se volta para sua experiência presente sem julgamento, prestando atenção ao "desenrolar da experiência momento a momento" (p. 145), é "surpreendentemente semelhante" às abordagens vivenciais humanistas, como as intervenções focalizadas de Gendlin (1996). De fato, o paralelo com a EFT é óbvio aqui, e os paralelos entre EFT e pensamento budista já foram delineados na literatura (Furrow, Johnson, Bradley, & Amodeo, 2011). No entanto, o *mindfulness* também pode ser usado como forma de distanciamento da experiência ou mesmo como manejo do estresse ou treino de relaxamento. Atualmente, muitos clínicos veem o *mindfulness* como parte do tratamento da TCC, sem reconhecer que as terapias experienciais têm usado essa técnica em sua forma clássica por muitas décadas, embora sem a prática específica de sentar-se de pernas cruzadas sozinho(a) em silêncio. Na forma clássica descrita por Germer e tal qual implementada na EFT, o processo de focalizar a experiência "de forma *mindful*", à medida que ocorre, também muda a relação das pessoas com sua experiência, na medida em que reconhecem que estão *construindo ativamente* sua experiência, em vez de simplesmente acontecer com elas. Essa consciência pode de fato incluir, como sugerido no pensamento budista (Olendzki, 2005), um novo sentido de *self* como um *processo* que é ativa e constantemente reconstruído em um contexto específico, em vez de ser uma entidade fixa. Também é interessante sinalizar que os caminhos para esse novo nível de consciência podem variar, seja chamando de *mindfulness* ou sintonia com a experiência vivencial de descobertas. Um estudo (Pinniger, Brown, Thorsteinsson, & McKinley, 2012) comparou o impacto do tango argentino e da prática de *mindfulness* na depressão. Tal estudo descobriu que ambas as intervenções foram mais efetivas do que um controle de espera na redução dos sintomas, mas que apenas o tango reduziu o estresse e tornou as pessoas mais conscientes!

Também é difícil comparar a efetividade de técnicas ou de intervenções específicas. Com todas as variáveis envolvidas em um modelo terapêutico, o impacto diferente da implementação de um modelo com diferentes clientes e a contundência de nossas medidas, seria surpreendente se as diferenças nos resultados advindas de diferentes técnicas específicas não fossem perdidas, sobretudo quando muitos estudos não têm o poder estatístico para encontrar essas diferenças (Kazdin & Bass, 1989). Também nos baseamos nas metanálises em estudos de psicoterapia, que misturam estudos de alta e baixa qualidade e estudos de fenômenos muito diferentes e são notoriamente sujeitos a distorções. Quando os problemas metodológicos são considerados, os tamanhos de efeito das metanálises podem cair drasticamente. Uma revisão de ensaios clínicos para depressão identificou um tamanho de efeito não ajustado de 0,74, mas este baixou para 0,22 após o controle de qualidade metodológica (Cuijpers, van Straten, Bohlmeijer, Hollon, & Andersson, 2010). O famoso estudo do NIMH sobre depressão (Elkin et al., 1989), que comparou intervenções comportamentais interpessoais e cognitivas, é utilizado com frequência para argumentar a chamada hipótese do Efeito Dodô* — isto é, que realmente não há diferenças no resultado entre todos os modelos de psicoterapia. Como estudos com metodologias muito diferentes são agrupados em metanálises, a marcação muitas vezes oculta o que é realmente realizado no tratamento (de modo que uma intervenção da TCC pode não ser igual à outra). A prática de calcular médias, como essas análises fazem, quase certamente mascara uma variabilidade considerável no resultado. Sugiro, assim como outros já fizeram (Tolin, 2014), que dispensemos essa metáfora ilusória.

Estudos comparativos também sofrem de problemas confusos, como o fato de que muitos clientes terminam a terapia prematuramente ou têm recaídas, ou que, entre os modelos, alguns terapeutas parecem ser excepcionalmente efetivos, enquanto outros não o são (Wampold, 2006). Talvez a pergunta mais pertinente para o terapeuta praticante seja se existem técnicas gerais para o tratamento da ansiedade e da depressão que quase todos os modelos devem incluir de uma forma ou de outra?

---

*N. de R.T. O Efeito ou Veredicto "Dodô" é um conceito introduzido por Saul Rosenzweig, em 1936, para propor que todos os tipos de psicoterapia são similarmente eficazes, independentemente de qual seja a abordagem ou técnica empregada, desafiando a concepção de que um tipo de terapia seja melhor que outro. Em 1974, Lubarsky, Singer e Luborsky realizaram estudos comparativos e mostraram poucas diferenças significativas no resultado de diferentes modelos de psicoterapia. Após a publicação dos resultados, foram conduzidos inúmeros estudos semelhantes, mas não houve um consenso.

OBJETIVOS DA TERAPIA

Parece haver algum consenso (Follette & Greenberg, 2006; Woody & Ollendick, 2006) de que, considerando os dados sobre terapias que têm se mostrado efetivos, qualquer tratamento eficaz deveria incluir técnicas focadas em alguns objetivos--chave gerais.

- Desafiar as avaliações cognitivas com novas experiências.
- Aumentar o reforço positivo.
- Tratar ativamente comportamentos de evitação.
- Realizar uma exposição gradativa a situações temidas ou difíceis.
- Melhorar o funcionamento interpessoal do cliente.
- Melhorar os ambientes conjugal e familiar.
- Melhorar a consciência e a regulação das emoções.

Os tratamentos para a ansiedade, em especial, parecem variar em relação a certas questões, tais como quanto foco colocar nas habilidades de enfrentamento do *coaching versus* o quanto o processamento da emoção deve ser abordado diretamente. Nas abordagens da TCC, a evocação da emoção é vista simplesmente como um subproduto de cognições desafiadoras (Woody & Ollendick, 2006, p. 180), e o foco é apenas intrapsíquico, e não interpessoal. No entanto, eruditos como David Barlow desafiam ambas as tendências. Em um estudo de 1984, Barlow, O'Brien e Last descobriram que 86% das mulheres cujos parceiros as acompanharam a tratamentos de exposição para agorafobia melhoraram, em comparação com apenas 43% das mulheres que completaram o tratamento sem seu parceiro, e essa lacuna na eficácia continuou a aumentar no seguimento. Barlow, em seu livro inovador *Anxiety and its Disorders* (2002), também defende que se dê mais atenção às emoções e à teoria das emoções. Ele ressalta que emoção *é* comportamento, *é* cognição e *é* biologia. Como Woody e Ollendick apontam, "Muitos clientes falam da experiência de ansiedade e medo: a sensação de pavor, perigo e drama que leva à resposta de luta e fuga. A forma como os clientes descrevem essa experiência é mais do que cognições, mais do que evitação e mais do que ativação fisiológica. Essa experiência sensorial parece estar faltando em nossa representação atual dessas emoções nucleares e seu tratamento" (2006, p. 181).

O que esse metafoco sobre fatores comuns e correlatos de mudança e os princípios gerais de intervenção significam para o terapeuta praticante? Esse conhecimento pode nos ajudar a adaptar nosso relacionamento terapêutico e nossas intervenções com clientes específicos para refinar o tratamento e melhorar o resultado. Isso pode nos ajudar a olhar de maneira crítica para qualquer modelo e perguntar se as técnicas consideradas nucleares para o modelo incluem os elementos-chave do tratamento efetivo, se as intervenções são claras e apropriadamente indicadas e quão exclusivas as intervenções são para modelos particulares. No entanto, a perspectiva dos fatores comuns não oferece um modelo de intervenção. Os preditores de sucesso do tratamento e os princípios da terapia podem ser abstraídos em termos gerais, mas a terapia não é conduzida nesse nível geral. O terapeuta praticante quer saber em qual elemento focar e que tipo específico de intervenção utilizar em um momento particular, para que o modelo que utiliza se torne uma fonte de confiança e competência. Basta dizer que a literatura sobre fatores gerais em muitos aspectos sustenta as premissas de um modelo de terapia de apego experiencial. Por exemplo, a EFT enfatiza a importância da aliança no resultado e parece estar alinhada com os objetivos gerais estabelecidos para uma terapia efetiva previamente delineada. No entanto, a literatura sobre fatores gerais também pode ser muito confusa, e às vezes é usada para ofuscar a necessidade de modelos coerentes de intervenção ou para sugerir que a natureza das intervenções não importa, uma vez que uma é tão eficaz quanto a outra. Obviamente, este livro não concorda com essa posição. Na verdade, ele postula o oposto. Argumenta que muitos modelos de terapia carecem de sólida compreensão empírica dos seres humanos do ponto de vista do desenvolvimento e da personalidade, e que tal compreensão é necessária para o desenvolvimento do campo da psicoterapia e de melhorias futuras nos resultados da terapia.

Apêndice 3

Terapia individual focada nas emoções e outros modelos empiricamente testados que incluem a perspectiva do apego

Em primeiro lugar, é importante notar que as abordagens psicodinâmicas para o tratamento da ansiedade e da depressão (que deram origem e são primas próximas das abordagens experienciais) têm se mostrado efetivas (Shedler, 2010; Abbass, Hancock, Henderson, & Kisley, 2006; Leichsenring, Rabung, & Leibing, 2004), e tendências consistentes mostram que os tamanhos de efeito dessas intervenções se tornam maiores no seguimento posterior. Esses resultados sugerem que essas intervenções, que frequentemente são um pouco mais longas do que as terapias comportamentais, são bem-sucedidas em criar mudanças duradouras. Muitos estudos incluem pacientes que apresentam inúmeros sintomas, os quais, uma vez que a comorbidade é a norma, parecem ser mais representativos da prática do mundo real do que os grupos discretos de pacientes frequentemente usados nos inúmeros estudos de efetividade, que examinam os efeitos na TCC. Ao considerar os resultados, também é importante observar que as intervenções de TCC tendem a ser mais didáticas e baseadas em habilidades, ao passo que a essência das intervenções não comportamentais é focada em ajudar o cliente a ganhar consciência de sentimentos e significados anteriormente implícitos. Esse tipo de mudança nem sempre se encaixa facilmente no quadro de estudos de controle randomizados, o barômetro aceito do empirismo na psicoterapia. Tais estudos costumam enfatizar o alívio dos sintomas agudos (o foco das abordagens comportamentais), em vez de a geração mais orientada ao crescimento de "capacidades e recursos internos que são os focos em terapias dinâmicas e experienciais e que permitem às pessoas viver a vida com maior sensação de liberdade e possibilidade" (Shedler, 2010, p. 105). Parece que as medidas de resultado baseadas em sintomas na verdade não fazem jus às possíveis mudanças que a psicoterapia pode gerar.

PSICOTERAPIA INTERPESSOAL (TIP)

Uma abordagem empiricamente testada, que se refere à teoria do apego, é o modelo TIP. Esse modelo é mais conhecido como uma intervenção para a depressão (Klerman, Weissman, Rounsaville, & Chevron, 1984; Cuijpers et al., 2010). Em um estudo recente, utilizando uma ampla amostra (237 clientes), que permite conclusões rigorosas de "não inferioridade" ou verdadeira equivalência entre tratamentos, a TIP mostrou-se tão efetiva no tratamento da depressão quanto a terapia cognitiva (Connolly Gibbons et al., 2016). No entanto, apesar da melhora, cerca de 80% dos clientes continuaram a apresentar alguns sintomas depressivos no final do tratamento. Curiosamente, os autores desse estudo observaram que o tamanho da amostra, que determina o poder das análises de resultado, é, na maioria das vezes, insuficiente em estudos de psicoterapia para demonstrar equivalência real entre tratamentos.

Há semelhanças entre os modelos TIP e EFIT apresentados neste livro. O modelo TIP enfoca os estressores sociais e a perda como gatilhos potentes para a depressão e utiliza a teoria do apego como parte de sua base teórica. Encontros interpessoais são discutidos, padrões de comunicação são analisados para encontrar padrões problemáticos de relacionamento e interações futuras são planejadas. Perdas, lutos, disputas e transições de papéis são especialmente tratados. A história de um cliente, sobretudo o trauma, é enquadrada como criando uma vulnerabilidade aos problemas presentes, sendo oferecida uma orientação que normaliza o humor depressivo. Perguntas empáticas e reflexos são utilizadas para explorar relacionamentos que estão cronológica e emocionalmente ligados aos sintomas. Novas formas de se comunicar são praticadas em *role-plays*. Essa abordagem faz um certo paralelo com o uso de encontros e encenações imaginárias com outros na EFIT. A normalização e o enquadre das emoções como poderosas, mas não perigosas, o foco em trabalhar no aqui e agora e a postura otimista de que os clientes podem e vão lidar com as dificuldades e crescer parecem particularmente consonantes com a EFIT.

Há também diferenças significativas entre TIP e EFIT; por exemplo, a TIP enfatiza a renegociação em disputas de papéis semelhantes a intervenções mais comportamentais. Também a "catarse" é referida como uma intervenção, implicando que a ventilação das emoções em si é útil — uma visão que não é defendida na EFT em geral ou na EFIT. Embora a emoção seja identificada em ambas as abordagens, TIP e EFIT, não há referência na TIP ao processamento ativo ou aprofundamento das emoções, ou ao uso da emoção recém-processada como um caminho para comportamentos mais adaptativos. Na verdade, John Markowitz sugere (em suas anotações em seus seminários) que a TIP é um tratamento sem exposição, de modo que os profissionais devem utilizar primeiro a TCC ou a EMDR ao lidar com traumas. O apego parece ser mais um pano de fundo nessa abordagem, em vez de uma ativa estrutura existencial que destila as cognições e os significados "quentes" que são a música das relações de apego. Desse ponto de vista, a TIP tal como praticada parece estar mais próxima de um modelo comportamental de *coaching* voltado para a construção de habilidades interpessoais do que a EFIT. Como também há pouca pesquisa sobre o processo de mudança no modelo TIP, o mecanismo de mudança não é claro.

TERAPIA DO PROCESSO EXPERIENCIAL/ FOCADA NAS EMOÇÕES (PE/TFE)

O modelo PE/TFE (terapia do processo experiencial, agora mais frequentemente chamada de terapia focada nas emoções, delineada por Elliott, Watson, et al., 2004) é agrupado com EFIT sob a rubrica geral de uma terapia focada nas emoções, conforme utilizado por Greenberg (2011). Esse termo parece agora ser usado de forma genérica para se referir a todas as terapias, sejam elas cognitivo-comportamentais, sistêmicas ou humanistas, que tentam de alguma forma incluir as emoções. No entanto, há uma enorme diferença entre uma terapia comportamental, na qual a emoção é simplesmente identificada, e uma terapia como a EFIT, de modo que o uso desse termo genérico parece mais criar confusão do que esclarecer. A PE/TFE também adere à teoria do apego, pelo menos em um nível teórico geral, e deriva da mesma raiz, a psicoterapia experiencial rogeriana, assim como o modelo EFIT. Esse modelo de psicoterapia individual tem boa validação empírica (Elliott et al., 2013), mostrando grandes tamanhos de efeito (como definido por Cohen, 1988), sobretudo para depressão. Esses resultados são equivalentes aos encontrados em terapias mais comportamentais, especialmente quando se considera a confiabilidade no pesquisador. No entanto, isso é menos verdadeiro com efeitos para transtornos de ansiedade, em especial para TAG, em que os efeitos foram frequentemente menores e os resultados favorecem a TCC, embora efeitos substanciais pré/pós tenham sido encontrados para PE/TFE na maioria dos estudos. Essa abordagem visa tarefas terapêuticas específicas, como a resolução de assuntos inacabados do passado ou a resolução de ambivalências (em que partes do *self* estão em conflito). Um pequeno estudo identificou que essa resolução do foco de ambivalência resultou em mais autocompaixão e menos autocrítica, depressão e ansiedade nos clientes (Sharar et al., 2011). Em relação ao processo de mudança, estudos constatam que, quanto maior for o nível de experiência na sessão, melhor será o resultado que se pode esperar (Elliott, Watson, et al., 2004). Watson e Bedard (2006) identificaram que clientes com bom resultado tanto em PE/TFE quanto na TCC para depressão iniciaram e terminaram a terapia em níveis mais altos de experiência. Para ambos os modelos citados, clientes com bom resultado se referiram às suas emoções com maior frequência, foram mais focados internamente e foram mais capazes de refletir sobre a experiência, além de estarem mais dispostos a criar novos significados. Tudo leva a crer que a ativação emocional é necessária para a reorganização das cognições "quentes" — o principal objetivo da TCC (Goldfried, 2003). No entanto, como era de esperar, os clientes de TCC desse estudo ainda estavam, em geral, mais distantes e desengajados com suas emoções na sessão do que os clientes de PE/TFE. Pesquisas sobre o modelo PE/TFE mostram de maneira consistente que a profundidade do foco experiencial do terapeuta, que coloca o cliente em contato com experiências mais profundas, prediz bons resultados.

Em termos de semelhanças entre EFIT e PE/TFE, a relação com o terapeuta em ambos os modelos é colaborativa e autêntica, em vez de vinculada a papéis; de fato, uma aliança genuína é vista como essencial para o processo de mudança. Os clientes também são vistos de forma holística, e não apenas em termos de apresentação de sintomatologia, e, em ambos os modelos, a maneira como o cliente constrói sua experiência imediata e contínua é o foco da intervenção. O terapeuta guia a experiência do cliente, com intervenções como o reflexo empático e perguntas evocativas, na direção a um movimento integrativo e positivo. Tanto a EFT quanto a terapia PE/TFE são modelos experienciais, então faz sentido que pesquisas sobre modelos mostrem que aprofundar a experiência na sessão e se abrir de maneira mais afiliada com os outros prediz resultados positivos. As similaridades nesses modelos podem ser resumidas da seguinte forma: *o objetivo na EFT e na terapia PE/TFE é ingressar na emoção bloqueada, indiferenciada, e mudar a forma como essa emoção é processada e regulada de forma a levar a novos significados e novas formas de agir.*

Há também um número significativo de diferenças entre EFIT e PE/TFE:

- A EFIT é consideravelmente mais entrelaçada e embebida pela teoria e ciência do apego como um guia tanto para questões internas quanto interpessoais. Esse fato reflete seus primórdios como uma modalidade de casal com foco interpessoal, orientada para moldar a dependência construtiva e o apego seguro. O retrato da teoria do apego na EFIT também parece ser mais acurado. Por exemplo, a adição de um foco na identidade como parte necessária do apego na terapia PE/TFE é deslocada, uma vez que os modelos de trabalho do *self* caracterizam um aspecto nuclear da teoria do apego. O modelo EFIT e os padrões interativos dos teóricos do apego com os outros formam circuitos cruciais de *feedback* autoperpetuadores, que moldam ativamente os modelos de funcionamento do *self* (Mikulincer, 1995). Na EFIT, o apego também é utilizado de maneira existencial mais abrangente, na medida em que a conexão e a desconexão com os outros são enquadradas como um processo de vida ou morte. Como na PE/TFE, o comportamento disfuncional é frequentemente descrito pelo terapeuta EFIT, mas também é rotineiramente validado como uma tentativa desesperada de manter algum tipo de pertencimento ou entorpecer a agonia do isolamento. Então, posso dizer a um cliente: "Permanecer com a autocrítica parece confortável, familiar e menos difícil do que realmente sentir o quão impossivelmente sozinho, quão 'deixado para trás' e desamparado você se sente quando pensa em seu pai e em como ele o tratou".

- A EFIT foi desenvolvida fora do quadro intrapsíquico característico da PE/TFE, e é mais explicitamente de natureza interpessoal e sistêmica, enfatizando padrões de processos circulares de causalidade e circuitos restritivos de *feedback* recíprocos no processamento emocional nos indivíduos e nas respostas nas outras pessoas significativas. Por exemplo, a versão familiar da PE/TFE foca em fazer sessões com os pais separadamente e treiná-los como indivíduos para serem melhores pais, ao passo que a EFFT foca em desacelerar as danças de desconexão à medida que ocorrem na sessão. A EFFT então orienta os membros da família para diálogos de tipo porto seguro, que expandem tanto o conceito do *self* nos indivíduos quanto a natureza de sua dança. O objetivo da EFFT é orientar os adolescentes para interações que criem dependência construtiva efetiva. Isso, por sua vez, promove individuação e autonomia.

- As formulações teóricas da EFIT e da PE/TFE têm se desenvolvido de modo diferente em termos das emoções. Na EFIT, por exemplo, as emoções não são formuladas como desadaptativas, conforme apresentado na PE/TFE. O foco do terapeuta EFIT é nas formas estancadas e autodestrutivas de *regula*ção das emoções. Todas as emoções primárias — raiva, medo, vergonha, tristeza, alegria e surpresa, são consideradas adaptativas quando se adequam a determinado contexto e quando são utilizadas de forma equilibrada e flexível. Também não falamos de "esquemas emocionais", preferindo o conceito de apego mais claro e fundamentado de modelos de funcionamento do *self* e do outro, que são impregnados de emoção, resultando em uma "sensação corporal" que orienta a percepção, a atribuição e a ação.

- O terapeuta EFIT está muito menos focado nas tarefas específicas mapeadas na terapia PE/TFE, tais como resolver ambivalências ou questões pendentes. Treinar pessoas por meio de etapas definidas dentro de uma tarefa definida não traduz o processo da EFIT, no qual os terapeutas tendem a se concentrar em como as pessoas processam ameaças e sofrimentos e os problemas resultantes da busca pelo equilíbrio emocional e a segurança do apego com os outros. Em contraste com as formulações da PE/TFE, o terapeuta EFIT não fala de trocar uma emoção por outra como parte principal da mudança, mas sim de organizar, destilar e revelar emoções para criar corregulação construtiva com os outros e trazer à luz novas tendências de ação. Por exemplo, a raiva de Mary é modificada por sua consciência do desespero subjacente à sua raiva, mas a mudança realmente ocorre quando ela é capaz de permitir que esse desespero a mova em direção a novas expressões de necessidades para sua figura de apego.

- De muitas formas, o processo da EFIT parece ser consideravelmente mais parcimonioso; o mapa da EFIT é apresentado neste livro em termos de três etapas; um processo principal (o Tango da EFT) e um conjunto de microintervenções genéricas e experienciais. A PE/TFE oferece uma infinidade de categorizações complicadas, por exemplo, quatro tipos de dificuldades de processamento, com 11 marcadores diferentes para quatro tipos de tarefas terapêuticas. Em termos de técnicas, os terapeutas EFIT costumam usar técnicas básicas da *gestalt*, tais como encontros imaginários com realidades emocionais, partes do *self* e figuras de apego, com frequência menor e de maneira mais fluida e orgânica do que é comum na terapia PE/TFE. Quando essas técnicas são utilizadas, preferimos simplesmente pedir aos clientes que fechem os olhos e se concentrem em um aspecto específico de sua experiência, em vez de realmente mudar de cadeira para representar diferentes partes do *self* ou para representar outras pessoas, como na terapia *gestalt* tradicional. Quando a PE/TFE é utilizada com casais, também foram adicionados passos que ensinam as pessoas a regularem suas próprias emoções antes de se envolverem com os outros. Pesquisas sobre a EFT sugerem que essa etapa é desnecessária; o terapeuta EFT prefere primeiro promover a corregulação efetiva, dadas as limitações do processo de autorregulação (observado no Capítulo 2). Em suma, a EFIT parece refletir mais diretamente a elegância e a simplicidade da teoria e ciência do apego do que os modelos TIP ou PE/TFE.

Recursos

RECURSOS DE APRENDIZAGEM

Informações sobre eventos de treinamento; como tornar-se um terapeuta EFT certificado; publicações sobre EFIT, EFT e EFFT; e recursos de treinamento em EFT para casais, EFIT e EFIT estão disponíveis em *www.iceeft.com*.

Informações em português para terapeutas brasileiros podem ser encontradas nos dois *sites* oficiais da comunidade EFT: a comunidade EFT Sul-Sudeste Brasil (https://eftsulbrasil.com.br/) e a comunidade EFT Nordeste Brasil (https://eftnordeste.com.br/).

PROGRAMAS DE EDUCAÇÃO SOBRE RELACIONAMENTOS

Para os profissionais

Os seguintes programas educacionais em grupo estão disponíveis para os profissionais oferecerem ao público:

1. Hold Me Tight®: Conversações para conexão.
2. Created for Connection (Criados para Conexão): o programa Hold Me Tight® para Casais Cristãos.
3. Healing Hearts Together (Curando Corações Juntos): programa Hold Me Tight® para Casais Enfrentando Doenças Cardíacas.
4. Hold Me Tight® — Let Me Go: Para Famílias com Adolescentes.

Acesse *www.iceeft.com* para obter mais informações.

Para o público

O programa *on-line* Hold Me Tight®, com a Dra. Susan M. Johnson, apresenta 8 a 12 horas de educação *on-line* direcionada para relacionamentos, incluindo vídeos para casais, comentários de especialistas, desenhos animados, ensino e exercícios.

Acesse *www.holdmetightonline.com* para obter mais informações.

Referências

Abbass, A. A., Hancock, J. T., Henderson, J., & Kisley, S. (2006). Short term psychodynamic therapies for common mental disorders. *Cochrane Database of Systematic Reviews, 4,* Art. No. CD004687.

Acevedo, B., & Aron, A. (2009). Does a long term relationship kill romantic love? *Review of General Psychology, 13,* 59–65.

Aikin, N., & Aikin, P. (2017). *The Hold Me Tight®—Let Me Go program: Conversations for connection: A relationship education and enhancement program for families with teens.* Ottawa, Ontario, Canada: International Centre for Excellence in Emotionally Focused Therapy.

Ainsworth, M. D., Blehar, M. C., Waters, E., & Wall, S. (1978). *Patterns of attachment: A study of the Strange Situation.* Hillsdale, NJ: Erlbaum.

Aldao, A., Nolen Hoeksema, S., & Schweiser, S. (2010). Emotion regulation across psychopathology: A meta-analytic review. *Clinical Psychology Review, 30,* 217–237.

Alexander, F., & French, T. (1946). *Psychoanalytic therapy: Principles and application.* New York: Ronald Press.

Alexander, P. C. (1993). Application of attachment theory to the study of sexual abuse. *Journal of Consulting and Clinical Psychology, 60,* 185–195.

Allan, R., & Johnson, S. M. (2016). Conceptual and application issues: Emotionally focused therapy with gay male couples. *Journal of Couple and Relationship Therapy: Innovations in Clinical and Educational Interventions, 16,* 286–305.

Allen, J. P. (2008). The attachment system in adolescence. In J. Cassidy & P. Shaver (Eds.), *Handbook of attachment: Theory, research, and clinical applications* (2nd ed., pp. 419–435). New York: Guilford Press.

Allen, J. P., & Land, D. J. (1999). Attachment in adolescence. In J. Cassidy & P. R. Shaver (Eds.), *Handbook of attachment: Theory, research, and clinical applications* (pp. 319–335). New York: Guilford Press.

Anders, S. L., & Tucker, J. S. (2000). Adult attachment style, interpersonal communication competence and social support. *Personal Relationships, 7,* 379–389.

Armsden, G. C., & Greenberg, M. T. (1987). The inventory of parent and peer attachment: Relationships to well-being in adolescence. *Journal of Youth and Adolescence, 16,* 427–454.

Arnold, M. B. (1960). *Emotion and personality.* New York: Columbia University Press.

Asarnow, J. R., Goldstein, M. J., Tompson, M., & Guthrie, D. (1993). One year outcomes of depressive disorders in child psychiatric in-patients: Evaluation of the prognostic power of a brief measure of expressed emotion. *Journal of Child Psychology and Psychiatry, 34,* 129–137.

Bachelor, A., Meunier, G., Lavadiere, O., & Gamache, D. (2010). Client attachment to therapist: Relation to client personality and symptomatology, and their contributions to the therapeutic alliance. *Psychotherapy, Theory, Research, Practice and Training, 47,* 454–468.

Barlow, D. H. (2002). *Anxiety and its disorders: The nature and treatment of anxiety and panic* (2nd ed.). New York: Guilford Press.

Barlow, D. H., Allen, L. B., & Choate, M. L. (2004). Toward a unified treatment for emotional disorders. *Behavioral Therapy, 35,* 205–230.

Barlow, D. H., Farshione, T., Fairholme, C., Ellard, K., Boisseau, C., Allen, L., et al. (2011). *Unified protocol for transdiagnostic treatment of emotional disorders.* New York: Oxford University Press.

Barlow, D. H., O'Brien, G., & Last, C. (1984). Couples treatment of agoraphobia. *Behavior Therapy, 15,* 41–58.

Barlow, D. H., Sauer-Zavala, C. J., Bullis, J., & Ellard, K. (2014). The nature, diagnosis and treatment of neuroticism: Back to the future. *Clinical Psychological Science, 2,* 344–365.

Barrett, L. F. (2004). Feelings or words?: Understanding the content in self-reported ratings of experienced emotion. *Journal of Personality and Social Psychology, 87,* 266–281.

Bartholomew, K., & Horowitz, L. (1991). Attachment styles among young adults: A test of a four category model. *Journal of Personality and Social Psychology, 61,* 226–244.

Basson, R. (2000). The female sexual response: A different model. *Journal of Sex and Marital Therapy, 26,* 51–65.

Baucom, D. H., Porter, L. S., Kirby, J. S., & Hudepohl, J. (2012). Couple-based interventions for medical problems. *Behavior Therapy, 43,* 61–76.

Baum, K. M., & Nowicki, S. (1998). Perception of emotion: Measuring decoding accuracy of adult prosaic cues varying in intensity. *Journal of Nonverbal Behavior, 22,* 89–107.

Beck, A. T., & Steer, R. A. (1993). *Beck Anxiety Inventory Manual.* San Antonio, TX: Psychological Corp.

Beck, A. T., Steer, R. A., & Brown, G. K. (1996). *Manual for the Beck Depression Inventory–II.* San Antonio, TX: Psychological Corp.

Beckes, L., Coan, J., & Hasselmo, K. (2013). Familiarity promotes the blurring of self and other in the neural representation of threat. *Social Cognitive and Affective Neuroscience, 8,* 670–677.

Benjamin, L. (1974). The structural analysis of social behavior. *Psychological Review, 81,* 392–425.

Bertalanffy, L. von. (1968). *General system theory*. New York: George Braziller.

Beutler, L. E. (2002). The dodo bird is extinct. *Clinical Psychology: Science and Practice, 9*, 30–34.

Beutler, L. E., Blatt, S. J., Alimohamed, S., Levy, K., & Antuaco, L. (2006). Participant factors in treating dysphoric disorders. In L. Castonguay & L. Beutler (Eds.), *Principles of therapeutic change that work* (pp. 13–63). New York: Oxford University Press.

Beutler, L. E., Harwood, T. M., Alimohamed, S., & Malik, M. (2002). Functional impairment and coping style. In J. Norcross (Ed.), *Psychotherapy relationships that work* (pp. 145–170). New York: Oxford University Press.

Bhatia, V., & Davila, J. (2017). Mental health disorders in couple relationships. In J. Fitzgerald (Ed.), *Foundations for couples therapy: Research for the real world* (pp. 268–278). New York: Brunner-Routledge.

Birmaher, B., Brent, D. A., Kolko, D., Baugher, M., Bridge, J., Holder, D., et al. (2000). Clinical outcome after short-term psychotherapy for adolescents with major depressive disorder. *Archives of General Psychiatry, 57*, 29–36.

Birnbaum, G. E. (2007). Attachment orientations, sexual functioning, and relationship satisfaction in a community sample of women. *Journal of Social and Personal Relationships, 24*, 21–35.

Birnbaum, G. E., Reis, H. T., Mikulincer, M., Gillath, O., & Orpaz, A. (2006). When sex is more than just sex: Attachment orientations, sexual experience, and relationship quality. *Journal of Personality and Social Psychology, 91*, 929–943.

Bloch, L., & Guillory, P. T. (2011). The attachment frame is the thing: Emotion-focused family therapy in adolescence. *Journal of Couple and Relationship Therapy, 10*, 229–245.

Bograd, M., & Mederos, F. (1999). Battering and couples therapy: Universal screening and selection of treatment modality. *Journal of Marital and Family Therapy, 25*, 291–312.

Bordin, E. (1994). Theory and research on the therapeutic working alliance. In A. O. Horvath & L. S. Greenberg (Eds.), *The working alliance: Theory research and practice* (pp. 13–37). New York: Wiley.

Bouaziz, A. R., Lafontaine, M. F., Gabbay, N., & Caron, A. (2013). Investigating the validity and reliability of the caregiving questionnaire with individuals in same-sex relationships. *Journal of Relationships Research, 4*(e2), 1–11.

Bowen, M. (1978). *Family therapy in clinical practice*. New York: Jason Aronson.

Bowlby, J. (1944). Forty-four juvenile thieves: Their characters and home life. *International Journal of Psychoanalysis, 25*, 19–52.

Bowlby, J. (1969). *Attachment and loss: Vol. 1. Attachment*. New York: Basic Books.

Bowlby, J. (1973). *Attachment and loss: Vol. 2. Separation: Anxiety and anger*. New York: Basic Books.

Bowlby, J. (1979). *The making and breaking of affectional bonds*. London: Tavistock.

Bowlby, J. (1980). *Attachment and Loss: Vol. 3. Loss*. New York: Penguin Books.

Bowlby, J. (1988). *A secure base*. New York: Basic Books.

Bowlby, J. (1991). Postscript. In C. M. Parkes, J. Stevenson-Hinde, & P. Marris (Eds.), *Attachment across the lifespan* (pp. 293–297). New York: Routledge.

Brennen, K. A., Clark, C. L., & Shaver, P. R. (1998). Self-report measurement of adult attachment: An integrative overview. In J. A. Simpson & W. S. Rholes (Eds.), *Attachment theory and close relationships* (pp. 46–76). New York: Guilford Press.

Brown, T. A., Campbell, L. A., Lehman, C. L., Grisham, J. R., & Mancill, R. B. (2001). Current and lifetime comorbidity of the DSM-IV anxiety and mood disorders in a large clinical sample. *Journal of Abnormal Psychology, 110*, 49–58.

Budd, R., & Hughes, I. (2009). The Dodo bird verdict—Controversial, inevitable and important: A commentary on 30 years of meta-analyses. *Clinical Psychology and Psychotherapy, 16*, 510–522.

Burgess Moser, M., Johnson, S. M., Dalgleish, T. L., Wiebe, S. A., & Tasca, G. A. (2018) The impact of blamer-softening on romantic attachment in emotionally focused couples therapy. *Journal of Marital and Family Therapy, 44*, 640–654.

Burgess Moser, M., Johnson, S. M., Tasca, G., & Wiebe, S. (2015). Changes in relationship specific romantic attachment in emotionally focused couple therapy. *Journal of Marital and Family Therapy, 42*, 231–245.

Byrd, K., & Bea, A. (2001). The correspondence between attachment dimensions and prayer in college students. *International Journal for the Psychology of Religion, 11*, 9–24.

Byrd, K. R., Patterson, C. L., & Turchik, J. A. (2010). Working alliance as a mediator of client attachment dimensions and psychotherapy outcome. *Psychotherapy: Theory, Research, Practice, Training, 47*, 631–636.

Cacioppo, J. T., & Patrick, W. (2008). *Loneliness: Human nature and the need for social connection.* New York: Norton.

Cano, A., & O'Leary, D. K. (2000). Infidelity and separations precipitate major depressive episodes and symptoms of nonspecific depression and anxiety. *Journal of Consulting and Clinical Psychology, 68*, 774–781.

Cassidy, J., & Shaver, P. R. (Eds.). (2008). *Handbook of attachment: Theory, research, and clinical applications* (2nd ed.). New York: Guilford Press.

Castonguay, L. G., Goldfried, M. R., Wiser, S., Raue, P., & Hayes, A. (1996). Predicting the effect of cognitive therapy for depression: A study of unique and common factors. *Journal of Consulting and Clinical Psychology, 64*, 497–504.

Castonguay, L. G., Grosse Holtforth, M., Coombs, M., Beberman, R., Kakouros, A., Boswell, J., et al. (2006). Relationship factors in treating dysphoric disorders. In L. Castonguay & L. Beutler (Eds.), *Principles of therapeutic change that work* (pp. 65–81). New York: Oxford University Press.

Chambless, D. L., Baker, M. J., Baucom, D. H., Beutler, L. E. Calhoun, K. S., Crits-Christoph, P., et al. (1998). Update on empirically validated therapies: II. *Clinical Psychologist, 51*, 3–16.

Chambless, D. L., & Ollendick, T. H. (2001). Empirically supported psychological interventions: Controversy and evidence. *Annual Review of Psychology, 52*, 685–716.

Chango, J., McElhaney, K., Allen, J., Schad, M., & Marston, E. (2012). Relational stressors and depressive symptoms in late adolescence: Rejection sensitivity as a vulnerability. *Journal of Abnormal Child Psychology, 40*, 369–379.

Coan, J. A. (2016). Towards a neuroscience of attachment. In J. Cassidy & P. Shaver (Eds.), *Handbook of attachment: Theory, research, and clinical applications* (3rd ed., pp. 242–269). New York: Guilford Press.

Coan, J. A., & Sbarra, D. A. (2015). Social baseline theory: The social regulation of risk and effort. *Current Opinion in Psychology, 1,* 87–91.

Coan, J. A., Schaefer, H. S., & Davidson, R. J. (2006). Lending a hand: Social regulation of the neural response to threat. *Psychological Science, 17,* 1032–1039.

Cobb, R., & Bradbury, T. (2003). Implications of adult attachment for preventing adverse marital outcomes. In S. M. Johnson & V. Whiffen (Eds.), *Attachment processes in couple and family therapy* (pp. 258–280). New York: Guilford Press.

Cohen, D. A., Silver, D. H., Cowan, C. P., Cowan, P. A., & Pearson, J. (1992). Working models of childhood attachment and couple relationships. *Journal of Family Issues, 13,* 432–449.

Cohen, J. (1988). *Statistical power analyses for the behavioral sciences* (2nd ed.). Hillsdale, NJ: Erlbaum.

Cohen, S., O'Leary, K., & Foran, H. (2010). A randomized trial of a brief, problem-focused couple for depression. *Behavior Therapy, 41,* 433–446.

Collins, N. L., & Read, S. J. (1994). Cognitive representations of attachment: The structure and functioning of working models. In K. Bartholomew & D. Perlman (Eds.), *Advances in personal relationships: Vol. 5. Attachment processes in adulthood* (pp. 53–92). London: Jessica Kingsley.

Connolly Gibbons, M. B., Gallop, R., Thompson, D., Luther, D., Crits-Christoph, K., Jacobs, J., et al. (2016). Comparative effectiveness of cognitive therapy and dynamic psychotherapy for major depressive disorders in community mental health settings: A randomized clinical non-inferiority trial. *JAMA Psychiatry, 73,* 904–912.

Conradi, H. J., Dingemanse, P., Noordhof, A., Finkenauer, C., & Kamphuis, J. H. (2017, September 4). Effectiveness of the "Hold Me Tight" relationship enhancement program in a self-referred and a clinician referred sample: An emotionally focused couples therapy-based approach. *Family Process.* [Epub ahead of print]

Coombs, M., Coleman, D., & Jones, E. (2002). Working with feelings: The importance of emotion in both cognitive-behavioral and interpersonal therapy in the NIMH treatment of depression collaborative research program. *Psychotherapy, Theory, Research, Practice, Training, 39,* 233–244.

Corsini, R. J., & Wedding, D. (2008). *Current psychotherapies* (8th ed.). Belmont, CA: Thomson/Brooks Cole.

Costello, P. C. (2013). *Attachment-based psychotherapy: Helping clients develop adaptive capacities.* Washington, DC: American Psychological Association.

Cowan, P. A., Cowan, C. P., Cohn D. A., & Pearson, J. L. (1996). Parents attachment histories and childrens' externalizing and internalizing behaviors: Exploring family systems models of linkage. *Journal of Consulting and Clinical Psychology, 64,* 53–63.

Cozolino, L., & Davis, V. (2017). How people change. In M. Solomon & D. J. Siegel (Eds.), *How people change: Relationship and neuroplasticity in psychotherapy* (pp. 53–72). New York: Norton.

Creasey, G., & Ladd, A. (2005). Generalized and specific attachment representations: Unique and interactive roles in predicting conflict behaviors in close relationships. *Personality and Social Psychology Bulletin, 31*, 1026–1038.

Crowell, J. A., Treboux, D., Gao, Y., Fyffe, C., Pan, H., & Waters, E. (2002). Assessing secure base behavior in adulthood: Development of a measure, links to adult attachment relations and relations to couples communication and reports of relationships. *Developmental Psycho-logy, 38*, 679–693.

Csikszentmihalyi, M. (1990). *Flow: The psychology of optimal experience.* New York: Harper & Row.

Cuijpers, P., van Straten, A., Bohlmeijer, E., Hollon, S., & Andersson, G. (2010). The effects of psychotherapy for depression are overestimated: A meta-analysis of study quality and effect size. *Psychological Medicine: A Journal of Research in Psychiatry and the Allied Sciences, 40*, 211–223.

Dalton, J., Greenman, P., Classen, C., & Johnson, S. M. (2013). Nurturing connections in the aftermath of childhood trauma: A randomized control trial of emotionally focused couple therapy for female survivors of childhood abuse. *Couple and Family Psychology, Research and Practice, 2*(3), 209–221.

Damasio, A. R. (1994). *Decartes' error: Emotion, reason and the human brain.* New York: Putnam.

Daniel, S. I. F. (2006). Adult attachment patterns and individual psychotherapy: A review. *Clinical Psychological Review, 26*, 968–984.

Davila, J., Karney, B. R., & Bradbury, T. N. (1999). Attachment change processes in the early years of marriage. *Journal of Personality and Social Psychology, 76*(5), 783–802.

De Oliveira, C., Moran, G., & Pederson, D. (2005). Understanding the link between maternal adult attachment classifications and thoughts and feelings about emotions. *Attachment and Human Development, 7*, 153–170.

De Waal, F. (2009). *The age of empathy.* New York: McClelland Stewart.

Dekel, R., Solomon, Z., Ginzburg, K., & Neria, Y. (2004). Long-term adjustment among Israeli war veterans: The role of attachment style. *Journal of Stress, Anxiety and Coping, 17*, 141–152.

Denton, W., Wittenborn, A. K., & Golden, R. N. (2012). A randomized trial of emotionally focused therapy for couples. *Journal of Marital and Family Therapy, 26*, 65–78.

Diamond, D., Stovall-McCloush, C., Clarkin, J., & Levy, K. (2003). Patient therapist attachment in the treatment of borderline personality disorder. *Bulletin of the Menninger Clinic, 67*, 227–260.

Diamond, G. (2005). Attachment-based family therapy for depressed an anxious adolescents. In J. Lebow (Ed.), *Handbook of clinical family therapy* (pp. 17–41). Hoboken, NJ: Wiley.

Diamond, G., Russon, J., & Levy, S. (2016). Attachment-based family therapy: A review of empirical support. *Family Process, 55*, 595–610.

Dimidjian, S., Hollon, S. D., Dobson, K. S., Schmaling, K. B., Kohlenberg, R. J., Addis, M. E., et al. (2006). Randomized trial of behavior activation, cognitive therapy, and antidepressant medication in the acute treatment of adults with major depression. *Journal of Consulting and Clinical Psychology, 74*, 658–670.

Dobbs, D. (2017, July/August). The smartphone psychiatrist. *The Atlantic.*

Dozier, M., Stovall-McClough, C., & Albus, K. (2008). Attachment and psychopathology in adulthood. In J. Cassidy & P. R. Shaver (Eds.), *Handbook of attachment: Theory, research, and clinical applications* (2nd ed., pp. 718–744). New York: Guilford Press.

Drach-Zahavy, A. (2004). Toward a multidimensional construct of social support: Implications of providers self-reliance and request characteristics. *Journal of Applied Social Psychology, 34,* 1395–1420.

Duggal, S., Carlson, E. A., Sroufe, L. A., & Egland, B. (2001). Depressive symptomatology in childhood and adolescence. *Development and Psychopathology, 13,* 143–164.

Durham, R. C., Allan, T., & Hackett, C. (1997). On predicting improvement and relapse in generalized anxiety disorder following psychotherapy. *British Journal of Clinical Psychology, 36,* 101–119.

Ein-Dor, T., & Doron, G. (2015). Psychopathology and attachment. In J. Simpson & S. Rholes (Eds.), *Attachment theory and research: New directions and emerging themes* (pp. 346–373). New York: Guilford Press.

Ekman, P. (2003). *Emotions revealed.* New York: Henry Holt.

Elkin, I., Shea, M. T., Watkins, J. T., Imber, S. T., Sotsky, S. M., Collins, J. F., et al. (1989). National Institute of Mental Health Treatment of Depression Collaborative Research Program: General effectiveness of treatments. *Archives of General Psychiatry, 46,* 971–982.

Elliott, R., Greenberg, L. S., & Lietaer, G. (2004). Research on experiential therapies. In M. J. Lambert (Ed.), *Bergin and Garfield's handbook of psychotherapy and behavior change* (5th ed., pp. 493–540). Hoboken, NJ: Wiley.

Elliott, R., Greenberg, L. S., Watson, J., Timulak, L., & Friere, E. (2013). Research on humanistic–experiental psychotherapies. In M. J. Lambert (Ed.), *Bergin and Garfield's handbook of psychotherapy and behavioral change* (6th ed., pp. 495–538). Hoboken, NJ: Wiley.

Elliott, R., Watson, J., Goldman, R., & Greenberg, L. (2004). *Learning emotion-focused therapy: The process experiential approach to change.* Washington, DC: American Psychological Association.

Epstein, N. B., Baldwin, L., & Bishop, D. (1983). The McMaster Family Assessment Device. *Journal of Martial and Family Therapy, 9,* 171–180.

Erickson, E. H. (1968). *Identity: Youth and crisis.* New York: Norton.

Fairbairn, W. R. D. (1952). *An object relations theory of the personality.* New York: Basic Books.

Feeney, B. C. (2007). The dependency paradox in close relationships: Accepting dependence promotes independence. *Journal of Personality and Social Psychology, 92,* 268–285.

Feeney, B. C., & Collins, N. L. (2001). Predictors of caregiving in adult intimate relationships: An attachment theoretical perspective. *Journal of Personality and Social Psychology, 80,* 972–994.

Feeney, J. (2005). Hurt feelings in couple relationships. *Personal Relationships, 12,* 253–271.

Felitti, V. J., Anda, R. F., Nordenberg, D., Willianson, D. F., Sptiz, A. M., Edwards, V., et al. (1998). The relationship of adult health status to childhood abuse and household dysfunction. *American Journal of Preventative Medicine, 14,* 245–258.

Fillo, J., Simpson, J. A., Rholes, W. S., & Kohn, J. L. (2015). Dads doing diapers: Individual and relational outcomes associated with the division of childcare across the transition to parenthood. *Journal of Personality and Social Psycholgy, 108,* 298–316.

Finzi-Dottan, R., Cohen, O., Iwaniec, D., Sapir, Y., & Weisman, A. (2003). The drug-user husband and his wife: Attachment styles, family cohesion and adaptability. *Substance Use and Misuse, 38,* 271–292.

Follette, W., & Greenberg, L. (2006). Technique factors in treating dysphoric disorders. In L. Castonguay & L. Beutler (Eds.), *Principles of therapeutic change that work* (pp. 83–109). New York: Oxford University Press.

Fonagy, P., Steele, M., Steele, H., Leigh, T., Kennedy, R., Matton, G., et al. (1995). Attachment, the reflective self and borderline states. In S. Goldberg, R. Muir, & J. Kerr (Eds.), *Attachment theory: Social, developmental and clinical perspectives* (pp. 233–279). Hillsdale, NJ: Analytic Press.

Fonagy, P., Steele, M., Steele, H., Moran, G. S., & Higgit, M. (1991). The capacity for understanding mental states: The reflective self in parent and child and its significance for security of attachment. *Infant Mental Health Journal, 12,* 201–218.

Fosha, D. (2000). *The transforming power of affect: A model for accelerated change.* New York: Basic Books.

Fraley, R. C., Fazzari, D. A., Bonanno G. A., & Dekel, S. (2006). Attachment and psychological adaptation in high exposure survivors of the 9/11 attack on the World Trade Center. *Journal of Personality and Social Psychology, 32,* 538– 551.

Fraley, R. C., & Shaver, P. R. (1998). Airport separations: A naturalistic study of adult attachment dynamics in separating couples. *Journal of Personality and Social Psychology, 75,* 1198–1212.

Fraley, R. C., Waller, N. G., & Brennan, K. A. (2000). An item response theory analysis of self report measures of adult attachment. *Journal of Personality and Social Psychology, 78,* 350–365.

Frances, A. (2013). *Saving normal.* New York: William Morrow.

Frederickson, B. L., & Branigan, C. (2005). Positive emotions broaden the scope of attention and thought-action repertoires. *Cognition and Emotion, 19,* 315– 322.

Frijda, N. H. (1986). *The emotions.* Cambridge, UK: Cambridge University Press.

Funk, J. L., & Rogge, R. D. (2007). Testing the ruler with item response theory: Increasing precision of measurement for relationship satisfaction with the Couples Satisfaction Index. *Journal of Family Psychology, 21,* 572–583.

Furrow, J., Johnson, S. M., Bradley, B., & Amodeo, J. (2011). Spirituality and emotionally focused therapy: Exploring common ground. In J. Furrow, S. M. Johnson, & B. Bradley (Eds.), *The emotionally focused casebook: New directions in treating couples* (pp. 343–372). New York: Routledge.

Furrow, J., & Palmer, G. (2007). EFFT and blended families: Building bonds from the inside out. *Journal of Systemic Therapies, 26,* 44–58.

Furrow, J., Palmer, G., Johnson, S. M., Faller, G., & Palmer-Olsen, L. (in press). *Emotionally focused family therapy: Restoring connection and promoting resilience*. New York: Routledge.

Garfield, S. (2006). The therapist as a neglected variable in psychotherapy research. *Clinical Psychology: Science and Practice*.

Gendlin, E. T. (1996). *Focusing oriented psychotherapy: A manual of the experiential method*. New York: Guilford Press.

Germer, C. K. (2005). Mindfulness: What is it and what does it matter? In C. Germer, R. Siegel, & P. Fulton (Eds.), *Mindfulness and psychotherapy* (pp. 3–27). New York: Guilford Press.

Germer, C. K., Siegel, R. D., & Fulton, P. R. (2003). *Mindfulness and psychotherapy*. New York: Guilford Press.

Gillath, O., & Canterbury, M. (2012). Neural correlates of exposure to subliminal and supraliminal sex cues. *Social Cognitive and Affective Neuroscience, 7*, 924–936.

Gillath, O., Mikulincer, M., Birnbaum, G., & Shaver, P. R. (2008). When sex primes love: Subliminal sexual priming motivates relationship goal pursuit. *Personality and Social Psychology Bulletin, 34*, 1057–1069.

Goldfried, M. R. (2003). Cognitive-behavioral therapy: Reflections on the evolution of a therapeutic orientation. *Cognitive Therapy and Research, 27*, 53–69.

Goleman, D. (1995). *Emotional intelligence*. New York: Bantam Books.

Gordon, K. M., & Toukmanian, S. G. (2002). Is how it is said important?: The association between quality of therapist interventions and client processing. *Counselling and Psychotherapy Research, 2*, 88–98.

Gotta, G., Green, R. J., Rothblum, E., Solomon, S., Balsam, K., & Schwartz, P. (2011). Heterosexual, lesbian and gay male relationships: A comparison of couples in 1975 and 2000. *Family Process, 50*, 354–376.

Gottman, J. M. (1999). *The seven principles for making marriage work*. New York: Crown Publishing Group.

Gottman, J. M., Coan, J., Carrier, S., & Swanson, C. (1998). Predicting marital happiness and stability from newly-wed interactions. *Journal of Marriage and the Family, 60*, 5–22.

Gottman, J. M., Katz, L., & Hooven, C. (1997). *Meta-emotion: How families communicate emotionally*. Hillsdale, NJ: Erlbaum.

Granquist, P., Mikulincer, M., Gewirtz, V., & Shaver, P. R. (2012). Experimental findings on God as an attachment figure: Normative processes and moderating effects of internal working models. *Journal of Personality and Social Psychology, 103*, 804–818.

Greenberg, R. P. (2016). The rebirth of psychosocial importance in a drug-filled world. *American Psychologist, 71*, 781–791.

Greenman, P. S., & Johnson, S. M. (2012). United we stand: Emotionally focused therapy (EFT) for couples in the treatment of post-traumatic stress disorder. *Journal of Clinical Psychology: In Session, 68*, 561–569.

Greenman, P. S., & Johnson, S. M. (2013). Process research on emotionally focused therapy (EFT) for couples: Linking theory to practice. *Family Process, 52*, 46–61.

Greenman, P. S., Wiebe, S., & Johnson, S. M. (2017). Neurophysiological processes in couple relationships: Emotions, attachment bonds and the brain. In J. Fitzgerald (Ed.), *Foundations for couples therapy: Research for the real world* (pp. 291-301). New York: Routledge.

Gross, J. J. (1998a). Antecedent and response-focused emotion regulation: Divergent consequences for experience, expression and physiology. *Journal of Personality and Social Psychology, 74*, 224-237.

Gross, J. J. (1998b). The emerging field of emotion regulation: An integrative review. *Review of General Psychology, 2*, 271-299.

Gross, J. J., & Profitt, D. (2013). The economy of social resources and its influence on spatial perceptions. *Frontiers in Human Neurosience, 7,* 772.

Gump, B. B., Polk, D. E., Karmarck, T. W., & Shiffman, S. M. (2001). Partner interactions are associated with reduced blood pressure in the natural environment: Ambulatory monitoring evidence from a healthy multiethnic adult sample. *Psychsomatic Medicine, 63,* 423-433.

Hammen, C. (1995). The social context of risk for depression. In K. Craig & K. Dobson (Eds.), *Anxiety and depression in adults and children* (pp. 82-96). Los Angeles: SAGE.

Harari, Y. N. (2017). *Homo deus: A brief history of tomorrow.* New York: Harper.

Hawkley, L. C., & Cacioppo, J. T. (2010). Loneliness matters: A theoretical and empirical review of consequences and mechanisms. *Annals of Behavioral Medicine, 40,* 218-227.

Hawton, K., Catalan, J., & Fagg, J. (1991). Sex therapy for erectile dysfunction: Characteristics of couples, treatment outcome and prognostic factors. *Archives of Sexual Behavior, 21,* 161-175.

Hayes, S. C., Levin, M. E., Plumb-Vilardaga, J., Villstte, J., & Pistorello, J. (2013). Acceptance and commitment therapy: Examining the progress of a distinctive model of behavioral and cognitive therapy. *Behavior Therapy, 44,* 180-198.

Hazan, C., & Zeifman, D. (1994). Sex and the psychological tether. In K. Bartholomew & D. Perlman (Eds.), *Advances in personal relationships: Attachment relationships in adulthood* (Vol. 5, pp. 151-177). London: Jessica Kingsley.

Herman, J. L. (1992). *Trauma and recovery.* New York: Basic Books.

Hesse, E. (2008). The Adult Attachment Interview. In J. Cassidy & P. R. Shaver (Eds.), *Handbook of attachment: Theory, research, and clinical applications* (2nd ed., pp. 552-598). New York: Guilford Press.

Hoffman, K., Cooper, G., & Powell, B. (2017). *Raising a secure child.* New York: Guilford Press.

Hofmann, S. G., Heering, S., Sawyer, A. T., & Asnaani, A. (2009). How to handle anxiety: The effects of reappraisal, acceptance, and suppression strategies on anxious arousal. *Behaviour Research and Therapy, 47,* 389-394.

Holmes, J. (1996). *Attachment, intimacy and autonomy: Using attachment theory in adult psychotherapy.* Northdale, NJ: Jason Aronson.

Holmes, J. (2001). *The search for the secure base: Attachment theory and psychotherapy.* New York: Brunner/Routledge.

Holt-Lunstad, J., Uchino, B. N., Smith, T. W., Olson-Cerny, C., & Nealey-Moore, J. B. (2003). Social relationships and ambulatory blood pressure: Structural and qualitative predictors of cardiovascular function during everyday social interactions. *Health Psychology, 22,* 388–397.

Hooley, J. M. (2007). Expressed emotion and relapse of psychopathology. *Annual Review of Clinical Psychology, 3,* 329–352.

Hooley, J. M., & Teasdale, J. D. (1989). Predictors of relapse in unipolar depressives: Expressed emotion, marital distress and perceived criticism. *Journal of Abnormal Psychology, 98,* 229–235.

Horvath, A. O., & Bedi, R. P. (2002). The alliance. In J. Norcross (Ed.), *Psychotherapy relationships that work* (pp. 37–69). New York: Oxford University Press.

Horvath, A. O., & Symonds, B. D. (1991). Relationship between working alliance and outcome in psychotherapy: A meta-analysis. *Journal of Counselling Psychology, 38,* 139–149.

House, J. S., Landis, K. R., & Umberson, D. (1988). Social relationships and health. *Science, 241,* 540–545.

Hughes, D. (2004). An attachment-based treatment of maltreated children and young people. *Attachment and Human Development, 6,* 263–278.

Hughes, D. (2006). *Building the bonds of attachment* (2nd ed.). New York: Jason Aronson.

Hughes, D. (2007). *Attachment focused family therapy.* New York: Norton.

Huston, T. L., Caughlin, J. P., Houts, R. M., Smith, S., & George, L. J. (2001). The connubial crucible: Newlywed years as predictors of marital delight, distress and divorce. *Journal of Personality and Social Psychology, 80,* 237–252.

Iacoboni, M. (2008). *Mirroring people: The new science of how we connect with others.* New York: Farrar, Straus & Giroux.

Immardino Yeng, M. H. (2016). *Emotions, learning and the brain: Exploring the educational implications of affective neuroscience.* New York: Norton.

Izard, C. E. (1990). Facial expressions and the regulation of emotion. *Journal of Personality and Social Psychology, 58,* 487–498.

Izard, C. E. (1992). Basic emotions, relations among emotions and emotion cognition relations. *Psychological Review, 99,* 561–564.

James, P. (1991). Effects of a communication training component added to an emotionally focused couples therapy. *Journal of Marital and Family Therapy, 17,* 263–276.

Johnson, S. M. (2002). *Emotionally focused couple therapy with trauma survivors: Strengthening attachment bonds.* New York: Guilford Press.

Johnson, S. M. (2003). Emotionally focused couples therapy: Empiricism and art. In T. Sexton, G. Weeks, & M. Robbins (Eds.), *Handbook of family therapy* (pp. 263–280). New York: Brunner-Routledge.

Johnson, S. M. (2004). *The practice of emotionally focused couple therapy: Creating connection* (2nd ed.). New York: Brunner-Routledge.

Johnson, S. M. (2005). Broken bonds: An emotionally focused approach to infidelity. *Journal of Couple and Relationship Therapy, 4,* 17–29.

Johnson, S. M. (2008a). *Hold Me Tight: Seven conversations for a lifetime of love*. New York: Little, Brown.

Johnson, S. M. (2008b). Couple and family therapy: An attachment perspective. In J. Cassidy & P. R. Shaver (Eds.), *Handbook of attachment: Theory, research, and clinical applications* (2nd ed., pp. 811–829). New York: Guilford Press.

Johnson, S. M. (2009). Extravagant emotion: Understanding and transforming love relationships in emotionally focused therapy. In D. Fosha, D. Siegel, & M. Solomon (Eds.), *The healing power of emotion: Affective neuroscience, development and clinical practice* (pp. 257–279). New York: Norton.

Johnson, S. M. (2010). *The Hold Me Tight program: Conversations for connection* (Facilitator's guide). Ottawa, Ontario, Canada: International Centre for Excellence in Emotionally Focused Therapy.

Johnson, S. M. (2011). The attachment perspective on the bonds of love: A prototype for relationship change. In J. Furrow, S. M. Johnson, & B. Bradley (Eds.), *The emotionally focused casebook: New directions in treating couples* (pp. 31–58). New York: Routledge.

Johnson, S. M. (2013). *Love sense: The revolutionary new science of romantic relationships*. New York: Little, Brown.

Johnson, S. M. (2017). An emotionally focused approach to sex therapy. In Z. Peterson (Ed.), *The Wiley handbook of sex therapy* (pp. 250–266). New York: Wiley.

Johnson, S. M., & Best, M. (2003). A systematic approach to restructuring adult attachment: The EFT model of couples therapy. In P. Erdman & T. Caffery (Eds.), *Attachment and family systems: Conceptual, empirical and therapeutic relatedness* (pp. 165–192). New York: Brunner-Routledge.

Johnson, S. M., Bradley, B., Furrow, J., Lee, A., Palmer, G., Tilley, D., et al. (2005). *Becoming an emotionally focused couple therapist: The workbook*. New York: Brunner-Routledge.

Johnson, S. M., Burgess Moser, M., Beckes, L., Smith, A., Dalgleish, T., Halchuk, R., et al. (2013). Soothing the threatened brain: Leveraging contact comfort with emotionally focused therapy. *PLOS ONE, 8*(11), e79514.

Johnson, S. M., & Greenberg, L. S. (1985). The differential effects of experiential and problem solving interventions in resolving marital conflict. *Journal of Consulting and Clinical Psychology, 53*, 175–184.

Johnson, S. M., Lafontaine, M., & Dalgleish, T. (2015). Attachment: A guide to a new era of couple interventions. In J. Simpson & W. S. Rholes (Eds.), *Attachment theory and research: New directions and emerging themes* (pp. 393–421). New York: Guilford Press.

Johnson, S. M., Maddeaux, C., & Blouin, J. (1998). Emotionally focused family therapy for bulimia: Changing attachment patterns. *Psychotherapy, 35*, 238–247.

Johnson, S. M., & Sanderfer, K. (2016). *Created for connection: The "Hold Me Tight" guide for Christian couples*. New York: Little, Brown.

Johnson, S. M., & Sanderfer, K. (2017). *Created for connection: The "Hold Me Tight" program for Christian couples: Facilitator's guide for small groups*. Ottawa, Ontario, Canada: International Centre for Excellence in Emotionally Focused Therapy.

Johnson, S. M., & Talitman, E. (1987). Predictors of success in couple and family therapy. *Journal of Marital and Family Therapy, 23*, 135–152.

Johnson, S. M., & Whiffen, V. (Eds.). (2003). *Attachment processes in couple and family therapy*. New York: Guilford Press.

Johnson, S. M., & Williams-Keeler, L. (1998). Creating healing relationships for couples dealing with trauma: The use of emotionally focused marital therapy. *Journal of Marital and Family Therapy, 24*, 25–40.

Johnson, S. M., & Zuccarini, D. (2010). Integrating sex and attachment in emotionally focused couple therapy. *Journal of Marital and Family Therapy, 36*, 431–445.

Jones, E. E., & Pulos, S. M. (1993). Comparing the process in psychodynamic and cognitive-behavioral therapies. *Journal of Consulting and Clinical Psychology, 16*, 306–316.

Jones, J. D., Cassidy, J., & Shaver, P. R. (2015). Parents self-reported attachment styles: A review of the link with parenting behaviors, emotions and cognitions. *Personality and Social Psychological Review, 19*, 44–76.

Jurist, E. L., & Meehan, K. B. (2009). Attachment, mentalizing and reflective functioning. In J. H. Obcgi & E. Berant (Eds.), *Attachment theory and research in clinical work with adults* (pp. 71–73). New York: Guilford Press.

Kashdan, T. B., Feldman Barrett, L., & McKnight, P. E. (2015). Unpacking emotion differentiaton: Transforming unpleasant experience by perceiving distinctions in negativity. *Current Directions in Psychological Science, 24*, 10–19.

Kazdin, A., & Bass, D. (1989). Power to detect differences between alternative treatments in comparative psychotherapy outcome research. *Journal of Consulting and Clinical Psychology, 57*, 138–147.

Kennedy, N., Johnson, S. M., Wiebe, S., & Tasca, G. (in press). Conversations for connection: An outcome assessment of the Hold Me Tight relationship education program for couples. *Journal of Marital and Family Therapy*.

Kirkpatrick, L. A. (2005). *Attachment, evolution and the psychology of religion*. New York: Guilford Press.

Klein, M. H., Mathieu, P. L., Gendlin, E. T., & Kiesler, D. J. (1969). *The Experiencing Scale: A research and training manual* (Vol. 1). Madison: Wisconsin Psychiatric Institute.

Klerman, G., Weissman, M. M., Rounsaville, B. J., & Chevron, E. S. (1984). *Interpersonal psychotherapy for depression*. New York: Jason Aronson.

Kobak, R. (1999). The emotional dynamics of disruptions in attachment relationships: Implications for theory, research and clinical intervention. In J. Cassidy & P. R. Shaver (Eds.), *Handbook of attachment: Theory, research, and applications* (pp. 21–43). New York: Guilford Press.

Kobak, R. R., Cole, H. E., Ferenz-Gilles, R., Fleming, W., & Gamble, W. (1993). Attachment and emotion regulation during mother–teen problem solving: A control theory analysis. *Child Development, 64*, 231–245.

Krueger, R. F., & Markon, K. E. (2011). A dimensional-spectrum model of psychopathology: Progress and opportunities. *Archives of General Psychiatry, 68*, 10–11.

Landau-North, M., Johnson, S. M., & Dalgleish, T. (2011). Emotionally focused couple therapy and addiction. In J. Furrow, S. M. Johnson, & B. Bradley (Eds.), *The emotionally focused casebook: New directions in treating couples* (pp. 193-218). New York: Routledge.

Leichsenring, F., Rabung, S., & Leibing, E. (2004). The efficacy of short-term psychodynamic psychotherapy in specific psychiatric disorders: A meta-analysis. *Archives of General Psychiatry, 61*, 1208-1216.

Leichsenring, F., & Steinert, C. (2017). Is cognitive behavioral therapy the gold standard for psychotherapy?: The need for plurality in treatment and research. *Journal of the American Medical Association*.

Levy, K. N., Ellison, W. D., Scott, L. N., & Bernecker, S. L. (2011). Attachment style. *Journal of Clinical Psychology: In Session, 67*, 193-203.

Luhrmann, T. M., Nusbaum, H., & Thisted, R. (2012). Lord, teach us to pray: Prayer practice affects cognitive processing. *Journal of Cognition and Culture, 13*, 159-177.

Lutkenhaus, P., Grossman, K. E., & Grossman, K. (1985). Infant mother attachment at twelve months and style of interaction with a stranger at the age of three years. *Child Development, 56*, 1538-1542.

MacIntosh, H. B., Hall, J., & Johnson, S. M. (2007). Forgive and forget: A comparison of emotionally focused and cognitive-behavioral models of forgiveness and intervention in the context of couples infidelity. In P. R. Peluso (Ed.), *Infidelity: A practitioners guide to working with couples in crisis* (pp. 127-147). New York: Routledge.

MacIntosh, H. B., & Johnson, S. M. (2008). Emotionally focused therapy for couples and childhood sexual abuse survivors. *Journal of Marital and Family Therapy, 34*, 298-315.

Magnavita, J., & Anchin, J. (2014). *Unifying psychotherapy: Principles, methods and evidence from clinical science.* New York: Springer.

Main, M., Kaplan, N., & Cassidy, J. (1985). Security, in infancy, childhood and adulthood. A move to the level of representation. In I. Bretherton & E. Waters (Eds.), Growing points in attachment theory and research. *Monographs of the Society for Research in Child Development, 50*(1-2, Serial No. 209), 66-104.

Makinen, J., & Johnson, S. M. (2006). Resolving attachment injuries in couples using EFT: Steps towards forgiveness and reconciliation. *Journal of Consulting and Clinical Psychology, 74*, 1055-1064.

Manos, R. C., Kanter, J. W., & Busch, A. M. (2010). A critical review of assessment strategies to measure the behavioral activation model of depression. *Clinical Psychology Review, 30*, 547-561.

Marcus, D. K., O'Connell, D., Norris, A. L., & Sawaqdeh, A. (2014). Is the Dodo bird endangered in the 21st century?: A meta-analysis of treatment comparison studies. *Clinical Psychology Review, 34*, 519-530.

Marmarosh, C. L., Gelso, C., Markin, R., Majors, R., Mallery, C., & Choi, J. (2009). The real relationship in psychotherapy: Relationships to adult attachments, working alliance, transference and therapy outcome. *Journal of Counselling Psychology, 53*, 337-350.

McBride, C., & Atkinson, L. (2009). Attachment theory and cognitive behavioral therapy. In J. Obegi & E. Berant (Eds.), *Attachment theory and research in clinical work with adults* (pp. 434-458). New York: Guilford Press.

McCoy, K. P., Cummings, E. M., & Davis, P. T. (2009). Constructive and destructive marital conflict, emotional security and childrens' prosocial behavior. *Journal of Child Psychology and Psychiatry, 50,* 270–279.

McEwen, B., & Morrison, J. (2013). Brain on stress: Vulnerability and plasticity of the prefrontal cortex over the life course. *Neuron, 79,* 16–29.

McWilliams, L., & Bailey, S. J. (2010). Associations between adult attachment ratings and health conditions: Evidence from the National Comorbidity Survey Replication. *Health Psychology, 29,* 446–453.

Mennin, D. S., & Farach, F. (2007). Emotion and evolving treatments for adult psychopathology. *Clinical Psychology: Science and Practice, 14,* 329–352.

Merkel, W. T., & Searight, H. R. (1992). Why families are not like swamps, solar systems or thermostats: Some limits of systems theory as applied to family therapy. *Contemporary Family Therapy, 14,* 33–50.

Mikulincer, M. (1995). Attachment style and the mental representation of the self. *Journal of Personality and Social Psychology, 69,* 1203–1215.

Mikulincer, M. (1997) Adult attachment style and information processing: Individual differences in curiosity and cognitive closure. *Journal of Personality and Social Psychology, 69,* 1203–1215.

Mikulincer, M. (1998). Adult attachment style and individual differences in functional versus dysfunctional experiences of anger. *Journal of Personality and Social Psychology, 74,* 513–524.

Mikulincer, M., Birnbaum, G., Woodis, D., & Nachmias, O. (2000). Stress and accessibility of proximity-related thoughts: Exploring normative and intraindividual components of attachment theory. *Journal of Personality and Social Psychology, 78,* 509–523.

Mikulincer, M., Ein-Dor, T., Solomon, Z., & Shaver, P. R. (2011). Trajectory of attachment insecurities over a 17-year period: A latent curve analysis of war captivity and posttraumatic stress disorder. *Journal of Social and Clinical Psychology, 30,* 960–984.

Mikulincer, M., & Florian, V. (2000). Exploring individual differences in reactions to mortality salience: Does attachment style regulate terror management mechanisms? *Journal of Personality and Social Psychology, 79,* 260–273.

Mikulincer, M., Florian, V., & Weller, A. (1993). Attachment styles, coping strategies and posttraumatic psychological stress: The impact of the Gulf War in Israel. *Journal of Personality and Social Psychology, 64,* 817–826.

Mikulincer, M., Gillath, O., Halvey, V., Avihou, N., Avidan, S., & Eshkoli, N. (2001). Attachment theory and reaction to other's needs: Evidence that the activation of the sense of attachment security promotes empathic responses. *Journal of Personality and Social Psychology, 81,* 1205–1224.

Mikulincer, M., & Shaver, P. R. (2016). *Attachment in adulthood: Structure, dynamics, and change* (2nd ed.). New York: Guilford Press.

Mikulincer, M., Shaver, P. R., Gillath, O., & Nitzberg, R. A. (2005). Attachment, caregiving and altruism: Boosting attachment security increases compassion and helping. *Journal of Personality and Social Psychology, 89,* 817–839.

Mikulincer, M., Shaver, P. R., & Horesh, N. (2006). Attachment bases of emotion regulation and posttraumatic adjustment. In D. K. Snyder, J. A. Simpson, & J. N. Hughes (Eds.), *Emotion regulation in families: Pathways to dysfunction and health* (pp. 77–99). Washington, DC: American Psychological Association.

Mikulincer, M., Shaver, P. R., & Pereg, D. (2003). Attachment theory and affect regulation: The dynamics, development and cognitive consequences of attachment strategies. *Motivation and Emotion, 27*, 77–102.

Mikulincer, M., & Sheffi, E. (2000). Adult attachment style and reactions to positive affect: A test of mental categorization and creative problem solving. *Motivation and Emotion, 24*, 149–174.

Minka, S., & Vrshek-Schallhorn, S. (2014). Co-morbidity of unipolar depressive and anxiety disorders. In I. Gotlieb & C. Hammen (Eds.), *Handbook of depression* (3rd ed., pp. 84–102). New York: Guilford Press.

Minuchin, S., & Fishman, H. C. (1981). *Techniques of family therapy*. Cambridge, MA: Harvard University Press.

Mitchell, S. (2000). *Relationality: From attachment to intersubjectivity*. New York: Analytic Press.

Moretti, M. M., & Holland, R. (2003). The journey of adolescence: Transitions in self within the context of attachment relationships. In S. M. Johnson & V. Whiffen (Eds.), *Attachment processes in couple and family therapy* (pp. 234–257). New York: Guilford Press.

Morris, A., Steinberg, L., & Silk, J. (2007). The role of family context in the development of emotion regulation. *Social Development, 16*, 361–388.

Morris, C., Miklowitz, D. J., & Waxmonsky, J. A. (2007). Family-focused treatment for bipolar disorder in adults and youth. *Journal of Clinical Psychology, 63*, 433–445.

Naaman, S. (2008). *Evaluation of the clinical efficacy of emotionally focused couples therapy on psychological adjustment and natural killer cell cytotoxicity in early breast cancer*. Doctoral dissertation, University of Ottawa, Ottawa, Ontario, Canada.

Newman, M. G., Crits-Christoph, L. P., Connelly Gibbons, M. B., & Erikson, T. M. (2006). Participant factors in treating anxiety disorders. In L. G. Castonguay & L. E. Beutler (Eds.), *Principles of therapeutic change that work* (pp. 121–154). New York: Oxford University Press.

Niedenthal, P., Halberstadt, J. B., & Setterlund, M. B. (1999). Emotional response categorization. *Psychological Review, 106*, 337–361.

Nolen-Hoeksema, S., & Watkins, E. R. (2011). A heuristic for developing transdiagnostic models of psychpathology: Explaining multifinality and divergent trajectories. *Perspectives on Psychological Science, 6*, 589–609.

Norwicki, S., & Duke, M. (1994). Individual differences in the non-verbal communication of affect. *Journal of Nonverbal Behavior, 18*, 9–35.

O'Leary, D., Acevedo, B., Aron, A., Huddy, L., & Mashek, D. (2012). Is long-term love more than a rare phenomenon?: If so, what are its correlates? *Social Psychology and Personality Science, 3*, 241–249.

Olendzki, A. (2005). The roots of mindfulness. In C. Germer, R. Siegel, & P. Fulton (Eds.), *Mindfulness and psychotherapy* (pp. 241–261). New York: Guilford Press.

Ortigo, K., Westen, D., DeFife, J., & Bradley, B. (2013). Attachment, social cognition and posttraumatic stress symptoms in a traumatized urban population: Evidence for the mediating role of object relations. *Journal of Traumatic Stress, 26,* 361-368.

Paivio, S. C., & Pascual-Leone, A. (2010). *Emotion-focused therapy for complex trauma.* Washington, DC: American Psychological Association.

Palmer, G., & Efron, D. (2007). Emotionally focused family therapy: Developing the model. *Journal of Systemic Therapies, 26,* 17-24.

Panksepp, J. (1998). *Affective neuroscience: The foundations of human and animal emotions.* New York: Oxford University Press.

Panksepp, J. (2009). Brain emotional systems and qualities of mental life: From animal models of affect to implications for psychotherapeutics. In D. Fosha, D. J. Siegel, & M. Solomon (Eds.), *The healing power of emotion: Affective neuroscience, development and clinical practice* (pp. 1-26). New York: Norton.

Parmigiani, G., Tarsitami, L., De Santis, V., Mistretta, M., Zampetti, G., Roselli, V., et al. (2013). Attachment style and posttraumatic stress disorder after cardiac surgery. *European Psychiatry, 28*(Suppl. 1), 1.

Pasual-Leone, A., & Yeryomenko, N. (2016). The client "experiencing" scale as a predictor of treatment outcomes: A meta-analysis on psychotherapy process. *Journal of Psychotherapy Research, 27,* 653-665.

Peloquin, K., Brassard, A., Delisle, G., & Bedard, M. (2013). Integrating the attachment, caregiving and sexual systems into the understanding of sexual satisfaction. *Canadian Journal of Behavioral Science, 45,* 185-195.

Peloquin, K., Brassard, A., Lafontaine, M., & Shaver, P. R. (2014). Sexuality examined through the lens of attachment theory: Attachment, caregiving and sexual satisfaction. *Journal of Sex Research, 51,* 561-576.

Pennebaker, J. W. (1990). *Opening up: The healing power of confiding in others.* New York: Morrow.

Pietromonaco, P. R., & Collins, N. L. (2017). Interpersonal mechanisms linking close relationships to health. *American Psychologist, 72,* 531-542.

Pinniger, R., Brown, R., Thorsteinsson, E., & McKinley, P. (2012). Argentine tango dance compared to mindfulness meditation and a waiting list control: A randomized trial for treating depression. *Complementary Therapies in Medicine, 20,* 377-384.

Pinsof, W. M., & Wynne, L. C. (2000). The effectiveness and efficacy of marital and family therapy: Introduction to the special issue. *Journal of Marital and Family Therapy, 21,* 341-343.

Porges, S. W. (2011). *The polyvagal theory: Neurophysiological foundations of emotion, attachment, communication and self-regulation.* New York: Norton.

Powell, B., Cooper, G., Hoffman, K., & Marvin, B. (2014). *The circle of security intervention: Enhancing attachment in early parent-child relationships.* New York: Guilford Press.

Rholes, S., & Simpson, J. (2015). Introduction: New directions and emerging themes. In S. Rholes & J. Simpson (Eds.), *Attachment theory and research* (pp. 1-8). New York: Guilford Press.

Rice, L. N. (1974). The evocative function of the therapist. In L. N. Rice & D. A. Wexler (Eds.), *Innovations in client centered therapy* (pp. 289–311). New York: Wiley.

Riggs, D. S., Byrne, C. A., Weathers, F. W., & Litz, B. T. (2005). The quality of the intimate relationships of male Vietnam veterans: Problems associated with posttraumatic stress. *Journal of Traumatic Stress, 11*, 87–101.

Roberts, B. W., & Robins, R. (2000). Board dispositions, broad aspirations: The intersection of personality traits and major life goals. *Journal of Personality and Social Psychology Bulletin, 26*, 1284–1296.

Rogers, C. (1961). *On becoming a person*. Boston: Houghton Mifflin.

Rubino, G., Barker, C., Roth, T., & Fearon, P. (2000). Therapist empathy and depth of interpretation in response to potential alliance ruptures—The role of therapist and patient attachment styles. *Psychotherapy Research, 10*, 408–420.

Salovey, P., Hsee, C., & Mayer, J. D. (1993). Emotional intelligence and the self regulation of affect. In D. Wegner & J. W. Pennebaker (Eds.), *Handbook of mental control* (pp. 258–277). Englewood Cliffs, NJ: Prentice-Hall.

Salovey, P., Mayer, J., Golman, L., Turvey, C., & Palfai, T. (1995). Emotional, attention clarity and repair: Exploring emotional intelligence using the trait meta-mood scale. In J. Pennebaker (Ed.), *Emotion, disclosure and health* (pp. 125–154). Washington, DC: American Psychological Association.

Satir, V. (1967). *Conjoint family therapy*. Palo Alto, CA: Science & Behavior Books.

Sbarra, D. (2006). Predicting the onset of emotional recovery following nonmarital relationship dissolution: Survival analysis of sadness and anger. *Personality and Social Psychology Bulletin, 32*, 298–312.

Scharf, M., Mayseless, O., & Kivenson-Baron, I. (2004). Adolescents attachment representations and developmental tasks in emerging adulthood. *Developmental Psychology, 40*, 430–444.

Schiller, D., Monfils, M., Raio, C., Johnson, D., LeDoux, J., & Phelps, E. (2010). Preventing the return of fear in humans using reconsolidation update mechanisms. *Nature, 463*, 49–53.

Schmidt, N. B., Keough, M. E., Timpano, K., & Richey, J. (2008). Anxiety sensitivity profile: Predictive and incremental validity. *Journal of Anxiety Disorders, 22*, 1180–1189.

Schnall, S., Harber, K., Stefanucci, J., & Proffitt, D. (2008). Social support and the perception of geographical slant. *Journal of Experimental Social Psychology, 44*, 1246–1255.

Scott, R. L., & Cordova, J. V. (2002). The influence of adult attachment styles on the association between marital adjustment and depressive symptoms. *Journal of Marriage and the Family, 62*, 1247–1268.

Selchuk, E., Zayas, V., Gunaydin, G., Hazan, C., & Kross, E. (2012). Mental representations of attachment figures facilitate recovery following upsetting autobiographical memory recall. *Journal of Personality and Social Psychology, 103*, 362–378.

Senchak, M., & Leonard, K. E. (1992). Attachment styles and marital adjustment among newlywed couples. *Journal of Social and Personal Relationships, 9*, 51–64.

Sexton, T., Gordon, K., Gurman, A., Lebow, J., Holtzworth-Munroe, A., & Johnson, S. M. (2011). Guidelines for classifying evidence-based treatments in couple and family therapy. *Family Process, 50*, 377–392.

Sharar, B., Carlin, E., Engle, D., Hegde, J., Szepsenwol, A., & Arkowitz, H. (2011). A pilot investigation of emotion focused two chair dialogue intervention for self-criticism. *Clinical Psychology and Psychotherapy, 19*, 496–507.

Shaver, P. R., & Clarke, C. L. (1994). The psychodynamics of adult romantic attachment. In J. Masling & R. Bornstein (Eds.), *Empirical perspectives on object relations theory* (pp. 105–156). Washington, DC: American Psychological Association.

Shaver, P. R., Collins, N., & Clarke, C. L. (1996). Attachment styles and internal working models of self and relationship partners. In G. O. Fletcher & J. Fitness (Eds.), *Knowledge structures in close relationships: A social psychological approach* (pp. 25–61). Mahwah, NJ: Erlbaum.

Shaver, P. R., & Hazan, C. (1993). Adult romantic attachment: Theory and evidence. In D. Perlman & W. Jones (Eds.), *Advances in personal relationships* (Vol. 4, pp. 29–70). London: Jessica Kingsley.

Shaver, P. R., & Mikulincer, M. (2002). Attachment-related psychodynamics. *Attachment and Human Development, 4*, 133–161.

Shaver, P. R., & Mikulincer, M. (2007). Attachment and emotional regulation. In J. J. Gross (Ed.), *Handbook of emotion regulation* (pp. 446–465). New York: Guilford Press.

Shedler, J. (2010). The efficacy of psychodynamic psychotherapy. *American Psychologist, 65*, 98–109.

Siegel, D. (2013). *Brainstorm: The power and purpose of the teenage brain*. New York: Tarcher/Penguin.

Simpson, J. A., Collins, A., Tran, S., & Haydon, K. (2007). Attachment and the experience and expression of emotions in romantic relationships: A developmental perspective. *Journal of Personality and Social Psychology, 92*, 355–367.

Simpson, J. A., & Overall, N. (2014). Partner buffering of attachment insecurity. *Current Directions in Psychological Science, 23*, 54–59.

Simpson, J. A., Rholes, W. S., & Nelligan, J. S. (1992). Support seeking and support giving within couples in an anxiety provoking situation: The role of attachment styles. *Journal of Personality and Social Psychology, 62*, 434–446.

Simpson, J. A., Rholes, W. S., & Phillips, D. (1996). Conflict in close relationships: An attachment perspective. *Journal of Personality and Social Psychology, 71*, 899–914.

Slade, A. (2008). The implications of attachment theory and research for adult psychotherapy. In J. Cassidy & P. R. Shaver (Eds.), *Handbook of attachment: Theory, research, and clinical applications* (2nd ed., pp. 762–782). New York: Guilford Press.

Slotter, E. B., Gardner, W. C., & Finkel, E. J. (2010). Who am I without you?: The influence of romantic breakup on the self-concept. *Personality and Social Psychology Bulletin, 36*, 147–160.

Spanier, G. (1976). Measuring dyadic adjustment. *Journal of Marriage and Family, 13*, 113–126.

Sroufe, L. A., Egeland, B., Carlson, E. A., & Collins, A. (2005). *The development of the person: The Minnesota Study of Risk and Adaptation from Birth to Adulthood*. New York: Guilford Press.

Stegge, H., & Meerum Terwogt, M. (2007). Awareness and regulation of emotion in typical and atypical development. In J. J. Gross (Ed.), *Handbook of emotion regulation* (pp. 269–286). New York: Guilford Press.

Steill, K., & Hailey, G. (2011). Emotionally focused therapy for couples living with aphasia. In J. Furrow, S. M. Johnson, & B. Bradley (Eds.), *The emotionally focused casebook: New directions in treating couples* (pp. 113–140). New York: Routledge.

Stern, D. N. (2004). *The present moment in psychotherapy and everyday life.* New York: Norton.

Stiles, W. B., Agnew-Davies, R., Hardy, G. E., Barkham, M., & Shapiro, D. A. (1998). Relations of the alliance with psychotherapy outcome: Findings in the Second Sheffield Psychotherapy Project. *Journal of Consulting and Clinical Psychology, 66,* 791–802.

Suchy, Y. (2011). *Clinical neuropsychology of emotion.* New York: Guilford Press.

Sullivan, H. S. (1953). *Conceptions of modern psychiatry.* New York: Norton.

Sullivan, K. T., Pasch, L. A., Johnson, M. D., & Bradbury, T. N. (2010). Social supoport, problem-solving, and the longitudinal course of newlywed marriage. *Journal of Personality and Social Psychology, 98,* 631–644.

Szalavitz, M. (2017). Dopamine: The currency of desire. *Scientific American Mind, 28,* 48–53.

Tang, T. Z., & DeRubeis, R. J. (1999). Sudden gains and critical sessions in cognitive behavioral therapy for depression. *Journal of Consulting and Clinical Psychology, 67,* 894–904.

Tolin, D. F. (2014). Beating a dead dodo bird: Looking for signal vs nose in cognitive behavioral therapy for anxiety disorders. *Clinical Psychology: Practice and Science, 21,* 351–362.

Tomkins, S. (1986). *Affect, imagery and consciousness.* New York: Springer.

Tottenham, N. (2014). The importance of early experiences for neuro-affective development. *Current Topics in Behavioral Neuroscience, 16,* 109–129.

Tronick, E. (1989). Emotions and emotional communication in infants. *American Psychologist, 44,* 112–119.

Tronick, E. (2007). *The neurobehavioral and social–emotional development of infants and children.* New York: Norton.

Tulloch, H., Greenman, P., Demidenko, N., & Johnson, S. M. (2017). *Healing Hearts Together Relationship Education Program: Facilitators guide for small groups.* Ottawa, Ontario, Canada: International Centre for Excellence in Emotionally Focused Therapy.

Tulloch, H., Johnson, S. M., Greenman, P., Demidenko, N., & Clyde, M. (2016). *Healing Hearts Together: A pilot intervention program for cardiac patients and their partners.* Presentation at the Canadian Association of Cardiac Prevention and Rehabilitation National Conference, Montreal, Quebec, Canada.

Uchino, B. N., Smith, T. W., & Berg, C. A. (2014). Spousal relationship quality and cardiovascular risk: Dyadic perceptions of relationship ambivalence are associated with coronary-artery calcification. *Psychological Science, 25,* 1037–1042.

van der Kolk, B. (2014). *The body keeps the score: Brain, mind and body in the healing of trauma.* New York: Penguin Books.

Wade, T. D., & Kendler, K. S. (2000). The relationship between social support and major depression: Cross-sectional, longitudinal and genetic perspectives. *Journal of Nervous and Mental Disease, 188,* 251–258.

Wallin, D. J. (2007). *Attachment in psychotherapy.* New York: Guilford Press.

Wampold, B. (2006). What should be validated: The psychotherapist. In J. C. Norcross, L. E. Beutler, & R. E. Levant (Eds.), *Evidence-based practices in mental health: Debate and dialogue* (pp. 200–208). Washington, DC: American Psychological Association.

Warren, S., Huston, L., Egeland, B., & Sroufe, L. A. (1997). Childhood anxiety disorders and attachment. *Journal of the American Academy of Child and Adolescent Psychiatry, 36,* 637–644.

Watson, J. C., & Bedard, D. L. (2006). Client's emotional processing in psychotherapy: A comparison between cognitive behavioral and process–experiential therapies. *Journal of Consulting and Clinical Psychology, 74,* 152–159.

Weissman, M. M., Markowitz, J. C., & Klerman, G. L. (2007). *Clinican's quick guide to interpersonal psychotherapy.* New York: Oxford University Press.

Whisman, M. A., & Baucom, D. H. (2012). Intimate relationships and psychopathology. *Clinical Child and Family Psychology Review, 15,* 4–13.

Wiebe, S. A., Elliott, C., Johnson, S. M., Burgess Moser, M., Dalgleish, T. L., Lafontaine, M., & Tasca, G. A. (2018). Attachment change in emotionally focused couple therapy and sexual satisfaction outcomes in a two-year follow-up study. *Journal of Couple and Relationship Therapy, 18,* 1-21.

Wiebe, S. A., Johnson, S. M., Lafontaine, M. F., Burgess Moser, M., Dalgleish, T., & Tasca, G. A. (2016). Two-year follow-up outcomes in emotionally focused couple therapy: An investigation of relationship satisfaction and attachment trajectories. *Journal of Marital and Family Therapy, 43,* 227–244.

Wilson, E. O. (1998). *Consilience: The unity of knowledge.* New York: Vintage Books.

Winnicott, D. W. (1965). *The maturational process and the facilitating environment.* London: Hogarth Press.

Woody, S., & Ollendick, T. (2006). Technique factors in treating anxiety disorders. In L. Castonguay & L. Beutler (Eds.), *Principles of therapeutic change that work* (pp. 167–186). New York: Oxford University Press.

Yalom, I. (1980). *Existential psychotherapy.* New York: Basic Books.

Yalom, I. (1989). *Love's executioner.* New York: Basic Books.

Yalom, I. D. (2000). *The gift of therapy.* New York: Harper Perennial.

Young, M., Riggs, S., & Kaminski, P. (2017). Role of marital adjustment in associations between romantic attachment and coparenting. *Family Relations, 66,* 331–345.

Zajonc, R. B. (1980). Feeling and thinking: Preferences need no inferences. *American Psychologist, 35,* 151–175.

Zemp, M., Bodenmann, G., & Cummings, E. M. (2016). The significance of interparental conflict for children. *European Psychologist, 21,* 99–108.

Zuccarini, D., Johnson, S. M., Dalgleish, T., & Makinen, J. (2013). Forgiveness and reconciliation in emotionally focused therapy for couples: The client change process and therapy interventions. *Journal of Marital and Family Therapy, 39,* 148–162.

Zuroff, D. C., & Blatt, S. J. (2006). The therapeutic relationship in the brief treatment of depression: Contributions to clinical improvement and enhanced adaptive capacities. *Journal of Consulting and Clinical Psychology, 74,* 130–140.

Índice

Observação. A letra *f* após um número de página indica uma figura.

A

A.R.E. *Ver* Acessibilidade; Engajamento; Responsividade
Abertura, 10-11, 13-14, 202-203
Abordagens experienciais
   emoções e, 236-238
   emoções e mudança em, 49-53
   formulação de casos e, 87-88
   liberdade empírica, 13-14
   pesquisa empírica, 64
   processo de mudança e, 54-57
   terapia familiar focada nas emoções (EFFT) e, 208-211
   visão geral, 46, 72-78
Abuso de substâncias, 12, 82-83, 133
Abuso na infância, 12-14, 185-186
Aceitação, 36-37, 83-84, 192-193
Acessibilidade, 8-9, 71-72, 156-157, 166-167, 195-196
Acrônimo RISSSC (Repetir, Imagens, palavras Simples, ritmo lento [*Slow*], voz Suave, palavras do Cliente), 76-78
Adaptação, 28, 36-37, 65
Agressão, 145, 155-156, 185-186
Alegria, 62-63
Aliança de trabalho, 58. *Ver também* Aliança terapêutica
Aliança parental, 197-200
Aliança terapêutica
   aprofundar e organizar as emoções e, 65-67
   envolvimento emocional na terapia e, 58
   estágio de estabilização e, 93-94
   exemplo de, 109-113
   formulação de casos e, 86-87
   processo de mudança e, 35
   psicoterapia do processo experiencial/focada nas emoções (PE/TFE) e, 257-258
   refletir o momento presente e, 61-62
   Tango da EFT e, 71-72
   terapia de casal e, 138-143, 185-186
   terapia familiar focada nas emoções (EFFT) e, 197-198
   terapia focada nas emoções (EFT) e, 29-31
   tom e, 76-78
   visão geral, 2-3, 248-251
Altruísmo, 10-11, 22
Ambiente de contenção, 27, 45-46
Ambiguidade, tolerância, 10-11, 53-54, 148
Ambivalência
   estágio de estabilização e, 90-91
   formulação de casos e, 88-89
   perspectiva do apego para depressão e ansiedade e, 83-84
   terapia de casal e, 140-141, 145
   visão geral, 9-10
Ameaças, 42-43, 83-84, 136-137
Amor, 9-11, 16-18, 164, 167. *Ver também* Relacionamentos românticos
Análise Estrutural do Comportamento Social (SASB), 56-58
Ansiedade. *Ver também* Medo
   estágio de estabilização e, 90-92

fatores e princípios na terapia e, 249-250
impacto da conexão na saúde mental e, 12
objetivos da terapia e, 252-254
perda de conexão e, 17-18
regulação do afeto e, 53-54
regulação emocional e, 51-53
sexualidade e, 162
teoria do apego e, 6-7, 81-86, 105-106
terapia de casal, 133, 136-137, 150-151
Apego
  aspecto intensamente vivencial dos eventos de mudança e, 42-43
  ciência do, 231-239
  comparando EFIT com PE/TFE e, 258-259
  consequências do, 146-147
  depressão e ansiedade e, 81-86
  emoções e, 236-238
  equívocos sobre, 14-20
  exercício de jogo em casa relativo a, 104-106
  feridas do, 156-157
  funcionamento familiar e, 188
  intervenção e, 77-78
  medição, 241-247
  na terapia individual, 80-82, 105-106
  papel na regulação do afeto, 52-55
  processo de mudança e, 35-37
  profissionais e, 234-236
  psicoterapia e, 22-24
  relacionamentos e, 237-239
  terapia de casal e, 135-139, 141-142, 183-184
  terapia familiar focada nas emoções (EFFT) e, 212-213
  terapia focada nas emoções (EFT) e, 30-32
  visão geral, 8-9, 18-20, 79-81
Apego ansioso
  abordagem da EFT para terapia de casal, 133
  impacto da conexão na saúde mental e, 12
  mudança de orientação do apego e, 16-17
  psicoterapia e, 24
  regulação do afeto e, 53-54
  saúde física e, 161
  sexualidade e, 162
  terapia familiar focada nas emoções (EFFT) e, 198-199, 201-203
  terapia focada nas emoções (EFT) e, 30-32
Apego evitativo
  fatores e princípios na terapia e, 249-250
  impacto da conexão na saúde mental e, 12
  perspectiva do apego para depressão e ansiedade e, 82-83
  psicoterapia e, 24
  regulação do afeto e, 53-54
  terapia familiar focada nas emoções (EFFT) e, 198-199, 201-203
  terapia focada nas emoções (EFT) e, 31-32
Apego evitativo temeroso, 9-10, 12
Apego inseguro
  base de pesquisa e, 20-22
  impacto da conexão na saúde mental e, 12
  medição, 241-247
  modelos secundários inseguros e, 8-10
  mudando a orientação do apego e, 16-17
  psicoterapia e, 24
  terapia de casal e, 142-143
  terapia familiar focada nas emoções (EFFT) e, 198-199, 201-203
  transtorno de estresse pós-traumático (TEPT) e, 12-14
  visão geral, 8-9, 24-25
Apego seguro
  base de pesquisa e, 20-22
  emoções e, 38-39
  medição, 241-247
  psicoterapia e, 23-24
  regulação do afeto e, 52-54
  relacionamentos entre casais do mesmo sexo e, 164
  terapia familiar focada nas emoções (EFFT) e, 196-198, 201-203
  visão geral, 8-11, 24-25
Apoio social, 36-38, 249-250
Aprofundamento. *Ver também* Intervenção para aprofundar e organizar os afetos
  aprofundar e organizar as emoções e, 65-67, 78
  estágio de reestruturação e, 93-95
  exemplo de, 171-172, 174, 176, 226
  terapia de casal e, 149-150, 152-155
  terapia familiar e, 191-192
  terapia familiar focada nas emoções (EFFT) e, 206
  visão geral, 73-74
Assumindo riscos, 150-151, 167, 201-202
Atuação, 88-89, 98
Autoconhecimento, 236-238
Autocrítica, 82-83
Autoestima, 10-11, 162

Autorreforço, 98-100
Autorregulação, 42-45
Autorrevelação, 10-11, 179-181
Avaliação
   formulação de casos e, 86-87
   medição do apego e, 241-247
   processo de mudança e, 35
   terapia de casal e, 138-141
   terapia familiar focada nas emoções
      (EFFT) e, 194-200, 203-204
   visão geral, 22-23
Avaliações, 35-37, 236-237, 252-254

B

Base de pesquisa, 19-22, 132-134, 203-204, 231-239
Base segura
   estágio de estabilização e, 90-91
   impacto da conexão na saúde mental e, 10-12
   intervenção e, 78
   postura do terapeuta no Tango da EFT e, 71-73
   terapia como, 27
   terapia de casal e, 184-185
   terapia familiar focada nas emoções (EFFT) e, 212-213
   terapia focada nas emoções (EFT) e, 29-31
   visão geral, 8-9, 15-16
Bem-estar, 6-7, 10-14
Busca de proximidade, 6-7, 9-11

C

Calma, 183-185
Causalidade, 30-32, 188-190, 233-234
Ciclo ataque–ataque, 145
Ciclo congelar e fugir, 145, 167
Ciclo criticar–esquivar, 145, 167
Ciclo de caos e ambivalência, 145, 167
Ciclo de *feedback*, 146
Coaching, 228, 234-235, 258-260
Comorbidade, 84-86, 248-249
Comunicação, 38-39, 76-78, 157-158
Conexão. *Ver também* Conexão segura;
   Sensação corporal de conexão
      aspecto intensamente vivencial dos eventos de mudança e, 41-45
      dependência e, 14-15
      exemplo de, 223
      impacto na saúde mental, 10-14
      modelos secundários inseguros e, 9-10

problema e solução nos relacionamentos e, 135-139
   processo de mudança e, 36-37
   terapia de casal e, 140-143, 158-159, 183-184
   terapia familiar focada nas emoções (EFFT) e, 195-199
   terapia focada nas emoções (EFT) e, 28
   vínculos entre adultos e, 17-18
   vínculos íntimos e, 80-82
   visão geral, 6-9, 24-25, 79-81, 234-236
Conexão segura, 8-16, 212-213. *Ver também* Conexão
Confiança, 10-11, 15-16, 98, 183-185
Confidencialidade, 139-141
Conflito, 9-10, 88-89
Conjectura, 217-218, 220-221
Construção de significado
   aprofundar e organizar as emoções e, 63-65
   emoções e, 38-39
   formulação de casos e, 88-89
   regulação do afeto e, 53-54
   terapia de casal e, 184-185
Conversa sobre perdão, 156-157
Coreografando encontros envolventes.
   Ver também Encontros
      exemplo de, 110-111, 115-117, 119-120, 121-126, 172-173, 175-178, 219, 222, 226-227
      Tango da EFT e, 60, 60f, 66-69, 78
      terapia de casal e, 148-150, 153-157
      terapia familiar focada nas emoções (EFFT) e, 206-207
Coreografia direta de interações e respostas, 75-78
Corregulação, 42-46
Criatividade, 13-14, 70-72
Cuidados, 9-11, 162-164, 200-202
Culpa, 56-58, 145, 154-156
Curiosidade, 10-11, 71-72, 86-88, 192-193

D

Dependência, 9-11, 14-16
Dependência construtiva, 26-27, 152-153, 167, 233-234
Depressão
   abordagem da EFT à terapia de casal, 133
   estágio de estabilização e, 90-92
   impacto da conexão na saúde mental e, 12
   perda de conexão e, 17-18
   perspectiva do apego na, 81-86, 105-106

psicoterapia do processo experiencial/
focada nas emoções (PE/TFE) e,
257-258
regulação emocional e, 51-53
terapia de casal e, 136-137
terapia familiar focada nas emoções
(EFFT) e, 209-211
visão geral, 238-239
Desamparo, 82-83, 96
Desconexão. *Ver também* Conexão
exemplo de, 204-205, 223
problema e solução nos relacionamentos
e, 135-139
terapia de casal e, 142-143, 166-167
Descrição da dança demoníaca, 145-147, 167
Desejos, 40-42
Desenvolvimento da personalidade, 4-5,
79-81, 232-234
Desescalada, 35, 89-90, 144-153, 171-172,
218-219. *Ver também* Estágio de
estabilização
Desorganização, 9-10, 82-83
Destilando emoções, 154-156, 191-192
Deus, relacionamento com ou senso de, 22,
160
Diagnóstico
formulação de casos e, 85-88
modelos terapêuticos e, 4-5
terapia de casal e, 151-153
visão geral, 2
Dilema existencial, 180-181, 185-186
Dispensando o apego evitativo, 12
Dor, 40-42, 136-137, 161
Dor crônica, 40-42, 136-137, 161

E

Eficácia, 93-94, 96, 149-150
Elementos PACE (ludicidade [*playfulness*],
aceitação, curiosidade e empatia), 192-193
Emoções
apego e, 83-85, 232-238
aprofundar e organizar as emoções e,
62-67
equilíbrio e, 8-11, 77-78, 183-184,
233-234
estágio de estabilização e, 91-93
estágio de reestruturação e, 93-96
intervenção e, 77-78
mudança dos níveis emocionais e,
40-42
mudança terapêutica e, 49-53
natureza das, 37-40

resposta e, 38-40
segurança e, 29-31, 138-140. *Ver também*
Segurança
terapia de casal e, 136-137, 154-155
terapia experiencial e, 49-53
terapia familiar e, 190-192
terapia familiar focada nas emoções
(EFFT) e, 194-197
visão geral, 46
vulnerabilidade e, 40-42
Emoções centrais mais suaves, 154-156
Empatia
base de pesquisa e, 22
do terapeuta, 58-59
impacto da conexão na saúde mental e,
10-11
psicoterapia do processo experiencial/
focada nas emoções (PE/TFE) e,
257-258
terapia de casal e, 160, 162
terapia familiar e, 192-193
Enactments, 152-153, 156-157, 191-192, 219
Encontros. *Ver também* Coreografando
encontros envolventes; Processando o
encontro
com emoções e representações, 93-97
com os outros, 92-96
exemplo de, 119-120
Tango da EFT e, 60, 60*f*, 66-69, 102-104
terapia de casal e, 148-150, 152-153
terapia familiar focada nas emoções
(EFFT) e, 206-207
Encontros imaginários, 115-117, 121-126
Entorpecimento
aprofundar e organizar as emoções e,
62-63, 65-67
formulação de casos e, 87-88
regulação do afeto e, 53-54
terapia de casal e, 183-186
terapia familiar focada nas emoções
(EFFT) e, 202-203
Entrevista de Apego Adulto (Adult Attachment
Interview – AAI), 23
Envolvimento. *Ver também* Envolvimento do
cliente
com experiências, 69-71
com os outros, 28
do terapeuta, 71-72
em experiências interiores, 73-75
estágio de estabilização e, 91-93
estágio de reestruturação e, 96-97
terapia de casal e, 154-155, 166-167

terapia familiar focada nas emoções
(EFFT) e, 195-196, 198-200, 202-203
visão geral, 27
Envolvimento do cliente
envolvimento emocional na terapia e,
56-59
estágios de intervenção e, 89-91
formulação de casos e, 87-89
Tango da EFT e, 71-73, 102-104
visão geral, 2-3
Envolvimento emocional, 8-9, 56-59, 181-182
Equilíbrio, 52-54, 197-199
apego e, 233-234
emoções e, 38-39
estágio de estabilização e, 92-93
integrar e validar e, 69-71
regulação do afeto e, 52-54
terapia focada nas emoções (EFT) e,
29-30
visão geral, 77-78
Escala de Ajustamento Diádico (EAD), 86-87,
138-139
Escala de Ansiedade de Beck, 86, 129-130,
138-139
Escala de Depressão de Beck, 86-87, 129-130,
138-139
Escala de Experiência (EXP), 54-55
Escala Revisada de Experiências em
Relacionamentos íntimos (Experiences
in Close Relationships Scale – Revised –
ECR-R), 22-23, 243-247
Escalada, 158-160, 218-219. *Ver também*
Desescalada
Escolhas, 8-10, 13-14, 38-39, 88-89, 99-105
Espelhamento. *Ver também* Reflexo
exemplo de, 110-111, 117-118, 171-172,
174, 178-179, 217-218, 225
Tango da EFT e, 60, 60f, 61-62, 78,
99-102
terapia de casal e, 145-147, 167
terapia familiar focada nas emoções
(EFFT) e, 199-200, 206
Estágio de consolidação
exemplo de, 127-130
integrar e validar e, 70-71
processo de mudança e, 35
terapia de casal e, 157-160, 167
terapia familiar focada nas emoções
(EFFT) e, 202-203
visão geral, 46, 89-90, 98-100, 106
Estágio de estabilização. *Ver também*
Desescalada

aprofundar e organizar as emoções e,
66-67
conversas do tipo Hold Me Tight® e,
137-138
exemplo de, 110-117
integrar e validar e, 70-71
processar o encontro e, 68-69
processo de mudança e, 35
refletir o momento presente e, 61-62
terapia de casal e, 144-153, 157-158,
167
terapia familiar focada nas emoções
(EFFT) e, 199-201
visão geral, 46, 89-94, 106
Estágio de reestruturação
conversas do tipo Hold Me Tight® e,
137-139
coreografando encontros envolventes e,
67-69
exemplo de, 117-128
processando o encontro e, 69
terapia de casal e, 149-150, 152-157, 167
terapia familiar focada nas emoções
(EFFT) e, 200-203
visão geral, 89-90, 93-98, 106
Estágios de intervenção, 89-106. *Ver também*
Estágio de consolidação; Estágio de
estabilização; Estágio de reestruturação
Estímulo, 38, 41-45, 50, 89, 91
Estratégias defensivas, 9-10, 185-186,
201-202
Estudo Adverse Childhood Experiences (ACE),
198-200
Evitação, 39-40, 83-84, 185-186, 252-254
Evocando emoções, 91-93, 98-100, 191-192
Exercício de jogo em casa, 104-106, 165-167
Expansão da emoção, 91-93
Expectativas, 35-36
Experiência emocional
apego e, 232-234
aprofundar e organizar as emoções e,
62-67
estágio de reestruturação e, 96-97
intervenção e, 77-78
processo de mudança e, 35
visão geral, 46
Experiências interpessoais. *Ver também*
Funcionamento do relacionamento
aspecto intensamente vivencial dos
eventos de mudança e, 41-45
coreografar encontros envolventes e,
66-69

dramas interpessoais, 74-75, 94-96
funcionamento interpessoal e, 4-5, 252-254
integrar e validar e, 69-71
modelos internos de funcionamento e, 16-17
perspectiva do apego para depressão e ansiedade e, 82-84
terapia de casal e, 151-153
Exploração
    do terapeuta, 58-59
    estágio de estabilização e, 91-93
    estágio de reestruturação e, 93-95
    postura do terapeuta no Tango da EFT e, 71-72
    terapia de casal e, 157-158

F

Family Assessment Device (FAD), 194-196
Fatores culturais, 87-88, 133, 248-249
Fatores de risco, 82-86
Fatores de risco proximais, 82-83
Fatores do cliente, 248-250
Flexibilidade, 157-158, 233-234
Formulação de casos, 85-90, 138-139, 139-141
Funcionamento cerebral, 84-86, 235-236
Funcionamento cognitivo, 4-5
Funcionamento comportamental, 4-5, 151-153
Funcionamento do relacionamento.
    Ver também Terapia de casal
    estresse relacional, 83-84
    impacto da conexão na saúde mental e, 10-11
    modelos terapêuticos e, 4-5
    objetivos da terapia e, 252-254
    problema e solução nos relacionamentos e, 135-139
    teoria do apego e, 6-7
    terapia e, 27
    transtorno de estresse pós-traumático (TEPT) e, 13-14
    visão geral, 237-239, 249-250
Funcionamento emocional, 4-7, 28-30, 40-42.
    Ver também Regulação da emoção
Funcionamento familiar, 188, 252-254

G

Gatilhos
    aprofundar e organizar as emoções e, 63-65

estágio de reestruturação e, 93-95
repetição e, 77-78
terapia de casal e, 140-141, 154-155
Granularidade, 51-52, 65

H

Hold Me Tight®, 134, 137-139, 152-157, 167
Hold Me Tight®: programa Conversations for Connection, 160, 167, 211-212

I

Imprevisibilidade, 84-86
Improvisação, 70-72
Incerteza, intolerância para, 83-84, 136-137
Incontrolabilidade, 84-86
Índice de Satisfação Conjugal (ISC), 86-87
Indivíduos ansiosos, 10-11, 13-15, 201-203
Indivíduos evitativos
    alterando a perspectiva do apego e, 16-17
    base de pesquisa e, 22
    dependência e, 14-15
    impacto da conexão na saúde mental e, 10-11
    sexo e amor e, 9-11, 17-18
    sexualidade e, 162-164
    terapia de casal e, 184-185
    terapia familiar focada nas emoções (EFFT) e, 201-203
    transtorno de estresse pós-traumático (TEPT) e, 13-14
    visão geral, 9-10
Indivíduos seguros, 17-18, 162-164
Infância, abuso, 12-13, 185-186
Insegurança, 161-164, 185-186
Integração
    aprofundar e organizar as emoções e, 65
    estágio de estabilização e, 93-94
    exemplo de, 111-112, 119-122, 127-128, 175, 178-179, 181-182, 222
    intervenções e, 74-77
    senso integrado do *self*, 8-9
    Tango da EFT e, 60f, 61, 69-72, 78, 103-105
    terapia de casal e, 148-150, 155-156, 183-185
    terapia familiar focada nas emoções (EFFT) e, 207
Interações
    coreografia direta de interações e intervenções de respostas e, 75-77, 78
    processando o encontro e, 68-69
    sexualidade e, 163-164

terapia de casal e, 145-151, 158-159
terapia familiar focada nas emoções
  (EFFT) e, 193-194, 200-201
visão geral, 8-10
Interpretação, 74-75, 176, 217-218, 220-221
Intervenção. *Ver também* Psicoterapia
  abordagens experienciais, 72-78
  apego e, 233-235
  emoções e, 235-237
  estágios de, 89-100
  fatores e princípios na terapia e, 248-254
  rotas para, 2-6
  Tango da EFT e, 99-105
  técnicas e, 250-253
  tom e, 76-78
  visão geral, 24-25, 47-49, 77-78
Intervenção "fatiar mais fino", 150-153
Intervenção "interceptar a bala", 150-153
Intervenção com mudança de canais,
  150-153
Intervenção para aprofundar e organizar os
  afetos. *Ver também* Aprofundamento
  exemplo de, 110-114, 117-119, 171-172,
    174, 176, 218-220, 226
  processo de mudança experiencial e,
    55-57
  Tango da EFT e, 60, 60f, 62-67, 78,
    101-103
  terapia de casal e, 147-150, 153-155
  terapia familiar focada nas emoções
    (EFFT) e, 199-200, 206
Intervenções de saúde física, 160-161, 167.
  Ver também Saúde
Intervenções farmacológicas, 235-236,
  238-239
Intervenções orientadas individualmente,
  72-75
Intimidade, 162-164
Isolamento, 136-138, 161, 209-211

M

Mantra "suave, lento, simples", 76-78
Manutenção, 90-92, 140-141
McMaster Family Assessment Device (FAD).
  Ver Family Assessment Device (FAD)
Medidas de apego, 22-23, 241-247.
  Ver também Avaliação
Medo. *Ver também* Ansiedade
  aprofundar e organizar as emoções e,
    62-63
  aspecto intensamente vivencial dos
    eventos de mudança e, 41-42

mudança dos níveis emocionais e, 40-42
objetivos da terapia e, 252-254
perspectiva do apego para depressão e
  ansiedade e, 82-84
teoria do apego e, 6-7
visão geral, 39-40
Medo de abandono, 135-137, 150-152
Medo de rejeição, 135-137
Modelos do *self* e dos outros, 88-89, 184-185
Modelos existenciais de terapia, 40-42
Modelos humanistas, 13-14, 28, 35
Modelos inconscientes. *Ver* Modelos
Modelos internos de funcionamento.
  Ver também Modelos
  emoções e, 38-39
  mudança e, 27
  terapia de casal e, 184-185
  terapia focada nas emoções (EFT) e, 30-34
  visão geral, 16
Modelos, 15-17, 32-34, 184-185. *Ver também*
  Modelos internos de funcionamento
Mudança
  abordagem EFT para terapia de casal, 134
  comemorando, 157-158
  emoções e, 49-53
  envolvimento emocional na terapia e,
    56-59
  eventos de, 36-37, 41-45
  intervenção e, 77-78
  modelos e, 16-17
  mudança dos níveis emocionais e, 40-42
  natureza colaborativa da, 59
  objetivos da terapia e, 252-254
  psicoterapia e, 22-24
  Tango da EFT e, 70-73
  terapia experiencial e, 49-53
  terapia familiar focada nas emoções
    (EFFT) e, 203-208
  terapia focada nas emoções (EFT) e,
    54-57
  visão geral, 2-3, 26-27, 35-38, 46

N

Necessidades. *Ver também* Necessidades de
  apego
  processo de mudança e, 36-38
  terapia de casal e, 135-137, 162, 166-167
  terapia familiar focada nas emoções
    (EFFT) e, 194-195, 202-203
  terapia focada nas emoções (EFT) e, 31-32
Necessidades de apego, 8-9, 194-195, 203.
  Ver também Necessidades

Normalização, 102-104, 146-147, 179-181, 220-221

O

Objetivos, 90-91, 140-141, 193-194, 252-254
Orientação à descoberta, 92-93

P

Padrões, 18-20, 91-92, 195-197, 220
Parentalidade, 192-194, 200-203, 228-229
PE/TFE. *Ver* Psicoterapia do processo experiencial/focada nas emoções (PE/TFE)
Pensamentos disfuncionais, 35, 236-237
Percepção, 52-53, 63-65, 84-85
Perda, 41-42, 82-83
Perguntas e respostas evocativas
    exemplo de, 112-113, 172-173, 218-219, 221
    repetição e, 77-78
    terapia de casal e, 150-151
    visão geral, 73-74, 78
Perspectiva do apego
    abordagem da EFT à terapia de casal, 132-134
    estágios de intervenção e, 90-100
    modelos que incluem, 255-260
    Tango da EFT e, 99-105
    terapia de casal e, 135-139, 141-142, 160-164, 185-186
    terapia familiar e, 191-193
    visão geral, 80-82, 105-106
Perspectivas analíticas, 15-17, 18-20
Perspectivas sistêmicas, 18-20, 30-32, 78, 191-192
Polka do protesto, 145
Pontos fortes, 4-5, 88-91, 140-141
Porto seguro
    estágio de estabilização e, 90-91
    impacto da conexão na saúde mental e, 10-12
    Tango da EFT e, 71-72
    terapia de casal e, 136-137, 184-185
    terapia familiar focada nas emoções (EFFT) e, 212-213
    visão geral, 8-9, 106
Privação, 135-136, 166-167
Processamento da emoção, 28-30
Processamento de informações, 37-38, 83-84
Processando o encontro. *Ver também* Encontros
    exemplo de, 111-112, 119-126, 172-173, 175, 176, 178-181, 219, 222, 226-227

Tango da EFT e, 60-61, 60*f*, 68-69, 78, 103-104
    terapia de casal e, 148-150
    terapia familiar focada nas emoções (EFFT) e, 202-203, 207
Processo, 151-157
Processo de desdobramento, 63-64
Processo de elicitação, 62-67
Processo de mudança. *Ver* Mudança
Processo "encontrar o vilão", 145, 158-159, 167
Processo presente
    exemplo de, 110-111, 117-118, 178-179, 217-218, 225
    formulação de casos e, 89-90
    Tango da EFT e, 60-62, 60*f*, 78, 99-102
    terapia de casal e, 145-147
    terapia familiar focada nas emoções (EFFT) e, 199-200, 206
    terapia focada nas emoções (EFT) e, 32-34
Processos colaborativos
    estágio de consolidação e, 98-100
    formulação de casos e, 86-87
    postura do terapeuta no Tango da EFT e, 72-73
    processo de mudança e, 59
    terapia familiar focada nas emoções (EFFT) e, 198-200
    visão geral, 249-250
Profecias autorrealizáveis, 16-17
Profissionais, 234-236. *Ver também* Terapeutas
Proteção
    conexão e, 197-199
    intervenção e, 78
    processando o encontro e, 68-69
    Tango da EFT e, 71-72
    terapia de casal e, 138-140
    visão geral, 86-87
Protocolo unificado (*unified protocol* – UP) para transtornos emocionais, 84-86, 105-106
Proximidade física, 6-7, 9-11
Psicanálise, 18-19
Psicoterapia. *Ver também* Intervenção; Psicoterapia individual; Terapia; Terapia focada nas emoções (EFT)
    fatores e princípios da, 248-254
    mudança de apego, 22-24
    necessidade de uma teoria coesa baseada na ciência e, 4-6
    objetivos da, 252-254
    processo de mudança e, 35-38
    visão geral, 24-27, 45-49, 232

Psicoterapia diádica do desenvolvimento
  (PDD), 191-193
Psicoterapia dinâmica experiencial acelerada
  (PDEA), 50-51, 81-82
Psicoterapia do processo experiencial/focada
  nas emoções (PE/TFE)
  apego e, 81-82
  emoções e mudança e, 50-51
  envolvimento emocional na terapia e, 58
  visão geral, 256-260
Psicoterapia individual. Ver também
  Psicoterapia; Terapia; Terapia individual
  focada nas emoções (EFIT)
  apego e, 5-6, 80-82
  aprofundar e organizar as emoções e,
    66-67
  coreografar encontros envolventes e,
    67-68
  integrar e validar e, 70-71
  processar o encontro e, 69
  refletir o momento presente e, 61-62
Psicoterapia interpessoal (TIP), 6-7, 81-82,
  255-257

Q

Quadro explicativo integrado, 4-6, 18-20
Questionário A.R.E., 138-139
Questionário de Escalas de Relacionamento
  (Relationship Scales Questionnaire – RSQ),
  243-246
Questionário de Relacionamento, 203-204

R

Raiva
  aprofundar e organizar as emoções e,
    62-63
  impacto da conexão na saúde mental e, 12
  perda de conexão e, 17-18
  perspectiva do apego para depressão e
    ansiedade e, 82-83
  processo de mudança e, 36-37
  terapia focada nas emoções (EFT) e, 28-30
Reafirmação, 183-185
Realidades existenciais, 233-234
Realização, 69-71
Reatividade, 51-53, 87-89, 183-184
Reciprocidade
  apego e, 233-234
  ciclos de *feedback*, 18-20
  impacto da conexão segura na saúde
    mental e, 10-11
  terapia de casal e, 184-185

terapia familiar e, 189-190
terapia familiar focada nas emoções
  (EFFT) e, 200-202
vínculos entre adultos e, 9-11
Reestruturação do apego, 35, 46
Reflexão. *Ver também* Espelhamento
  exemplo de, 109-113, 174, 178-181,
    217-218, 225
  metacognição e, 10-11
  no momento presente, 60-62, 60f,
    112-113
  postura do terapeuta no Tango da EFT
    e, 71-73
  processando o encontro e, 68-69
  sobre experiências passadas, 27
  terapia de casal e, 150-151, 157-158, 160
  visão geral, 72-75, 78
Reforço, 157-158, 252-254
Regulação da emoção. *Ver também*
  Funcionamento emocional; Regulação do
  afeto
  aspectos interpessoais de, 41-45
  estágio de estabilização e, 90-91
  impacto da conexão na saúde mental e,
    10-12
  objetivos da terapia e, 252-254
  processo de mudança e, 35-37
  psicoterapia do processo experiencial/
    focada nas emoções (PE/TFE) e,
    258-260
  teoria do apego e, 6-7
  terapia de casal e, 140-141
  terapia e, 45-46
  terapia familiar e, 191-192
  terapia focada nas emoções (EFT) e,
    28-33, 51-53
  visão geral, 46
Regulação do afeto, 37-38, 41-45, 52-55,
  87-88. *Ver também* Regulação da emoção
Rejeição, 52-53, 83-84, 135-137
Relacionamentos entre casais do mesmo sexo,
  162-164
Relacionamentos românticos. *Ver também*
  Sexualidade; Terapia de casal; Vínculo
  problema e solução nos relacionamentos
    e, 135-139
  terapia de casal e, 167
  visão geral, 16-19, 131-132, 164
Relações conjugais, 198-199, 249-250,
  252-254. *Ver também* Terapia de casal
Religião, 22, 160
Repetição, 77-78, 158-159

Representações cognitivas, 9-11
Representações dos outros, 93-95
Responsividade empática, 10-11, 31-32, 78, 106, 109-113
Responsividade
   de vínculos e figuras de apego, 8-9, 138-139
   do terapeuta, 71-72
   terapia de casal e, 154-158, 166-167
   terapia familiar focada nas emoções (EFFT) e, 195-196, 202-203
Resposta corporal, 63-65
Respostas
   coreografia direta de interações e intervenções de respostas e, 75-78
   estágio de estabilização e, 93-94
   terapia de casal e, 154-156
   terapia familiar focada nas emoções (EFFT) e, 200-201
   visão geral, 74-75
Respostas fisiológicas, 53-54, 83-84, 160-161, 164
Resumo, 219-220, 223
Ritmo, 76-78

S

Saúde, 31-33, 160-161, 167
Saúde mental, 6-7, 10-14, 24-25, 158-159
Segurança, 157-159, 162-164, 185-186
Self, senso de, 30-34, 93-94
Semeando apego, 153-155
Sensação corporal de conexão. Ver também Conexão
   regulação do afeto e, 52-54
   terapia de casal e, 140-141
   visão geral, 6-7, 79-81
Sensação corporal de segurança, 185-186. Ver também Segurança
Separação, 8-9, 82-83, 183-184, 226
Sexualidade, 9-11, 16-19, 162-164. Ver também Relacionamentos românticos
Sinalizadores, 63-65
Sintomas e transtornos externalizantes, 12, 82-83, 249-250
Sintonia
   do terapeuta, 58-59
   estágio de reestruturação e, 94-96
   exemplo de, 177-178
   Tango da EFT e, 71-72
   terapia de casal e, 148, 162, 183-185
   terapia focada nas emoções (EFT) e, 29-31
   visão geral, 10-11, 106

Sistema de Pontuação sobre Base Segura, 23
Situação Estranha, 20-21, 183-184
Sociedade, 20-22
Suavizações
   envolvimento emocional na terapia e, 56-58
   integrar e validar e, 70-71
   terapia de casal e, 152-153, 155-167
Suporte, 36-38, 249-250

T

Tango da EFT. Ver também Terapia focada nas emoções (EFT)
   estágios de intervenção e, 99-105
   exemplo de, 109-130, 168-186, 217-230
   exercício de jogo em casa relativo à, 105-106, 211
   movimento 1 do Tango da EFT: refletir o momento presente, 60, 60f, 61-62, 99-102, 145-147
   movimento 2 do Tango da EFT: organizar e aprofundar as emoções, 60, 60f, 62-67, 101-103, 147-148
   movimento 3 do Tango da EFT: coreografar encontros envolventes, 60, 60f, 66-69, 102-104, 148-150, 155-157
   movimento 4 do Tango da EFT: processar o encontro, 60-61, 60f, 68-69, 103-104
   movimento 5 do Tango da EFT: integrar e validar, 60f, 61, 69-72, 103-105, 155-156
   postura do terapeuta na, 71-73
   terapia de casal e, 142-160, 166-167
   terapia familiar focada nas emoções (EFFT), 199-208, 217-230
   visão geral, 56-57, 59-73, 60f, 78, 106
Técnicas de enfrentamento, 84-85, 234-235, 249-250
Temas centrais, 39-40, 93-95, 154-155
Tendência de ação, 63-65, 92-93
Teoria do apego
   base de pesquisa e, 19-22
   princípios da, 6-11
   psicoterapia e, 22-24
   visão geral, 5-6, 19-20, 24-25
Teoria dos sistemas, 19-20, 187-190, 212-213
Teorias do desenvolvimento, 5-6, 232-234. Ver também Teoria do apego
Terapeutas
   emoções e, 236-238

envolvimento emocional na terapia e, 58-59
escalada na terapia de casal e, 158-160
estilo de apego e, 23-24
fatores e princípios na terapia e, 249-251
formulação de casos e, 86-88
integrar e validar e, 69-72
intervenção e, 78
Tango da EFT e, 59-73, 60f
terapia de casal e, 167
visão geral, 46, 106, 234-236
Terapêutica, aliança. Ver Aliança terapêutica
Terapia. Ver também Psicoterapia; Terapia focada nas emoções (EFT)
formulação de casos e, 89-90
mudança dos níveis emocionais e, 40-42
processo de mudança e, 35-38
visão geral, 26-27, 45-46
Terapia cognitivo-comportamental (TCC)
em comparação com PE/TFE, 257-258
envolvimento emocional na terapia e, 58
processo de mudança e, 35
técnicas e, 250-253
terapia de casal e, 4-5
visão geral, 28, 234-235
Terapia de casal, 142-160, 167
apego e, 5-6, 80-81, 135-139, 160-164
aprofundar e organizar as emoções e, 66-67
coreografando encontros envolventes e, 66-69
envolvimento emocional na terapia e, 56-58
exemplo de, 168-186, 224-230
exercício de jogo em casa relativo a, 165-167
formulação e avaliação de casos e, 138-139
integração e validação e, 70-71
problema e solução nos relacionamentos e, 135-139
processando o encontro e, 69
processo das primeiras sessões de, 138-144
terapia familiar focada nas emoções (EFFT) e, 224-230
visão geral, 131-132, 164-167
Terapia de exposição, 67-69, 252-254
Terapia familiar. Ver também Terapia familiar focada nas emoções (EFFT)
apego e, 5-6, 80-81, 191-193
coreografar encontros envolventes e, 66-69

exercício de jogo em casa relativo à, 211-213
integrar e validar e, 70-71
processar o encontro e, 68-69
refletir o momento presente e, 62
visão geral, 187-190, 210-213
Terapia familiar baseada no apego (TFBA), 24, 191-201
Terapia familiar focada nas emoções (EFFT), 199-208, 217-230. Ver também Terapia familiar; Terapia focada nas emoções (EFT)
apego e, 80-81
aspecto intensamente vivencial dos eventos de mudança e, 41-45
avaliação e, 194-200, 203-204
eficácia da, 203-204
em comparação com a EFT, 189-191
em comparação com outros modelos de terapia familiar, 190-192
estágios da, 199-203
exemplo de, 203-208, 214-230
exercício de jogo em casa relativo à, 211-213
formulação de casos e, 88-89
integrar e validar na, 70-71
processo de mudança e, 36-38
Tango da EFT e, 203-208
técnicas experienciais em, 208-211
visão geral, 187-190, 192-195, 210-213
Terapia focada nas emoções (EFT).
Ver também Terapia familiar focada nas emoções (EFFT); Terapia individual focada nas emoções (EFIT)
abordagem EFT à terapia de casal, 132-134
aspecto intensamente vivencial dos eventos de mudança e, 41-45
em comparação com a EFFT, 189-191
emoções e, 37-40, 49-53, 56-59
estágios de intervenção e, 89-100
exercício de jogo em casa relativo à, 104-106
formulação de casos e, 85-90
mudança dos níveis emocionais e, 40-42
objetivos da terapia e, 254
perspectiva do apego para depressão e ansiedade e, 84-86
processo de mudança e, 35-38
processo de mudança experiencial em, 54-57
Tango da EFT, 59-73, 60f, 99-105
técnicas e, 251-252

visão geral, 24, 28-35, 46, 105-106
Terapia focada nas emoções. *Ver* Psicoterapia do processo experiencial/focada nas emoções (PE/TFE)
Terapia individual focada nas emoções (EFIT). *Ver também* Terapia focada nas emoções (EFT)
  apego e, 80-82
  aspecto intensamente vivencial dos eventos de mudança e, 41-45
  estágios de intervenção e, 90-100
  exemplo de, 107-130
  exercício de jogo em casa relativo à, 104-106
  processo de mudança e, 36-38
  psicoterapia do processo experiencial/focada nas emoções (PE/TFE) e, 256-260
  psicoterapia interpessoal e, 256-257
Terapias de equilíbrio, 70-71
Tom, 76-78
Tomada de decisão, 38-39, 99-105
Tranquilidade, 182-184
Transtorno da personalidade evitativa, 12
Transtorno de estresse pós-traumático (TEPT)
  abordagem da EFT na terapia de casal, 133
  apego e, 12-14, 82-83
  conflitos no relacionamento e, 249-250
  impacto da conexão na saúde mental e, 12
Transtornos, 2, 4-5, 235-236
Transtornos da personalidade, 12, 248-249
Transtornos emocionais, 3, 85-86. *Ver também* Ansiedade; Depressão
Trauma
  apegos infantis e, 145
  estágio de reestruturação e, 96
  exemplo de, 180-181
  modelos secundários inseguros e, 9-10
  terapia de casal e, 185-186
Tristeza, 12, 39-42, 62-63

V

Validação
  exemplo de, 111-112, 119-122, 127-128, 172-173, 175, 178-179, 181-182, 222-223

Tango da EFT e, 60*f*, 61, 69-72, 78, 102-105
  terapia de casal e, 148-151, 155-158
  terapia familiar focada nas emoções (EFFT) e, 207
  visão geral, 72-74
Vergonha, 39-42, 62-63, 179-181
Vida existencial, 13-14
Vínculo. *Ver também* Relacionamentos românticos
  conversas de, 152-153, 201-202
  entre adultos, 9-11, 16-18, 45-46, 131-132, 140-141, 164
  importância do, 6-7
  sequências de, 154-156
  sexualidade e, 17-19
  terapia de casal e, 167
  terapia familiar focada nas emoções (EFFT) e, 212-213
  visão geral, 27
Vínculos entre pais e filhos, 17-18, 189-194, 212-213
Vulnerabilidade
  aspecto intensamente vivencial dos eventos de mudança e, 41-42
  estágio de estabilização e, 90-91
  estágio de reestruturação e, 94-95
  impacto da conexão na saúde mental e, 10-11
  mudança dos níveis emocionais e, 40-42
  perspectiva do apego para depressão e ansiedade, 81-83
  postura do terapeuta no Tango da EFT e, 72-73
  processo de mudança e, 36-38
  Tango da EFT e, 103-104
  terapia de casal e, 135-137, 148, 154-155, 184-185
  terapia familiar focada nas emoções (EFFT) e, 200-202, 213
  visão geral, 8-10

Z

Zonas de conforto, 71-73